应用型本科信息大类专业"十三五"规划教材

基于计算思维的
离散数学基础

主　编　秦　明

副主编　王岭玲　郑立平　石守礼　孙丽云

参　编　冯　睿　万其君　蔡文中　侯青青
　　　　朱道专　陶鸿敏　陈建国　卢　龙
　　　　张兆民

华中科技大学出版社
http://www.hustp.com
中国·武汉

内 容 简 介

离散数学是计算机科学的理论基础,是计算机专业的核心课程,对于培养学生的逻辑思维能力,尤其是计算思维能力起着至关重要的作用。

相对于传统类型的离散数学教材,本书的最大特点是将计算思维融入各部分,力图使读者不仅能理解和掌握这门课程的基本概念和基本原理,而且通过对全书的学习,掌握怎样通过计算思维分析来解决实际的应用问题。本书系统地介绍了离散数学四大部分的内容:集合论、抽象代数、图论和数理逻辑。全书共分为9章,主要包括集合、关系、函数,代数系统、群论、格与布尔代数,图论,命题逻辑、谓词逻辑。本书内容的安排具有内在的逻辑联系,并在每一章都给出了通过计算思维来分析和解决实际应用问题的经典实例,以便于学生更好地理解和掌握分析问题和解决问题的方法。

为了方便教学,本书还配有电子课件等教学资源包,任课教师和学生可以登录"我们爱读书"网(www.ibook4us.com)免费注册浏览,或者发邮件至 hustpeiit@163.com 免费索取。

本书可以作为高等院校计算机科学、智能科学、信息安全等相关专业的本科生教材,也可以作为从事计算机科学及相关专业领域的从业人员的计算机专业理论参考书。

图书在版编目(CIP)数据

离散数学基础/秦明主编. —武汉:华中科技大学出版社,2016.6(2023.1重印)
应用型本科信息大类专业"十三五"规划教材
ISBN 978-7-5680-1669-8

Ⅰ.①离… Ⅱ.①秦… Ⅲ.①离散数学-高等学校-教材 Ⅳ.①O158

中国版本图书馆 CIP 数据核字(2016)第 073663 号

离散数学基础
Lisan Shuxue Jichu

秦 明 主编

策划编辑:康 序
责任编辑:康 序
封面设计:原色设计
责任校对:何 欢
责任监印:朱 玢
出版发行:华中科技大学出版社(中国·武汉)　　电话:(027)81321913
　　　　　武汉市东湖新技术开发区华工科技园　　邮编:430223
录　排:武汉正风天下文化发展有限公司
印　刷:武汉市籍缘印刷厂
开　本:787mm×1092mm　1/16
印　张:18.25
字　数:500 千字
版　次:2023 年 1 月第 1 版第 5 次印刷
定　价:38.00 元

前言

PREFACE

随着计算机科学与技术的飞速发展和不断完善,离散数学已经成为计算机科学以及信息安全等相关专业的专业基础理论的核心课程。然而,一方面,由于我国高等教育发展的现状是几乎每所高校开设的计算机专业对于这门课所选定的教材五花八门,这些教材讲解的侧重点也不尽相同,造成了对这门课究竟应该讲授哪些内容,应该怎样讲授等诸多方面的问题并未达成一致的观念,形成统一的认识;另一方面,计算机专业或与计算机相关专业(如信息安全等专业)的学生认为这门课程与自己所学计算机专业的联系并不十分密切,甚至有相当一部分学生把这门课程仅仅当成是一门数学课程来学习,但是与数学课程相比较而言,这门课程的内容显得更加复杂,这是因为这门课程的四个部分(集合论、抽象代数、图论和数理逻辑)中的任何一个部分单独抽取出来都可以作为一个独立的数学学科,以至于使他们感到学习这门课程不仅难度很大,而且枯燥乏味。因此,编者一直在思考,是否正是由于这两个方面的原因,导致了在全国研究生统一入学考试的初试阶段,计算机专业统考的课程中竟然没有离散数学这门课程的考试内容,这与离散数学这门课程在计算机科学与技术中所占有的专业基础理论的核心课程的地位是极不相称的。正因为如此,编者觉得有必要编写一本关于讲解和学习离散数学这门课程的教材,力图通过这本教材给国内各高校的计算机专业师生带来一些启发,起到抛砖引玉的作用。

作为一名长期在离散数学这门课程教学第一线的教师来说,编者深知这门课程对计算机专业的学生大学四年的学习来说意味着什么;作为一名多年从事高等教育的工作者来说,编者深知"授人以鱼不如授人以渔"的道理,特别是对于计算机专业的学生来说尤其如此。由于这个专业的知识更新的速度实在是太快,因此,在大学四年中仅仅只教给学生一些现成的计算机专业的理论与实践的知识是远远不够的,教给学生受用终生的"渔",对于每个从事计算机专业的教师来说是责无旁贷的。那么,在计算机专业中的"渔"究竟指的是什么呢?在编者看来应该是计算思维(computational thinking)。"计算思维"这个概念是由美国卡内基梅隆大学的周以真教授于 2006 年 3 月在美国计算机权威期刊《Communications of the ACM》首次提出的。计算思维是指运用计算机科学的基础概念进行问题求解、系统设计,以及人类行为理解(如何用计算机模拟人类行为)等涵盖计算机科学之广度的一系列思维活动。

因此,编者在2011年对该课程进行了教学改革,也就是将计算思维这种全新的思维方式融入整个离散数学课程的教学中来。为什么在计算机专业核心课程的教学过程中要融入计算思维呢?如果我们将计算机科学理论体系看成一座建筑师设计的大厦,那么计算思维无疑就是建造这座大厦所必需的一根柱子。事实上,通过这种教学改革实践,不仅使教师在讲授离散数学课程中能够切身体会到这门课程在计算机专业课程中所处的核心地位,而且使学生能够更加深入理解什么是计算思维,以及使学生逐步认识到计算思维对于计算机专业的学习具有哪些决定性的指导作用。通过三年的教学改革实践,取得了一系列丰硕的教学成果,不仅使学生理解了什么是计算思维,并且能够带着这样的一种思维方式(思维习惯)去学习计算机专业中的其他课程,进而能够通过计算思维分析和解决一些典型的实际应用问题,甚至可以去涉猎计算机科学中的一些前沿的领域(如大数据处理、量子计算等)。与此同时,我们还发表了数篇关于将计算思维融入计算机专业课程的教学改革实践的论文,获得了计算机科学界和计算机教育界的一致认可。

在进行教学改革的同时,我们也专门研究了传统的与离散数学这门课程相配套的国内教材,虽然这些教材将离散数学这门课程所涉及的范畴、内容和问题都一一介绍了,甚至有些教材中所举的例题数量非常多,但是我们认为这些教材的编者都忽视了一个重要的问题,就是这些教材所讲的内容、所举的例题似乎跟计算机专业没有密切地结合起来,以至于使学生在学习这门课程时至少产生两个疑虑:这门课程与计算机专业究竟有什么联系?为什么要学这门课程?因此,我们认为,除了在教学方法上要进行改革实践之外,还应在教学改革的另一个层面,即教材上也要狠下一番功夫。因此,为了把这三年以来教学改革的阶段性成果进行总结,我们编写了这本教材。与传统教材相比,本教材的最主要特点在于将计算思维融入各个章节中。也就是说,读者在阅读本书时,将会有一个比较直观的感受,即本书在介绍该课程的基本概念和基本原理的同时,还介绍了构成这些知识的来源。通过阅读此书,读者可以进一步领悟到离散数学中有许多概念和许多处理问题的方法是随着计算机科学的发展而发展起来的。从这个意义上来说,该课程是与计算机专业的发展有着密切联系的,这种密切的联系在本教材的每个章节中都通过具体的例子体现出来了。通过对这些例子的学习,读者能逐步理解并掌握怎样通过计算思维分析和解决实际应用问题。

全书由四大部分(共9章)组成,即集合论(第1章~第3章)、抽象代数(第4章~第6章)、图论(第7章)、数理逻辑(第8章、第9章)。这四大部分有些部分之间的联系比较密切(如集合论与抽象代数),而有些部分相对来说自成体系,比较独立(如数理逻辑)。教师在选择这本教材进行授课时需要注意这个特点。在每一章的开头都有内容提要,在这一部分内容中,除了介绍本章的主要内容之外,还特别指出了学习本章的方法,读者需要仔细领会。在每一章的最后,都配有经典例题选编和一定数量的习题。在本章经典例题选编中,将本章中所介绍的基本概念通过对综合性较强的例题的解答,力图使读者对全章的精华有更为深入的理解。

本书可以作为高等院校计算机科学、智能科学、信息安全等相关专业的本科生教材,也可以作为从事计算机科学及其相关领域的计算机专业理论参考书。建议本书授课学时数为 80~90 学时,如果学时数不够,可以根据各个学校计算机专业发展的实际情况进行相应调整。

在本书编著的过程中得到了文华学院等相关院校与专家的大力支持和帮助;感谢华中科技大学出版社的全体编辑,正是因为有了他们的辛勤工作,才使得本书在较短的时间内完稿并出版;同时对在本书编写过程中给予编者默默支持和帮助的家人和朋友一并表示感谢。

为了方便教学,本书还配有电子课件等教学资源包,任课教师和学生可以登录"我们爱读书"网(www.ibook4us.com)免费注册浏览,或者发邮件至 hustpei-it@163.com 免费索取。

本书由文华学院秦明担任主编,由武汉工程科技学院王岭玲、哈尔滨远东理工学院郑立平、石家庄铁道大学四方学院石守礼、燕京理工学院孙丽云担任副主编。

在本书的编写过程中,有许多对基本概念和基本原理的全新的诠释、内容、观念和体会都是我们这三年来教学改革实践成果的总结,现在将这些成果展示出来,其主要目的是借此机会与从事计算机科学领域的专家、学者共同分享,同时也通过该教材的出版向更多的计算机爱好者传播和普及计算思维这种全新的教学思维模式。

秦　明

2017 年 12 月

第1部分　集合论

第1章　集合 ·· (2)

1.1　集合 ·· (2)

1.2　集合的包含和相等 ··· (4)

1.3　幂集 ·· (6)

1.4　集合的运算 ·· (8)

1.5　集合成员表 ·· (9)

1.6　集合运算的定律 ··· (12)

1.7　分划 ·· (15)

1.8　集合的标准形式 ··· (18)

1.9　多重集合 ·· (21)

1.10　经典例题选编 ·· (22)

习题1 ··· (23)

第2章　关系 ·· (28)

2.1　笛卡儿积 ·· (28)

2.2　关系 ·· (30)

2.3　关系的复合运算 ··· (34)

2.4　复合关系的关系矩阵和关系图 ································ (37)

2.5　关系的性质与闭包运算 ·· (41)

2.6　等价关系 ·· (45)

2.7　偏序关系 ·· (49)

2.8　经典例题选编 ·· (52)

习题2 ··· (54)

第3章　函数 ·· (57)

3.1　函数的概念与分类 ··· (57)

3.2　函数的复合运算 ··· (61)

3.3 逆函数 ·· (64)

3.4 置换 ··· (67)

3.5 集合的特征函数 ·· (68)

3.6 集合的基数 ·· (71)

3.7 经典例题选编 ·· (76)

习题 3 ··· (78)

第 2 部分 抽象代数

第 4 章 代数系统 ·· (82)

4.1 运算 ··· (82)

4.2 代数系统 ·· (89)

4.3 同态与同构 ·· (95)

4.4 经典例题选编 ·· (105)

习题 4 ··· (107)

第 5 章 群论 ·· (110)

5.1 半群和独异点 ·· (110)

5.2 群的概念与分类 ·· (115)

5.3 群的基本性质 ·· (118)

5.4 子群及其陪集 ·· (120)

5.5 正规子群与满同态 ·· (128)

5.6 经典例题选编 ·· (129)

习题 5 ··· (131)

第 6 章 格与布尔代数 ·· (135)

6.1 偏序集 ·· (135)

6.2 格及其性质 ·· (137)

6.3 格是一种代数系统 ·· (141)

6.4 分配格与有补格 ·· (144)

6.5 布尔代数 ·· (147)

6.6 有限布尔代数的同构 ··· (150)

6.7 布尔表达式与布尔函数 ··· (153)

6.8 经典例题选编 ·· (157)

习题 6 ··· (159)

第 3 部分 图论

第 7 章 图论 ·· (162)

7.1 图的基本概念 ·· (162)

7.2 图的矩阵表示 ·· (169)

7.3 图的连通性 ·· (174)

7.4 欧拉图与汉密尔顿图 ··· (178)

7.5 树 …………………………………………………………… (185)

7.6 有向树 ……………………………………………………… (190)

7.7 二部图 ……………………………………………………… (199)

7.8 平面图 ……………………………………………………… (202)

7.9 有向图 ……………………………………………………… (208)

7.10 经典例题选编 ……………………………………………… (211)

习题 7 …………………………………………………………… (213)

第 4 部分　数理逻辑

第 8 章　命题逻辑 ……………………………………………… (218)

8.1 命题与命题联结词 ………………………………………… (218)

8.2 命题公式 …………………………………………………… (224)

8.3 命题公式的等值关系与蕴含关系 ………………………… (226)

8.4 范式 ………………………………………………………… (236)

8.5 命题演算的推理理论 ……………………………………… (243)

8.6 经典例题选编 ……………………………………………… (251)

习题 8 …………………………………………………………… (253)

第 9 章　谓词逻辑 ……………………………………………… (256)

9.1 谓词、个体和量词 ………………………………………… (256)

9.2 谓词逻辑公式及其解释 …………………………………… (260)

9.3 谓词演算公式之间的关系 ………………………………… (264)

9.4 前束范式 …………………………………………………… (271)

9.5 谓词演算的推理理论 ……………………………………… (273)

9.6 经典例题选编 ……………………………………………… (277)

习题 9 …………………………………………………………… (278)

参考文献 ………………………………………………………… (281)

第1部分

Part 1
JIHELUN

集合论

第①章 集 合

【内容提要】

集合论是由 19 世纪的德国数学家康托尔（Cantor）建立的，集合的概念是集合论中最基本的概念之一，现在已经深入各种科学和技术的领域之中。尤其是对计算机科学研究者和工作者来说，集合的概念是不可缺少的。在高性能算法设计、计算几何、计算机图形学、计算机视觉、信息安全、形式语言与自动机等领域中，集合论有着广泛的应用。

本章主要按照计算思维的方式首先对集合的基本概念，如集合、子集、幂集、分划，集合的并、交、差、补运算以及关于这些运算的性质逐一进行介绍；然后介绍怎样运用计算思维对集合进行运算和分析，即使用集合成员表对集合进行基本的并、交、差、补运算；最后介绍集合的标准形式。

1.1 集合

集合是离散数学中的一个最基本的概念，也是计算机处理的对象之一，通常只能给予一种描述，即：

当把一些确定的事物作为一个整体来考虑（或进行计算机处理）时，这个整体便称为一个集合。这里所说的"事物"也可以称为"个体"，可以在极其广泛的意义上使用，甚至包括抽象的事物。例如，全体中国人、一本书的全部概念、一群羊、全体正整数等，都分别可以构成集合。

集合里所含有的每个个体称为集合的元素。例如，全体中国人的集合，它的元素就是每一个中国人；一群羊的集合，它的元素就是该羊群中的每一只羊；所有正整数的集合，它的元素就是每一个正整数。为表示方便起见，一般用大写字母表示集合，用小写字母表示集合中的元素。如果个体 a 是集合 A 中的元素，则记作"$a \in A$"，读作"个体 a 属于集合 A"或"个体 a 在集合 A 中"；如果个体 a 不是集合 A 中的元素，则记作"$a \notin A$"，读作"个体 a 不属于集合 A"或"个体 a 不在集合 A 中"。例如，若用 N 表示正整数的集合，则 $2 \in N, 3 \in N$，但 $4.5 \notin N, -1 \notin N$。关于集合的概念，这里只讨论朴素集合。所谓朴素集合，就是当给出一个"个体"后，应该能够确定它是否是这个集合的元素。即要么这个"个体"属于这个集合，要么这个"个体"不属于这个集合。例如，"超市里好看的花布"就不成为一个朴素集合，因为对于每一种布，没有确定的标准说它是"好看"还是"不好看"。"这个班里的高个子学生"也不能构成一个朴素集合，因为"高个子"与"不是高个子"之间没有明确的界限。计算机所能处理的最简单的集合类型就是朴素集合。为了方便起见，本书如果不加特别说明，对于集合这一概念，一般认为就是朴素集合。

下面介绍本书中几个常见的集合的表示符号。

- N：正整数集合$\{1, 2, 3, \cdots\}$。
- Z：非负整数集合$\{0, 1, 2, 3, \cdots\}$。
- I：整数集合$\{0, 1, -1, 2, -2, \cdots\}$。
- P：素数集合（只能被 1 和它本身整除，不能被其他正整数整除的、大于 1 的正整数称为素数)。

- Q:有理数集合(有理数是可以表示成 i/j 形式的数,这里 i 和 j 都是整数,且 j 不等于 0)。
- R:实数集合(包括全体有理数和无理数)。
- C:复数集合(包括所有形如 $a+ib$ 的数,其中 a 与 b 是实数,$i^2=-1$,是虚数)。
- $N_m(m\geq1)$:介于 1 和 m 之间的正整数集合,包括 1 和 m,即 $\{1,2,\cdots,m\}$。
- $Z_m(m\geq1)$:介于 0 和 $m-1$ 之间的非负整数集合,包括 0 和 $m-1$,即 $\{0,1,2,\cdots,m-1\}$。

对于一般的朴素集合,首先介绍两种常用的表示方法,然后在 1.5 节中将详细讨论作为计算机处理对象的集合的表示方法。

把集合的元素按照任意顺序逐一写在一个花括号内,并且使用逗号分开,这称为列举法。例如,不妨设 $a_1,a_2,\cdots,a_n$ 是集合 A 中的元素,此外,集合 A 中再没有其他的元素,则集合 A 可以表示为 $A=\{a_1,a_2,\cdots,a_n\}$;又例如,绝对值不超过 5 的所有所有整数的集合,可以记作 $S=\{-5,-4,-3,-2,-1,0,1,2,3,4,5\}$。列举法必须将所有的元素都列举出来,而不能遗漏任何一个元素。因此,如果一个集合含有有限个元素(元素数目很多),并且这些元素之间也没有内在的一些联系时,用列举法是极为不便的,因此可以采用另一种表示方法——描述法。

描述法是通过详细说明元素 $a\in A$ 的定义条件来表达的,即给定一个条件 $P(x)$,当且仅当 a 使条件 $P(a)$ 成立时,$a\in A$。它的一般形式为 $A=\{a\,|\,P(a)\}$,读作"集合 A 是使得 $P(a)$ 成立的所有元素 a 组成的集合"。实际上,$P(a)$ 描述了一种规则或者一个公式,它使得我们可以判断个体 a 是否在集合 A 中。例如,绝对值不超过 5 的所有整数组成的集合用描述法可以表示为 $S=\{a\,|\,a\in I$ 并且 $5\geq a\geq-5\}$;又例如,$B=\{a\,|\,a$ 是中国的省$\}$。不难看出,使用描述法来表示一个集合,其方式并不是唯一的,因为对一个集合的元素往往可以采用不同的方式来确定。例如,集合 $\{1,2,3,4\}$ 的元素可定义为不大于 4 的自然数,也可定义为小于 6 而能整除 12 的自然数,因此集合 $\{1,2,3,4\}$ 可以表示为 $\{a\,|\,a\in N,a\leq4\}$,也可以表示为 $\{a\,|\,a\in N,a<6,a\,|\,12\}$。

关于集合的概念,还有一点需要注意的是,对作为某集合元素的个体,并未给它们施加一些限制。因此,常常需要研究一些集合,其元素本身也是集合。例如,集合 $A=\{78,\{1,2,4\},c,\{p,q\}\}$,集合 $B=\{\{1,2\},\{2,3\},\{3,1\}\}$。对于这种情形,重要的是将元素 $\{a\}$ 与元素 a 区分开来。例如,集合 $\{p,q\}$ 是集合 A 的元素,即 $\{p,q\}\in A$,但是个体 p 是集合 $\{p,q\}$ 的元素,即 $p\in\{p,q\}$,可是个体 p 却不是集合 A 的元素,即 $p\notin A$。

然而,对于"包罗一切的集合"或"由一切集合组成的集合"等类似的术语,应该避免使用,因为它们会导致集合论中的逻辑悖论(logic paradox)。所谓逻辑悖论,就是指一种导致逻辑矛盾的命题。在逻辑学上指无论从怎样的前提假设出发,通过正确的逻辑推理(演绎),都会得出与前提假设相互矛盾的命题的理论体系或命题。例如,著名的罗素悖论。将不包含自身作为元素的集合称为寻常集,而将包含自身作为元素的集合称为非寻常集。于是可知,一个集合要么是寻常集,要么是非寻常集,这二者必居其一,并且只居其一。不妨设集合 T 是由所有寻常集组成的集合,即 $T=\{A\,|\,A$ 是集合,并且 $A\notin A\}$。

现在考虑,集合 T 是寻常集还是非寻常集?如果 T 是寻常集,那么由集合 T 的定义,T 必包含自身为元素,因此,集合 T 是非寻常集。这与假设矛盾,故集合 T 不是寻常集,也就是说集合 T 是非寻常集。然而根据非寻常集的定义,就必须应有 $T\in T$,因此集合 T 中包含了一个非寻常集作为它的元素,这又与集合 T 的定义矛盾。这就是说,由于假定集合 T 的存在,无论 T 是寻常集或者非寻常集都将引出矛盾。

又例如,研究下述情况:某理发师为且只为城里所有不给自己理发的人理发。定义集合

A 为城里所有由该理发师理发的人的集合,稍加考虑就会明白,该理发师与集合 A 之间只可能存在两种关系:要么该理发师在集合 A 中,要么该理发师不在集合 A 中。二者必居其一。据此,我们可以进行下面的推理。若该理发师在集合 A 中,则表明该理发师给自己(理发师)理发,然而又根据由理发师理发的人的共性是他们都不给自己理发可知,该理发师不在集合 A 中;也就是说,由理发师在集合 A 中这个前提出发,通过正确的逻辑推理(演绎),最后得到了一个与前提相矛盾的结论,这只能说明前提假设不正确。于是,我们只能换一种前提,由此产生了第二种推理。若该理发师不在集合 A 中,则表明该理发师不给自己(理发师)理发。然而又根据"理发师为且只为城里所有不给自己理发的人理发"这个前提可知,该理发师在由城里所有不给自己理发的人组成的集合之中的。因此可以推得,该理发师在集合 A 中。也就是说,由理发师不在集合 A 中这个前提出发,通过正确的逻辑推理(演绎),最后也得到了一个与前提相矛盾的结论,这只能说明第二种前提假设不正确。而理发师与集合 A 的关系只有两种,即要么理发师在集合 A 中,要么理发师不在集合 A 中。二者必居其一。因此,在集合论中,某理发师跟且只跟城里所有不给自己理发的人理发是一个逻辑悖论。这个集合论中著名的悖论也是由英国的集数学家与逻辑学家于一身的罗素(1872—1970)提出的。通常将该悖论称为理发师悖论。通常有两种方法解决这种逻辑悖论。其一是将产生这种逻辑悖论的因素去掉,也就是将理发师从所讨论的集合 A 中剔除出去,于是就可以产生一个新的集合,这种集合的特点就是将自身排除在外的寻常集;其二是仍然保留产生这种逻辑悖论的因素,并将这种含有逻辑悖论的集合称为非寻常集。今后,为了更好地建立集合论这种公理化体系,我们只研究寻常集,而对于非寻常集就不再进行专门讨论了。为了使集合的运算更加方便,我们还需要引入空集这个基本的概念。

定义 1-1 不含有任何元素的集合,称为空集,记作∅。

空集从表面上看,虽然是一个很不自然的概念,但是却很有用。其用处体现在以下两个方面。

(1) 对于某些集合的证明问题,如果使用空集的概念,往往可以使得推理过程清晰、简捷。例如,一般来说,如果想要证明命题 $P(x)$ 对于论域中所有的 x 均不成立,则只需要证明 $\{x\mid P(x)\}$ 是空集即可。关于这一问题的研究,将在第 4 部分数理逻辑中进行详细讨论。

(2) 可用于计算机处理集合的基本运算上,使用空集的概念,通常可以使计算过程变得简捷明了。关于这部分的内容,我们在后面的相关章节中再进行深入的分析与讨论。

下面介绍几个与集合有关的概念。集合 A 中不同元素的数目,称为集合 A 的基数,通常用 ♯A 表示。当集合 A 拥有有限数目的不同元素,亦即 ♯A 有限时,称集合 A 为有限集,当集合 A 拥有的不同元素数目是无限个,亦即 ♯A 无限时,称集合 A 为无限集。前面提及的自然数集、非负整数集、整数集、素数集、有理数集、实数集和复数集都是无限集;而集合 N_m 与 Z_m 是有限集,因为 N_m 与 Z_m 的基数均为数 m,m 是有限的。由于计算机存储数据的机器字长是有限的,所以计算机处理的对象通常是有限集,无限集仅仅是在数学家的大脑中进行逻辑思维时的对象。关于集合的基数,后面还将会进行比较详细的讨论。

1.2 集合的包含和相等

集合的包含关系和集合的相等关系是两个集合之间最基本的两种关系。

定义 1-2 设有集合 A、B,如果集合 A 的每一个元素都是集合 B 的元素(即如果

$a \in A$,则必有 $a \in B$),则称集合 A 是集合 B 的子集,或者称集合 A 包含于集合 B 中(或者集合 B 包含集合 A),记作 $A \subseteq B$ 或者 $B \supseteq A$。

这个定义通常可以用来证明两个集合相等或者判断两个集合是否相等。下面,我们举几个例子进行说明。

例 1-1 设集合 $A = \{a, c, d, e\}$,集合 $B = \{a, b, c, x, y\}$,集合 $C = \{a, b\}$,则有集合 C 是集合 B 的子集,但是集合 C 却不是集合 A 的子集。注意区别属于关系和包含关系。属于关系 $a \in A$ 是指集合 A 的元素 a 与集合 A 的关系,然而包含关系 $C \subseteq A$ 是指集合 A 与另一个集合 C 之间的关系。

例 1-2 设集合 $A = \{a, b, c, d\}$,则有 $a \in A$,并且 $\{a\}$ 是集合 A 的子集。由属于关系和包含关系的定义可知,并不排斥有 $A \in B$ 和 $A \subseteq B$ 同时成立的可能性。

例 1-3 设集合 $A = \{a, b, c\}$,集合 $B = \{\{a, b, c\}, a, b, c\}$,则显然应有集合 A 是集合 B 的元素,同时有集合 A 是集合 B 的子集。

关于两个集合之间的包含关系,有以下几个重要的性质。

(1) 对于任意的集合 A,有 $\varnothing \subseteq A$。

(2) 对于任意的集合 A,有 $A \subseteq A$。

(3) 对于任意的集合 A, B, C,如果 $A \subseteq B, B \subseteq C$,那么有 $A \subseteq C$。

其中,性质(2)和性质(3)是显而易见的。下面仅证明性质(1),现使用反证法证明,不妨设空集 $\varnothing$ 不是集合 A 的子集,即 $\varnothing \not\subseteq A$,则必存在元素 $x \in \varnothing$,可是 $x \notin A$,而这与空集的定义相矛盾,因此,有 $\varnothing \subseteq A$。

以上我们讨论了集合与集合之间的第一种关系——包含关系。下面讨论集合与集合之间的第二种关系——相等关系。

定义 1-3 设有集合 A 和集合 B,如果集合 A 中的每一个元素都是集合 B 的元素,反过来,集合 B 的每一个元素也都是集合 A 的元素,则称集合 A 与集合 B 相等,记作 $A = B$。

由定义 1-3 不难看出,所谓集合 A 与集合 B 相等,即意味着集合 A 与集合 B 具有完全相同的元素。由定义 1-2 和定义 1-3 可知,当且仅当 $A \subseteq B$ 并且 $B \subseteq A$ 时,有 $A = B$。这是用来证明两个集合相等的主要方法之一,即运用集合相等的定义证明两个集合相等。这是一种按照逻辑思维证明两个集合相等的方法。后面我们还将会讨论如何按照计算思维证明两个集合相等。

下面用一些例子来说明如何理解集合之间的相等与不相等。

例 1-4 令集合 $A = \{1, 2, 4\}$,集合 $B = \{1, 2, 2, 4\}$,则根据定义 1-3,$A = B$。

因为集合 A 中的任意一个元素都在集合 B 中,同时,集合 B 中的每个元素都在集合 A 中,根据定义 1-3,则 $A = B$。这个例子说明,在集合的列举法表示法中,某个元素的符号是可以重复出现的,不会改变这个集合。通常将类似于集合 B 这样的集合称为多重集合,多重集合在计算机科学研究中有其特殊的意义和价值,特别是在讨论具有相同关键字记录的排序过程中需要用到多重集合的概念。关于多重集合的讨论,我们将在 1.9 节详细展开讨论。为了叙述方便起见,本书中如果没有做特别说明,主要讨论的集合仍然是朴素集合,并且这些集合中的元素是互不相同的。

例 1-5 令集合 $C = \{1, 4, 2\}$,集合 $D = \{2, 1, 4\}$,则根据定义 1-3 可知,$C = D$。

这个例子说明在集合的列举法表示法中,如果将集合中元素的次序任意改变,该集合不变。

例 1-6 设集合 $P=\{\{1,2\},4\}$,集合 $Q=\{1,2,4\}$,则 $P\neq Q$。

如果集合 $A=\{x|x(x-1)=0\}$,集合 $B=\{0,1\}$,则 $A=B$。这说明集合的表示方法不是唯一的。

定义 1-4 设有两个集合 A 与 B,如果 $A\subseteq B$ 并且 $A\neq B$,则称集合 A 是集合 B 的真子集,用 $A\subset B$ 表示。

例如,集合 $\{1,2,3,4,5\}$ 是集合 $\{x|x\in I, -5\leqslant x\leqslant 5\}$ 的真子集。由于空集是任意一个集合的子集,因此可以推导出定理 1-1。

定理 1-1 空集是唯一的。

证明 假设有两个空集合 $\varnothing_1$ 和 $\varnothing_2$,由于空集被包含于每一个集合中,因此有 $\varnothing_1\subseteq\varnothing_2$,同时有 $\varnothing_2\subseteq\varnothing_1$,根据集合相等的定义 1-3,可以得出 $\varnothing_1=\varnothing_2$。即空集是唯一的。

这个定理将在后面的相关集合证明的推理论证过程中起着很重要作用。

下面,我们将介绍在计算机科学中有着非常广泛应用的一类集合——幂集。

1.3 幂集

任意给定一个集合 A,我们知道空集和集合 A 都是集合 A 的子集,对于任何元素 $a\in A$,集合 $\{a\}$ 也是集合 A 的子集。类似地,还可以举出集合 A 的其他子集。下面讨论关于集合 A 的全部集合的子集的集合——幂集。幂集是在形式语言与自动机中需要使用的一个重要概念,也是计算机专业的后续课程(编译原理)中需要用到的重要概念。下面,我们给出幂集的定义。

定义 1-5 设有集合 A,由集合 A 的所有子集组成的集合,称为集合 A 的幂集,记作 2^A,即 $2^A=\{S|S\subseteq A\}$。之所以称其为幂集,主要是因为任何一个集合的幂集中元素的个数为 2 的整数次幂。

例如,设集合 $A=\{a\}$,则幂集 $2^A=\{\varnothing,\{a\}\}$,该集合中有 2 个元素;若集合 $B=\{a,b\}$,则幂集 $2^B=\{\varnothing,\{a\},\{b\},\{a,b\}\}$,该集合中有 4 个元素。若集合 $C=\{a,b,c\}$,则幂集 $2^C=\{\varnothing,\{a\},\{b\},\{c\},\{a,b\},\{a,c\},\{b,c\},\{a,b,c\}\}$,该集合中有 8 个元素。由于空集 $\varnothing$ 中没有元素,因此,空集 $\varnothing$ 的子集也是 $\varnothing$,即空集 $\varnothing$ 的幂集 $2^\varnothing=\{\varnothing\}$。通常将集合中元素的个数称为集合的基数。集合 A 的基数通常使用 $\#A$ 表示。根据集合的基数定义,不难得出以下的结论:任何一个集合的幂集一定是非空集合。换句话说,空集不可能作为幂集。这是幂集的重要性质之一。这条性质对于以后很多关于幂集问题的讨论至关重要。特别是对于形式语言与自动机中的有限状态自动机理论尤为重要。它是计算机专业课程"编译原理"的基本理论之一。

从以上的例子不难看出,当集合的基数增加时,集合的幂集的基数也随之增加。对于有限集,下面的定理给出了二者之间的关系。

定理 1-2 设集合 A 是具有基数 $\#A$ 的有限集,则 $\#(2^A)=2^{\#A}$。

证明 设集合 A 的基数 $\#A=n$,从 n 个元素中选取 i 个不同的元素的方法共有 C_n^i 种,这里,

$$C_n^i=\frac{n!}{i!\,(n-i)!}$$

所以集合 A 的不同子集的数目（包括空集 $\varnothing$）为：

$$\sharp(2^A) = C_n^0 + C_n^1 + C_n^2 + \cdots + C_n^n$$

由二项式定理可知：

$$(x+y)^n = C_n^0 x^n + C_n^1 x^{n-1} y + C_n^2 x^{n-2} y^2 + \cdots + C_n^n y^n$$

令 $x=y=1$，应有 $2^n = C_n^0 + C_n^1 + C_n^2 + \cdots + C_n^n$，因此，$A$ 的幂集的基数 $\sharp(2^A) = 2^n$，又由于集合 A 的基数 $\sharp A = n$，故有 $\sharp(2^A) = 2^{\sharp A}$，证毕。

当集合 A 中的元素个数较多时，要毫无遗漏地列出集合 A 的所有子集是一件相当困难的事情。现在，我们引入一种表示法，按照这种表示法，能够毫无遗漏地列出一个有限集的每一个子集。为此，需要对所给集合的元素规定某种次序，使得某个元素可以被称为第一个元素，另一个元素称为第二个元素等（虽然在集合的定义中，并没有这样一种次序），即给每一个元素附加一个标号，以便描述这个元素相对于该集合其他元素的位置。这里又一次体现出了计算思维的思考方式，这是因为作为计算机处理对象的集合来说，它在计算机中通常是按照数组来存储的，而对于数组中的各个元素来说，它们具有一种前后顺序关系。实际上，这种表示法就是从计算机科学这个学科背景的角度出发考虑产生的。例如，在集合 $A = \{a, b, c\}$ 中，可以令元素 a 是第一个元素，元素 b 是第一个元素，元素 c 是第三个元素。在集合 A 的子集中，通常会有一些元素出现，而其余的元素则不出现。根据这一情况以及指定给集合中各个元素的顺序关系，就可以使用以下方式来表示集合 A 所有的子集。例如，集合 A 的各个子集可以表示为 $B_{000} = \varnothing$，$B_{001} = \{c\}$，$B_{010} = \{b\}$，$B_{011} = \{b, c\}$，$B_{100} = \{a\}$，$B_{101} = \{a, c\}$，$B_{110} = \{a, b\}$，$B_{111} = \{a, b, c\}$，因此，A 的幂集 $2^A = \{B_{000}, B_{001}, B_{010}, B_{011}, \cdots, B_{110}, B_{111}\}$。其中，$B$ 的下标是一个三位的二进制数，每一位对应集合 A 中的一个元素，左边第一位是 1 还是 0 表示第一个元素 a 在集合 A 的子集中出现与否。类似地，第二位和第三位是 1 还是 0 分别表示第二个元素 b 和第三个元素 c 在集合 A 的子集中出现与否。于是，集合 A 的任意一个子集都可以使用 000～111 中的某一个下标来表示；反之，如果给出这 8 个（即 2^3 个）下标中的任何一个，就能够确定出相应的子集。

假设集合 $J = \{j \mid j$ 是二进制数，$000 \leqslant j \leqslant 111\}$，则有 $2^A = \{B_j \mid j \in J\}$。可以看到，这里只用了下标来确定子集的各个元素，而表示这些子集时用到的字母 B 则是至关重要的。上面的表示法可以推广到一般的情形，用来表示具有任意 n 个不同元素的集合的各个子集。用来表示这些子集的下标是十进制数 0 到 $2^n - 1$ 的二进制表示。为了凑足 n 个数位，一定要在这些二进制数的左边插入所需数目的零。也可以使用从 0 到 $2^n - 1$ 的十进制数来作为子集的下标，则只在需要确定所对应子集的元素时才转换为二进制数。例如，令集合 $A_6 = \{a_1, a_2, \cdots, a_6\}$，不难看出，集合 A_6 有 $2^6 = 64$ 个子集，可以称它们为 $B_0, B_1, B_2, \cdots, B_{63}$。下面我们讨论怎样确定集合 A_6 的任何子集的各个元素。

例如，
$$B_{24} = B_{011000} = \{a_2, a_3\}$$
$$B_{47} = B_{101111} = \{a_1, a_3, a_4, a_5, a_6\}$$

与集合的幂集相类似，我们还可以定义以下类型的集合，即这类集合的任何一个元素本身也是集合，这种类型的集合在后面还会经常遇到，这种集合称为集合族。例如，其和为 6 的不同正整数所构成集合的集合 $\{\{6\}, \{1, 5\}, \{2, 4\}, \{1, 2, 3\}\}$ 就是一个集合族。按照这个定义，任意一个集合的幂集也是一个集合族。

通常用记号 $\{A_i\}_{i \in K}$ 来表示所有集合 $A_i (i \in K)$ 所构成的集合族，也就是说：

$$\{A_i\}_{i \in K} = \{A_i \mid i \in K\}$$

其中，集合 K 是指标集。例如，集合族 $\{A_0, A_1, A_2, A_3, A_4\}$ 可以表示为 $\{A_i\}_{i \in K}$，在这

里，$K=\{0,1,2,3,4\}$。而当指标集 $K=\{i \mid i \in J, i_a \leqslant i \leqslant i_b\}$ 时，又可以将集合族 $\{A_i\}_{i \in K}$ 表示为 $\{A_i\}_{i=i_a}^{i_b}$。例如，集合族 $\{A_0, A_1, A_2, A_3, A_4\}$ 也可以表示为 $\{A_i\}_{i=0}^{4}$。

1.4 集合的运算

集合的运算不仅仅是集合论中关于集合的基本运算，也是计算机科学相关研究领域（如计算机图形学、人工智能等）中基本理论的出发点。在正式讨论集合的运算之前，还必须首先定义一个特殊的集合，它包含了所需要讨论的每一个集合。

定义 1-6 如果一个集合包含了某个问题中所讨论的一切集合，则称其为该问题的全域集合，或简称为全集合，记作 U。

根据上面的定义，全集合 U 并非是唯一的，为方便起见，通常总是取一个较为方便的集合作为全集合 U。例如，如果在实数范围内讨论问题，就可以将实数集 R 取作全集合 U，若在正整数范围内讨论问题，则可以将正整数集 N 取作全集合 U 的子集。全集合 U 应在问题讨论之初便被确定，以后在该讨论中涉及的任何一个集合均需要看成该全集合 U 的子集。因此，以后在讨论任何有关集合的运算或讨论集合的性质时，需要在全集合这个背景下进行。

本小节将讨论集合的几种运算。使用这些运算，通过对给定集合元素进行组合，就可以构成新的集合。

定义 1-7 设有集合 A、B，属于集合 A 或者属于集合 B 的所有元素组成的集合，称为集合 A 和集合 B 的并集，记作 $A \cup B$，即 $A \cup B = \{u \mid u \in A \text{ 或 } u \in B\}$。

定义 1-8 设有集合 A、B，属于集合 A 同时又属于集合 B 的所有元素组成的集合，称为集合 A 和集合 B 的交集，记作 $A \cap B$，即 $A \cap B = \{u \mid u \in A \text{ 且 } u \in B\}$。

下面，我们举几个具体例子来进行说明。

例 1-7 设集合 $A=\{a,b,c,d,e,f,g\}$，集合 $B=\{d,e,f,g,h,i\}$，则：
$$A \cup B = \{a,b,c,d,e,f,g,h,i\}$$
$$A \cap B = \{d,e,f,g\}$$

例 1-8 设全集 $U=N$，集合 $A=P$（素数集），集合 B 为正整数集 N 中所有奇数组成的集合，则 $A \cup B=\{$正奇数和 $2\}$；$A \cap B=\{$正奇素数$\}$。

特别地，如果集合 A 与集合 B 没有公共元素，即 $A \cap B = \varnothing$，就称集合 A 与集合 B 是不相交的。

例 1-9 设集合 $A_1=\{\{1,2\},\{3\}\}$，集合 $A_2=\{\{1\},\{2,3\}\}$，集合 $A_3=\{\{1,2,3\}\}$。则 $A_1 \cap A_2=\varnothing$，$A_2 \cap A_3=\varnothing$，$A_3 \cap A_1=\varnothing$。因此，我们说集合 A_1、A_2、A_3 两两互不相交。

按照以上的定义，显然可以得到以下的关系式。
$$A \subseteq A \cup B, \quad B \subseteq A \cup B$$
$$A \cap B \subseteq A, \quad A \cap B \subseteq B$$

如果集合 A 是集合 B 的子集，则可以证明 $A \cup B=B$，$A \cap B=A$。读者可以自己证明。

定义 1-9 设有集合 A 和集合 B 两个集合，由属于集合 B 而不属于集合 A 的所有元素组成的集合，称为集合 A 关于集合 B 的相对补集，记作 $B-A$，即
$$B-A=\{u \mid u \in B, \text{且 } u \notin A\}$$

通常，集合 A 关于集合 B 的相对补集称为集合 B 与集合 A 的差集。

例 1-10 设集合 $A=\{2,5,6\}$，集合 $B=\{3,4,2\}$，则 $B-A=\{3,4\}$，$A-B=\{5,6\}$。

现在，我们讨论一个极其特殊的情况，即集合 A 关于全集合 U 的相对补集进行如下定义。

定义 1-10 集合 A 关于全集合 U 的相对补集，称为集合 A 的绝对补集，简称为集合 A 的补集，记作 A'。即：

$$A'=U-A=\{u \mid u\in U，且\ u\notin A\}=\{u \mid u\notin A\}$$

例 1-11 设全集合 $U=Z$，集合 $A=\{2k \mid k\in Z\}$，则集合 A 的补集为 $A'=\{2k+1 \mid k\in Z\}=\{正奇数\}$。

显而易见，全集合 U 的补集是空集 $\varnothing$，空集 $\varnothing$ 的补集是全集合 U。

假设 $\{A_i\}_{i=1}^r$ 是全集合 U 的一组子集，把对 $\varnothing,U,A_1,A_2,\cdots,A_r$ 任意施加并、交、补运算有限次所产生的集合，称为由集合 $A_1,A_2,\cdots,A_r$ 所产生的集合。之所以要讨论这一概念，是因为计算机对于集合与集合之间的运算次数只能是有限次，并且并、交、补运算是集合的最基本的运算，关于这一点，我们会在后面的内容中作进一步的阐述。例如，$\varnothing,U,A\cap C',((A\cap C')\cup B)'\cap A$ 都是由集合 A、B、C 所产生的集合。

定义 1-11 设有集合 A 和集合 B 两个集合，则由属于集合 A 但不属于集合 B 的所有元素以及属于集合 B 但不属于集合 A 的所有元素组成的集合，称为集合 A 与集合 B 的对称差，记作 $A\oplus B$，即 $A\oplus B=(A-B)\cup(B-A)$。

例 1-12 对于例 1-7 中的集合 A 与集合 B，有集合 A 与集合 B 的对称差为 $A\oplus B=\{a,b,c\}\cup\{h,i\}=\{a,b,c,h,i\}$。

1.5 集合成员表

1.4 节主要讨论了集合论中关于集合的基本运算。但是由于离散数学这门课程是计算机科学的基础课程，因此，必需讨论如何通过计算机来实现集合之间的基本运算，或者怎样建立一种计算模型，使得可以对在全集合 U 的子集进行的各种求并集、求交集、求差集、求补集等运算转换为等效的按照计算机的处理方式进行的一套操作形式。本节就是按照这一思路进行讲解，试图为最终建立这样一种计算模型奠定基础。

我们可以这样思考，将前面所论述的集合和个体均看作是抽象的实体，也就是说，对于简单朴素集合来说，任何一个属于全集合的个体与当前的这个全集合的某个特定的子集合之间只存在两种关系中的一种，即要么个体属于该子集；要么个体不属于该子集。因此，需要对前面论述的集合的基本运算（如求补运算、求交运算、求并运算等）做出另外一种形式的定义。

关于集合 A 的求补运算，由于对属于全集合 U 内的任何一个个体 u 与全集合 U 的某个特定的子集合 A 之间只存在两种关系中的一种，即要么个体 u 属于集合 A，要么个体 u 不属于集合 A。根据前面讨论过的求补运算的基本方法，当个体 u 不属于集合 A 时，u 属于集合 A 的补集；而当个体 u 属于集合 A 时，u 不属于集合 A 的补集。因此，可以按照以下的方式定义集合 A 的求补运算。

（1）若 $u\notin A$，则 $u\in A'$。

（2）若 $u \in A$，则 $u \notin A'$。

同理，可以按照类似的方法讨论全集合 U 的任意两个子集 A 和 B 的求并运算和求交运算的另一种形式定义。由于对属于全集合 U 内的任何一个个体 u 与全集合 U 的某个特定的子集合之间只存在着两种关系中的一种，因此，这个个体 u 与全集合 U 的特定子集 A 和特定子集 B 之间存在着 $2 \times 2 = 4$ 种关系中的一种。即要么个体 u 不属于集合 A，并且个体 u 不属于集合 B；要么个体 u 不属于集合 A，并且个体 u 属于集合 B；要么个体 u 属于集合 A，并且个体 u 不属于集合 B；要么个体 u 属于集合 A，并且个体 u 属于集合 B。根据前面讨论过的求并运算的基本方法，当个体 u 不属于集合 A，并且个体 u 不属于集合 B 时，u 不属于集合 A 与集合 B 的并集；当个体 u 不属于集合 A，并且个体 u 属于集合 B 时，u 属于集合 A 与集合 B 的并集；当个体 u 属于集合 A，并且个体 u 不属于集合 B 时，u 属于集合 A 与集合 B 的并集；当个体 u 属于集合 A，并且个体 u 属于集合 B 时，u 属于集合 A 与集合 B 的并集；这样，我们可以按照以下的方式定义集合 A 和集合 B 的求并运算。

（1）若 $u \notin A$，且 $u \notin B$，则 $u \notin A \cup B$。

（2）若 $u \notin A$，且 $u \in B$，则 $u \in A \cup B$。

（3）若 $u \in A$，且 $u \notin B$，则 $u \in A \cup B$。

（4）若 $u \in A$，且 $u \in B$，则 $u \in A \cup B$。

同理，我们可以按照类似的方法定义集合 A 和集合 B 的求交运算。

（1）若 $u \notin A$，且 $u \notin B$，则 $u \notin A \cap B$。

（2）若 $u \notin A$，且 $u \in B$，则 $u \notin A \cap B$。

（3）若 $u \in A$，且 $u \notin B$，则 $u \notin A \cap B$。

（4）若 $u \in A$，且 $u \in B$，则 $u \in A \cap B$。

可以将以上这些关于集合的运算定义加以概括，列举在表 1-1 所示的集合成员表中。表 4-1 中标有集合 S 的列中的数字 0 和 1 分别表示元素 $u \in S$ 和元素 $u \notin S$。

表 1-1　集合成员表

A'的成员表		A∪B的成员表			A∩B的成员表		
A	A'	A	B	$A \cup B$	A	B	$A \cap B$
0	1	0	0	0	0	0	0
1	0	0	1	1	0	1	0
		1	0	1	1	0	0
		1	1	1	1	1	1

集合 A 与集合 B 所产生的集合的，可以推广到任意子集 $A_1, A_2, \cdots, A_r$ 所产生的集合上去。一般地，对于全集合 U 的任意一组子集 $A_1, A_2, \cdots, A_r$ 所产生的集合 S 的成员表，其前 r 列标记为 $A_1, A_2, \cdots, A_r$，最后一列标记为 S，其中，标记为 $A_i (i = 1, 2, \cdots, r)$ 的列中数字 0 表示 $u \notin A_i$，数字 1 表示 $u \in A_i$。如果在第 j 行上，前 r 列所指明的条件下有 $u \notin S$，就在 S 所在的那一列的第 j 行位置上记入 0；如果第 j 行上，前 r 列所指明的条件下有 $u \in S$，就在 S 所在的那一列的第 j 行位置上记入 1。不难看出，这样的集合成员表共有 2^r 行，它对应于个体 u 在 $A_1, A_2, \cdots, A_r$ 中的 2^r 种可能的成员/非成员的情况。通常为了讨论问题简化起见，有时把标记 $A_1, A_2, \cdots, A_r$ 列中的一行数字 $x_1 x_2 \cdots x_r$（其中每个 x_i 取 0 或者取 1）称为行 $x_1 x_2 \cdots x_r$。

例如，表 1-2 说明由集合 A, B, C 所产生的集合

$$S=((A\cap B)\cup(A'\cap C))\cup(B\cap C)$$

的集合成员表的构造过程。

表 1-2 集合 S 的集合成员表

A	B	C	A'	$A\cap B$	$A'\cap C$	$B\cap C$	$(A\cap B)\cup(A'\cap C)$	S
0	0	0	1	0	0	0	0	0
0	0	1	1	0	1	0	1	1
0	1	0	1	0	0	0	0	0
0	1	1	1	0	1	1	1	1
1	0	0	0	0	0	0	0	0
1	0	1	0	0	0	0	0	0
1	1	0	0	1	0	0	1	1
1	1	1	0	1	0	1	1	1

在表 1-2 中的前三列列出了全集合 U 中的元素 u 在 U 的子集合 A、B 和 C 中的 8 种可能的成员/非成员情况,并且在最后一列列出了 u 在集合 S 中的相应成员/非成员情况。这一列是通过集合 A'、$A\cap B$、$A'\cap C$、$B\cap C$ 和 $(A\cap B)\cup(A'\cap C)$ 的中间集合成员表相继构造出来的。除前三列以外,其他每一列都是由前面的列直接按照 $'$、$\cup$、$\cap$ 运算的集合成员表构造出来的。

这种集合成员表的构造方法主要用于对大量的(但数量是有限的)集合进行有限多次的并、交、补的混合运算。这样的运算方式容易借助于计算机实现。这是因为计算机可以对大规模的数据进行高效地处理。正因如此,才需要我们为其提供一种具有普遍适用性的方法,可以将其理解成为设计一种算法,使之对于任意大量的具体集合(能用列举法或描述法表示的有限集)进行多次(有限次)的并、交、补的混合运算。而构造集合成员表的方法恰好为我们设计这样的算法提供了理论依据。正是由于这一点,集合成员表中的集合才只能以抽象的形式出现,抽象的集合具有更普遍的意义,容易推广。任何一个正确的算法总是会根据各种不同的输入数据得出正确的输出结果。这里的输入数据(不是抽象的,而是具体的)都来源于各种实际应用问题中,输出结果(不是抽象的,而是具体的)都是这些实际应用问题所需要的结果。

因此,通过上述构造集合成员表的方法可以将集合的求并运算、求交运算和求补运算分别等效地转换为逻辑或、逻辑与和逻辑非运算。而逻辑或、逻辑与和逻辑非运算恰好是计算机最擅长的计算方式。这样,我们就可以利用上述构造集合成员表的思想来设计算法将集合与集合的并、交、补及其混合运算等效地转换为相应的逻辑或、逻辑与和逻辑非及其混合运算。

例 1-13 设全集合 $U_1=\{1,2,3,4,5,6,7,8\}$,并且该全集合有 3 个子集 A、B、C。其中集合 $A=\{1,2,3\}$,集合 $B=\{5,6\}$,集合 $C=\{6,7\}$。现在我们可以通过两种不同的方法来计算表达式:$S=((A\cap B)\cup(A'\cap C))\cup(B\cap C)$。

解 第一种方法是利用集合的并、交、补运算求解,$A\cap B=\varnothing$,$A'=\{4,5,6,7,8\}$,$A'\cap C=\{4,5,6,7,8\}\cap\{6,7\}=\{6,7\}$,$B\cap C=\{5,6\}\cap\{6,7\}=\{6\}$,因此,集合 $S=\{6,7\}\cup\{6\}=\{6,7\}$。

第二种方法就是利用表 1-2 所示的集合成员表,即依次判断全集合 U_1 中的各个元素有哪些属于最后的一列表示的集合 S 中(看标记为 1 的位置)。具体方法如下。

$1 \in A, 1 \notin B, 1 \notin C$，因此，元素 1 所在的行（如表 1-2 所示）是第 5 行，所对应的集合 S 在该行的标记值为 0，因此 $1 \notin S$；类似地，我们可以依次分析出全集合 U_1 中的其余元素属于或者不属于集合 S 的情况。即 $2 \notin S, 3 \notin S, 4 \notin S, 5 \notin S, 6 \in S, 7 \in S, 8 \notin S$，由此可得，集合 $S = \{6, 7\}$。

例 1-14 设全集合 $U_2 = \{a, b, c, d, e, f, g\}$，并且该全集合有 3 个子集 A、B、C。其中集合 $A = \{a, d\}$，集合 $B = \{b, d, e\}$，集合 $C = \{b, g\}$。现在我们仍然可以通过两种不同的方法来计算表达式：$S = ((A \cap B) \cup (A' \cap C)) \cup (B \cap C)$。注意，该表达式与例 1-13 中所需要计算的表达式完全相同，就是表 1-2 中所列出的集合 S 的表达式。

解 第一种方法是利用集合的并、交、补运算求解，$A \cap B = \{d\}$，$A' = \{b, c, e, f, g\}$，$A' \cap C = \{b, c, e, f, g\} \cap \{b, g\} = \{b, g\}$，$B \cap C = \{b, d, e\} \cap \{b, g\} = \{b\}$，于是，$(A \cap B) \cup (A' \cap C) = \{b, d, g\}$，因此，集合 $S = \{b, d, g\} \cup \{b\} = \{b, d, g\}$。

第二种方法仍然是利用表 1-2 所示的集合成员表，即依次判断全集合 U_2 中的各个元素有哪些属于最后的一列表示的集合 S 中（看标记为 1 的位置）。具体方法如下。

$a \in A, a \notin B, a \notin C$，因此，元素 a 所在的行（见表 1-2）是第 5 行，所对应的集合 S 在该行的标记值为 0，因此 $a \notin S$。类似地，我们可以依次分析出全集合 U_2 中的其余元素属于或者不属于集合 S 的情况。即 $b \in S, c \notin S, d \in S, e \notin S, f \notin S, g \notin S$，由此可得，集合 $S = \{b, d, g\}$。

由上述两个例子不难看出，这两个例子的第二种方法都利用了表 1-2 所示的集合成员表，并且在构造集合成员表的过程中已经将集合的并、交、补运算分别转换成了逻辑或、逻辑与、逻辑非运算。事实证明这样的转换是等效的，我们在第 4 章将从另一个角度证明这种转换是切实可行的。这样一来，我们就可以利用构造集合成员表的思想设计相应的算法并且借助于现代计算机这种计算能力强大的计算工具（至少是比人类现有的计算能力强大）实现具有大规模数量的（通常是成百上千个）集合之间的并、交、补运算及其经过有限多次组合（因为计算机只能进行有限次计算）形成的混合运算。

特别地，在集合成员表中，如果存在有某一列的各个记入值全为 0，就表明该列所标记的集合是空集 $\varnothing$；如果存在有某一列的各个记入值全为 1，就表明该列所标记的集合是全集合 U。如果集合成员表中标有 S 和 T 的两列是恒同的（即 S 和 T 所在的列中任何一行的记入值都相等），就表明对于全集合 U 中的任意元素 $u \in S$ 蕴含 $u \in T$，并且 $u \in T$ 蕴含 $u \in S$，所以有 $S \subseteq T$，并且 $T \subseteq S$，所以 $S = T$。例如，在表 1-2 中，由于 $(A \cap B) \cup (A' \cap C)$ 与 $((A \cap B) \cup (A' \cap C)) \cup (B \cap C)$ 所在的列是完全一样的，因此有：

$$(A \cap B) \cup (A' \cap C) = ((A \cap B) \cup (A' \cap C)) \cup (B \cap C)$$

这样一来，集合成员表可以用来证明由全集合 U 的子集所产生的集合是否相等。运用集合成员表证明两个集合相等显然是按照计算思维的思路完成证明过程的。这是因为在这个过程中，首先需要计算待证明的两个全集合的子集所在的两列的记入值，并且需要比较其值是恒同的。这种比较的过程是计算机最擅长的一种处理方式，可以完全通过计算机程序来实现。

1.6 集合运算的定律

集合的求并运算、求交运算、求补运算具有许多运算性质，在 1.4 节中已经初步看到了一些。下面列出这些性质中最主要的几条性质，并且称这些性质为集合运算的基本定律。

对于全集合 U 的任意子集 A、B、C，有如下定律。

交换律：$A \cup B = B \cup A$ $A \cap B = B \cap A$

结合律：$A \cup (B \cup C) = (A \cup B) \cup C$

$A \cap (B \cap C) = (A \cap B) \cap C$

分配律：$A \cap (B \cup C) = (A \cap B) \cup (A \cap C)$

$A \cup (B \cap C) = (A \cup B) \cap (A \cup C)$

等幂律：$A \cap A = A$ $A \cup A = A$

吸收律：$A \cup (A \cap B) = A$ $A \cap (A \cup B) = A$

同一律：$A \cup \varnothing = A$ $A \cap U = A$

互补律：$A \cup A' = U$ $A \cap A' = \varnothing$

零一律：$A \cup U = U$ $A \cap \varnothing = \varnothing$

德·摩根定律：$(A \cup B)' = A' \cap B'$

$(A \cap B)' = A' \cup B'$

$\varnothing' = U$ $U' = \varnothing$

对合律：$(A')' = A$

对称差运算也有一些类似的性质。对于全集合 U 的任意子集合 A、B、C，有：

$$A \oplus B = B \oplus A$$

$$(A \oplus B) \oplus C = A \oplus (B \oplus C)$$

$$A \cap (B \oplus C) = (A \cap B) \oplus (A \oplus C)$$

$$A \oplus \varnothing = A \qquad A \oplus U = A'$$

$$A \oplus A = \varnothing \qquad A \oplus A' = U$$

$$A \oplus (A \oplus B) = B$$

由于以上各个等式对于全集合 U 任意子集 A、B、C 都是成立的，因此它们是集合恒等式。这些集合恒等式的正确性，均可以一一加以证明。下面举例说明这些集合恒等式的证明方法。在这些证明方式中，有些是运用逻辑思维的方式，有些是运用计算思维的方式。首先，我们举两个运用逻辑思维的方式证明的例子，即根据集合的基本运算的定义进行证明。

例 1-15 证明德·摩根定律 $(A \cup B)' = A' \cap B'$。

证明 设全集合中的某个元素 $u \in (A \cup B)'$，则有 $u \notin A \cup B$，因此，有 $u \notin A$ 并且 $u \notin B$，于是可以得到 $u \in A'$ 并且 $u \in B'$，因而 $u \in A' \cap B'$，故有 $(A \cup B)' \subseteq A' \cap B'$。

反之，设全集合中的某个元素 $u \in A' \cap B'$，则 $u \in A'$ 并且 $u \in B'$，于是可以得到 $u \notin A$ 并且 $u \notin B$，因此有 $u \notin A \cup B$，因而 $u \in (A \cup B)'$，故有 $A' \cap B' \subseteq (A \cup B)'$。

由以上的推理过程，根据两个集合相等的定义可知 $(A \cup B)' = A' \cap B'$，即德·摩根定律成立，证毕。

例 1-16 证明集合恒等式 $A - B = A \cap B'$。

证明 设全集合中的某个元素 $u \in A - B$，根据差集的定义，有 $u \in A$ 并且 $u \notin B$，于是有 $u \in A$ 并且 $u \in B'$，因此 $u \in A \cap B'$，故有 $A - B \subseteq A \cap B'$。

反之，设全集合中的某个元素 $u \in A \cap B'$，则 $u \in A$ 并且 $u \in B'$，于是有 $u \in A$ 并且 $u \notin B$，因此，$u \in A - B$，故有 $A \cap B' \subseteq A - B$。由以上的推理过程，根据两个集合相等的定义可知 $A - B = A \cap B'$ 成立，证毕。

特别值得一提的是这一集合恒等式常被用于将集合的差集运算转化为集合的交集和补集的混合运算。

用集合相等的定义证明集合恒等式是逻辑思维的证明方法,这种方法对于全集合 U 的子集数目较少的情况下比较简单,但是对于子集数目较多时,证明过程极为繁杂。因此,我们再举一个运用计算思维证明集合恒等式的例子,这就是 1.5 节讨论的集合成员表法。

例 1-17 证明集合求并运算的结合律性质 $A \cup (B \cup C) = (A \cup B) \cup C$。

证明 列出集合 $A \cup (B \cup C)$ 和集合 $(A \cup B) \cup C$ 的成员表如表 1-3 所示。

表 1-3 集合成员表

A	B	C	$B \cup C$	$A \cup B$	$A \cup (B \cup C)$	$(A \cup B) \cup C$
0	0	0	0	0	0	0
0	0	1	1	0	1	1
0	1	0	1	1	1	1
0	1	1	1	1	1	1
1	0	0	0	1	1	1
1	0	1	1	1	1	1
1	1	1	1	1	1	1

由表 1-3 所示,由于该表中的集合 $A \cup (B \cup C)$ 与集合 $(A \cup B) \cup C$ 所标记的列完全相同,因此,$A \cup (B \cup C) = (A \cup B) \cup C$。证毕。

对于全集合的子集数目较多的情况,为了提高效率,可以使用集合成员表的方式进行证明,因为这是一种可以使用计算机程序进行证明的方式。集合成员表法证明两个集合相等的最大优点在于对全集合的子集数目较多的情况,其效率比采用集合相等定义法(逻辑思维)证明的效率高,这是由计算机的工作方式决定的。

以上所列举的集合恒等式不全都是独立的。如果证明了一些恒等式是正确的,那么就可以利用它们来证明另外一些恒等式。通常将这种证明方法称为已知恒等式法。下面我们举两个例子进行说明。

例 1-18 假设交换律、分配律、同一律和零一律都是正确的,试证明吸收律 $A \cup (A \cap B) = A$。

证明
$$A \cup (A \cap B) = (A \cap U) \cup (A \cap B)$$
（同一律）
$$= A \cap (U \cap B) \qquad\qquad （分配律）$$
$$= A \cap (B \cap U) \qquad\qquad （交换律）$$
$$= A \cap U \qquad\qquad （零一律）$$
$$= A \qquad\qquad （同一律）$$

例 1-19 证明以下集合恒等式。
$$(A \cup B) \cap (A' \cup C) = (A \cap C) \cup (A' \cap B)$$

证明 左边 $= (A \cup B) \cap (A' \cup C)$
$$= (A \cap (A' \cup C)) \cup (B \cap (A' \cup C)) \qquad\qquad （分配律）$$
$$= ((A \cap A') \cup (A \cap C)) \cup ((B \cap A') \cup (B \cap C))$$
$$= \varnothing \cup (A \cap C) \cup (A' \cap B) \cup (B \cap C)$$

$$=(A\cap C)\cup(A'\cap B)\cup(B\cap C) \qquad\text{(同一律)}$$
$$=(A\cap C)\cup(A'\cap B)\cup((B\cap C)\cap(A\cup A')) \qquad\text{(互补律)}$$
$$=(A\cap C)\cup(A'\cap B)\cup(B\cap C\cap A)\cup(B\cap C\cap A')$$
$$=(A\cap C)\cup(B\cap A\cap C)\cup(A'\cap B)\cup(A'\cap B\cap C)$$
$$=(A\cap C)\cup(A'\cap B) \qquad\text{(吸收律)}$$
$$=\text{右边}$$

所以,原式成立。

通过这两个例子,不难发现,当且仅当集合数量比较少时,使用已知恒等式法证明恒等式效率较高,效果较好。但是,如果对集合数量比较多的情况呢? 证明过程就比较复杂。有没有效率比较高的证明方法呢? 答案是肯定的,可采用定理的机器证明方法。它的基本思想是首先将集合运算中最简单的恒等式(前面提及的十条运算定律)作为在推理过程中必需的基础知识以及基本的推理规则(如前提引入规则,中间结论引入规则,置换规则,代入规则等)存放在知识库中,然后使用计算机将这些知识通过这些存入计算机中的推理规则进行自动推理。这时,计算机便具有了一定的推理能力,具有了一定程度的(从这种特定的推理能力上来说)智能化。这种方法的首创者是荣获我国首届国家自然科学奖的吴文俊院士。

结合律指出,对于任何的全集合的子集 A、B、C,有 $A\cup(B\cup C)=(A\cup B)\cup C$ 以及 $A\cap(B\cap C)=(A\cap B)\cap C$。因此,通常可以删去括号而将其分别写作 $A\cup B\cup C$ 与 $A\cap B\cap C$。用数学归纳法容易证明,对于任意 n 个集合 $A_1,A_2,\cdots,A_n$,它们的求并运算和求交运算也是满足结合律的。因此,对其表达式也可以不加括号而写成如下形式。

$$\bigcup_{i=1}^{n}A_i=A_1\cup A_2\cup\cdots\cup A_n=\{u\mid u\in A_1,\text{或 } u\in A_2,\cdots,\text{或 } u\in A_n\}$$

$$\bigcap_{i=1}^{n}A_i=A_1\cap A_2\cap\cdots\cap A_n=\{u\mid u\in A_1,\text{且 } u\in A_2,\cdots,\text{且 } u\in A_n\}$$

类似地,分配律也可以推广到一般的情形,即:

$$B\cap(\bigcup_{i=1}^{n}A_i)=\bigcup_{i=1}^{n}(B\cap A_i)\qquad B\cup(\bigcap_{i=1}^{n}A_i)=\bigcap_{i=1}^{n}(B\cup A_i)$$

与算术运算相同,总是约定从最内层括号内的运算作起。例如,在 $A=B\cup(C\cap D)$ 中,括号就规定了集合 A 由如下的运算次序而得到:首先求集合 C 与集合 D 的交集 E;接着求集合 B 与集合 E 的并集。这个结果与 $(B\cup C)\cap D$ 得到的结果完全不同。因此,无括号的式子 $B\cup C\cap D$ 是含糊的。所以,当连续进行求并运算与求交运算时,为了避免含糊,必需使用括号。

1.7 分划

分划这个概念来源于对现实生活中的许多例子的抽象。例如,如果我们去超市购物,那么就会发现琳琅满目的超市商品不是杂乱无章地摆放成一堆,而是按照一种特定的分类形式分门别类地摆放在一处,供顾客挑选。例如,将日常生活用品归为一类,将家用电器归为一类,将珠宝玉器归为一类等分别存放在不同的展台上。又例如,我们可以将某大学的学生根据所学专业的差异分为数学系的学生、物理系的学生、英语系的学生、计算机系的学生等。再例如,可以将某图书馆的藏书按照图书种类的差异分为哲学书籍、文学书籍、历史书籍、自然科学书籍等。

当前,随着计算机专业的日益发展和不断完善,对于计算机专业的理论探讨变得越来越深入。大数据时代的来临迫使计算机领域的专家和学者不但要想方设法地加大计算机现有的存储容量,而且还需要(甚至在某种程度上更加需要)对存储在数据库中的海量数据进行高效地处理,以利于相关领域的研究者得出有效的结论。例如,经济学家需要根据对存储在数据库中的大量的经济数据(如各种商品的进出口数量、股票指数、有价证券交易额度、大宗消费品价格等)进行高效处理之后得到的结果进行分析和判断应当采取怎样的财政政策和货币政策来应对当前所面临的经济形势。又例如,现代物理学的发展已经迥然不同于以往的物理学家直接从实验室中获得实验结果了。特别是做高能粒子物理研究的物理学家,他们通常将大量的实验数据首先实时有效地存储在计算机的数据库中,然后,借助于计算机的强大的计算能力和对信息的实时处理能力对存储在数据库中的大量的物理实验数据进行高效处理,接下来对计算机处理结果进行进一步分析,进而可以在科学研究上取得新的突破和进展,为人类在科学的认知领域做出新的贡献。

从这两个例子中不难看出,不论是经济学家还是物理学家,他们想要完成各自的工作,都必须要借助于计算机对于存储在其中的海量数据进行高效地处理。因此,我们自然而然地会提出这样一个问题:计算机怎样才可以对存储在其中的海量数据进行高效地处理呢?解决这个问题的方法通常是将存储在计算机中的这些数据根据某些性质或特征进行分类,而分类的好坏将直接影响着处理这些数据的效率。因此,怎样对存储在计算机中的这些数据根据某些性质或特征进行分类是摆在计算机专家和学者面前的一道难题。

本节介绍的分划这个概念来源于上面的例子中所提到的对存储在计算机中的海量数据进行分类的这项工作。

定义 1-12 设 $\pi = \{A_i\}_{i \in K}$ 是集合 A 的某些非空子集的集合,若集合 A 的每一元素在且只在某一 A_i 中,即:

(1) 每个子集 A_i 非空;

(2) $A_i \cap A_j = \varnothing$,当 $i \neq j$ 且 $i, j \in K$ 时(即任意两个子集没有公共元素);

(3) $\bigcup_{i \in K} A_i = A$ (即这些子集合起来恰好等于集合 A)。

则称集合 π 是集合 A 的一个分划,其中的每个子集合 A_i 称为这个分划的一个分划块。

由以上的关于分划的定义,易知分划是一个集合族。由于空集的唯一子集就是空集,因此空集没有分划。对于全集 U 上的任一子集 A 的分划是集合 A 的幂集的非空子集。

根据定义 1-12,不难看出,分划的定义来源于前面所列举的日常生活中的例子。例如,如果将某大学的全体学生作为一个集合,那么在这所学校所开设的任何一个专业的学生(如数学系的学生)都是这所学校的全体学生的某一个非空子集。这个非空子集之所以不能为空集,是因为这个集合中的所有元素都具有一个共同的性质,即专业的同一性。如果空集这个元素也能成为集合 A 的分划中的元素,那么就没有现实意义了;又由于在大学中,任何一个学生只能主修一个专业(在这个例子中不考虑辅修或双学位的情况),即如果张三是计算机系的学生,那么他只能在计算机系注册登记,而不能在其他的专业再去注册登记了,这就意味着他只属于计算机系的学生这个集合,不属于其他系(如物理系)的学生这个集合。因此,任何两个不同专业的学生集合之间的交集一定是空集;而又由于在这所大学的所有学生都分属于各个不同的系,也就是说,没有一个学生是没有专业的,因此,这所大学各个系的学生组成的全体构成的集合即为这所大学的全体学生组成的集合。

下面,我们对以上的关于分划以及分划块的概念通过几个例子进行说明。

例 1-20 设集合 $A=\{1,2,3\}$,请给出集合 A 的所有分划。

解 集合 A 的所有分划如下:$\pi_1=\{\{1\},\{2\},\{3\}\}$,$\pi_2=\{\{1\},\{2,3\}\}$,$\pi_3=\{\{2\},\{1,3\}\}$,$\pi_4=\{\{3\},\{1,2\}\}$,$\pi_5=\{\{1,2,3\}\}$。

由此可知,一个集合的分划,一般来说不是唯一的,在现实生活中的确如此。如果将集合 A 看成由某大学的全体学生组成的集合,那么我们可以根据不同的分类标准对该校学生进行分类(分划)。例如,如果根据所学的专业对这些学生进行分类,可以将这所大学的学生分为数学专业的学生、文学专业的学生、物理专业的学生、经济专业的学生、计算机专业的学生等;也可以根据年级对该校学生进行另一种分类方式,如大一新生、大二学生、大三学生、大四学生、研究生、博士生等。从这个例子中,我们不难得出下面的结论,即如果分划的标准不同,那么分划的形式也不同。

例 1-21 设集合 A 为整数集 I,A_i 是集合 A 中被 5 除后余数为 i 的所有整数的集合,即:

$$A_0=\{\cdots,-10,-5,0,5,10,\cdots\} \qquad \text{即余数为 0 的整数组成的集合}$$
$$A_1=\{\cdots,-9,-4,1,6,11,\cdots\} \qquad \text{即余数为 1 的整数组成的集合}$$
$$A_2=\{\cdots,-8,-3,2,7,12,\cdots\} \qquad \text{即余数为 2 的整数组成的集合}$$
$$A_3=\{\cdots,-7,-2,3,8,13,\cdots\} \qquad \text{即余数为 3 的整数组成的集合}$$
$$A_4=\{\cdots,-6,-1,4,9,14,\cdots\} \qquad \text{即余数为 4 的整数组成的集合}$$

试证明 $\{A_0,A_1,A_2,A_3,A_4\}$ 是整数集 I 的分划。

证明 (1) 集合 $\{A_0,A_1,A_2,A_3,A_4\}$ 中的任一元素 $A_i(i=0,1,2,3,4)$ 是被 5 除后余数为 i 的整数组成的集合。因此每个子集 A_i 都是非空集合。

(2) 在集合 $\{A_0,A_1,A_2,A_3,A_4\}$ 中若存在两个元素 A_i 与 $A_j(i,j=0,1,2,3,4)(i\neq j)$,使得 $A_i\cap A_j\neq\varnothing$,则说明至少存在一个整数 u,使得 $u\in A_i$ 并且 $u\in A_j$,又因为 $i\neq j$,所以说明对于同一个整数 u,被 5 除后的余数有两个不同的值 i 和 j,这是不可能的。所以集合 $\{A_0,A_1,A_2,A_3,A_4\}$ 中的任意两个元素 A_i 与 $A_j(i,j=0,1,2,3,4)(i\neq j)$,都有 $A_i\cap A_j=\varnothing$。

(3) $A_0\cup A_1\cup A_2\cup A_3\cup A_4$ 表示将被 5 除后余数为 0,为 1,为 2,为 3,为 4 的整数组合在一起的整数集,由于任一整数除以 5 的余数只能是 0 或 1 或 2 或 3 或 4,因此 $A_0\cup A_1\cup A_2\cup A_3\cup A_4$ 就是全体整数组成的集合,就是整数集 I。

综合(1)、(2)、(3)得知 $\{A_0,A_1,A_2,A_3,A_4\}$ 是整数集 I 的分划。证毕。

对应子集和真子集的概念,分划中给出了细分和真细分的概念,具体如下。

定义 1-13 设分划 $\bar{\pi}=\{\bar{A_i}\}_{i\in\bar{K}}$ 和分划 $\pi=\{A_j\}_{j\in K}$ 都是集合 A 的分划,如果分划 $\bar{\pi}$ 中的每一个 $\bar{A_i}$ 都是分划 π 中某个 A_j 的子集,就称分划 $\bar{\pi}$ 是分划 π 的一个细分,如果分划 $\bar{\pi}$ 是分划 π 的细分,并且分划 $\bar{\pi}$ 中至少有一个 $\bar{A_i}$ 是某个 A_j 的真子集,就称分划 $\bar{\pi}$ 是分划 π 的真细分。

例如,例 1-20 中的分划 π_1 是分划 π_2、π_3、π_4、π_5 的细分,也是它们的真细分;分划 π_2、π_3、π_4 都是分划 π_5 的真细分。不难看出,每个分划 π_i 都是自己的细分,但不是真细分。在文氏图中,分划全集 U 的过程,可以看成在表示 U 的区域上划出分界线。如果分划 $\bar{\pi}$ 的分界线是在分划 π 已有的分界线上至少加上了一根新的分界线所组成的,则分划 $\bar{\pi}$ 就是分划 π 的真细分。

1.8 集合的标准形式

本小节的主要目的在于揭示全集合 U 的子集的运算的一些本质属性。在 1.6 节中,我们已经讨论了一个集合可以存在多种不同的等效恒等式形式,那么,是否存在着某种唯一的表示形式等效地表示某一个集合呢? 答案是肯定的。这就是本节介绍的主要内容——最小集标准形式和最大集标准形式。

1.8.1 最小集标准形式

定义 1-14 设集合 $A_1, A_2, \cdots, A_r$ 是全集合 U 的子集,形如 $\bigcap\limits_{i=1}^{r} \overline{A_i}$ 的集合称为由集合 $A_1, A_2, \cdots, A_r$ 所产生的最小集,其中每个 $\overline{A_i}$ 为 A_i 或者 A_i'。

例如,由全集合 U 的子集 A、B、C 所产生的全部最小集有 8 个,分别是 $A\cap B\cap C$、$A\cap B\cap C'$、$A\cap B'\cap C$、$A\cap B'\cap C'$、$A'\cap B\cap C$、$A'\cap B\cap C'$、$A'\cap B'\cap C$、$A'\cap B'\cap C'$。

不难看出,由全集合 U 的子集 $A_1, A_2, \cdots, A_r$ 所产生的最小集共有 2^r 个。特别需要说明的是,由 $A_1, A_2, \cdots, A_r$ 所产生的最小集有可能都不是空集,有可能有一部分最小集是空集。下面给出关于最小集性质的重要定理 1-3。

定理 1-3 由全集合 U 的子集所产生的所有非空最小集的集合组成了全集合 U 的一个分划。

证明 设任一元素 $u\in U$,则 $u\in A_1$,否则 $u\in A_1'$;$u\in A_2$,否则 $u\in A_2'$;$\cdots$;$u\in A_r$,否则 $u\in A_r'$。因此,元素 u 必在某个非空最小集 $\bigcap\limits_{i=1}^{r} \overline{A_i}$ 中。

又不妨设有某一元素 $u\in U$,使得 $u\in S_1\cap S_2$,其中 S_1 和 S_2 是由 $A_1, A_2, \cdots, A_r$ 所产生的两个不同的最小集,则必存在一个 $k(1\leqslant k\leqslant r)$,使得 $u\in A_i$ 并且 $u\in A_i'$,但是由于 $A_i\cap A_i' = \varnothing$,因此,$u\in S_1\cap S_2$ 是不可能的。即全集合 U 中的任一元素只能在唯一的一个最小集中。证毕。

为了叙述方便起见,通常使用 $M_{\delta_1 \delta_2 \cdots \delta_r}$ 来表示最小集 $\bigcap\limits_{i=1}^{r} \overline{A_i}$,其中

$$\delta_i = \begin{cases} 0\,\overline{A_i} = A_i' \\ 1\,\overline{A_i} = A_i \end{cases}$$

例如,$A_1\cap A_2\cap A_3'\cap A_4$ 表示为 M_{1101};$A_1'\cap A_2'\cap A_3\cap A_4$ 表示为 M_{0011}。这样就使得 $M_{\delta_1 \delta_2 \cdots \delta_r}$ 的下标可以唯一地描述所要表示的最小集。

现在,我们来讨论一下任意一个最小集 $M_{\delta_1 \delta_2 \cdots \delta_r} = \bigcap\limits_{i=1}^{r} \overline{A_i}$ 和它的集合成员表。根据交集的定义,当且仅当 $u\in \overline{A_1}$,且 $u\in \overline{A_2}$,$\cdots$,且 $u\in \overline{A_r}$ 时,$u\in M_{\delta_1 \delta_2 \cdots \delta_r}$。因此,在 $M_{\delta_1 \delta_2 \cdots \delta_r}$ 所标记的列中,有一个且仅有一个地方出现 1,其余均为 0。该 1 出现的行即是 $\overline{A_1}, \overline{A_2}, \cdots, \overline{A_r}$ 所标记的各列均为 1 的行,也就是 $A_1, A_2, \cdots, A_r$ 所标记的各列分别为 $\delta_1, \delta_2, \cdots, \delta_r$ 的行。也就是说,$M_{\delta_1 \delta_2 \cdots \delta_r}$ 所标记的列仅在 $\delta_1 \delta_2 \cdots \delta_r$ 行为 1,而在其余各行均为 0。

例如,在表 1-4 中,最小集 $M_{110} = A\cap B\cap C'$,当且仅当 $u\in A$,且 $u\in B$,且 $u\in C'$ 时,即当且仅当 $u\in A$,且 $u\in B$,且 $u\in C'$ 时,$u\in M_{110}$,即最小集 M_{110} 所标记的列仅在行 110 取值为 1,而在其余各行取值均为 0。

表 1-4　最小集和最小集的并集成员表

A	B	C	M_{001}	M_{011}	M_{110}	M_{111}	$M_{001}\bigcup M_{011}\bigcup M_{110}\bigcup M_{111}$
0	0	0	0	0	0	0	0
0	0	1	1	0	0	0	1
0	1	0	0	0	0	0	0
0	1	1	0	1	0	0	1
1	0	0	0	0	0	0	0
1	0	1	0	0	0	0	0
1	1	0	0	0	1	0	1
1	1	1	0	0	0	1	1

再考察由全集合 U 的子集 $A_1,A_2,\cdots,A_r$ 所产生的任意 $i(i\leqslant 2^r)$ 个不同的最小集的并集 $M_{\delta_{11}\delta_{12}\cdots\delta_{1r}}\bigcup M_{\delta_{21}\delta_{22}\cdots\delta_{2r}}\bigcup\cdots\bigcup M_{\delta_{i1}\delta_{i2}\cdots\delta_{ir}}$ 和它的集合成员表。做出其列为 $A_1,A_2,\cdots,A_r$，$M_{\delta_{11}\delta_{12}\cdots\delta_{1r}},M_{\delta_{21}\delta_{22}\cdots\delta_{2r}},\cdots,M_{\delta_{i1}\delta_{i2}\cdots\delta_{ir}}$ 以及 $M_{\delta_{11}\delta_{12}\cdots\delta_{1r}}\bigcup M_{\delta_{21}\delta_{22}\cdots\delta_{2r}}\bigcup\cdots\bigcup M_{\delta_{i1}\delta_{i2}\cdots\delta_{ir}}$ 所标记的集合成员表，其最后一列可以由它前面的 i 列借助 $\bigcup$ 运算的定义表 1-1 而直接得到。并集所标记的列仅在 $M_{\delta_{11}\delta_{12}\cdots\delta_{1r}},M_{\delta_{21}\delta_{22}\cdots\delta_{2r}},\cdots,M_{\delta_{i1}\delta_{i2}\cdots\delta_{ir}}$ 这 i 行上为 1，在其余各行上为 0。例如，表 1-4 说明了集合 $(A'\bigcap B'\bigcap C)\bigcup(A'\bigcap B\bigcap C)\bigcup(A\bigcap B\bigcap C')\bigcup(A\bigcap B\bigcap C)$ 的集合成员表的构造方法。

由最小集和最小集的并集的集合成员表的上述特点，可以得到定理 1-4。

定理 1-4　由全集合 U 的子集 $A_1,A_2,\cdots,A_r$ 所产生的每个非空集合 S 恒可以表示为由 $A_1,A_2,\cdots,A_r$ 所产生的不同最小集的并集。

证明　由假设 S 为非空集合，因此，在集合 S 的集合成员表里 S 所标记的列中必有 k 个 $1(1\leqslant k\leqslant 2^r)$。设这 k 个 1 分别在 $M_{\delta_{11}\delta_{12}\cdots\delta_{1r}},M_{\delta_{21}\delta_{22}\cdots\delta_{2r}},\cdots,M_{\delta_{k1}\delta_{k2}\cdots\delta_{kr}}$ 行处。作如下最小集的并集，并用集合 T 来表示，即

$$T=M_{\delta_{11}\delta_{12}\cdots\delta_{1r}}\bigcup M_{\delta_{21}\delta_{22}\cdots\delta_{2r}}\bigcup\cdots\bigcup M_{\delta_{k1}\delta_{k2}\cdots\delta_{kr}}$$

将集合 T 所标记的列加入到集合 S 的集合成员表中，根据前面的讨论，它必然与集合 S 所标记的列恒同，因此，$S=T$。证毕。

当一个集合被表示成为不同最小集的求并运算的形式时，该形式称为此集合的最小集标准形式。不难看出，对于任何一个非空集合来说，都必能表示成为这种形式。那么空集呢？空集可以表示成为最小集标准形式吗？从严格意义上来说，是不行的。这是由于空集里不含有任何元素，因此，在集合成员表中，空集所在的列中的每一个标记位的值都是 0，即没有 1 的标记出现，也就是说，空集不可能被表示成为不同最小集的求并运算的形式。但是，为了使最小集标准形式的定义在数学上具有完备性，因此，我们定义空集的最小集标准形式就是空集。

定理 1-4 的证明不仅肯定了集合的最小集标准形式，而且给出了构造集合的最小集标准形式的方法。例如，从表 1-2 中可以看出集合 $(A\bigcap B)\bigcup(A'\bigcap C)$ 所标记的列在 001，011，110，111 这些行处的值为 1，因此，$(A\bigcap B)\bigcup(A'\bigcap C)$ 的最小集标准形式为 $(A'\bigcap B'\bigcap C)\bigcup(A'\bigcap B\bigcap C)\bigcup(A\bigcap B\bigcap C')\bigcup(A\bigcap B\bigcap C)$。

1.8.2　最大集标准形式

定义 1-15　设集合 $A_1, A_2, \cdots, A_r$ 是全集合 U 的子集，形如 $\bigcup_{i=1}^{r} \overline{A_i}$ 的集合称为由集合 $A_1, A_2, \cdots, A_r$ 所产生的最大集，其中每个 $\overline{A_i}$ 为 A_i 或者 A_i'。

不难看出，由全集合 U 的子集 $A_1, A_2, \cdots, A_r$ 所产生的最大集共有 2^r 个。与最小集不同，由 $A_1, A_2, \cdots, A_r$ 所产生的最大集的集合不能构成全集合 U 的分划。这一情况是显而易见的。

当一个集合被表示成为不同最大集相交的形式时，该形式称为此集合的最大集标准形式。

我们仍然使用集合成员表来讨论对于全集合 U 的任一真子集的最大集标准形式。在1.8.1 小节中，讨论了 $(A\cap B)\cup(A'\cap C)$ 的最小集标准形式，现在考虑 $(A\cap B)\cup(A'\cap C)$ 的最大集标准形式。

为了讨论问题方便起见，让我们回到表 1-4，即集合 $(A\cap B)\cup(A'\cap C)$ 的集合成员表。观察 $M_{001}\cup M_{011}\cup M_{110}\cup M_{111}$ 所在列的标记值为 0 的行处，分别是在 000 行，010 行，100 行和 101 行。根据集合成员表的定义，可以得出以下结论，即对于全集合 U 中的任一元素 u，当 $u\notin A, u\notin B$，并且 $u\notin C$ 时，$u\notin M_{001}\cup M_{011}\cup M_{110}\cup M_{111}$，即 $u\notin(A\cap B)\cup(A'\cap C)$；或当 $u\notin A, u\notin B$，并且 $u\notin C$ 时，$u\notin M_{001}\cup M_{011}\cup M_{110}\cup M_{111}$，即 $u\notin(A\cap B)\cup(A'\cap C)$；或当 $u\in A, u\notin B$，并且 $u\notin C$ 时，$u\notin M_{001}\cup M_{011}\cup M_{110}\cup M_{111}$，即 $u\notin(A\cap B)\cup(A'\cap C)$；或当 $u\in A, u\notin B$，并且 $u\in C$ 时，$u\notin M_{001}\cup M_{011}\cup M_{110}\cup M_{111}$，即 $u\notin(A\cap B)\cup(A'\cap C)$。因此，根据原命题与逆否命题是等价命题这一基本的逻辑原则，若 $u\in(A\cap B)\cup(A'\cap C)$，则 $u\notin A$、$u\notin B$，并且 $u\notin C$；$u\notin A, u\in B$，并且 $u\notin C$；$u\in A, u\notin B$，并且 $u\notin C$；$u\in A, u\notin B$，并且 $u\in C$ 都不成立。所以有 $u\in A$ 或 $u\in B$ 或 $u\in C$ 并且 $u\in A$ 或 $u\notin B(u\in B')$ 或 $u\in C$ 并且 $u\notin A(u\in A')$ 或 $u\in B$ 或 $u\in C$ 并且 $u\notin A(u\in A')$ 或 $u\in B$ 或 $u\notin C(u\in C')$。因此，集合 $(A\cap B)\cup(A'\cap C)$ 的最大集标准形式为 $(A\cup B\cup C)\cap(A\cup B'\cup C)\cap(A'\cup B\cup C)\cap(A'\cup B\cup C')$。

如果对于全集合 U 自身来说呢？也就是说全集合 U 有最大集标准形式吗？首先我们看一下全集合 U 的集合成员表是什么特征，不难看出，不论元素 u 是什么，它都应该是全集合 U 中的元素，因此，在集合成员表中，全集合 U 所在的列中的每一行的标记值都是 1，即无标记值为 0 的行，因此，全集合 U 无论如何也不能写成若干个最大集相交的形式。为了使最大集标准形式的定义在数学上具有完备性，因此，我们定义全集合 U 的最大集标准形式就是全集合 U 自身。于是，有了类似于定理 1-4 的定理 1-5，具体如下。

定理 1-5　由 $A_1, A_2, \cdots, A_r$ 所产生的任一个集合或为全集合或为由 $A_1, A_2, \cdots, A_r$ 所产生的不同最大集的交集。

1.8.3　关于集合的标准形式的进一步说明

在前面的 1.8.1 和 1.8.2 中讨论了集合的两种标准形式——最小集标准形式和最大集标准形式。

下面介绍一种利用集合的运算定律求集合的标准形式的方法，它不需要求助于集合成员表，使得集合的标准形式的构造非常简单。

例 1-22　设全集合 U 的子集为 A、B、C。构造集合 $(A\cap B')\cup(B\cap(A\cup C'))$ 的

最小集标准形式和最大集标准形式。

解 构造集合$(A\cap B')\cup(B\cap(A\cup C'))$的最小集标准形式为：
$$
\begin{aligned}
(A\cap B')\cup(B\cap(A\cup C')) &= (A\cap B')\cup(B\cap A)\cup(B\cap C')\\
&= (A\cap B'\cap(C\cup C'))\cup(B\cap A\cap(C\cup C'))\\
&\quad\cup(B\cap C'\cap(A\cup A'))\\
&= (A\cap B'\cap C)\cup(A\cap B'\cap C')\cup(B\cap A\cap C)\\
&\quad\cup(B\cap A\cap C')\cup(B\cap C'\cap A)\cup(B\cap C'\cap A')\\
&= (A\cap B'\cap C)\cup(A\cap B'\cap C')\cup(A\cap B\cap C)\\
&\quad\cup(A\cap B\cap C')\cup(A'\cap B\cap C')
\end{aligned}
$$

构造集合$(A\cap B')\cup(B\cap(A\cup C'))$的最大集标准形式为：
$$
\begin{aligned}
(A\cap B')\cup(B\cap(A\cup C')) &= (A\cup(B\cap(A\cup C')))\cap(B'\cup(B\cap(A\cup C')))\\
&= (A\cup B)\cap(A\cup A\cup C')\cap(B'\cup B)\cap(B'\cup A\cup C')\\
&= (A\cup B)\cap(A\cup C')\cap(B'\cup A\cup C')\\
&= (A\cup B\cup(C\cap C'))\cap(A\cup C'\cup(B\cap B'))\cap(A\cup B'\cup C')\\
&= (A\cup B\cup C)\cap(A\cup B\cup C')\cap(A\cup C'\cup B)\\
&\quad\cap(A\cup C'\cup B')\cap(A\cup B'\cup C')\\
&= (A\cup B\cup C)\cap(A\cup B\cup C')\cap(A\cup B'\cup C')
\end{aligned}
$$

通过上面的例子不难发现,除了最小集(最大集)的排列次序可能不相同以外,用上面的两种方法所得到的同一集合S的最小集(最大集)标准形式是相同的。其原因在于任一集合S的标准形式是唯一的。于是,有定理1-6。

定理1-6 设集合S是由全集合U的子集$A_1,A_2,\cdots,A_n$所产生的集合,若不计最小集(最大集)的排列次序,则集合S的最小集标准形式和最大集标准形式都是唯一的。

同理,也容易得出由定理1-6所推出的直接结论,见定理1-7。

定理1-7 由全集合U的子集$A_1,A_2,\cdots,A_n$所产生的两个集合,当且仅当它们的最小集标准形式或最大集标准形式相同时,这两个集合相等。

以上定理的证明都非常简单,请读者自己给出证明过程。

集合的上面这两种标准形式,使得由全集合U的子集$A_1,A_2,\cdots,A_n$所产生的集合通常可以被化简,并且借助于这两种形式,可以判断任意两个这样的集合是否相等。这又是一种可以通过计算机程序判断两个集合是否相等的方法。对于全集合U的子集数目较多的情况特别有效。

1.9 多重集合

前面我们讨论过,一个集合是一些不同元素的聚集。但是在许多情况下,有可能会遇到聚集中有相同的对象的情况。例如,考虑到一个学校中全体学生的名册,其中可能有两个或者更多个学生有相同的名字;2000个大小相同并且涂上了颜色的彩球,其中有一些彩球的颜色可能也是相同的等。因此有必要引进多重集合的概念。所谓多重集合是指不必一定要由不同的元素组成的集合。例如,集合$\{a,b,c,c,b,c\}$、$\{a,a,a,a,a\}$、$\{a,b,c\}$等都是多重集合。在多重集合中,一个元素的重复度定义为该元素在多重集合中出现的次数。因此,多重集合$\{a,b,c,c,b,c\}$中的元素a的重复度为1,元素b的重复度是2,元素c的重复度是3,而

由于个体 d 不在该集合中,因此,d 的重复度是 0。由此可见,原来定义的集合是多重集合里元素的重复度为 0 或 1 的特殊情形。一个多重集合的基数定义为由它对应的假定所有元素都不相同的集合的基数。

不妨设集合 A 和集合 B 是两个多重集合,则集合 A 和集合 B 的并集记作 $A\cup B$,它仍然是多重集合,其中每个元素的重复度等于该元素在集合 A 与集合 B 中的重复度的最大值。例如,设集合 $A=\{a,b,c,c,b,c\}$,集合 $B=\{a,b,c,a,d\}$,则应有 $A\cup B=\{a,a,b,b,c,c,c,d\}$。集合 A 与集合 B 的交集记作 $A\cap B$,它也是一个多重集合,其中每一个元素的重复度等于该元素在集合 A 与集合 B 中重复度的最小值。例如,集合 $\{a,b,c,c,b,c\}$ 与集合 $\{a,b,c,a,d\}$ 的交集是 $\{a,b,c\}$。

下面我们讨论多重集合在实际应用中的一个例子。不妨设多重集合 $A=\{$电机工程师,电机工程师,电机工程师,机械工程师,数学家,制图员$\}$是某个工程设计项目的第一阶段所需要的全体工作人员,多重集合 $B=\{$电机工程师,机械工程师,机械工程师,数学家,计算机科学家,计算机科学家$\}$是该工程设计项目的第二阶段所需要的全体工作人员,那么多重集合 $A\cup B$ 就是这个工程设计项目需要聘请的全体工作人员;多重集合 $A\cap B$ 就是在这个工程设计项目的两个阶段都必须参加的全体工作人员。

多重集合 A 与多重集合 B 的差集记作 $A-B$,它也是一个多重集合。当某一元素在多重集合 A 中的重复度减去在多重集合 B 中的重复度的差值为正整数时,就令该正整数为在多种集合 $A-B$ 中的重复度,否则,就令该元素在多种集合 $A-B$ 中的重复度为零。例如,设多重集合 $A=\{a,b,a,c,a,b,d,e,d\}$,多重集合 $B=\{a,b,c,a,b,d,b,c,d\}$,则 $A-B=\{a,e\}$。

在有关工程设计项目的工作人员的例子中,多重集合 $A-B$ 是指在工程设计的第一个阶段之后,需要重新分配工作的人员。

值得注意的是,多重集合的求并运算、求交运算和求差运算同朴素集合中的相关定义完全一致。最后,我们定义两个多重集合 A 与 B 的和集,记作 $A+B$,它是一个多重集合,其中每一个元素的重复度等于该元素在多重集合 A 与多重集合 B 的重复度之和。例如,设多重集合 $A=\{a,b,c,a,c\}$,多重集合 $B=\{a,b,d,b\}$,则 $A+B=\{a,a,a,b,b,b,c,c,d\}$。

下面,通过一个实例说明怎样运用两个多重集合的和集。不妨设多重集合 A 是某一天到图书馆去查阅资料的全体学生记录集合,多重集合 B 是第二天到图书馆去查阅资料的全体学生记录集合。在这个例子中,集合 A 与集合 B 之所以是多重集合,是因为在一天里,一个学生可能要多次去图书馆查阅资料。因此,多重集合 A 与多重集合 B 的和集表示这两天去图书馆查阅资料的学生数的一个总记录集合。

今后,如果不作特别声明,所谓"集合"是指 1.1 节中所定义的集合。

▶ 1.10 经典例题选编

例 1-23　对于任意的集合 A、B,等式 $2^{A-B}=2^A-2^B$ 是否成立?并说明理由。

分析　在数学问题中,通常会遇到一些判断题。这种类型的问题通常在提出时并不知道提出的论断是否正确,这时,解决办法是这样的,首先假设这个判断是正确的,然后试图证明该论断的正确性。如果从前提开始,根据正确的逻辑推理得出结论,那么就证明了该论断,如果在向结论推理的过程中遇到了问题和障碍,就从这里寻找反例,从而可以说明该论断不成立。

解 不妨设对于任意的集合 A、B，使 $2^{A-B}=2^A-2^B$ 成立。则对于任意的 2^{A-B} 中的元素（集合）S，有 $S\subseteq A-B$，因此，对于集合 S 中的任一元素 s，有 $s\in A-B$，即 $s\in A$ 且 $s\notin B$。所以，$S\subseteq A$，并且 $S\cap B$ 为空集。所以 $S\in 2^A$，并且 $S\notin 2^B$。因此，$2^{A-B}\subseteq 2^A-2^B$。

反过来，对于任意的 2^A-2^B 中的元素（集合）S，应有 $S\in 2^A$，并且 $S\notin 2^B$。所以，有 $S\subseteq A$，并且 $S\not\subseteq B$。但是由此并不一定能推出 $S\subseteq A-B$，这是因为由 $S\not\subseteq B$ 不一定推出 $S\cap B$ 为空集。进而不能推出 $S\in 2^{A-B}$。因此，只需要从 $S\cap B$ 不为空集即 $A\cap B$ 不为空集构造反例即可。因此，构造集合 $A=\{1,2\}$，集合 $B=\{1,3\}$。则 $2^{A-B}=\{\varnothing,\{2\}\}$，$2^A-2^B=\{\{2\},\{1,2\}\}$，因此原论断不正确。

例 1-24 n 个元素的集合，有多少种不同的方法将其分划成为两块？

解 很自然地想到了拆分集合中的元素，两个分化块中的元素有如下 $n-1$ 种情形。

	一个分化块	另一个分划块
(1)	1	$n-1$
(2)	2	$n-2$
⋮	⋮	⋮
⋮	⋮	⋮
$(n-1)$	$n-1$	1

情形 (1) 中分划的方法有 C_n^1 种，情形 (2) 中分划的方法有 C_n^2 种，$\cdots$，情形 $(n-1)$ 中分划的方法有 C_n^{n-1} 种。注意到情形 (m) 中的分划方法与情形 $(n-m)$ 中的分划方法是重复的，并且有等式关系 $C_n^m=C_n^{n-m}$，因此，n 个元素的集合共有：

$$\frac{C_n^1+C_n^2+\cdots+C_n^{n-2}+C_n^{n-1}}{2}=\frac{2^n-2}{2}=\frac{1}{2}(2^n-2)=2^{n-1}-1$$

种不同的分划方法。

不论 n 是奇数还是偶数，以上的计算公式均成立，为什么？请读者思考。

习 题 1

1. 列举下列集合的元素。

(1) 小于 20 的素数的集合。

(2) 小于 5 的非负整数的集合。

(3) $\{i\mid i\in I,i^2-10i-24<0$ 并且 $5\leqslant i\leqslant 15\}$。

2. 用描述法表示下列集合。

(1) $\{a_1,a_2,a_3,a_4,a_5\}$。

(2) $\{2,4,8,\cdots\}$。

(3) $\{0,2,4,\cdots,100\}$。

3. 判断下面式子的正误，并说明理由。

(1) $\{a\}\in\{\{a\}\}$。

(2) $\{a\}\subseteq\{\{a\}\}$。

(3) $\{a\}\in\{\{a\},a\}$。

(4) $\{a\}\subseteq\{\{a\},a\}$。

4. 已知集合 $S=\{2,a,\{3\},4\}$ 和集合 $R=\{\{a\},3,4,1\}$，判断下面式子的正误，并说明理由。

(1) $\{a\}\in S$。

(2) $\{a\}\in R$。

(3) $\{a,3,\{4\}\}\subseteq S$。

(4) $\{\{a\},1,3,4\}\subseteq R$。

(5) $R=S$。

(6) $\{a\}\subseteq S$。

(7) $\{a\}\subseteq R$。

(8) $\varnothing\subseteq R$。

(9) $\varnothing\subseteq\{\{a\}\}\subseteq R$。

(10) $\{\varnothing\}\subseteq S$。

(11) $\varnothing\in R$。

(12) $\varnothing\subseteq\{\{3\},4\}$。

5. 举出集合 A、B、C 的例子，使其满足 $A\in B,B\in C$ 并且 $A\notin C$。

6. 给出下列集合的幂集。

(1) $\{a,\{b\}\}$。

(2) $\{\varnothing,a,\{a\}\}$。

7. 设集合 $A=\{a\}$，请给出集合 A 和集合 2^A 的幂集。

8. 设集合 $A=\{a_1,a_2,\cdots,a_8\}$，由 B_{17} 和 B_{31} 所表示的集合 A 的子集各是什么？应如何表示子集 $\{a_2,a_6,a_7\}$ 和 $\{a_1,a_3\}$？

9. 设全集 $U=\{1,2,3,4,5\}$，集合 $A=\{1,4\}$，集合 $B=\{1,2,5\}$，集合 $C=\{2,4\}$，确定下列各集合。

(1) $A\cap B'$。

(2) $(A\cap B)\cup C'$。

(3) $A\cup(B\cap C)$。

(4) $(A\cup B)\cap(A\cup C)$。

(5) $(A\cap B)'$。

(6) $A'\cup B'$。

(7) $(B\cup C)'$。

(8) $B'\cap C'$。

(9) 2^A-2^C。

(10) $2^A\cap 2^C$。

10. 给定正整数集 N 的子集如下。

$A=\{1,2,7,8\},B=\{k\mid k^2<50\},C=\{k\mid k$ 可以被 3 整除，$0\leqslant k\leqslant 30\},D=\{i\mid i=2^k,k\in Z,0\leqslant k\leqslant 6\}$。求下列集合。

(1) $A \cup (B \cup (C \cup D))$。

(2) $A \cap (B \cap (C \cap D))$。

(3) $B - (A \cup C)$。

(4) $(A' \cap B) \cup D$。

11. 给定正整数集 N 的下列子集如下。

$A = \{n \mid n < 12\}, B = \{n \mid n \leqslant 8\}, C = \{n \mid n = 2k, k \in N\}, D = \{n \mid n = 3k, k \in N\}, E = \{n \mid n = 2k-1, k \in N\}$。

请将下列集合表示为由集合 A、B、C、D 和 E 所产生的集合。

(1) $\{2, 4, 6, 8\}$。

(2) $\{3, 6, 9\}$。

(3) $\{10\}$。

(4) $\{n \mid n = 3$ 或 $n = 6$ 或 $n \geqslant 9\}$。

(5) $\{n \mid n$ 是偶数并且 $n \leqslant 10$ 或者 n 是奇数并且 $n > 9\}$。

(6) $\{n \mid n$ 是 6 的倍数$\}$。

12. 判断下面的论断哪些是正确的,哪些是错误的,并说明理由。

(1) 若 $a \in A$,则 $a \in A \cup B$。

(2) 若 $a \in A$,则 $a \in A \cap B$。

(3) 若 $a \in A \cap B$,则 $a \in B$。

(4) 若 $A \subseteq B$,则 $A \cap B = B$。

(5) 若 $A \subseteq B$,则 $A \cap B = A$。

(6) 若 $a \notin A$,则 $a \in A \cup B$。

(7) 若 $a \notin A$,则 $a \in A \cap B$。

13. 设集合 A、集合 B、集合 C 是任意的集合,判断下列论断哪些正确,哪些错误,并说明理由。

(1) 若 $A \cap B = A \cap C$,则 $B = C$。

(2) 当且仅当 $A \cup B = B$ 时,有 $A \subseteq B$。

(3) 当且仅当 $A \cup B = A$ 时,有 $A \subseteq B$。

(4) 当且仅当 $A \subseteq C$ 时,有 $A \cap (B - C) = \varnothing$。

(5) 当且仅当 $B \subseteq C$ 时,有 $(A - B) \cup C = A$。

14. 设集合 A、B、C 和 D 是全集合 U 的子集,判断下列论断哪些是正确的,哪些是错误的,并说明理由。

(1) 若 $A \subseteq B, C \subseteq D$,则 $(A \cup C) \subseteq (B \cup D)$。

(2) 若 $A \subseteq B, C \subseteq D$,则 $(A \cap C) \subseteq (B \cap D)$。

(3) 若 $A \subset B, C \subset D$,则 $(A \cup C) \subset (B \cup D)$。

(4) 若 $A \subset B, C \subset D$,则 $(A \cap C) \subset (B \cap D)$。

15. 设集合 A 和集合 B 是全集合 U 的子集,试回答下面的问题。

(1) 如果 $A - B = B$,那么集合 A 与集合 B 有什么关系?

(2) 如果 $A - B = B - A$,那么集合 A 与集合 B 有什么关系?

16. 设集合 A 与集合 B 是任意的集合,判断下述论断哪些是正确的,哪些是错误的,并说明理由。

(1) $2^{A \cup B} = 2^A \bigcup 2^B$。

(2) $2^{A \cap B} = 2^A \bigcap 2^B$。

(3) $2^{A'} = (2^A)'$。

17. 设集合 A、B、C 是全集合 U 的任意子集,试运用集合成员表证明。

(1) $(A \cup B) \bigcap (A' \cup C) = (A \cap C) \bigcup (A' \cap B)$。

(2) $(A \cup B) \bigcap (A \cup C) = A \cup (B \cap C)$。

(3) $A - (B \cup C) = (A - B) \bigcap (A - C)$。

(4) $A - (B \cap C) = (A - B) \bigcup (A - C)$。

18. 由集合 S 和集合 T 的集合成员表如何判断 $S \subseteq T$? 应用集合成员表证明或者否定下面的式子。

$$(A \cup B) \bigcap (B \cup C)' \subseteq A \cap B'$$

19. 已知集合 $A_1, A_2, \cdots, A$, 是全集合 U 的子集,则由 $A_1, A_2, \cdots, A_r$、$\varnothing$ 和 U 至多可以产生多少个不同的子集?

20. 设集合 A、B、C 是全集合 U 的子集,试运用集合运算定律证明以下式子。

(1) $B \cup ((A' \cup B) \bigcap A)' = U$。

(2) $(A \cup B) \bigcap (B \cup C) \bigcap (A \cup C) = (A \cap B) \bigcup (B \cap C) \bigcup (A \cap C)$。

(3) $(A \cup B) \bigcap (B \cup C) \bigcap (A \cup C) = (A \cap B) \bigcup (A' \cap B \cap C) \bigcup (A \cap B' \cap C)$。

21. 运用德·摩根定律证明 $(A \cap B') \bigcup (A' \bigcap (B \cup C'))$ 的补集是:

$$(A' \cup B) \bigcap (A \cup B') \bigcap (A \cup C)$$

22. 设集合 A_k 是由某些实数组成的集合,其定义如下。

$$A_0 = \{a \mid a < 1\}$$
$$A_k = \{a \mid a \leqslant 1 - 1/k\} (k = 1, 2, \cdots)$$

试证明 $\bigcup\limits_{k=1}^{\infty} A_k = A_0$。

23. 设 $\{A_1, A_2, \cdots, A_r\}$ 是集合 A 的一个分划,试证明:$A_1 \bigcap B, A_2 \bigcap B, \cdots, A_r \bigcap B$ 中所有非空集合构成非空集合 $A \bigcap B$ 的一个分划。

24. 设集合 A、B、C 是全集合 U 的子集,试证明下面的结论。

(1) 若 $A \oplus B = A \oplus C$,则 $B = C$。

(2) $A \oplus (A \oplus B) = B$。

25. 找出由集合 A 与集合 B 所产生的以下集合的最小集标准形式。

(1) U。

(2) A。

(3) A'。

(4) $A \cup B$。

26. 找出由集合 A 与集合 B 所产生的以下集合的最大集标准形式。

(1) $\varnothing$。

(2) A。

(3) A'。

(4) $A \bigcap B$。

27. 找出下列集合的最小集标准形式和最大集标准形式。

(1) $(A \cap B') \cup (B \cap (A \cup C'))$（由集合 A、B、C 产生）。

(2) $((A \cup D') \cap (B' \cup C)') \cup (A \cap B \cap D)$（由集合 A、B、C、D 产生）。

28. 运用最小集标准形式和最大集标准形式证明下式。

$(A \cap B') \cup (A' \cap (B \cup C'))$ 的补集是 $(A' \cup B) \cap (A \cup B') \cap (A \cup C)$。

第2章 关 系

【内容提要】

与集合的概念一样,关系的概念在计算机科学中也是最基本的概念之一。特别是在有限状态自动机和形式语言理论中,以及在应用领域(如编译程序设计、信息安全、信息搜索和数据结构的描写等)中经常出现。在数据库技术以及算法分析与设计中,关系的概念也起着至关重要的作用。

本章主要按照计算思维的方式首先介绍有序 n 元组和笛卡儿积的概念;接着介绍由笛卡儿积引出的关系的基本概念;然后说明怎样运用矩阵和图来表示关系,以及定义关系的三种特殊运算(求逆运算、复合运算和闭包运算),列举了定义在一个集合上的关系的几个重要性质;最后介绍了两类重要的关系:等价关系和偏序关系;说明由等价关系如何导出分划,并且介绍了由这样的分划所定义的商集和秩的概念,运用次序图这一数学工具讨论了偏序关系。

2.1 笛卡儿积

要研究关系,首先需要弄清楚什么是笛卡儿积。因此,本节主要讨论笛卡儿积的基本概念以及使用方法。首先,我们给出几个最基本的定义。

定义 2-1 由 n 个具有给定次序的个体 $a_1,a_2,\cdots,a_n$ 组成的序列,称为有序 n 元组,记为 $(a_1,a_2,\cdots,a_n)$ 的形式。

为讨论问题方便起见,通常将有序 n 元组 $(a_1,a_2,\cdots,a_n)$ 中的第 k 个元素 a_k 称为该有序 n 元组的第 k 个坐标。

需要注意的是,一个有序 n 元组不是由 n 个元素组成的集合。这是因为在有序 n 元组的定义 2-1 中明确规定了元素的排列次序,而在上一章集合的定义中没有这一要求。

例如,$(a,b,c)\neq(b,a,c)$,$(a,b,c)\neq(c,b,a)$,$(b,a,c)\neq(c,b,a)$,可是,$\{a,b,c\}=\{b,a,c\}=\{c,b,a\}$。

又例如,$(a,a,a)\neq(a,a)$,可是在一般集合概念的意义下(包括多重集合在内)有:$\{a,a,a\}=\{a,a\}=\{a\}$。

定义 2-2 设 $(a_1,a_2,\cdots,a_n)$ 与 $(b_1,b_2,\cdots,b_n)$ 是两个有序 n 元组,若 $a_1=b_1$,$a_2=b_2,\cdots,a_n=b_n$,则称这两个有序 n 元组相等,并记作 $(a_1,a_2,\cdots,a_n)=(b_1,b_2,\cdots,b_n)$。

有序 n 元组的一种常见的特殊情况是当 n 为 2 时。通常将有序二元组 (a,b) 称为序偶。序偶的一个比较熟悉的例子就是欧式空间(平面)上点的笛卡儿坐标表示。例如,序偶 $(1,3)$、$(2,4)$ 和 $(3,1)$ 分别表示欧式空间(平面)上不同的点。

由于有序 n 元组中的 n 个元素有次序关系,因此,如果使用计算机对其进行处理,那么就可以使用数组进行存储,因为在使用数组时,数组中的各个元素之间也有先后次序关系。因此,有序 n 元组与计算机中的数组这一数据类型有着天然的一致性。

定义 2-3 若集合 $A_1,A_2,\cdots,A_n$ 是任意给定的集合,则全部有序 n 元组 $(a_1,a_2,$

…,a_n)的集合,称为集合 $A_1,A_2,\cdots,A_n$ 的笛卡儿积,通常用 $A_1\times A_2\times\cdots\times A_n$ 表示,其中,$a_1\in A_1,a_2\in A_2,\cdots,a_n\in A_n$,即 $A_1\times A_2\times\cdots\times A_n=\{(a_1,a_2,\cdots,a_n)\mid a_k\in A_k,k=1,2,\cdots,n\}$。

设集合 $A_1=\{0,1\}$,集合 $A_2=\{2,3\}$,集合 $A_3=\{1,4\}$,则由定义 2-3 可知:

$A_1\times A_2\times A_3=\{(0,2,1),(0,2,4),(0,3,1),(0,3,4),(1,2,1),(1,2,4),(1,3,1),(1,3,4)\}$

又由于:

$\quad A_1\times A_2=\{(0,2),(0,3),(1,2),(1,3)\},A_2\times A_3=\{(2,1),(2,4),(3,1),(3,4)\}$

因此,有:

$(A_1\times A_2)\times A_3=\{((0,2),1),((0,2),4),((0,3),1),((0,3),4),((1,2),1),((1,2),4),$
$\qquad\qquad ((1,3),1),((1,3),4)\}$

$A_1\times(A_2\times A_3)=\{(0,(2,1)),(0,(2,4)),(0,(3,1)),(0,(3,4)),(1,(2,1)),$
$\qquad\qquad (1,(2,4)),(1,(3,1)),(1,(3,4))\}$

根据定义 2-2 可知:

$$(A_1\times A_2)\times A_3\neq A_1\times(A_2\times A_3)$$
$$(A_1\times A_2)\times A_3\neq A_1\times A_2\times A_3$$
$$A_1\times A_2\times A_3\neq A_1\times(A_2\times A_3)$$

由以上的讨论,说明笛卡儿积不满足运算的结合律。

设集合 $A=\{a,b\}$,集合 $B=\{1,2,3\}$,则由定义 2-3 可知:

$$A\times B=\{(a,1),(a,2),(a,3),(b,1),(b,2),(b,3)\}$$
$$B\times A=\{(1,a),(2,a),(3,a),(1,b),(2,b),(3,b)\}$$
$$A\times A=\{(a,a),(a,b),(b,a),(b,b)\}$$
$$B\times B=\{(1,1),(1,2),(1,3),(2,1),(2,2),(2,3),(3,1),(3,2),(3,3)\}$$

根据定义 2-2 可知,$A\times B\neq B\times A$,由此可得,笛卡儿积不满足运算的交换律。

又设集合 $A=\varnothing$,集合 $B=\{1,2,3\}$,则 $A\times B=B\times A=\varnothing$。

在定义 2-3 中,如果所有的集合 $A_k(k=1,2,\cdots,n)$ 都是有限集,那么笛卡儿积 $A_1\times A_2\times\cdots\times A_n$ 也必为有限集,并且有:

$$\#(A_1\times A_2\times\cdots\times A_n)=(\#A_1)\times(\#A_2)\times\cdots\times(\#A_n)$$

当所有的集合 A_k 都相同并且等于 A 时,笛卡儿积 $A_1\times A_2\times\cdots\times A_n$ 可用 A^n 表示。

下面,我们通过一个例子说明笛卡儿积的几何意义。

例 2-1 设集合 $A_1=R$(实数集),集合 $A_2=R$,则集合 A_1 与集合 A_2 的笛卡儿积为:

$$A_1\times A_2=R\times R=\{(x,y)\mid x,y\in R\}$$

即笛卡儿积 $R\times R$ 是欧式空间(平面)上所有点的集合,有序二元组(序偶)(x,y) 中的第一个元素 x 是相应点在平面笛卡儿直角坐标系中的横坐标,其第二个元素 y 是相应点在平面笛卡儿直角坐标系中的纵坐标。

例 2-2 试证明对于任意给定的集合 A、B 和 C,有:
$$A\times(B\cup C)=(A\times B)\cup(A\times C)$$

分析 根据第 1 章所介绍的内容,两个集合相等的证明方法有四种,即定义法、集合成员表法、恒等式法、集合的标准形式法。但是在此处,由于这里的集合运算涉及笛卡儿积,因此,后面三种方法无法证明,只能使用定义法证明。下面,我们给出详细的证明过程。

证明 当集合 $A \times (B \cup C)$ 与 $(A \times B) \cup (A \times C)$ 均为非空集合时, 不妨设序偶 $(x, y) \in A \times (B \cup C)$, 则 $x \in A$ 且 $y \in (B \cup C)$。

即: $$x \in A \text{ 且 } (y \in B \text{ 或 } y \in C)$$

也就有: $$(x \in A \text{ 且 } y \in B) \text{ 或 } (x \in A \text{ 且 } y \in C)$$

于是, 有: $$(x, y) \in (A \times B) \text{ 或 } (x, y) \in (A \times C)$$

即: $$(x, y) \in (A \times B) \cup (A \times C)$$

所以, 有: $$A \times (B \cup C) \subseteq (A \times B) \cup (A \times C)$$

反之, 设序偶为: $$(x, y) \in (A \times B) \cup (A \times C)$$

则: $$(x, y) \in (A \times B) \quad \text{或} \quad (x, y) \in (A \times C)$$

即: $$(x \in A \text{ 并且 } y \in B) \quad \text{或} \quad (x \in A \text{ 并且 } y \in C)$$

也就有: $$x \in A \text{ 且 } (y \in B \quad \text{或} \quad y \in C)$$

于是: $$x \in A \text{ 且 } y \in (B \cup C)$$

即序偶为: $$(x, y) \in A \times (B \cup C)$$

所以, 有: $$(A \times B) \cup (A \times C) \subseteq A \times (B \cup C)$$

由上得证: $$A \times (B \cup C) = (A \times B) \cup (A \times C)$$

另一方面, 如果当集合 $A \times (B \cup C) = \varnothing$ 时, 那么集合 $A = \varnothing$ 或者集合 $B \cup C = \varnothing$, 若集合 $A = \varnothing$, 则笛卡儿积 $A \times B$ 与笛卡儿积 $A \times C$ 皆为空集, 即 $(A \times B) \cup (A \times C) = \varnothing$, 所以 $A \times (B \cup C) = (A \times B) \cup (A \times C) = \varnothing$; 如果当集合 $(A \times B) \cup (A \times C) = \varnothing$ 时, 那么笛卡儿积 $A \times B$ 与笛卡儿积 $A \times C$ 皆为空集, 因此集合 $A = \varnothing$ 或者集合 B 与集合 C 皆为空集 (集合 A 为非空集合), 当集合 $A = \varnothing$ 时, 有 $A \times (B \cup C) = \varnothing$, 则 $A \times (B \cup C) = (A \times B) \cup (A \times C) = \varnothing$; 当集合 A 为非空集合时, 则 B 与 C 皆为空集, 这时, 集合 $(B \cup C) = \varnothing$, 于是有, $A \times (B \cup C) = \varnothing$, 即 $A \times (B \cup C) = (A \times B) \cup (A \times C) = \varnothing$。综上所述, 等式 $A \times (B \cup C) = (A \times B) \cup (A \times C)$ 成立。证毕。

关于笛卡儿积与集合的其他一些运算的混合运算之间类似的关系, 在习题 2 中将作为练习给出, 留给读者练习。

2.2 关系

在 2.1 节中, 已经讨论了笛卡儿积的基本概念以及笛卡儿积的一些基本性质。从前面的讨论中, 不难发现笛卡儿积本身就是一个集合。本节我们将从笛卡儿积这一概念出发, 进行更加深入地讨论。回顾第 1 章的内容, 在针对关于集合问题的讨论中, 有一个重要的前提, 那就是必须明确该问题中的全集合究竟是什么。既然笛卡儿积是集合, 也是第 2 章出现的第一个概念, 于是我们自然想到将笛卡儿积作为全集合, 讨论在其上的各个子集以及它们之间的联系。这是讨论本节内容的逻辑起点。

在涉及离散对象的许多问题中, 通常需要研究这些对象之间的某种关系。例如, 在一组计算机程序中, 如果两个程序有一些数据是公用的, 可以说这两个程序是相关联的; 又例如考察集合 $\{1, 2, \cdots, 14, 15\}$, 此集合中如果有三个数之和能被 5 整除, 则可以说这三个数是相关的, 如 2, 3, 5 是相关的, 而 1, 2, 4 是无关的; 又如日常生活中的父子关系、兄弟关系、上下级关系等, 在这里都可以抽象地概括为集合中元素与元素之间的关系, 为此, 我们给出关系的定义如下:

定义 2-4 笛卡儿积 $A_1 \times A_2 \times \cdots \times A_n$ 的任意一个子集称为集合 $A_1, A_2, \cdots, A_n$ 上的一个 n 元关系。

这个定义可以这样理解,即笛卡儿积 $A_1 \times A_2 \times \cdots \times A_n$ 作为全集合,n 元关系是这个笛卡儿积的子集。

一个最重要的特殊情形是当 $n=2$ 时,在这种情况下,关系是 $A_1 \times A_2$ 的一个子集(一个序偶集,每个序偶的第一个坐标都是集合 A_1 中的元素;每个序偶的第二个坐标都是集合 A_2 中的元素),称为由集合 A_1 到集合 A_2 的一个二元关系。二元关系可以看作是 n 元关系的简单特例,本节主要讨论二元关系。因此,本书中若无特别声明,则术语"关系"均指二元关系。

设有集合 $A=\{0,1\}$,集合 $B=\{1,2,3\}$,则 $\rho_1=\{(0,1),(0,3),(1,2)\}$ 是由集合 A 到集合 B 的一个关系,$\rho_2=\{(1,1),(1,2)\}$ 也是由集合 A 到集合 B 的一个关系;而 $\rho_3=\{(1,0),(1,1),(2,1)\}$ 却是由集合 B 到集合 A 的一个关系。

由于空集 $\varnothing$ 是任何集合的子集,所以 $\varnothing$ 也可以定义为一种关系,称为空关系。空关系在关系的特殊运算中扮演着非常重要的角色,就好像空集对于集合的运算来说是极为重要的一样。因此,需要对其进行定义。

若关系 ρ 是由集合 A 到集合 B 的一个关系,即 ρ 是笛卡儿积 $A \times B$(全集合)的子集,并且 $(a,b) \in \rho$,则称 a 对于 b 有关系 ρ,记作 $a\rho b$。如果 $(a,b) \notin \rho$,那么就表明序偶 (a,b) 在关系(集合)ρ 的补集 ρ' 中,即 $(a,b) \in \rho'$,因此记作 $a\rho' b$。

因此,对于前面所举的例子有:$0\rho_1 1, 0\rho_1 3, 1\rho_1 2$,同时有 $1\rho_1' 3, 0\rho_1' 2, 1\rho_1' 1$。

为了以后讨论问题方便起见,还需要引入关系的定义域和值域的基本概念,因此,我们进行如下定义。

定义 2-5 设关系 ρ 是由集合 A 到集合 B 的一个关系,则使得 $a\rho b (b \in B)$ 成立的所有元素 $a \in A$ 的集合,称为关系 ρ 的定义域,记作 D_ρ;使得 $a\rho b (a \in A)$ 成立的所有元素 $b \in B$ 的集合,称为关系 ρ 的值域,记作 R_ρ。

不难看出,关系 ρ 的定义域和值域都是集合,因此,可以用描述法表示这两个集合如下。

$$D_\rho = \{a \mid a \in A, \text{存在 } b \in B, \text{使得 } a\rho b\}$$

$$R_\rho = \{b \mid b \in B, \text{存在 } a \in A, \text{使得 } a\rho b\}$$

根据定义 2-5,显然有 $D_\rho \subseteq A, R_\rho \subseteq B$。

例 2-3 已知集合 $A=\{2,3,4\}$。集合 $B=\{2,3,4,5,6\}$ 以及按照以下方式定义的从集合 A 到集合 B 的关系 ρ,当且仅当 b 能被 a 整除时,$a\rho b$ 成立。求关系 ρ,并指出 ρ 的定义域 D_ρ 和 ρ 的值域 R_ρ。

分析 本题可以直接根据关系、关系的定义域和关系的值域的基本概念求解即可。

解 已知关系为:$\rho=\{(2,2),(2,4),(2,6),(3,3),(3,6),(4,4)\}$。
其定义域为 $D_\rho=\{2,3,4\}$;其值域为 $R_\rho=\{2,3,4,6\}$。

下面讨论一下关系的运算,正如前面所介绍的那样,关系是一种特殊的集合,因此,集合的运算在关系中也同样可以进行。集合有求并运算、求交运算、求差运算、求补运算以及求对称差运算。因此,在关系的一般运算中,也有上述运算。又由于关系的特殊性,因此,关系运算中还有其特殊的三种运算方式,即求逆运算、复合运算以及闭包运算。

首先讨论关系的求逆运算,见定义 2-6。

定义 2-6   设集合 A 和集合 B 是两个集合,关系 ρ 是由集合 A 到集合 B 的关系,则由集合 B 到集合 A 的关系 $\rho^{-1} = \{(b,a) \mid (a,b) \in \rho\}$ 称为关系 ρ 的逆关系。

由定义 2-6 可知,若 $\rho \subseteq A \times B$,则由关系的求逆运算得到的逆关系 $\rho^{-1} \subseteq B \times A$。求逆关系的方法非常简单,只要将关系 ρ 的每一个序偶中的元素次序加以颠倒,就可以得到逆关系 ρ^{-1} 的所有序偶。例如,例 2-3 中关系 ρ 的逆关系为:

$$\rho^{-1} = \{(2,2),(4,2),(6,2),(3,3),(6,3),(4,4)\}$$

它是一个由集合 $B = \{2,3,4,5,6\}$ 到集合 $A = \{2,3,4\}$ 的关系,即 $\rho^{-1} \subseteq B \times A$。

图 2-1 中给出了一个由集合 A 到集合 B 的关系。在图 2-1 中,由小黑点标定的元素 a_i 和 b_j 分别表示集合 A 和集合 B 中的元素。当且仅当 $a_i \rho b_j$ 时,才有箭头从 a_i 指向 b_j。如果将图 2-1 中的各个箭头均反向,那么就可以得到当前关系 ρ 的逆关系 ρ^{-1} 的图示。这种表示方法可以让人们比较直观地认识和理解关系这一抽象的数学概念。

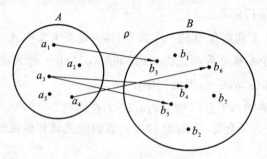

图 2-1 关系的图示

当集合中的元素数目比较少时,通过关系的图示就可以认识和理解关系的本质了,但是,在很多实际问题中,集合中的元素数目具有相当的规模,用关系的图示很难表示或求解关系的运算。这时,有没有办法解决这类问题呢?幸运的是,我们可以借助计算机的帮助,因为与人相比,计算机解决问题的最大优势体现在对数据规模较大的问题的处理能力上。因此,只要按照计算机特定的工作方式,首先将数据存储在计算机中,然后按照一定的算法设计思路设计比较好的算法,就可以使该问题得以有效地解决。因此,我们自然而然地想到了一种数学工具——矩阵来表示关系,通常,将该矩阵称为关系矩阵。矩阵其实就是二维表,可以使用二维数组或一维数组存入到计算机的存储器中,通常有许多算法能对其进行高效地处理。

当集合 A 与集合 B 均为有限集时,由集合 A 到集合 B 的关系 ρ 可以方便地运用一个 $(\sharp A) * (\sharp B)$ 矩阵来表示,该矩阵称为此关系 ρ 的关系矩阵,记作 M_ρ。

设集合 $A = \{a_1, a_2, \cdots, a_{\sharp A}\}$,集合 $B = \{b_1, b_2, \cdots, b_{\sharp B}\}$,并且关系 ρ 是由集合 A 到集合 B 的关系,则关系矩阵 M_ρ 的第 i 行、第 j 列的元素 r_{ij} 定义如下。

$$r_{ij} = \begin{cases} 1, & \text{若} (a_i, b_j) \in \rho \\ 0, & \text{若} (a_i, b_j) \notin \rho \end{cases}$$

因此,关系矩阵中的元素要么为 1,要么为 0。例如,例 2-3 中的关系 ρ 可用下面的关系矩阵表示。

$$M_\rho = \begin{array}{c} \\ 2 \\ 3 \\ 4 \end{array} \begin{array}{cccccc} 2 & 3 & 4 & 5 & 6 \\ \left[\begin{array}{cccccc} 1 & 0 & 1 & 0 & 1 \\ 0 & 1 & 0 & 0 & 1 \\ 0 & 0 & 1 & 0 & 0 \end{array}\right] \end{array}$$

例 2-4 设集合 $A = 2^{\{0,1\}}$，集合 $B = 2^{\{0,1,2\}} - 2^{\{0\}}$，关系 $\rho = \{(a,b) \mid a - b = \varnothing\}$ 是一个由集合 A 到集合 B 的关系，试列出关系 ρ 的元素，并确定关系 ρ 的定义域 D_ρ 和值域 R_ρ，构造关系 ρ 的关系矩阵。

解

$$A = \{\varnothing, \{0\}, \{1\}, \{0,1\}\}$$
$$B = \{\varnothing, \{0\}, \{1\}, \{2\}, \{0,1\}, \{0,2\}, \{1,2\}, \{0,1,2\}\} - \{\varnothing, \{0\}\}$$
$$= \{\{1\}, \{2\}, \{0,1\}, \{0,2\}, \{1,2\}, \{0,1,2\}\}$$
$$\rho = \{(a,b) \mid a - b = \varnothing\} = \{(a,b) \mid a \subseteq b\}$$

所以，有：

$$\rho = \{(\varnothing, \{1\}), (\varnothing, \{2\}), (\varnothing, \{0,1\}), (\varnothing, \{0,2\}), (\varnothing, \{1,2\}), (\varnothing, \{0,1,2\}),$$
$$(\{0\}, \{0,1\}), (\{0\}, \{0,2\}), (\{0\}, \{0,1,2\}), (\{1\}, \{1\}), (\{1\}, \{0,1\}),$$
$$(\{1\}, \{1,2\}), (\{1\}, \{0,1,2\}), (\{0,1\}, \{0,1\}), (\{0,1\}, \{0,1,2\})\}$$

关系 ρ 的定义域 D_ρ 是集合 A，值域 R_ρ 是集合 B。

关系矩阵为：

$$M_\rho = \begin{array}{c} \\ \varphi \\ \{0\} \\ \{1\} \\ \{0,1\} \end{array} \begin{array}{cccccc} \{1\} & \{2\} & \{0,1\} & \{0,2\} & \{1,2\} & \{0,1,2\} \\ \left[\begin{array}{cccccc} 1 & 1 & 1 & 1 & 1 & 1 \\ 0 & 0 & 1 & 1 & 0 & 1 \\ 1 & 0 & 1 & 0 & 1 & 1 \\ 0 & 0 & 1 & 0 & 0 & 1 \end{array}\right] \end{array}$$

有了关系矩阵这个数学工具，就可以很容易地求出关系 ρ 的逆关系 ρ^{-1} 了，这时可以将关系 ρ 的关系矩阵 M_ρ 的行和列进行交换（关系矩阵的转置），就可以得到逆关系 ρ^{-1} 的关系矩阵了。而求（关系）矩阵的转置运算对于算法设计来说极其简单，因此，对于数据规模较大的问题（关系矩阵的行数和列数很多的情况下）可以通过计算机快速求解，效率很高。

二元关系的一种特殊情形，即由集合 A 到集合 A 自身的关系 ρ，也就是说，$\rho \subseteq A^2$，通常称这样的关系为集合 A 上的关系。显然，若集合 A 是有限集，则集合 A 上的关系 ρ 的关系矩阵就是一个方阵（行数和列数相等的矩阵）。学习过线性代数的读者都知道，相较于矩阵，方阵具有一些更特殊的性质。因此，集合 A 上的关系比由集合 A 到集合 B 上的关系具有一些更特殊的性质，我们在第 2 章后面相关的小节中将专门讨论关于集合 A 上的关系的一些特殊性质。

下面，通过几个例子对集合 A 上的关系进行说明。

设集合 $A = \{0,1,2,3\}$，则关系 $\rho = \{(0,0), (0,3), (2,0), (2,1), (2,3), (3,2)\}$ 是集合 A 上的一个关系。

设有实数集 R，并且有定义在 R 上的关系 ρ_1，即：

$$\rho_1 = \{(x,y) \mid (x,y) \in R^2, x < y\}$$

则关系 ρ_1 就是实数集 R 上的一个关系，即通常所说的"小于"关系。例如，序偶 $(3.4, 5) \in \rho_1$，而序偶 $(6.1, 2.4) \notin \rho_1$。

类似地,还可以在实数集 R 上定义"等于"和"大于"关系,即:

$$\rho_2=\{(x,y)\mid(x,y)\in R^2,x=y\}$$
$$\rho_3=\{(x,y)\mid(x,y)\in R^2,x>y\}$$

这些关系的定义域是什么?值域是什么?它们在笛卡儿坐标平面上分别表示哪些点的集合?请读者自己思考并回答。

若关系 $\rho=A^2$,则称关系 ρ 为集合 A 上的普遍关系,用 U_A 表示,即:

$$U_A=\{(a_i,a_j)\mid a_i,a_j\in A\}$$

普遍关系就是由集合 A 到集合 A 自身的笛卡儿积,它可以看作是讨论集合 A 上的关系时的全集合。值得注意的是,若关系 $\rho=A\times B$,即关系 ρ 就是由集合 A 到集合 B 的笛卡儿积,由于笛卡儿积应被看成讨论该笛卡儿积上关系的全集合,因此,称该关系 ρ 为由集合 A 到集合 B 上的全关系。

集合 A 上的恒等关系用 I_A 表示,定义为:

$$I_A=\{(a_i,a_i)\mid a_i\in A\}$$

例 2-5　设集合 $A=\{0,1,2\}$,求集合 A 上的普遍关系和恒等关系。

解　集合 A 上的普遍关系:

$$U_A=\{(0,0),(0,1),(0,2),(1,0),(1,1),(1,2),(2,0),(2,1),(2,2)\}$$

集合 A 上的恒等关系:

$$I_A=\{(0,0),(1,1),(2,2)\}$$

一个有限集合 A 上的关系 ρ 不仅可以用上述的 $(\sharp A)*(\sharp A)$ 矩阵(方阵)来表示,还可以使用一个称之为关系 ρ 的关系图的图形来表示。该图具有与集合 A 中元素数目相同的结点,每一个结点表示集合 A 中的一个元素,将其画成一个带有元素标号的小圆圈,当且仅当 $a_i\rho a_j$ 时,用一条弧(或直线)连接结点 a_i 和结点 a_j,连接并且在弧上(或直线上)沿着从结点 a_i 到结点 a_j 的方向画一个箭头。当对应于关系 ρ 中的序偶的所有结点都用带有适当箭头的弧(或直线)连接起来时,就得到了关系 ρ 的关系图(若将所有的箭头反向,就得到了关系 ρ 的逆关系 ρ^{-1} 的关系图)。图 2-2 中给出了一个关系图的示例,图中的每一条带有箭头的弧(或直线)称为该图的边。

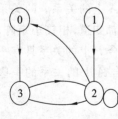

图 2-2　关系图

对于关系图中任意两个结点 a_i 和 a_j,若存在 $m-1$ 个结点 $a_{k,1}$,$a_{k,2},\cdots,a_{k,m-1}$,使得有 $a_i\rho a_{k,1}$,$a_{k,1}\rho a_{k,2},\cdots,a_{k,m-1}\rho a_j$,则表明从结点 a_i 到结点 a_j 有一条长为 m 的路($m\geqslant1$)。若 $a_i=a_j$,则这条路就成为一条回路。例如,在图 2-2 所示的关系图中,对于结点 1 和结点 3,由于有 $1\rho2,2\rho0,0\rho3$,因此,从结点 1 到结点 3 有长为 3 的路;由于有 $3\rho2,2\rho3$,所以从结点 3 到结点 3 自身有长为 2 的回路;由于有 $0\rho3$,因此,从结点 0 到结点 3 有长为 1 的路;由于有 $2\rho2$,因此,从结点 2 到结点 2 有长为 1 的回路。

2.3　关系的复合运算

在 2.2 节,我们讨论了关系的求逆运算,本节将讨论关系的另一种特殊运算——复合运算。首先通过一个例题，复习一下前面的内容，然后进入本节的主题。

例 2-6 设有集合 $A=\{2,4,6,9\}$，集合 $B=\{3,4,6\}$。关系 ρ_1 和 ρ_2 都是由集合 A 到集合 B 的关系，其中，关系 $\rho_1=\{(a,b)\mid b$ 能被 a 整除$\}$，关系 $\rho_2=\{(a,b)\mid (a-b)/3$ 是整数$\}$，求 $\rho_1\bigcup\rho_2$，$\rho_1\bigcap\rho_2$，$\rho_1-\rho_2$，$\rho_1{}'$。

解
$$\rho_1=\{(2,4),(2,6),(4,4),(6,6)\}$$
$$\rho_2=\{(4,4),(6,3),(6,6),(9,3),(9,6)\}$$
$$\rho_1\bigcup\rho_2=\{(2,4),(2,6),(4,4),(6,6),(6,3),(9,3),(9,6)\}$$
$$\rho_1\bigcap\rho_2=\{(4,4),(6,6)\}$$
$$\rho_1-\rho_2=\{(2,4),(2,6)\}$$
$$\rho_1{}'=A\times B-\rho_1$$
$$=\{(2,3),(2,4),(2,6),(4,3),(4,4),(4,6),(6,3),(6,4),(6,6),(9,3),(9,4),(9,6)\}$$
$$-\{(2,4),(2,6),(4,4),(6,6)\}$$
$$=\{(2,3),(4,3),(4,6),(6,3),(6,4),(9,3),(9,4),(9,6)\}$$

通过例 2-6，不难看出，$\rho_1\bigcup\rho_2$，$\rho_1\bigcap\rho_2$，$\rho_1-\rho_2$，$\rho_1{}'$ 也都是集合 A 到集合 B 的关系。

关系描述的是集合中元素与元素之间的直接联系，但是，在自然界或现实社会生活中，元素与元素之间除了具有直接联系以外，还有可能发生间接联系。因此，接下来我们讨论描述元素与元素之间的间接联系的另一种关系特殊运算——关系的复合运算。首先给出复合关系的基本概念。

定义 2-7 设关系 ρ_1 是一个由集合 A 到集合 B 的关系 $(\rho_1\subseteq A\times B)$，关系 ρ_2 是一个由集合 B 到集合 C 的关系 $(\rho_2\subseteq B\times C)$，则关系 ρ_1 和关系 ρ_2 的复合关系是一个由集合 A 到集合 C 的关系，用 $\rho_1\cdot\rho_2$ 表示（或者简单记作 $\rho_1\rho_2$），定义为：对于任意 $a\in A$ 和 $c\in C$，至少存在一个 $b\in B$，使得当 $a\rho_1b$，$b\rho_2c$ 时，有 $a(\rho_1\cdot\rho_2)c$。

这种由关系 ρ_1 和关系 ρ_2 得到关系 $\rho_1\cdot\rho_2$ 的运算，称为关系的复合运算。在定义 2-7 中，通常将集合 B 称为中间集合。

例 2-7 设关系 ρ_1 是一个由集合 $A=\{1,2,3,4\}$ 到集合 $B=\{2,3,4\}$ 的关系，关系 ρ_2 是一个由集合 B 到集合 $C=\{1,2,3\}$ 的关系，它们分别为：
$$\rho_1=\{(a,b)\mid a+b=5\} \qquad \rho_2=\{(b,c)\mid b-c=2\}$$
求关系 ρ_1 和关系 ρ_2 的复合关系 $\rho_1\cdot\rho_2$。

解 根据题意，有：$\rho_1=\{(a,b)\mid a+b=5\}=\{(1,4),(2,3),(3,2)\}$
$$\rho_2=\{(b,c)\mid b-c=2\}=\{(3,1),(4,2)\}$$

则根据关系的复合运算定义，关系 ρ_1 和关系 ρ_2 的复合关系 $\rho_1\cdot\rho_2=\{(1,2),(2,1)\}$。

复合关系可以反映现实生活中的很多情况，例如，它可以反映人际关系中的间接关系。尤其是在传统中国社会，这种以血缘关系维系的社会。如果 a 是 b 的弟弟（兄弟关系），b 是 c 的父亲（父子关系），则 a 就是 c 的叔叔（叔侄关系）。

不难看出，如果关系 ρ_1 的值域和关系 ρ_2 的定义域的交集为空集，那么复合关系 $\rho_1\cdot\rho_2$ 即是空关系。

下面，我们共同探讨关系相等的证明方法。由于关系是集合的一种特殊形式，因此，关系相等的证明方法可以借鉴集合相等的证明方法(定义法证明集合相等),即若要证明关系 ρ_1 与关系 ρ_2 相等,只需要证明 $\rho_1 \subseteq \rho_2$ 并且 $\rho_2 \subseteq \rho_1$,但是,在展开整个证明过程之前,必须说明关系 ρ_1 和关系 ρ_2 是同一个笛卡儿积(作为关系 ρ_1 和关系 ρ_2 的全集合)的子集。这是至关重要的一个环节,是整个证明过程的逻辑起点。这里再一次显明了笛卡儿积在关系运算过程中的重要意义和价值。下面,我们通过两个定理来进行说明。

定理 2-1 设关系 ρ 是由集合 A 到集合 B 的关系,I_A、I_B 分别是集合 A 上的恒等关系和集合 B 上的恒等关系,则 $I_A \cdot \rho = \rho \cdot I_B = \rho$。

证明 由于 ρ 是由集合 A 到集合 B 的关系,I_A 是集合 A 上的恒等关系,I_B 分别是集合 B 上的恒等关系,因此,$\rho \subseteq A \times B$,$I_A \subseteq A \times A$,$I_B \subseteq B \times B$,根据复合关系的定义,有:

$$I_A \cdot \rho \subseteq A \times B(\text{中间集合是 } A)$$
$$\rho \cdot I_B \subseteq A \times B(\text{中间集合是 } B)$$

因此,$I_A \cdot \rho$,$\rho \cdot I_B$ 和 ρ 是同一个笛卡儿积 $A \times B$(作为全集合)的子集。

对任意 $(a,b) \in I_A \cdot \rho$,存在 $a_1 \in A$,使得 $(a,a_1) \in I_A$,$(a_1,b) \in \rho$。

而 I_A 是 A 上的恒等关系,所以有 $a = a_1$。

则有: $\qquad\qquad\qquad\qquad\qquad (a,b) \in \rho$

故 $\qquad\qquad\qquad\qquad\qquad I_A \cdot \rho \subseteq \rho$

反过来,对任意 $(a,b) \in \rho$,有:

因为 I_A 是 A 上的恒等关系,所以 $(a,a) \in I_A$。

故 $\qquad\qquad\qquad\qquad\qquad (a,b) \in I_A \cdot \rho$

则 $\qquad\qquad\qquad\qquad\qquad \rho \subseteq I_A \cdot \rho$

最终可得出: $\qquad\qquad\qquad\qquad I_A \cdot \rho = \rho$

类似地,可以证明 $\rho \cdot I_B = \rho$。因此,定理 2-1 成立。证毕。

下面,我们来讨论一下关系的复合运算的性质,首先考察关系的复合运算是否满足交换律。仍以传统中国社会中的人际关系为例来说明,前面的例子中曾提到过,若 a 是 b 的弟弟,b 是 c 的父亲,则 a 是 c 的叔叔;现在,将关系顺序颠倒一下,即若 a 是 b 的父亲,b 是 c 的弟弟,则 a 是 c 的父亲。从这个例子中,不难看出,关系的复合运算是不满足交换律的。因此,自然会提出另一个问题,那就是关系的复合运算满足结合律吗?在回答这个问题之前,还是先来考察人际关系中的一个例子:不妨设 a 是 b 的父亲,b 是 c 的哥哥,c 是 d 的夫人,则 a 和 d 之间的关系是什么呢?要回答这个问题,我们可以采用两种方法:第一种方法,首先考察 a 和 c 之间的关系,然后考察 a 和 d 之间的关系;第二种方法,首先考察 b 和 d 之间的关系,然后考察 a 和 d 之间的关系。读者可以进一步思考:a 和 d 之间的关系会因为使用了两种不同的方法而得出不同的结论吗?

定理 2-2 设关系 ρ_1 是由集合 A 到集合 B 的关系,关系 ρ_2 是由集合 B 到集合 C 的关系,关系 ρ_3 是由集合 C 到集合 D 的关系,则有 $(\rho_1 \cdot \rho_2) \cdot \rho_3 = \rho_1 \cdot (\rho_2 \cdot \rho_3)$。

证明 由于关系 ρ_1 是由集合 A 到集合 B 的关系,关系 ρ_2 是由集合 B 到集合 C 的关系,关系 ρ_3 是由集合 C 到集合 D 的关系,因此,$\rho_1 \subseteq A \times B$,$\rho_2 \subseteq B \times C$,$\rho_3 \subseteq C \times D$,则根据复合关系的定义,$\rho_1 \cdot \rho_2 \subseteq A \times C$(中间集合是 B),$\rho_2 \cdot \rho_3 \subseteq B \times D$(中间集合是 C),所以

$(\rho_1 \cdot \rho_2) \cdot \rho_3 \subseteq A \times D$(中间集合是 C)，$\rho_1 \cdot (\rho_2 \cdot \rho_3) \subseteq A \times D$(中间集合是 B)。

因此，关系$(\rho_1 \cdot \rho_2) \cdot \rho_3$ 与 $\rho_1 \cdot (\rho_2 \cdot \rho_3)$是同一个笛卡儿积 $A \times D$ 的子集。

对于任意$(a,d) \in (\rho_1 \cdot \rho_2) \cdot \rho_3$，必存在 $c \in C$ 使$(a,c) \in (\rho_1 \cdot \rho_2)$且$(c,d) \in \rho_3$。

由 $(a,c) \in (\rho_1 \cdot \rho_2)$ 知，存在 $b \in B$，使 $(a,b) \in \rho_1$。

由于 $(b,c) \in \rho_2$，有：

$$(a,b) \in \rho_1 \quad 且 \quad (b,c) \in \rho_2 \quad 且 \quad (c,d) \in \rho_3$$

所以有： $\quad (a,b) \in \rho_1 \quad 且 \quad (b,d) \in (\rho_2 \cdot \rho_3)$

故 $\quad (a,d) \in \rho_1 \cdot (\rho_2 \cdot \rho_3)$

则 $\quad (\rho_1 \cdot \rho_2) \cdot \rho_3 \subseteq \rho_1 \cdot (\rho_2 \cdot \rho_3)$

类似地，可以证明：$\rho_1 \cdot (\rho_2 \cdot \rho_3) \subseteq (\rho_1 \cdot \rho_2) \cdot \rho_3$。

所以$(\rho_1 \cdot \rho_2) \cdot \rho_3 = \rho_1 \cdot (\rho_2 \cdot \rho_3)$。因此，定理 2-2 成立。证毕。

定理 2-2 说明了关系的复合运算满足结合律。

由于$(\rho_1 \cdot \rho_2) \cdot \rho_3$ 与 $\rho_1 \cdot (\rho_2 \cdot \rho_3)$相等，因此通常删去括号将它们写作 $\rho_1 \cdot \rho_2 \cdot \rho_3$。一般来说，若关系 ρ_1 是一个由集合 A_1 到集合 A_2 的关系，关系 ρ_2 是一个由集合 A_2 到集合 A_3 的关系，$\cdots$，关系 ρ_n是一个由集合 A_n 到集合 A_{n+1} 的关系，则$(\cdots((\rho_1 \cdot \rho_2) \cdot \rho_3) \cdots \rho_{n-1}) \rho_n$是一个由集合 A_1 到集合 A_{n+1} 的关系。由数学归纳法不难证明任意 n 个关系的复合运算也是满足结合律的，即在上面的式子中只要不改变 n 个关系符号的顺序，无论在它们中间怎样添加括号，其运算结果是相同的，因此，去括号的表达式 $\rho_1\rho_2 \cdots \rho_n$ 能够唯一地表示一个由集合 A_1 到集合 A_{n+1} 的关系。

特别地，当集合 $A_1 = A_2 = \cdots = A_n = A_{n+1} = A$ 并且 $\rho_1 = \rho_2 = \cdots = \rho_n = \rho$ 时(即当所有的关系 ρ_k 都是集合 A 上同样的关系 ρ 时，$k = 1, 2, \cdots, n$)，复合关系 $\rho_1 \rho_2 \cdots \rho_n$ 可以使用 ρ^n 来表示(它也是集合 A 上的一个关系)。下面给出一个例子进行说明。

例 2-8 设集合 $A = \{1,2,3,4\}$，则集合 A 上的关系 $\rho = \{(2,1),(3,2),(4,3)\}$，则有：

$$\rho^2 = \{(3,1),(4,2)\}$$
$$\rho^3 = \{(4,1)\}$$
$$\rho^4 = \varnothing$$

2.4 复合关系的关系矩阵和关系图

2.3 节主要介绍了关系的复合运算这个基本概念以及关系的复合运算的运算性质，即关系的复合运算不满足交换律，但是满足结合律。在求解复合关系时，当关系的数目以及每一个关系中的序偶数目都比较少时，很容易求解。可是当关系的数目较大并且每一个关系中的序偶数目较多时，如果按照复合关系定义法求解，则效率较低。有没有效率更高的求解方法呢？于是，我们想到了前面所讲的关系的第二种表示方法——关系矩阵。回顾前面的内容，不难发现，关系的逆运算可以转化为与之等效的求关系矩阵的转置矩阵运算。如果关系的复合运算也能转化为与之等效的关系矩阵的某种运算方法，我们就可以借助于计算机更加高效地求解关系的复合运算了。那么，现在的问题就是能不能找出一种与关系的复合运算等效的关系矩阵的某种运算方法？这就是本节所要讨论的问题。

在讨论复合关系矩阵之前,首先介绍一下布尔代数运算,并用布尔代数运算来定义两个关系矩阵的乘积。关于布尔代数这一部分内容,将会在第 6 章中进行详细介绍。在这里仅仅只介绍一些基本内容。布尔代数运算只涉及数字 0 和数字 1,这些数字的加法和乘法按照下列方式进行。

$$0+0=0, \quad 0+1=1+0=1+1=1$$
$$1 \cdot 1=1, \quad 1 \cdot 0=0 \cdot 1=0 \cdot 0=0$$

这种运算方式通常被称为逻辑运算(非算术运算)。在上面的运算中,涉及两个运算符:"＋"和"·"。这里的"＋"和·"并不是算术运算中的"加法"和"乘法",而是逻辑运算中的"＋"和"·"运算,为方便起见,通常将逻辑运算中的"＋"运算称为逻辑加运算,或称其为或运算,而将逻辑运算中的"·"运算称为逻辑乘运算,或称其为与运算。

例如,式子$(1 \cdot 1)+(0 \cdot 0 \cdot 1)+(1 \cdot 1 \cdot 1)+1+(1 \cdot 0)=1$。

一般说来,在一个布尔代数运算式子中,当且仅当至少有一个逻辑乘运算是形式$1 \cdot 1 \cdots 1$时,乘积的逻辑加运算的结果等于 1,否则,结果等于 0。

下面,用布尔运算来定义两个关系矩阵的乘积。

定义 2-8 设关系矩阵 M_1 是一个(i,j) 通路(即第 i 行,第 j 列的元素)为 $r_{ij}^{(1)}$ 的 $l*m$ 关系矩阵,M_2 是一个(i,j) 通路为 $r_{ij}^{(2)}$ 的 $m*n$ 关系矩阵,则关系矩阵 M_1 与关系矩阵 M_2 的乘积,记为 $M_1 \cdot M_2$,即是一个 $l*n$ 关系矩阵,其(i,j) 通路为 $r_{ij}=\sum_{k=1}^{m}(r_{ik}^{(1)} \cdot r_{kj}^{(2)})(i=1,2,\cdots,l;j=1,2,\cdots,n)$。在这里,所有出现的运算符都表示逻辑加和逻辑乘运算。

注意:在如定义 2-8 所给出的关系矩阵的乘法有一点与线性代数中矩阵的乘法是相同的,那就是参与乘法运算的两个关系矩阵,前一个关系矩阵 M_1 的列数必需等于后一个矩阵 M_2 的行数,这样,两个关系矩阵的乘法运算才有意义。下面通过一个例子来说明。

例 2-9 设矩阵 M_1 和矩阵 M_2 是两个关系矩阵,即:

$$M_1=\begin{bmatrix} 0 & 0 & 0 \\ 0 & 0 & 1 \\ 0 & 1 & 0 \\ 1 & 0 & 0 \end{bmatrix}, \quad M_2=\begin{bmatrix} 1 & 0 & 0 \\ 0 & 1 & 0 \\ 0 & 0 & 1 \end{bmatrix}$$

求关系矩阵 $M_1 \cdot M_2$。

解 根据关系矩阵的乘法定义,有:

$$M_1 \cdot M_2=\begin{bmatrix} 0 & 0 & 0 \\ 0 & 0 & 1 \\ 0 & 1 & 0 \\ 1 & 0 & 0 \end{bmatrix}$$

根据定义 2-8 容易证明,关系矩阵的乘积运算满足结合律,即关系矩阵乘积$(M_1 \cdot M_2) \cdot M_3$ 和乘积 $M_1 \cdot (M_2 \cdot M_3)$ 在有意义时是相等的。因此,以上的乘积在有意义时可以直接写成 $M_1 \cdot M_2 \cdot M_3$ 的形式。一般来说,若以下 $n-1$ 个关系矩阵的乘积 $M_1 \cdot M_2, M_2 \cdot M_3, \cdots,$ $M_{n-1} \cdot M_n$ 都有意义时,则删去括号的式子 $M_1 \cdot M_2 \cdot \cdots \cdot M_n$ 唯一地表示关系矩阵 $M_1, M_2,$ $\cdots, M_n$ 的乘积。特别地,当这 n 个关系矩阵都相等时,即 $M_1=M_2=\cdots=M_n=M$ 时,其乘积

可以用 M^n 来表示。

不妨设关系 ρ_1 是一个由集合 A 到集合 B 的关系,关系 ρ_2 是一个由集合 B 到集合 C 的关系,在这里,集合 A、集合 B 与集合 C 都是有限集。根据 2.3 节所述,关系的复合运算 $\rho_1 \cdot \rho_2$ 就是一个由集合 A 到集合 C 的关系。本节的任务就是探讨探讨复合关系的关系矩阵与构成这一复合关系的各个关系的关系矩阵之间的联系,下面先看一例。

例 2-10 设关系 ρ_1 是一个由集合 $A=\{1,2,3,4\}$ 到集合 $B=\{2,3,4\}$ 的关系,关系 ρ_2 是一个由集合 $B=\{2,3,4\}$ 到集合 $C=\{1,2,3\}$ 的关系,其定义分别如下。

$$\rho_1=\{(a,b)\mid a+b=6\}=\{(2,4),(3,3),(4,2)\}$$
$$\rho_2=\{(b,c)\mid b-c=1\}=\{(2,1),(3,2),(4,3)\}$$

则由关系的复合运算的定义可以求解关系 ρ_1 与关系 ρ_2 的复合关系如下。

$$\rho_1 \cdot \rho_2=\{(2,3),(3,2),(4,1)\}.$$

则相应的关系矩阵为:

$$M_{\rho_1}=\begin{matrix}&2&3&4\\1\\2\\3\\4\end{matrix}\begin{bmatrix}0&0&0\\0&0&1\\0&1&0\\1&0&0\end{bmatrix},\quad M_{\rho_2}=\begin{matrix}&1&2&3\\2\\3\\4\end{matrix}\begin{bmatrix}1&0&0\\0&1&0\\0&0&1\end{bmatrix},\quad M_{\rho_1\rho_2}=\begin{matrix}&1&2&3\\1\\2\\3\\4\end{matrix}\begin{bmatrix}0&0&0\\0&0&1\\0&1&0\\1&0&0\end{bmatrix}$$

通过与例 2-9 的比较可以看出,这里的关系矩阵 $M_{\rho 1}$ 与 $M_{\rho 2}$ 分别就是例 2-9 中的关系矩阵 M_1 与 M_2,而 $M_{\rho 1 \rho 2}=M_1 \cdot M_2$,这一结果并不偶然。事实上,对于复合关系的关系矩阵,有如下的定理。

定理 2-3 设关系 ρ_1 是一个由集合 A 到集合 B 的关系,关系 ρ_1 是一个由集合 B 到集合 C 的关系,在这里,集合 A、集合 B 与集合 C 都是有限集,它们的关系矩阵分别为 $M_{\rho 1}$、$M_{\rho 2}$,则复合关系 $\rho_1 \cdot \rho_2$ 的关系矩阵 $M_{\rho 1 \rho 2}=M_{\rho 1} \cdot M_{\rho 2}$。

证明 设集合 $A=\{a_1,a_2,\cdots,a_l\}$,集合 $B=\{b_1,b_2,\cdots,b_m\}$,集合 $C=\{c_1,c_2,\cdots,c_n\}$,又设 $M_{\rho 1}$,$M_{\rho 2}$,$M_{\rho 1 \rho 2}$,$M_{\rho 1} \cdot M_{\rho 2}$ 的 (i,j) 通路分别为 $r_{ij}^{(1)}$,$r_{ij}^{(2)}$,r_{ij}',r_{ij}。根据复合关系的定义可知,对于集合 A 与集合 C 中的任意两个元素 a_i 和 c_j,当且仅当存在某个元素 $b_k \in B$,使得有 $a_i \rho_1 b_k$,并且 $b_k \rho_2 c_j$ 时,有 $a_i \rho_1 \cdot \rho_2 c_j$。反映在关系矩阵上,这也就是说,当且仅当存在某个 $k(1 \leqslant k \leqslant m)$ 使得 $r_{ik}^{(1)}=1$ 并且 $r_{kj}^{(2)}=1$ 时,有 $r_{ij}'=1$。另一方面,由关系矩阵乘积的定义可知,当且仅当存在某个 $k(1 \leqslant k \leqslant m)$ 使得 $r_{ik}^{(1)}=1$ 并且 $r_{kj}^{(2)}=1$ 时,有 $r_{ij}=\sum_{k=1}^{m} r_{ik}^{(1)} r_{kj}^{(2)}=1$。因此,当且仅当 $r_{ij}=1$ 时,有 $r_{ij}'=1$。由 i、j 的任意性,可以得到 $M_{\rho 1 \rho 2}=M_{\rho 1} \cdot M_{\rho 2}$。证毕。

更一般地,可以得出下面的结论。

定理 2-4 设关系 ρ_1 是一个由集合 A_1 到集合 A_2 的关系,关系 ρ_2 是一个由集合 A_2 到集合 A_3 的关系,$\cdots$,关系 ρ_n 是一个由集合 A_n 到集合 A_{n+1} 的关系。这里的集合 A_1,A_2,$\cdots$,A_n,A_{n+1} 都是有限集。它们的关系矩阵分别是 $M_{\rho 1}$,$M_{\rho 2}$,$\cdots$,$M_{\rho n}$,$M_{\rho n+1}$,则由集合 A_1 到集合 A_{n+1} 上的复合关系 $\rho_1 \rho_2 \cdots \rho_n$ 的关系矩阵 $M_{\rho 1 \rho 2 \cdots \rho n}=M_{\rho 1} \cdot M_{\rho 2} \cdots \cdot M_{\rho n}$。

定理 2-4 的证明可以使用数学归纳法。特别地,当关系 $\rho_1=\rho_2=\cdots=\rho_n=\rho$,集合 $A_1=A_2=\cdots=A_n=A_{n+1}=A$ 时,定理 2-4 又可以简化为定理 2-5 的形式。

定理 2-5 设关系 ρ 是有限集 A 上的一个具有关系矩阵 M_ρ 的关系,则复合关系 ρ^n 的关系矩阵 $M_{\rho^n}=M_\rho^n$。

由于有限集 A 上的关系 ρ 的复合关系 ρ^n 仍为该有限集上的关系,因此它也可以采用关系图来表示。与关系矩阵相类似,下面我们给出如何由关系 ρ 的关系图构造出 ρ^n 的关系图的简单方法。

根据复合关系的定义,当且仅当在集合 A 中有 $a_{k,1},a_{k,2},\cdots,a_{k,m-1}$ 存在,使得有 $a_i\rho a_{k,1}$, $a_{k,1}\rho a_{k,2},\cdots,a_{k,m-1}\rho a_j$ 时,有 $a_i\rho^n a_j$。因此,当且仅当在关系 ρ 的关系图中,有结点 $a_{k,1}$, $a_{k,2},\cdots,a_{k,m-1}$ 存在,并且其边的指向由 a_i 到 $a_{k,1}$,$a_{k,1}$ 到 $a_{k,2}$,$\cdots$,$a_{k,m-1}$ 到 a_j 时,则在 ρ^n 的关系图中,边由结点 a_i 指向结点 a_j。于是,对于如何由关系 ρ 的关系图构造 ρ^n 的关系图,可以按照以下的步骤依次进行:对于关系 ρ 关系图中的每一个结点 a_i,确定从结点 a_i 出发,经由长度为 n 的路能够到达的结点,这些结点在 ρ^n 的关系图中,边必须由结点 a_i 指向它们。

例如,图 2-3 所表示的 ρ^2 和 ρ^3 的关系图,就是由图 2-2 所示的 ρ 的关系图按照上述方法构成的。

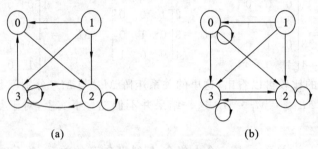

(a)　　　　　　　　(b)

图 2-3　ρ^2 和 ρ^3 的关系图

例 2-11 设集合 $A=\{0,1,2,3\}$,并且集合 A 上的关系 $\rho=\{(0,1),(1,2),(2,3),(2,1),(0,0)\}$。求复合关系 ρ^3。

解法一 根据关系的复合运算的定义,有:
$$\rho^2=\{(0,2),(1,3),(1,1),(2,2),(0,1),(0,0)\}$$
$$\rho^3=\rho^2\cdot\rho=\{(0,3),(0,1),(1,2),(2,1),(0,2),(0,0),(2,3)\}$$

解法二 构造关系 ρ 的关系矩阵为:

$$M_\rho=\begin{array}{c}\\0\\1\\2\\3\end{array}\begin{array}{cccc}0&1&2&3\\\left[\begin{array}{cccc}1&1&0&0\\0&0&1&0\\0&1&0&1\\0&0&0&0\end{array}\right]\end{array}$$

根据定理 2-3,有:

$$M_\rho^2=M_\rho\cdot M_\rho=\left[\begin{array}{cccc}1&1&0&0\\0&0&1&0\\0&1&0&1\\0&0&0&0\end{array}\right]\cdot\left[\begin{array}{cccc}1&1&0&0\\0&0&1&0\\0&1&0&1\\0&0&0&0\end{array}\right]=\begin{array}{c}\\0\\1\\2\\3\end{array}\begin{array}{c}\begin{array}{cccc}0&1&2&3\end{array}\\\left[\begin{array}{cccc}1&1&1&0\\0&1&0&1\\0&0&1&0\\0&0&0&0\end{array}\right]\end{array}$$

$$0\ 1\ 2\ 3$$

$$M_{\rho}^{3}=M_{\rho}^{2}\cdot M_{\rho}=\begin{bmatrix}1&1&1&0\\0&1&0&1\\0&0&1&0\\0&0&0&0\end{bmatrix}\cdot\begin{bmatrix}1&1&0&0\\0&0&1&0\\0&1&0&1\\0&0&0&0\end{bmatrix}=\begin{matrix}0\\1\\2\\3\end{matrix}\begin{bmatrix}1&1&1&0\\0&0&0&1\\0&1&0&1\\0&0&0&0\end{bmatrix}$$

根据关系矩阵的表示方法,由关系矩阵 M_{ρ}^{3} 可以列出复合关系 ρ^{3} 的全部序偶。显而易见,它与按照关系的复合运算的定义求解出来的结果是一致的。值得一提的是,由于有效率较高的算法可以用来求解关系矩阵的乘法,因此,使用关系矩阵的求解方法通常是可以借助计算机来实现的。特别是在关系较多并且集合中的元素较多时,利用计算机进行关系的复合运算是效率极高的方法。

2.5 关系的性质与闭包运算

一般来说,一个非空集合 A 上的关系 ρ 的关系矩阵是方阵,方阵相比于一般的矩阵而言,有一些特殊的性质,因此,一个集合 A 上的关系 ρ 也可以显出许多有用的性质,在此仅列出一些最基本的性质。

定义 2-9 设关系 ρ 是集合 A 上的关系(即 $\rho\subseteq A^{2}$),有:

(1) 若对于所有的 $a\in A$,有 $a\rho a$,则称关系 ρ 是自反关系。否则,称关系 ρ 是非自反关系。

(2) 若对于所有的 $a\in A$,有 $a\rho'a$,则称关系 ρ 是反自反关系。

(3) 对于所有的 $a,b\in A$,若每当有 $a\rho b$ 时,就必有 $b\rho a$,则称关系 ρ 是对称关系,否则,称关系 ρ 为非对称关系。

(4) 对于所有的 $a,b\in A$,若每当有 $a\rho b$ 和 $b\rho a$ 时,就必有 $a=b$,则称关系 ρ 是反对称关系。

(5) 对于所有的 $a,b,c\in A$,若每当有 $a\rho b$ 和 $b\rho c$ 时,就必有 $a\rho c$,则称关系 ρ 是可传递关系,否则,称关系 ρ 是不可传递关系。

注意: 自反关系与恒等关系的区别,一般来说,若关系 ρ 是一个集合 A 上的恒等关系,则 ρ 一定是集合 A 上的自反关系;反之,若关系 ρ 是一个集合 A 上的自反关系,则 ρ 不一定是集合 A 上的恒等关系。对于特殊情形,即当集合 A 是单元素集合(集合 A 中有且仅有一个元素)时,若关系 ρ 是该集合 A 上的自反关系,则 ρ 一定是集合 A 上的恒等关系。想一想,为什么?

根据原命题与逆否命题是等价命题的这一结论,反对称关系的定义条件可以等价地表述为:对于所有的 $a,b\in A$,若 $a\neq b$,则 $a\rho b$ 和 $b\rho a$ 不能同时成立。

例 2-12 设集合 $A=\{0,1,2,3\}$,集合 A 上的关系 $\rho=\{(1,2),(2,2),(2,3),(3,2)\}$,判断关系 ρ 的性质。

解 由于 $0\in A$,但 $(0,0)\notin\rho$,因此关系 ρ 是非自反关系。

由于 $(2,2)\in\rho$,因此,关系 ρ 不是反自反关系。

$(1,2)\in\rho$，但是$(2,1)\notin\rho$，因此，关系ρ是非对称关系。

$2\neq3$，但是由于$(2,3)\in\rho$并且$(3,2)\in\rho$，因此，关系ρ不是反对称关系。

由于$(1,2)\in\rho$，$(2,3)\in\rho$，但是$(1,3)\notin\rho$，因此关系ρ是不可传递关系。

例 2-13 定义实数集R上的关系ρ，对于任意的$r_1,r_2\in R$，当且仅当$r_1\geqslant|r_2|$时，有$r_1\rho r_2$，试判断关系ρ的性质。

解 由于$-1\in R$，但-1并非大于等于$|-1|$，所以$(-1,-1)\notin\rho$，因此，关系ρ是非自反关系，可是$(1,1)\in\rho$，因此，关系ρ不是反自反关系；由于$2\geqslant|-1|$，但是-1并非大于等于$|2|$，即$(2,-1)\in\rho$，但是$(-1,2)\notin\rho$，因此，关系ρ是非对称关系；由于对于任意的$r_1,r_2\in R$，若$r_1\rho r_2$并且$r_2\rho r_1$，则必有$r_1\geqslant|r_2|$且$r_2\geqslant|r_1|$，则必有$r_1\geqslant0$并且$r_2\geqslant0$，因此$r_2=|r_1|$，并且$r_1=|r_2|$，于是有$r_1\geqslant r_2$，并且$r_2\geqslant r_1$，必有$r_1=r_2$。因此，关系ρ是反对称关系；由于对于任意的$r_1,r_2,r_3\in R$，若有$r_1\rho r_2$，并且$r_2\rho r_3$，即$r_1\geqslant|r_2|$并且$r_2\geqslant|r_3|$，则$r_2\geqslant0$，因此有$r_2=|r_2|$，于是有$r_1\geqslant r_2$，且$r_2\geqslant|r_3|$，由"$\geqslant$"关系的可传递性，则有$r_1\geqslant|r_3|$，这样，就必有$r_1\rho r_3$，因此，关系ρ是可传递关系。

可以有这样的一种关系，它既是对称关系，又是反对称关系。例如，对于任意非空集合上的恒等关系就是这样的一种关系。

以上讨论的关系的这些基本性质，在关系图上大多可以得到明确的反映。若关系ρ是非空集合A上的自反关系，则在关系ρ的关系图中的每一个结点引出一个单边环；若关系ρ是非空集合A上的对称关系，则在关系ρ的关系图中，对每一由结点a_i指向结点a_j的边，必有一条相反方向的边；若ρ是非空集合A上的反对称关系，则在关系ρ的关系图中，任何两个不同的结点之间最多只有一条边出现，而不会同时有两条方向相反的边；若关系ρ是非空集合A上的可传递关系，则若有由结点a_i指向结点a_j的边，并且又有由结点a_j指向结点a_k的边，就必有一条由结点a_i指向结点a_k的边。

不难看出，当非空集合A中元素的数目较大时，用关系图来表示关系的性质就变得不太方便了。这时，我们自然而然地联想到了关系矩阵，因为关系矩阵容易通过数组这一数据类型存放在计算机中，同时，计算机算法中有许多高效的算法可以用于处理关系矩阵。下面我们来讨论可以使用关系矩阵进行描述的一些关系的基本性质。

若关系ρ是非空集合A上的自反关系，则其关系矩阵的主对角线上的元素全为1；若关系ρ是非空集合A上的非自反关系，则其关系矩阵的主对角线上的元素不全为1；若关系ρ是非空集合A上的反自反关系，则其关系矩阵的主对角线上的元素全为0；若关系ρ是非空集合A上的对称关系，则其关系矩阵即是对称矩阵（关于主对角线对称的方阵）；若关系ρ是非空集合A上的非对称关系，则至少存在一对元素r_{ij}与r_{ji}，使得当$i\neq j$时，有r_{ij}、r_{ji}的取值相异（即若一个取0，另一个必取1）。若关系ρ是非空集合A上的反对称关系，则对于任意一对元素r_{ij}与$r_{ji}(i\neq j)$，要么$r_{ij}=r_{ji}=0$，要么取值相异（即若一个取0，另一个必取1）。

对于非空集合A上的任意一个关系ρ，它不一定具有自反性、对称性或者可传递性，但是可以通过在关系ρ中添加一些序偶，使得ρ具有上述的某个性质（或具有自反性，或具有对称性，或具有可传递性）。如果要求添加的序偶尽可能少，那么就可以通过以下的闭包运算来实现，并且分别称其运算结果为关系ρ的自反闭包、对称闭包和传递闭包。

定义 2-10 若设关系 ρ 是非空集合 A 上的关系,并且关系 ρ 的自反闭包用 $r(\rho)$ 表示,则它是由下式定义的非空集合 A 上的关系,即 $r(\rho)=\rho\bigcup I_A$。

定义 2-11 若设关系 ρ 是非空集合 A 上的关系,并且关系 ρ 的对称闭包用 $s(\rho)$ 表示,则它是由下式定义的非空集合 A 上的关系,即 $s(\rho)=\rho\bigcup\rho^{-1}$。

定义 2-12 若设关系 ρ 是非空集合 A 上的关系,并且关系 ρ 的传递闭包用 $t(\rho)$ 表示,则它是由下式定义的非空集合 A 上的关系,即 $t(\rho)=\bigcup\limits_{i=1}^{\infty}\rho^i$

自反闭包 $r(\rho)$、对称闭包 $s(\rho)$ 和传递闭包 $t(\rho)$ 分别具有以下的性质。

定理 2-6 设关系 ρ 是非空集合 A 上的一个关系,则关系 ρ 的自反闭包 $r(\rho)$ 具有以下性质。

(1) $\rho\subseteq r(\rho)$。

(2) $r(\rho)$ 是非空集合 A 上的自反关系。

(3) 对于非空集合 A 上的任何自反关系 ρ_r,如果 $\rho\subseteq\rho_r$,则 $r(\rho)\subseteq\rho_r$。

定理 2-7 设关系 ρ 是非空集合 A 上的一个关系,则关系 ρ 的对称闭包 $s(\rho)$ 具有以下的性质。

(1) $\rho\subseteq s(\rho)$。

(2) $s(\rho)$ 是非空集合 A 上的对称关系。

(3) 对于非空集合 A 上的任何对称关系 ρ_s,如果 $\rho\subseteq\rho_s$,则 $s(\rho)\subseteq\rho_s$。

由于定理 2-6 和定理 2-7 的结论是显而易见的,因此,略去证明。

定理 2-8 设关系 ρ 是非空集合 A 上的一个关系,则关系 ρ 的传递闭包 $t(\rho)$ 具有以下的性质。

(1) $\rho\subseteq t(\rho)$。

(2) $t(\rho)$ 是非空集合 A 上的传递关系。

(3) 对于非空集合 A 上的任何传递关系 ρ_t,如果 $\rho\subseteq\rho_t$,则 $t(\rho)\subseteq\rho_t$。

证明 根据传递闭包 $t(\rho)$ 的定义,显然应有 $\rho\subseteq t(\rho)$。对于在非空集合 A 中的任意元素 a,b,c,若有 $a\,t(\rho)b$,并且有 $b t(\rho)c$,则必存在正整数 h 和 k,使得有 $a\rho^h b$,并且 $b\rho^k c$。由于关系的复合运算满足结合律,于是有 $a\rho^{h+k}c$,因此有 $a\,t(\rho)c$,也就是说,$t(\rho)$ 是非空集合 A 上的传递关系;设关系 ρ_t 是非空集合 A 上的任意一个包含关系 ρ 的可传递关系,又设 $a\,t(\rho)b$,则由 $t(\rho)$ 的定义,必存在有正整数 k,使得有 $a\rho^k b$,因此,必有元素 $a_1,a_2,\cdots,a_{k-1}\in A$ 使得有 $a\rho a_1,a_1\rho a_2,\cdots,a_{k-1}\rho b$,由于有 $\rho\subseteq\rho_t$,于是有 $a\rho_t a_1,a_1\rho_t a_2,\cdots,a_{k-1}\rho_t b$,又由于关系 ρ_t 是可传递关系,因此有 $a\rho_t b$,由于 (a,b) 是关系 $t(\rho)$ 里的任意一个元素,因此有 $t(\rho)\subseteq\rho_t$。证毕。

由定理 2-6、定理 2-7 和定理 2-8 的结论可知,$r(\rho)$、$s(\rho)$ 和 $t(\rho)$ 分别是非空集合 A 上包含关系 ρ 的最小(在关系 ρ 的基础上添加的序偶数目最少)的自反关系、对称关系和可传递关系。

在以上的三个闭包中,传递闭包的构造过程较为复杂,甚至很难求出。但是当非空集合

A 是有限集时,笛卡儿积 $A \times A$ 的基数 $\sharp(A \times A) = (\sharp A) * (\sharp A) = (\sharp A)^2$,因此,笛卡儿积 $A \times A$ 的幂集 $2^{A \times A}$ 的基数 $\sharp(2^{A \times A}) = 2^{\sharp(A \times A)}$,也就是说,笛卡儿积 $A \times A$ 仅仅只有 $2^{\sharp(A \times A)}$ 个不同的子集,这就意味着非空集合 A 上仅有有限个不同的关系。因此,当非空集合 A 是有限集时,关系 ρ 的传递闭包 $t(\rho)$ 又可以写成:$t(\rho) = \bigcup\limits_{i=1}^{m} \rho^i$($m$ 为某个正整数)。

于是,构造有限集上的关系 ρ 的传递闭包,其过程是在有限步骤里完成的。例如,由关系 ρ 逐步构造出复合关系 $\rho^2, \rho^3, \rho^4, \cdots$,这样继续下去,一定存在某个正整数 k,使得 $\rho^k = \rho^h$($k > h$)。为不失一般性,不妨设正整数 k 就是使得这一等式成立的最小正整数,则关系 ρ 的传递闭包 $t(\rho) = \bigcup\limits_{i=1}^{k-1} \rho^i$。

根据定义 2-12 可知,当且仅当存在某个正整数 k 使得当 $a_i \rho^k a_j$ 时,有 $a_i t(\rho) a_j$;就关系 ρ 的关系图而论,当且仅当结点 a_j 是从结点 a_i 经由任意有限长 k 的路能够到达时,才有 $a_i \rho^k a_j$,因此有 $a_i t(\rho) a_j$。于是,我们可以根据关系 ρ 的关系图直接构造出 $t(\rho)$ 的关系图:对于关系 ρ 的关系图中的每一个结点 a_i,找出从结点 a_i 开始,经由有限长度的路能够到达(即有路可达)的结点,这些结点在 ρ 的传递闭包 $t(\rho)$ 的关系图中的边必须由结点 a_i 指向它们。

就关系 ρ 的传递闭包 $t(\rho)$ 所对应的关系矩阵而言,当且仅当存在某个关系矩阵 M_{ρ^k} 使得 $r_{ij}^{(k)} = 1$ 时,$t(\rho)$ 所对应的关系矩阵 $M_{t(\rho)}$ 有 $r_{ij}^{(+)} = 1$。于是,关系矩阵 $M_{t(\rho)}$ 的 (i,j) 通路可以通过关系矩阵 $M_\rho, M_{\rho^2}, M_{\rho^3}, \cdots, M_{\rho^n}$ 的 (i,j) 通路相加(逻辑加运算)而得到,用公式表示如下。

$$M_{t(\rho)} = \sum_{i=1}^{n} M_\rho^i \quad (\sharp A = n)$$

通过这种方法,我们就能借助计算机快速地求解关系 ρ 的传递闭包 $t(\rho)$ 了。

下面,通过一个例子说明怎样求在一个非空集合 A 上的关系 ρ 的自反闭包、对称闭包和传递闭包。

例 2-14 设集合 $A = \{1,2,3,4,5,6\}$ 上的关系 $\rho = \{(1,5),(1,3),(2,5),(4,5),(5,4),(6,3),(6,6)\}$,求关系 ρ 的自反闭包、对称闭包和传递闭包。

解 根据定义 2-10,其自反闭包为:

$r(\rho) = \rho \bigcup I_A$

$\quad = \{(1,5),(1,3),(2,5),(4,5),(5,4),(6,3),(6,6)\} \bigcup \{(1,1),(2,2),(3,3),(4,4),(5,5),(6,6)\}$

$\quad = \{(1,1),(2,2),(3,3),(4,4),(5,5),(6,6),(1,5),(1,3),(2,5),(4,5),(5,4),(6,3)\}$

根据定义 2-11,其对称闭包为:

$s(\rho) = \rho \bigcup \rho^{-1}$

$\quad = \{(1,5),(1,3),(2,5),(4,5),(5,4),(6,3),(6,6)\} \bigcup \{(5,1),(3,1),(5,2),(5,4),(4,5),(3,6),(6,6)\}$

$\quad = \{(1,5),(1,3),(2,5),(4,5),(5,4),(6,3),(6,6),(5,1),(3,1),(5,2),(3,6)\}$

$$\rho^2 = \{(1,4),(2,4),(4,4),(5,5),(6,3),(6,6)\}$$

又 $\qquad \rho^3 = \{(1,5),(2,5),(4,5),(5,4),(6,3),(6,6)\}$

$$\rho^4 = \{(1,4),(2,4),(4,4),(5,5),(6,3),(6,6)\}$$

这时,发现 $\rho^2 = \rho^4$,

因此,关系 ρ 的传递闭包 $t(\rho) = \rho \bigcup \rho^2 \bigcup \rho^3 = \{(1,5),(1,3),(2,5),(4,5),(5,4),(6,3),$

$(6,6),(1,4),(2,4),(4,4),(5,5)\}$。

关系 ρ 的闭包还具有许多性质,下面仅列出几个最基本的性质。

定理 2-9 设关系 ρ 是非空集合 A 上的关系,则有如下性质。

(1) 如果关系 ρ 是自反关系,则关系 ρ 的自反闭包 $r(\rho)=\rho$。

(2) 如果关系 ρ 是对称关系,则关系 ρ 的对称闭包 $s(\rho)=\rho$。

(3) 如果关系 ρ 是可传递关系,则关系 ρ 的传递闭包 $t(\rho)=\rho$。

定理 2-9 的结论是显而易见的,这里就不再给出证明了。

定理 2-10 设关系 ρ_1 和关系 ρ_2 是非空集合 A 上的关系,并且 $\rho_1\subseteq\rho_2$,则有如下性质。

(1) $r(\rho_1)\subseteq r(\rho_2)$。

(2) $s(\rho_1)\subseteq s(\rho_2)$。

(3) $t(\rho_1)\subseteq t(\rho_2)$。

证明 我们只给出(2)的证明,有兴趣的读者可以证明(1)和(3)的结论。

不难看出,$s(\rho_1)$ 与 $s(\rho_2)$ 都是笛卡儿积 $A\times A$ 的子集。不妨设对于任意的 $(a,b)\in s(\rho_1)$,则 $(a,b)\in\rho_1$ 或者 $(a,b)\in\rho_1^{-1}$,又由于 $\rho_1\subseteq\rho_2$,因此,若 $(a,b)\in\rho_1$,则必有 $(a,b)\in\rho_2$;若 $(a,b)\in\rho_1^{-1}$,则 $(b,a)\in\rho_1$,于是,$(b,a)\in\rho_2$,从而有 $(a,b)\in\rho_2^{-1}$;因此,在两种情形下,均有 $(a,b)\in s(\rho_2)$,因此,$s(\rho_1)\subseteq s(\rho_2)$。证毕。

2.6　等价关系

2.5 节主要讨论了定义在一个非空集合 A 上的关系 ρ 的基本性质,这时,我们就会自然而然地提出以下一系列问题:能否将关系的某些基本性质组合在一起形成一些特殊的新的性质呢? 可以将关系的哪些基本性质组合在一起呢? 这将是本节和 2.7 节讨论的主要内容。

本节主要讨论等价关系。

俗语说,"物以类聚,人以群分。"因此,本节将要详细论述在任意给定的非空集合 A 中,如果定义了一个等价关系,那么集合 A 中的元素可以分为哪几类(等价类),每一个等价类中有哪些元素。这一节的内容对于计算机科学中的某些专业亦是重要的基础知识,如数据挖掘(data mining)。数据挖掘是计算机学科领域中的一个专业方向,数据挖掘主要的目的是找出隐藏在数据库或者数据仓库中的大量数据背后的一些规律,这些规律可以帮助人们进一步地提高生产效率或帮助公司(集团)总裁制定最佳的投资方案。数据挖掘中使用的主要方法就是聚类分析。简单来说,所谓聚类就是将数据库或者数据仓库中所存放的大量数据按照某种特征(如颜色、形状、物体的属性、产品的用途等)进行分类,这种特征就是本节所讨论的等价关系的一种具体应用。大数据的处理一般说来就是首先对大数据进行聚类分析,然后再对这些经过聚类以后的数据进行处理。因此,首先,我们对等价关系这个重要概念给出以下的定义。

定义 2-13 非空集合 A 上的关系 ρ,如果它是自反关系、对称关系并且是可传递关系,则称关系 ρ 为非空集合 A 上的等价关系。也就是说,具有以下性质的关系 ρ 称为等价关系。

(1) 对所有的 $a \in A$，有 $a\rho a$。

(2) 对所有的 $a,b \in A$，若有 $a\rho b$，则有 $b\rho a$。

(3) 对所有的 $a,b,c \in A$，若有 $a\rho b$ 和 $b\rho c$，则有 $a\rho c$。

怎样理解等价关系呢？例如，如果将中山大学的全体本科生作为一个整体形成一个集合，那么我们可以根据不同的标准来建立与之相对应的等价关系。例如，可以按照相同的年级对这些本科生建立相应的等价关系；或者按照相同的专业对这些本科生建立相应的等价关系等。

最熟悉的等价关系就是一个集合的元素之间的相等关系。例如，平面几何中的直线之间的平行关系、三角形的相似关系和全等关系、在给定的城市中"住在同一条街上"的居民之间的关系等都是等价关系。

设关系 ρ 是非空集合 A 上的等价关系，若 $a\rho b$ 成立，则称 a 等价于 b（在等价关系 ρ 下）。如果 a 等价于 b，则由于关系 ρ 是等价关系，则 ρ 也是对称关系，于是 b 也等价于 a。因此，如果有 $a\rho b$，那么就可以简单地说，a 和 b 是等价的（在等价关系 ρ 下）。

怎样理解"等价于"这一概念呢？我们还是来讨论中山大学的全体本科生作为一个整体形成的一个集合，如果按照相同的年级对这些本科生建立相应的等价关系，这时张三等价于李四，那么实际上表明张三和李四是同一年级的本科生，也就是说张三与李四要么同为一年级本科生，要么同为二年级本科生，要么同为三年级本科生，要么同为四年级本科生。如果按照相同的专业对这些本科生建立相应的等价关系，这时张三等价于李四，那么实际上表明张三和李四是同一专业的本科生，也就是说，张三与李四要么同为软件工程专业的本科生，要么同为经济管理专业的本科生，要么同为机械自动化专业的本科生等。

定义 2-14 设关系 ρ 是非空集合 A 上的等价关系，则非空集合 A 中等价于 a 的全体元素的集合称为 a 所生成的等价类，通常用 $[a]_\rho$ 表示，即：

$$[a]_\rho = \{b \mid b \in A, a\rho b\}$$

不难看出，等价类是非空集合 A 的子集。当非空集合 A 上仅定义了等价关系 ρ 时，则通常将 $[a]_\rho$ 简记为 $[a]$。

怎样理解"等价类"这个基本概念呢？为了方便起见，我们仍然以中山大学的全体本科生作为一个整体形成的一个集合来进行讨论。如果按照相同的年级这一标准对这些本科生建立相应的等价关系以后，那么就可以将中山大学的全体本科生划分为四个等价类：即一年级本科生、二年级本科生、三年级本科生以及四年级本科生。上述这四个等价类中的任何一个等价类中的任意两个元素是等价的，也就是说，同一个等价类中的任何两个本科生是同一个年级的学生。这是他们属于同一个等价类的必要条件。如果按照相同的专业这一标准对这些本科生建立相应的等价关系以后，那么就可以将中山大学的全体本科生划分为另外若干个等价类：即软件工程专业的本科生、生物工程专业的本科生、信息安全专业的本科生等。上述这些等价类中的任何一个等价类中的任意两个元素是等价的，也就是说，同一个等价类中的任意两个本科生是同一个专业的学生。

现在，我们来看看由非空集合 A 中的元素所生成的等价类的一些性质。

(1) 对于任意一个元素 $a \in A$，有 $a\rho a$；因此有 $a \in [a]_\rho$，即非空集合 A 中的每一个元素所生成的等价类为非空集合。

（2）若 $a\rho b$ 成立，则有 $[a]_\rho=[b]_\rho$。这也就是说，彼此等价的元素属于同一个等价类。这是因为，若对于任意的 $x\in[a]_\rho$，由等价类的定义可知 $a\rho x$；又因为有 $a\rho b$，因为关系 ρ 是等价关系，于是关系 ρ 也是对称关系和可传递关系。因此，有 $b\rho a$ 与 $b\rho x$。由等价类的定义可知，$x\in[b]_\rho$，因此，$[a]_\rho\subseteq[b]_\rho$。类似地，可以证明 $[b]_\rho\subseteq[a]_\rho$，所以有 $[a]_\rho=[b]_\rho$。

（3）若 $(a,b)\notin\rho$，则 $[a]_\rho\cap[b]_\rho=\varnothing$。这就是说，彼此不等价的元素属于不同的等价类，并且这些等价类之间没有公共的元素。这是因为，如果存在着某个元素 $x\in A$，且 $x\in[a]_\rho\cap[b]_\rho$，则有 $a\rho x$ 和 $b\rho x$。由于关系 ρ 是等价关系，因此关系 ρ 也是对称关系和传递关系，于是有 $x\rho b$，$a\rho b$，与假设前提 $(a,b)\notin\rho$ 矛盾，因此，若 $(a,b)\notin\rho$，则有 $[a]_\rho\cap[b]_\rho=\varnothing$。

（4）定义在非空集合 A 上的等价关系 ρ 的所有等价类的并集 $\bigcup\limits_{a\in A}[a]_\rho$ 就是集合 A。由于非空集合 A 中的任一元素 a 关于等价关系 ρ 形成的等价类都是非空集合 A 的子集，因此有，$\bigcup\limits_{a\in A}[a]_\rho\subseteq A$。对于任意元素 $c\in A$，有 $c\in[c]_\rho$，又由于 $[c]_\rho\subseteq\bigcup\limits_{a\in A}[a]_\rho$，于是，$c\in\bigcup\limits_{a\in A}[a]_\rho$，因此，$A\subseteq\bigcup\limits_{a\in A}[a]_\rho$。故有 $\bigcup\limits_{a\in A}[a]_\rho=A$。

由等价类的（1）、（2）、（3）、（4）这四条基本性质，可以得到下面的定理。

定理 2-11 设关系 ρ 是非空集合 A 上的等价关系，则等价类的集合 $\{[a]_\rho\mid a\in A\}$ 构成了集合 A 的一个分划。

定理 2-11 说明，非空集合 A 上的任意一个等价关系 ρ 定义了集合 A 的一个分划，每一个等价类就是一个分化块。由于集合 A 的每一个元素的等价类（在等价关系 ρ 下）是唯一的，因此这样的分划也是唯一的。这种由等价关系 ρ 的等价类所组成的非空集合 A 的分划，称为集合 A 上由等价关系 ρ 所导出的等价分划，通常用 π_ρ^A 表示。通过以上的分析，不难看出，等价关系是等价分划的原因，而等价分划是等价关系的必然结果。也就是说，对于任意一个集合来说，如果要对该集合中的全部元素进行分类，那么就必须首先确定分类的标准，这个分类的标准事实上与该集合上的一种等价关系相对应，然后根据事先确定好了的分类标准，我们能够对该集合中的所有元素进行分类，这种分类事实上与该分类标准相对应的等价分划形式相一致。换句话说，正是由于给出了在集合 A 上的某个等价关系，因此就产生了与这个等价关系相一致的等价分划。例如，我们仍然以中山大学的全体本科生作为一个整体形成的一个集合来进行讨论，如果按照相同的年级这个标准（对应于一种等价关系）对该大学的全体本科生进行分类，那么就可以将这些本科生划分为一年级本科生、二年级本科生、三年级本科生以及四年级本科生这样的一种等价分划形式；如果按照相同的专业这个标准（对应于另一种等价关系）对该大学的全体本科生进行分类，那么就可以将这些本科生划分为软件工程专业的本科生、生物工程专业的本科生、信息安全专业的本科生等的另一种等价分划的形式。通过这个例子，印证了集合 A 的等价分划形式的确是由集合 A 上的某种等价关系所导出的。

设定义在集合 $A=\{0,1,2,3,4,5\}$ 上的等价关系如下。

$$\rho=\{(0,0),(1,1),(2,2),(3,3),(1,2),(1,3),(2,1),(2,3),(3,1),(3,2),(4,4),(4,5),(5,4),(5,5)\}$$

$$(2\text{-}1)$$

关系 ρ 的关系图由图 2-5 给出。由图 2-5 可知，等价关系 ρ 是自反关系、对称关系和可传递关系。因此，关系 ρ 是集合 A 上的一个等价关系，它在集合 A 上所导出的等价分划为：

$$\pi_\rho^A=\{[0]_\rho,[1]_\rho,[4]_\rho\}=\{\{0\},\{1,2,3\},\{4,5\}\}\qquad(2\text{-}2)$$

如果给出集合 A 的一个等价关系 ρ，如式(2-1)所示，根据定理 2-11，就可以得到等价分划 π_ρ^A，如式(2-2)所示。反之，如果给定非空集合 A 的某个等价分划 π_ρ^A，那么根据同一个等价类中的元素都相互等价，不同的等价类中的元素都互不等价的原理，就可以将凡是属于同一个等价类中的元素所形成的所有可能的序偶列出，便可以得到这个等价关系 ρ。因此，非空集合 A 的等价分划 π_ρ^A 是在集合 A 上的等价关系 ρ 的另一种形式的表示方法。借助于等价分划 π_ρ^A 来表示等价关系 ρ，通常比列出其全部序偶的办法来得更加直观、简洁。

我们也可以根据图 2-4 来更加深入地理解等价关系的内涵。不难发现，在图 2-5 中，有三个相互独立的组成部分。在每个组成部分的内部，结点所代表的集合 A 中的元素之间相互等价。例如，元素 1 与元素 2 是等价的，元素 2 与元素 3 是等价的，元素 3 与元素 1 是等价的，元素 4 与元素 5 是等价的，元素 0 与元素 0 自身等价。但是，不同的部分之间的元素却并不等价，即元素 0 与元素 1 不等价，元素 1 与元素 4 不等价；元素 5 与元素 0 不等价。

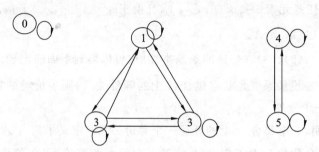

图 2-4　等价关系 ρ 的关系图

除此此外，还发现图 2-5 还有另一个特点，即在每个独立的组成部分中的任意两个结点之间的连线已经全部连接好，换句话说，不可能有新的边添加进去了，通常将这样的图称为完全图，关于这一概念将在第 7 章中再详细介绍。

对于任何非空集合 A，恒等关系 I_A 和普遍关系 U_A 都是等价关系。在由恒等关系 I_A 所导出的等价分划中，每一个等价类仅由一个元素组成，这显然是集合 A 的"最细"的分划。然而在由普遍关系 U_A 所导出的等价分划中，只有由非空集合 A 的全部元素组成的一个等价类，这是该集合 A 的"最粗"的分划，这些分划有时亦可称为非空集合 A 的平凡分划。

定义 2-15　设关系 ρ 是定义在非空集合 A 上的等价关系，则等价类的集合 $\{[a]_\rho \mid a \in A\}$ 称为集合 A 关于等价关系 ρ 的商集，通常用 A/ρ 表示。A/ρ 的基数(即集合 A 在等价关系 ρ 下的不同的等价类的数目)称为等价关系 ρ 的秩。

根据定义 2-15，非空集合 A 关于等价关系 ρ 的商集就是等价关系 ρ 在该集合 A 上所导出的等价分划。在前面举过的例子中，集合 A 关于等价分划 ρ 的商集为：$A/\rho = \{[0]_\rho, [1]_\rho, [4]_\rho\}$。

对于任何整数 i 和正整数 m，用 $\mathrm{res}_m(i)$ 表示用 i 除以 m 所得的余数。显而易见，对于任意给定的 i 和 m，$\mathrm{res}_m(i)$ 是唯一确定的，并且有 $0 \leqslant \mathrm{res}_m(i) < m$。对于任意两个整数 i_1 和 i_2，如果有 $\mathrm{res}_m(i_1) = \mathrm{res}_m(i_2)$，则表示整数 i_1 和整数 i_2 "模 m 相等"或者"模 m 同余"，通常记作 $i_1 \equiv i_2 (\mathrm{mod}\ m)$。又设 $i_1 = q_1 m + \mathrm{res}_m(i_1)$，$i_2 = q_2 m + \mathrm{res}_m(i_2)$，则 $\mathrm{res}_m(i_1) = i_1 - q_1 m$，$\mathrm{res}_m(i_2) = i_2 - q_2 m$。因此，当且仅当 $i_1 - q_1 m = i_2 - q_2 m$ 时，也就是说，当且仅当 $i_1 - i_2 = q_1 m - q_2 m = (q_1 - q_2)m$ 时，有 $\mathrm{res}_m(i_1) = \mathrm{res}_m(i_2)$，即当且仅当 $i_1 - i_2$ 是 m 的整数倍时，有 $i_1 \equiv i_2 (\mathrm{mod}\ m)$。

设关系 ρ 是整数集 I 上的关系,定义为当且仅当 $i_1 \equiv i_2 (\bmod 3)$ 时,有 $i_1 \rho i_2$(即关系 ρ 是"模 3 同余"关系)。由于 $i_1 - i_1 = 0 \cdot 3$,因此,关系 ρ 是自反关系;又因为若 $i_1 - i_2 = p \cdot 3$,则 $i_2 - i_1 = (-p) \cdot 3$,所以关系 ρ 是对称关系;最后,若 $i_1 - i_2 = p \cdot 3$,并且 $i_2 - i_3 = q \cdot 3$,则 $i_1 - i_2 = p \cdot 3$,并且 $i_1 - i_3 = (i_1 - i_2) + (i_2 - i_3) = (p + q) \cdot 3$,于是关系 ρ 是可传递关系;因此,关系 ρ 是一个整数集 I 上的等价关系,并且等价关系 ρ 在整数集 I 上的所有等价类构成整数集 I 的一个等价分划为 $\pi_\rho^A = \{[0]_\rho, [1]_\rho, [2]_\rho\}$。所以,整数集 I 关于关系 ρ 的商集为 $I/\rho = \{[0]_\rho, [1]_\rho, [2]_\rho\}$。

其中,有:
$$[0]_\rho = \{\cdots, -6, -3, 0, 3, 6, \cdots\}$$
$$[1]_\rho = \{\cdots, -5, -2, 1, 4, 7, \cdots\}$$
$$[2]_\rho = \{\cdots, -4, -1, 2, 5, 8, \cdots\}$$

很显然,对于任意正整数 m,"模 m 同余"关系都是整数集 I 上的等价关系。

根据定理 2-11 可知,非空集合 A 上的每一个等价关系定义集合 A 上的一个分划。反之,若给定非空集合 A 上的一个分划,是否可以唯一确定集合 A 上的某个等价关系呢?答案是肯定的。

定理 2-12 设 $\pi = \{A_i\}_{i \in K}$ 是非空集合 A 的一个分划,则存在集合 A 上的等价关系 ρ,使得分划 π 即是集合 A 上由该等价关系 ρ 所导出的等价分划。

证明 定义集合 A 上的关系 ρ 为当且仅当 a 和 b 属于同一个分划块 A_i 时,有 $a\rho b$,显然,关系 ρ 是一个等价关系,并且每一个等价类就是一个分化块。证毕。

根据定理 2-11 和定理 2-12,不难得出下面的结论:"分划"的概念和"等价关系"的概念,从本质上讲是相同的。

下面,我们再通过一个例子来说明怎样利用分划求等价关系以及等价关系的其他一些基本性质。

设集合 $A = \{1, 2, 3, 4\}$,并且集合 A 的一个分划 $\pi = \{\{1, 2\}, \{3\}, \{4\}\}$,则相应的等价关系 $\rho = \{(1,1), (1,2), (2,1), (2,2), (3,3), (4,4)\}$。

如果关系 ρ 是非空集合 A 上的一个等价关系,那么对于任意的序偶 $(a, b) \in \rho$,由于关系 ρ 是等价关系,因此,关系 ρ 是自反关系、对称关系和可传递关系,于是有 $(a, a) \in \rho$,根据复合关系的定义,必有 $(a, b) \in \rho^2$。即 $\rho \subseteq \rho^2$;反之,对于任意的序偶 $(a, b) \in \rho^2$,必存在元素 $c \in A$,使得 $(a, c) \in \rho$,并且 $(c, b) \in \rho$,由关系 ρ 的可传递性,又有 $(a, b) \in \rho$,于是有 $\rho^2 \subseteq \rho$;由此可知 $\rho^2 = \rho$。由 $\rho^2 = \rho$,容易证明对于任意的正整数 n,有 $\rho^n = \rho$。

又如果关系 ρ 是非空集合 A 上的一个等价关系,那么对于任意的序偶 $(a, b) \in \rho$,由关系 ρ 的对称性可知,必有 $(b, a) \in \rho$,因此,$(a, b) \in \rho^{-1}$,于是有 $\rho \subseteq \rho^{-1}$;反之,对于任意的序偶 $(a, b) \in \rho^{-1}$,则应有 $(b, a) \in \rho$,由关系 ρ 的对称性可知,$(a, b) \in \rho$,于是有 $\rho^{-1} \subseteq \rho$。由此可以得出结论:$\rho = \rho^{-1}$。

2.7 偏序关系

在 2.6 节中,我们介绍了等价关系的基本概念和等价关系的一些基本性质。等价关系主要揭示了集合中的元素与元素之间的等价关系。

计算机科学中所讨论的许多对象之间也有很多是具有某种次序关系的。例如,在操作系统中涉及的进程与进程之间也存在着某种次序关系。在使用计算机解题的过程中,需要用到三个进程,即输入进程(负责将待处理的数据输入到计算机中),计算进程(负责对输入到计算机中的数据进行处理),输出进程(负责对计算机处理完毕后的结果数据进行输出),不难看出,对于计算机解题这个过程来说,三个进程之间就存在着一种次序关系,即输入进程在计算进程之前,输出进程在计算进程之后。又例如,在信息安全中,为了防止机密信息的泄露,也需要根据不同的访问该信息的主体设置不同的安全级别,一般来说,机密信息向安全级别较高的主体开放得会多一些,而向安全级别较低的主体开放得会少一些,在这个例子中,不难看出,不同访问机密信息的主体的安全级别之间形成了某种次序关系。

本节主要讨论在一个抽象集合中,元素与元素之间形成的一种次序关系——偏序关系及其基本性质。因此,较好地掌握本节的内容对于学习计算机科学专业的后续课程具有一定的指导意义。

定义 2-16　设非空集合 A 上的一个关系 ρ,如果它是自反关系、反对称关系和可传递关系,也即在非空集合 A 上具有以下性质的关系,则 ρ 称为偏序关系,或者简称偏序。

(1) 对所有的 $a \in A$,有 $a\rho a$。

(2) 对所有的 $a, b \in A$,若有 $a\rho b$,并且有 $b\rho a$,就必有 $a = b$。

(3) 对所有的 $a, b, c \in A$,若有 $a\rho b$ 和 $b\rho c$,则有 $a\rho c$。

偏序关系通常使用符号"$\leqslant$"表示。

定理 2-13　偏序关系的逆关系也是一个偏序关系。

证明　设关系 β 是任意集合 A 上的偏序关系,并且关系 ρ 是关系 β 的逆关系,则对于任意 $a, b, c \in A$,因为有 $a\beta a$,所以有 $a\rho a$,故关系 ρ 是自反的。

如果有 $a\rho b$ 成立,且 $b \neq a$,则有 $b\beta a$。

由关系 β 是集合 A 上的偏序关系知,$a\beta b$ 不成立,所以 $b\rho a$ 不成立,故 ρ 是反对称的。

如果有 $a\rho b$ 且 $b\rho c$ 成立,则有 $b\beta a$,且 $c\beta b$ 成立,由关系 β 的可传递性,有 $c\beta a$ 成立,因而有 $a\rho c$ 成立,故 ρ 是可传递的。

所以关系 ρ 是集合 A 上的一个偏序关系。证毕。

下面,我们举几个偏序关系的例子。例如,定义在实数集 R 上的"小于或等于"关系"$\leqslant$",是实数集 R 上的偏序关系。实际上,表示偏序关系的符号"$\leqslant$"就是从这个特例中借用过来的,以表示更为普遍的偏序关系。例如,定义在正整数集(自然数集)N 上的"小于或等于"关系"$\leqslant$"是 N 上的偏序关系;又例如,定义在正整数集 N 上的整除关系(对于任意的 n_1, $n_2 \in N$,当且仅当存在一个整数 m,使得 $n_1 \times m = n_2$,则称"n_2 能被 n_1 整除",它们之间的关系表示为 $n_1 \mid n_2$)是一个偏序关系。

设"$\leqslant$"是非空集合 A 上的偏序关系,对于任意的 $a, b \in A$,如果有 $a \leqslant b$ 或者 $b \leqslant a$,那么就称元素 a 和元素 b 是可比的,否则称元素 a 和元素 b 是不可比的。

下面给出偏序关系的两个重要的特殊情形。

定义 2-17　一个非空集合 A 上的偏序关系,若对于所有的 $a, b \in A$,有 $a \leqslant b$ 或者 $b \leqslant a$,即非空集合 A 中的任意两个元素都是可比的,则称它为集合 A 上的一个全序。

定义 2-18　一个非空集合 A 上的偏序关系,如果对于该集合 A 的每一个非空子集

$S(S\subseteq A)$,并且在集合 S 中存在一个元素 a_S(称为集合 S 的最小元素),使得对于所有的 $s\in S$,有 $a_S\leqslant s$,那么就称它为非空集合 A 上的一个良序。

根据以上的两个定理,可以得出以下的结论:定义在实数集 R 上的"小于或等于"关系"$\leqslant$",是实数集 R 上的一个全序,但它不是 R 上的良序。例如,开区间 $(0,1)$ 是实数集 R 的子集,但是,在这个集合中没有最小的元素;定义在正整数集(自然数集)N 上的"小于或等于"关系"$\leqslant$"既是正整数集 N 上的一个全序,也是 N 上的一个良序;定义在正整数集 N 上的整除关系既不是正整数集 N 上的全序,也不是 N 上的良序。这是因为对于 $2,3\in N$,既没有 $2|3$,又没有 $3|2$,所以不是全序,由此可知,在正整数集 N 的子集 $\{2,3\}$ 中没有最小元素,因此也不是良序。

设集合 $A=\{a,b,c\}$,考虑幂集 2^A 上的包含关系 $\rho_\subseteq$,即对于集合 2^A 中的任意两个元素 S_1 和 S_2,当且仅当 $S_1\subseteq S_2$,有 $S_1\rho S_2$,不难证明,包含关系 $\rho_\subseteq$ 是自反关系、反对称关系和可传递关系。因此,关系 $\rho_\subseteq$ 是幂集 2^A 上的一个偏序关系。但是根据包含关系的定义,由于 $\{a\}$ 和 $\{b,c\}$,$\{a,b\}$ 和 $\{b,c\}$ 等均是不可比的,因此,关系 $\rho_\subseteq$ 不是幂集 2^A 上的全序,显然,关系 $\rho_\subseteq$ 也不是幂集 2^A 上的良序。

根据全序和良序的定义,一个非空集合 A 上的全序或者良序一定是该集合上的偏序关系,但是一个非空集合 A 上的偏序关系却不一定是该集合上的全序或者良序。在一个非空集合 A 上的偏序关系若是该集合上的良序,则一定也是该集合上的全序。这是因为对于集合 A 的任何子集,比如说集合 $\{a,b\}$,必定有元素 a 或者元素 b 是它的最小元素。然而一个非空集合 A 上的全序却不一定是该集合上的良序,前面已经有例子说明过这个问题,但若关系 ρ 是一个有限集 A 上的全序,则它一定是该集合上的良序。因此,对于有限集 A 上的关系,我们只需要讨论在其上的偏序关系和全序,而不用讨论良序。鉴于计算机处理的对象是有限的,因此,今后如果不作特别说明,一般只讨论定义在一个集合上的偏序关系和全序。

可否用前面讨论过的关系图来表示有限集 A 上的偏序关系呢?答案是肯定的。之所以要用关系图来描述关系,其原因就在于关系图是很直观的一种描述方式,很容易理解关系的实质。但是如果仅仅使用关系图来描述这种偏序关系显示不出偏序关系的主要特征,即有限集 A 中元素与元素之间的次序,因此,需要使用另一种更为直观的次序图(或称 Hasse 图)描述偏序关系。这种次序图的主要特点是可以很好地描述有限集 A 中元素之间的次序。次序图有 $\sharp A$ 个结点,每一个结点表示集合 A 中的一个元素,并画成一个带有元素标号的小圆圈。若结点 $a\neq b$,且 $a\leqslant b$,则结点 a 出现在结点 b 的下方。有一条边连接这样的两个结点 a 和结点 b:$a\neq b$,$a\leqslant b$,并且不存在任何其他元素,使得 $a\leqslant c\leqslant b$(对该情形有时称元素 b 覆盖元素 a)。因此,在次序图中,当且仅当 $a=b$ 或者从结点 b 开始经由一条下降的路可以到达元素 a 时,有 $a\leqslant b$ 成立。这样一来,在次序图中,所有的边的方向都是自下而上的,因此可以略去边上的全部箭头表示。与此同时,还可以得出下面的结论:在次序图中不存在水平线。

接下来,我们通过几个例子来说明偏序关系次序图的画法。

例 2-15 已知集合 $A=\{2,3,4,6,8,12,36,60\}$ 上的整除关系"$|$"是一个偏序关系,请画出该偏序关系的次序图。

解 次序图如图 2-5(a)所示。

例 2-16 已知集合 $A=\{1,2,3,4\}$,"$\leqslant$"是"小于或等于"关系,并且"$\leqslant$"是集合 A

上的一个偏序关系,请画出该偏序关系的次序图。

解 次序图如图 2-5(b)所示。

例 2-17 定义在全集合 $U=\{a,b,c\}$ 的幂集上的包含关系"$\subseteq$"是一个偏序关系,请画出该偏序关系的次序图。

解 次序图如图 2-5(c)所示。

值得一提的是,例 2-16 中的偏序关系"$\leqslant$"既是偏序关系,又是全序。从这个例子的求解过程,不难看出,全序的次序图仅由一条竖直边上结点的序列组成。这就可以解释为什么在表示全体实数的时候可以使用带有向右方向的直线表示实数轴。

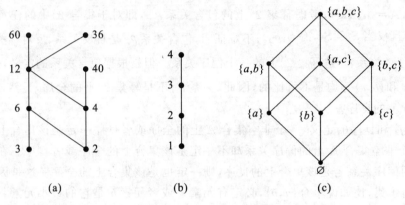

图 2-5 偏序关系的次序图

 ## 2.8 经典例题选编

例 2-18 设集合 A 是具有 n 个元素的集合,求出集合 A 上具有对称性的二元关系的数目。

解 设集合 $A=\{a_1,a_2,\cdots,a_n\}$,则有:
$$A\times A=\{(a_1,a_1),(a_1,a_2),\cdots,(a_1,a_n),$$
$$(a_2,a_1),(a_2,a_2),\cdots,(a_2,a_n),$$
$$\cdots\cdots$$
$$(a_n,a_1),(a_n,a_2),\cdots,(a_n,a_n)\}$$

集合 A 上具有对称性的二元关系的关系矩阵是对称矩阵,即关于主对角线对称。$A\times A$ 中的 n^2 个元素如上所示,可排成一个 n 行 n 列的方阵。该方阵中包括主对角线在内的上半个三角形中的元素,其数目为 $m=(n^2-n)/2+n=n\times(n+1)/2$。于是,集合 A 上对称关系的数目为

$$C_m^0+C_m^1+\cdots+C_m^m=2^m=2^{\frac{n\times(n+1)}{2}}$$

读者可以进一步思考:若集合 A 是具有 n 个元素的集合,则集合 A 上可以定义多少个自反关系呢?

例 2-19 设关系 ρ_1 和关系 ρ_2 均是集合 A 上的等价关系。试证明当且仅当 $\rho_1 \cdot \rho_2=\rho_2 \cdot \rho_1$ 时,有 $\rho_1 \cdot \rho_2$ 是集合 A 上的等价关系。

证明 (1) 证明充分性。设 $\rho_1 \cdot \rho_2 = \rho_2 \cdot \rho_1$，则对于任意的元素 $a \in A$，由于关系 ρ_1 和关系 ρ_2 均是集合 A 上的等价关系，则关系 ρ_1 是自反关系、对称关系和可传递关系。关系 ρ_2 也是自反关系、对称关系和可传递关系，则有 $a\rho_1 a$，并且有 $a\rho_2 a$。根据复合关系的定义，有 $a\rho_1 \cdot \rho_2 a$，因此，关系 $\rho_1 \cdot \rho_2$ 是自反关系；对于任意的元素 $a, b \in A$，若 $(a, b) \in \rho_1 \cdot \rho_2$，则存在元素 $c \in A$，使得 $(a, c) \in \rho_1$，并且有 $(c, b) \in \rho_2$。由于关系 ρ_1 和关系 ρ_2 均具有对称性，因此有 $(b, c) \in \rho_2$，并且有 $(c, a) \in \rho_1$。根据关系的复合运算定义有 $(b, a) \in \rho_2 \cdot \rho_1$，又由于 $\rho_1 \cdot \rho_2 = \rho_2 \cdot \rho_1$，所以 $(b, a) \in \rho_1 \cdot \rho_2$，因此，关系 $\rho_1 \cdot \rho_2$ 是对称关系。对于任意的元素 $a, b, c \in A$，若 $(a, b) \in \rho_1 \cdot \rho_2$，并且有 $(b, c) \in \rho_1 \cdot \rho_2$，则存在元素 $d \in A$，使得 $(a, d) \in \rho_1$，且 $(d, b) \in \rho_2$。又由于 ρ_1 和 ρ_2 是对称关系，于是有 $(b, d) \in \rho_2$，且 $(d, a) \in \rho_1$，因此，$(b, a) \in \rho_2 \cdot \rho_1$，存在元素 $e \in A$，使得 $(b, e) \in \rho_1$，且 $(e, c) \in \rho_2$，于是有 $(c, e) \in \rho_2$，$(e, b) \in \rho_1$，因此有 $(e, d) \in \rho_1 \cdot \rho_2$。并且 $(e, d) \in \rho_2 \cdot \rho_1$，所以，$(a, b) \in \rho_1 \cdot \rho_2$，$(b, c) \in \rho_1 \cdot \rho_2$，所以 $(a, c) \in \rho_1 \cdot \rho_2 \cdot \rho_1 \cdot \rho_2$，即 $(a, c) \in \rho_1 \cdot \rho_1 \cdot \rho_2 \cdot \rho_2$，因此有 $(a, c) \in \rho_1 \cdot \rho_2$。因此，关系 $\rho_1 \cdot \rho_2$ 是可传递关系，因此，$\rho_1 \cdot \rho_2$ 是等价关系。

(2) 证明必要性。若关系 $\rho_1 \cdot \rho_2$ 是集合 A 上的等价关系，则对于任意的序偶 $(a, b) \in \rho_1 \cdot \rho_2$，又由于关系 $\rho_1 \cdot \rho_2$ 是对称关系，于是有 $(b, a) \in \rho_1 \cdot \rho_2$。于是存在元素 $c \in A$，有 $(a, c) \in \rho_1$，并且 $(c, b) \in \rho_2$，又由于关系 ρ_1 和关系 ρ_2 都是等价关系，因此有 $(b, c) \in \rho_2$，$(c, a) \in \rho_1$，由复合关系的定义有 $(b, a) \in \rho_2 \cdot \rho_1$，因此，$\rho_1 \cdot \rho_2 \subseteq \rho_2 \cdot \rho_1$，反过来，对于任意的序偶 $(a, b) \in \rho_2 \cdot \rho_1$，存在一个元素 $c \in A$，使得 $(a, c) \in \rho_2$，$(c, b) \in \rho_1$，由于关系 ρ_1 和关系 ρ_2 都是集合 A 上的等价关系，于是有 $(b, c) \in \rho_1$，$(c, a) \in \rho_2$，根据复合关系的定义有 $(b, a) \in \rho_1 \cdot \rho_2$，又因为关系 $\rho_1 \cdot \rho_2$ 是集合 A 上的等价关系，于是 $\rho_1 \cdot \rho_2$ 是对称关系，因此有 $(a, b) \in \rho_1 \cdot \rho_2$，所以 $\rho_2 \cdot \rho_1 \subseteq \rho_1 \cdot \rho_2$，因此有 $\rho_1 \cdot \rho_2 = \rho_2 \cdot \rho_1$ 成立。

综合 (1)，(2) 可知，原命题成立。证毕。

如果将本例中的条件 $\rho_1 \cdot \rho_2 = \rho_2 \cdot \rho_1$ 改为 $\rho_2 \cdot \rho_1 \subseteq \rho_1 \cdot \rho_2$，结论还成立吗？请读者给出答案。

例 2-20 设关系 ρ 是集合 A 上的关系，试求：(1) 求集合 A 上包含关系 ρ 的最小等价关系 E 的表达式；(2) 证明 E 的最小性；(3) 以集合 $A = \{1, 2, 3, 4, 5, 6\}$，集合 A 上的关系 $\rho = \{(1, 2), (1, 3), (4, 4), (5, 5)\}$ 为例求出 E。

解 (1) $E = I_A \cup (\rho \cup \rho^{-1}) \cup (\rho \cup \rho^{-1})^2 \cup (\rho \cup \rho^{-1})^3 \cup \cdots$。

E 是集合 A 上包含关系 ρ 的最小等价关系。因为 $I_A \subseteq E$，所以 E 是自反关系。根据对称闭包和传递闭包的定义，容易推出 E 是既对称关系，又是可传递关系。

(2) 设关系 ρ_e 是集合 A 上的任意一个包含关系 ρ 的等价关系，因为 ρ_e 是自反关系，所以 $I_A \subseteq \rho_e$。对于任意的序偶 $(a, b) \in \rho^{-1}$，必有 $(b, a) \in \rho$，而 $\rho \subseteq \rho_e$，所以 $(b, a) \in \rho_e$。由于关系 ρ_e 是对称关系，有 $(a, b) \in \rho_e$，因此有 $\rho^{-1} \subseteq \rho_e$，从而有 $\rho \cup \rho^{-1} \subseteq \rho_e$。又由于 $\rho \cup \rho^{-1} \subseteq \rho_e$ 和关系 ρ 是可传递关系，很容易证明，对于任意的正整数 k，有 $(\rho \cup \rho^{-1})^k \subseteq \rho_e$，因此有 $E \subseteq \rho_e$。

(3) $\rho \cup \rho^{-1} = \{(1, 2), (2, 1), (1, 3), (3, 1), (4, 4), (4, 5), (5, 4)\}$

于是，有：$E = \{(1, 1), (2, 2), (3, 3), (4, 4), (5, 5), (6, 6), (1, 2), (2, 1), (1, 3), (3, 1), (2, 3), (3, 2), (4, 5), (5, 4)\}$。

习 题 2

1. 若集合 $A=\{0,1\}$,集合 $B=\{1,2\}$,试确定以下集合。

(1) $A\times\{1\}\times B$。

(2) $A^2\times B$。

(3) $(B\times A)^2$。

2. 在通常的具有 X 轴和 Y 轴的笛卡儿坐标系中,若有:

$$X=\{x\mid x\in R,-3\leqslant x\leqslant 2\}$$
$$Y=\{y\mid y\in R,-2\leqslant y\leqslant 1\}$$

试给出笛卡儿积 $X\times Y$ 的几何解释。

3. 设 A、B、C、D 是任意给定的集合,证明:

(1) $A\times(B\cap C)=(A\times B)\cap(A\times C)$。

(2) $A\times(B-C)=(A\times B)-(A\times C)$。

(3) $(A\cap B)\times(C\cap D)=(A\times C)\cap(B\times D)$。

4. 对于下列每种情形,列出由集合 A 到集合 B 的关系 ρ 的元素,并确定关系 ρ 的定义域和值域,构造关系 ρ 的关系矩阵。

(1) $A=\{0,1,2\}$,$B=\{0,2,4\}$,$\rho=\{(a,b)\mid a\times b\in A\cap B\}$。

(2) $A=\{1,2,3,4,5\}$,$B=\{1,2,3\}$,$\rho=\{(a,b)\mid a=b\times b\}$。

5. 设集合 $A=\{1,2,3,4,5,6\}$,对于下列每一种情形,构造集合 A 上的关系 ρ 的关系图,并确定 ρ 的定义域和值域。

(1) $\rho=\{(i,j)\mid i=j\}$。

(2) $\rho=\{(i,j)\mid j$ 能被 i 整除$\}$。

(3) $\rho=\{(i,j)\mid i$ 是 j 的正整数倍$\}$。

(4) $\rho=\{(i,j)\mid i>j\}$。

(5) $\rho=\{(i,j)\mid i<j\}$。

(6) $\rho=\{(i,j)\mid i\neq j,$ 且 $i\times j<10\}$。

(7) $\rho=\{(i,j)\mid (i-j)^2\in A\}$。

(8) $\rho=\{(i,j)\mid i/j$ 是素数$\}$。

6. 集合 A 和集合 B 是分别具有基数 m 和 n 的有限集,试问有多少个由集合 A 到集合 B 的关系?

7. 指出集合 $A=\{a_1,a_2,\cdots,a_n\}$ 上的普遍关系和恒等关系的关系矩阵和关系图的特征。

8. 在集合 $A=\{0,1,2,3\}$ 上有以下两个关系。

$$\rho_1=\{(i,j)\mid j=i+1 \text{ 或者 } j=i/2\}$$
$$\rho_2=\{(i,j)\mid i=j+2\}$$

试确定以下的复合关系。

(1) $\rho_1\cdot\rho_2$。

(2) $\rho_2\cdot\rho_1$。

(3) $\rho_1 \cdot \rho_2 \cdot \rho_1$。

(4) $\rho_1 \cdot \rho_1 \cdot \rho_1$。

9. 设关系 ρ_1, ρ_2, ρ_3 是集合 A 上的关系, 试证明:

(1) $\rho_1 \cdot \rho_2 \subseteq \rho_2 \cdot \rho_3$。

(2) $\rho_3 \cdot \rho_1 \subseteq \rho_3 \cdot \rho_2$。

(3) $\rho_1^{-1} \subseteq \rho_2^{-1}$。

10. 给定集合 A、B、C, 设关系 ρ_1 是由集合 A 到集合 B 的关系, 关系 ρ_2 与关系 ρ_3 皆是由集合 B 到集合 C 的关系, 试证明:

(1) $\rho_1 \cdot (\rho_2 \bigcup \rho_3) = (\rho_1 \cdot \rho_2) \bigcup (\rho_1 \cdot \rho_3)$;

(2) $\rho_1 \cdot (\rho_2 \bigcap \rho_3) \subseteq (\rho_1 \cdot \rho_2) \bigcap (\rho_1 \cdot \rho_3)$。

11. 关系 ρ 是整数集 I 上的关系, 且 $\rho = \{(i, j) | j - i = 1\}$, 求复合关系 ρ^n。

12. 设集合 A 是具有 n 个元素的有限集, 关系 ρ 是集合 A 上的关系, 试证明必存在两个正整数 k 和 t, 使得 $\rho^k = \rho^t$。

13. 设关系 ρ_1 是由集合 A 到集合 B 的关系, 关系 ρ_2 是由集合 B 到集合 C 的关系, 试证明:

$$(\rho_1 \cdot \rho_2)^{-1} = \rho_2^{-1} \cdot \rho_1^{-1}。$$

14. 试证明: 若关系 ρ 是基数为 n 的集合 A 上的一个关系, 则 ρ 的传递闭包为 $\rho^+ = \bigcup_{k=1}^{n} \rho^k$。

15. 下列关系中哪一个是自反关系、对称关系、反对称关系或者可传递关系?

(1) 当且仅当 $|i_1 - i_2| \leqslant 10 (i_1, i_2 \in I)$ 时, 有 $i_1 \rho i_2$。

(2) 当且仅当 $n_1 \times n_2 > 8 (n_1, n_2 \in N)$ 时, 有 $n_1 \rho n_2$。

(3) 当且仅当 $r_1 \leqslant |r_2| (r_1, r_2 \in R)$ 时, 有 $r_1 r r_2$。

16. 设关系 ρ_1 和关系 ρ_2 都是集合 A 上的关系, 判断下列命题是否正确, 并说明理由。

(1) 若关系 ρ_1 和关系 ρ_2 都是自反关系, 则 $\rho_1 \cdot \rho_2$ 也是自反关系。

(2) 若关系 ρ_1 和关系 ρ_2 都是非自反关系, 则 $\rho_1 \cdot \rho_2$ 也是非自反关系。

(3) 若关系 ρ_1 和关系 ρ_2 都是对称关系, 则 $\rho_1 \cdot \rho_2$ 也是对称关系。

(4) 若关系 ρ_1 和关系 ρ_2 都是反对称关系, 则 $\rho_1 \cdot \rho_2$ 也是反对称关系。

(5) 若关系 ρ_1 和关系 ρ_2 都是可传递关系, 则 $\rho_1 \cdot \rho_2$ 也是可传递关系。

17. 证明: 若在集合 A 上的关系 ρ 是对称关系, 则复合关系 ρ^k (对任何整数 $k \geqslant 1$) 也是对称的。

18. 已知集合 $A = \{1, 2, 3, 4\}$ 和定义在 A 上的关系 $\rho = \{(1, 2), (4, 3), (2, 2), (2, 1), (3, 1)\}$。试证明 ρ 不是可传递的。同时, 求出一个关系 ρ_1, 使得 ρ_1 既包含关系 ρ, 又是可传递关系。

19. 设关系 ρ 是集合 A 上的关系, 证明以下结论:

(1) 如果 ρ 是自反关系, 则 ρ 的对称闭包和传递闭包也是自反关系;

(2) 如果 ρ 是对称关系, 则 ρ 的对称闭包和传递闭包也是对称关系;

(3) 如果 ρ 是可传递关系, 则 ρ 的对称闭包和传递闭包也是可传递关系。

20. 设关系 ρ_1 和关系 ρ_2 都是集合 A 上的关系, 并且关系 ρ_1 是关系 ρ_2 的子集 $(\rho_1 \subseteq \rho_2)$,

试证明：(1) $r(\rho_1) \subseteq r(\rho_2)$；(2) $s(\rho_1) \subseteq s(\rho_2)$；(3) $t(\rho_1) \subseteq t(\rho_2)$。

21. 在正整数集 N 上的关系 ρ 定义为当且仅当 n_i / n_j 可以用形式为 2^k 表示时，有 $n_i \rho n_j$，这里，k 是任意整数。

(1) 证明关系 ρ 是等价关系。

(2) 找出关系 ρ 的所有等价类。

22. 设有集合 A 和集合 A 上的关系 ρ，对于所有的 $a,b,c \in A$，若由 $a\rho b$ 和 $b\rho c$，可以推出 $c\rho a$，则称关系 ρ 是循环关系。试证明当且仅当关系 ρ 是等价关系时，ρ 既是自反关系，又是循环关系。

23. 设关系 ρ_1 和关系 ρ_2 都是集合 A 上的等价关系，试证明：当且仅当 $\pi_{\rho_1}^A$ 中的每一个等价类都包含于 $\pi_{\rho_2}^A$ 中的某一个等价类时，有 $\rho_1 \subseteq \rho_2$。

24. 已知关系 ρ_1 和关系 ρ_2 是集合 A 上分别有秩 r_1 和秩 r_2 的等价关系，试证明：

(1) $\rho_1 \bigcap \rho_2$ 也是集合 A 上的等价关系，它的秩至多为 $r_1 \times r_2$。

(2) $\rho_1 \bigcup \rho_2$ 不一定是集合 A 上的等价关系。

25. 设关系 ρ_1 和关系 ρ_2 都是集合 A 上的关系，并且 $\rho_2 = \{(a,b) \mid$ 存在元素 $c \in A$，使得 $(a,c) \in \rho_1$ 并且 $(c,b) \in \rho_1\}$。试证明：若关系 ρ_1 是集合 A 上的等价关系，则 ρ_2 也是一个集合 A 上的等价关系。

26. 设集合 A 是由 5 个元素组成的集合，试问在该集合上可以定义多少个不同的等价关系？

27. 设关系 ρ_1 和关系 ρ_2 都是集合 A 上的等价关系，下列各种关系哪些是集合 A 上的等价关系？为什么？

(1) $(A \times A) - \rho_1$。

(2) $\rho_1 - \rho_2$。

(3) $\rho_1 \cdot \rho_1$。

(4) $r(\rho_1 - \rho_2)$。

28. 对于下列集合中的"整除"关系，画出次序图。

(1) $\{1,2,3,4,6,8,12,24\}$。

(2) $\{1,2,3,4,5,6,7,8,9,10,11,12\}$

29. 对于下列集合，画出偏序关系"整除"的次序图，并指出哪些是全序？

(1) $\{2,6,24\}$。

(2) $\{3,5,15\}$。

(3) $\{1,2,3,6,12\}$。

(4) $\{2,4,8,16\}$。

(5) $\{3,9,27,54\}$。

30. 如果关系 ρ 是集合 A 上的偏序关系，并且有集合 B 是集合 A 的子集（$B \subseteq A$），试证明：$\rho \bigcap (B \times B)$ 是集合 B 上的偏序关系。

31. 给出一个集合 A 的例子，使得包含关系 $\subseteq$ 是集合 A 的幂集 2^A 上的一个全序。

32. 给出一个关系，使其既是某个集合上的偏序关系，又是该集合上的等价关系。

第**3**章 函　　数

【内容提要】

本章主要介绍函数的基本概念以及函数这一概念的来源。函数是一种特殊的关系。在引入了一般意义上的函数概念之后,进一步研究了三种特殊类型的函数,即单射函数、满射函数和双射函数。与关系的讨论相类似,定义了复合函数、恒等函数和逆函数。在整个计算机科学的理论研究中,计算思维是与逻辑思维是同等重要的思维方式。在本章中,讲解了如何通过计算机的工作过程来理解什么是函数。此外,由于本章的主要内容也是属于集合论这一部分,因此,讲述了集合的特征函数形式。在本章的末尾,讨论了集合的基数,重点讨论了无限集的基数,这部分内容也是可计算性与计算复杂性理论的基础。

与集合和关系的概念一样,函数的概念对于计算机科学工作者来说亦是不可或缺的。它直接应用到诸如算法分析与设计、形式语言与自动机理论、编译原理、数据库原理、信息安全、计算机图形学以及可计算性与计算复杂性等领域中。

3.1　函数的概念与分类

第 2 章曾经详细讨论了定义在两个集合上的二元关系。我们知道,关系是一个意义相当广泛的概念,它没有对两个集合的元素作任何特殊的限制,只要是笛卡儿积 $A \times B$ 的子集,便可以形成一个由集合 A 到集合 B 的关系。

"函数"是数学中的一个基本概念,在离散数学中把它推广成为一种特殊的"关系"。特别是在计算机科学中,函数主要涉及把一个有限集合变换成另一个有限集合的离散函数。例如,编译程序把一组高级语言命令的集合变成机器语言指令的集合。函数在计算机科学中是一个用得极为广泛和普遍的概念,希望读者在学习的过程中能深入地理解。

定义 3-1　设有集合 A 和集合 B 两个集合,f 是一个由集合 A 到集合 B 的关系,如果对于每个元素 $a \in A$,都存在唯一的元素 $b \in B$,使得有 afb 成立,则称关系 f 是由集合 A 到集合 B 的一个函数,记作 $f:A \to B$。

显然,可以仿效在第 2 章关系中定义关于关系的定义域和值域的方法类似地给出一个函数的定义域和值域的方法。根据定义 3-1,函数 f 的定义域 $D_f = A$,函数 f 的值域 $R_f \subseteq B$。通常将集合 B 称为函数 f 的值域包。若有 afb,则称 b 是 a 关于函数 f 的像,通常用 $f(a)$ 表示,并且称 a 为 b 关于函数 f 的像源,也称 a 为自变量,与 a 关于函数 f 对应的 b 称为函数 f 在 a 处的值。通过函数 f 和定义域 A 中的元素相对应的集合 B 中的所有元素组成的集合是函数 f 的值域 R_f,为方便起见,通常用 $f(A)$ 表示,即:

$$f(A) = \{b | b \in B, 存在元素 a \in A, 使得 f(a) = b\}$$

对于定义域 A 的任意一个非空子集 S 中的所有元素的像的集合,通常记作 $f(S)$,即

$$f(S) = \{b | b \in B, 存在元素 a \in S, 使得 f(a) = b\}$$

如果集合 A 本身是一个笛卡儿积 $A = A_1 \times A_2 \times \cdots \times A_n$,那么集合 A 中的元素在函数 f 作用下的像 $f(a_1, a_2 \cdots, a_n)$。函数也称映射或者变换,总之是将一个个体变换成为另一个个

体的意思。如果集合 A 和集合 B 都是通常的数集，那么就不难看出，上面定义的由集合 A 到集合 B 的函数就是通常所说的函数。因此，这里所定义的函数即是通常函数概念的推广。

前面我们也曾提及，函数在计算机中是一个使用得极为广泛的概念，可以说，没有函数的出现，就没有今天计算机的样式。为什么这么说呢？下面我们举一个简单的例子来说明。

学习过程序设计基础的读者都知道，计算机的工作离不开程序。什么是程序呢？大部分的程序可以被看成是一种广义的函数。这是因为，一般意义上的程序都有输入和输出。例如，使用高级语言（如 C 语言或 JAVA 语言）编写的学生成绩管理系统的源程序首先通过计算机的编译程序进行编译，转换成为机器语言（目标代码或目标文件），然后输入数据，即输入某专业学生的基本信息（包括学生姓名，学号，考试科目，成绩等），接着提交给计算机的中央处理器（CPU）执行，最后输出结果（如按照加权平均分从高到低进行排序后的学生成绩单）。在这个例子中，学生成绩管理系统即是一个函数，显然，如果将某所高校（如华中科技大学）的所有专业学生的基本信息作为一个集合（定义域），那么某专业（如计算机专业）学生的基本信息即是定义域中的一个元素，按照加权平均分从高到低进行排序后的计算机专业学生成绩单这一输出结果就是定义域中给定的元素（华中科技大学计算机专业学生的基本信息）所对应的值。

由以上的这个例子不难看出，之所以要将函数的概念进行扩展就是为了更好地理解计算机科学中的程序这一概念。当然，任何功能比较强大的程序都是由许多不同功能的子程序组合起来的，这些子程序从本质上讲也是实现各种特定功能的函数。因此，能不能很好地理解和运用函数是能不能深入理解和掌握计算机科学理论的关键一环。

下面，我们反过来看，怎样的关系不是函数？

第一种情况就是在关系 $f:A \to B$ 中，若对于某个 $a \in A$，不存在 $b \in B$，使得 afb，则 f 不是函数。例如，讨论包含于笛卡儿积 $N \times N$ 的关系 $f = \{(n_1, n_2) \mid n_1, n_2 \in N, n_2 = $ 小于 n_1 的素数的个数$\}$，不难看出，对于在定义域（正整数集 N）中的元素 2，由于小于 2 的素数的个数为 0，并且 0 不属于正整数集合，也就是说，定义域中的 2 在值域（正整数集 N）中没有元素与之对应，因此，关系 f 不是函数。

第二种情况就是在关系 $f:A \to B$ 中，若对于某个 $a \in A$，存在 $b_1 \in B$ 和 $b_2 \in B$，且 $b_1 \neq b_2$，使得 afb_1 和 afb_2 同时成立，则 f 不是函数。即"一对二"就不是函数。例如，讨论包含于笛卡儿积 $N \times N$ 的关系 $f = \{(n_1, n_2) \mid n_1, n_2 \in N, n_1 + n_2 < 10\}$，由于序偶 $(1,1)$、序偶 $(1,2)$ 都属于关系 f，$1 \neq 2$，这是一个典型的"一对二"，因此，该关系 f 亦不是函数。

我们再举两个既是关系，又是函数的例子。设集合 $A = \{a, b, c, d\}$，集合 $B = \{6, 7, 8, 9, 10\}$，讨论由集合 A 到集合 B 的关系 $f = \{(a, 8), (b, 9), (d, 10), (c, 6)\}$，显然，关系 f 即为一个由 A 到 B 的函数，因为 $f(a) = 8, f(b) = 9, f(d) = 10, f(c) = 6$。并且定义域 $D_f = A$，值域 $R_f = f(A) = \{6, 8, 9, 10\}$。另设集合 $A = I$，集合 $B = N$，$f = \{(i, |2i| + 1) \mid i \in I\}$，或 $f(i) = |2i| + 1 (i \in I)$，则对于定义域（整数集 I）中的每一个整数 i 在值域中都有唯一的一个正奇数与其对应，因此，f 是一个由整数集 I 到自然数集 N 的函数。并且值域 $f(A)$ 即为全体正奇数的集合。

关于函数与关系的区别，可以得出以下一些结论。函数是一个由集合 A 到集合 B 的关系，其特殊性表现在对集合 A、B 的元素有一些不同于一般关系的限制：一方面，对集合 A 的元素限制，规定集合 A 的每一个元素都必须是自变量，即集合 A 的每一个元素都必须在集合 B 中有"像"，即像的存在性；另一方面，对集合 B 的元素限制，对于集合 A 中的任意一个元素 a，集合 B 中有且只有一个元素与之对应，即像的唯一性。由像的存在性可知，定义域

D_f 为 A 本身，而不能只是集合 A 的子集，与一般关系的定义域不同；而对值域包 B 没有这样的限制，所以有 $R_f \subseteq B$，其与一般关系的值域概念一致。由像的存在性和唯一性可知，集合 B 不能为空集。

像的存在性和唯一性是判断一个关系是否是函数的主要依据，也是证明有关函数等式的一种重要思路。下面我们通过一个例子进行说明。

例 3-1　设集合 $A=2^U \times 2^U$，$B=2^U$，给定由集合 A 到集合 B 的关系：$f=\{((S_1,S_2),S_1 \cap S_2)) \mid S_1,S_2 \subseteq U\}$。$f$ 是函数吗？若是的话，f 的值域 $R_f=2^U$ 吗？为什么？

解　由于对定义域（集合 A）中的任意序偶 (S_1,S_2)，在集合 B 中都有唯一的元素 $S_1 \cap S_2$ 与之对应，因此，f 是函数。不难看出 $R_f \subseteq 2^U$，对于任意的元素 $S \in 2^U$，因为 $S \subseteq U$，于是有 $S=S \cap U$，即对于值域包 2^U 中的任意元素 S 都存在着序偶 (S,U) 与之对应，因此，有 $S \in R_f$，所以有 $2^U \subseteq R_f$，因此，可以得出结论：f 的值域 $R_f=2^U$ 成立。

定义 3-2　设有函数 $f:A \rightarrow B$ 和函数 $g:C \rightarrow D$，如果有 $A=C$ 和 $B=D$，并且对所有的 $a \in A$（或 $a \in C$）都有 $f(a)=g(a)$，则称函数 f 和函数 g 是相等的，记为 $f=g$。

我们知道，笛卡儿积 $A \times B$ 的每一个子集都是由集合 A 到集合 B 的一个关系，但是这些子集并不都是由集合 A 到集合 B 的函数，其中只有一部分子集可以用来定义由集合 A 到集合 B 的函数。通常使用 B^A 来表示这些函数的集合，亦即：

$$B^A=\{f \mid f:A \rightarrow B\}$$

当集合 A 和集合 B 都是有限集时，为了确定从集合 A 到集合 B 的函数的数目，不妨设 $\#A=m$，$\#B=n$，由于任一函数 f 是由集合 A 的 m 个元素上的取值所唯一确定的，而对于集合 A 中的任意一个元素 a，函数 f 在该元素 a 处的取值有 n 种可能情况，因此，由集合 A 到集合 B 的不同函数共有 n^m 个，亦即，$\#(B^A)=(\#B)^{\#A}$。例如，设集合 $A=\{a,b\}$，集合 $B=\{1,2\}$，则笛卡儿积 $A \times B=\{(a,1),(a,2),(b,1),(b,2)\}$，这样，笛卡儿积 $A \times B$ 有 $2^4=16$ 个不同的子集，其中只有 $2^2=4$ 个子集可以定义由集合 A 到集合 B 的函数，它们分别是：

$$f_1=\{(a,1),(b,1)\}, f_2=\{(a,1),(b,2)\}, f_3=\{(a,2),(b,1)\}, f_4=\{(a,2),(b,2)\}$$

例 3-2　设有函数 $f:A \rightarrow B$，$S \subseteq A$，等式 $f(A)-f(S)=f(A-S)$ 成立吗？为什么？

解　不妨设原论断成立，则对于任意一个元素 $b \in f(A)-f(S)$，有 $b \in f(A)$，并且 $b \notin f(S)$，根据函数的值域的定义，必然至少存在某个元素 $a \in A$，使得 $f(a)=b$ 成立，并且该元素 $a \notin S$，所以 $a \in A-S$，即存在一个元素 $a \in A-S$，使得 $f(a)=b$，根据函数的值域的定义，可知 $b \in f(A-S)$。因此，$f(A)-f(S) \subseteq f(A-S)$。又另设元素 $b' \in f(A-S)$，则根据函数的值域的定义，可知，必然至少存在一个元素 $a' \in A-S$，使得 $f(a')=b'$，并且该元素 $a' \in A$ 且 $a' \notin S$。

根据函数的值域的定义，可知 $b' \in f(A)$，可是是否可以进一步推出 $b' \notin f(S)$ 呢？不难看出，这个结论成立的前提是在集合 S 中没有任何一个元素所对应的像是 b'，然而根据前面的推理过程，这个前提显然是不可靠的。也就是说，完全有可能找出这样的两个元素，一个元素是 $a' \in A-S$，另一个元素是 $a'' \in S$，使得 $f(a')=b'$，$f(a'')=b'$。这样一来，$b' \in f(S)$，从而导致 $b' \notin f(A)-f(S)$。因此，可以这样设计反例：设集合 $A=\{a_1,a_2,a_3\}$，集合 $B=\{b_1,b_2,b_3\}$，集合 $S=\{a_1\}$。设有函数 $f:A \rightarrow B$，并且函数 $f=\{(a_1,b_1),(a_2,b_2),(a_3,b_1)\}$，则 $f(A)=\{b_1,b_2\}$，$f(S)=\{b_1\}$，$f(A)-f(S)=\{b_2\}$，$f(A-S)=\{b_1,b_2\}$，显然 $f(A)-f(S) \neq$

$f(A-S)$。因此，等式 $f(A)-f(S)=f(A-S)$ 不成立。

定义 3-3　设函数 f 是一个由集合 A 到集合 B 的函数，则有以下性质成立。

(1)若当 $a_i \neq a_j$ 时，有 $f(a_i) \neq f(a_j)$，或者说，当 $f(a_i)=f(a_j)$ 时，有 $a_i=a_j$，则称函数 f 为由集合 A 到集合 B 的单射函数。

(2)若 $f(A)=B$，则称函数 f 为由集合 A 到集合 B 的满射函数。

(3)若函数 f 既是单射又是满射，则称函数 f 为由集合 A 到集合 B 的双射函数。

根据定义 3-3，所谓单射函数就是集合 A 中不同的元素在集合 B 中有不同的像，或者说，值域包 B 中的元素如果有像源，那么就只有唯一的像源。因此，单射使得集合 A 中的元素与函数 f 的值域 $f(A)$ 的元素之间一一对应；所谓满射函数，即集合 B（值域包）中的元素都是集合 A 中至少一个元素的像；如果函数 f 是双射函数，就意味着不仅定义域 A 中的每一个元素在值域包 B 中有唯一的像，而且值域包（集合 B）中的每一个元素在集合 A 中有唯一的像源。因此，函数 f 必可使得集合 A 与集合 B 的元素之间建立起一一对应的关联。不难看出，如果集合 A 和集合 B 都是有限集，那么只有当集合 A 中的元素数目少于或者等于集合 B 中的元素数目时，即当 $\sharp A \leqslant \sharp B$ 时，函数 $f: A \to B$ 才有可能是单射函数；只有当 $\sharp A \geqslant \sharp B$ 时，函数 $f: A \to B$ 才有可能是满射函数；只有当 $\sharp A = \sharp B$ 时，函数 $f: A \to B$ 才有可能是双射函数。

例如，定义在由非负整数集到正整数集上的函数 $g: Z \to N$，定义为 $g(z)=2z+1$ 是单射函数；函数 $f: I \to Z_7$，这里的 $f(i)=\mathrm{res}_7(i)$，函数 f 是一个由整数集 I 到集合 $\{0,1,2,3,4,5,6\}$ 的满射函数，但不是单射函数；函数 $h: 2^U \to 2^U$，这里的 $h(S)=S'$，函数 h 是一个由 U 的幂集到自身的双射函数。

下面，我们简单讨论一下函数的分类。如果将所有满足定义 3-1 的函数作为一个全集来看，它可以分成四种不同的类型：单射非满射函数、满射非单射函数、既是单射又是满射的函数（双射函数）和非单射非满射函数。这是因为，这四种类型恰好构成了对以函数为全集的一个分划。有非单射非满射类型的函数吗？答案是肯定的。例如，设集合 $A=\{a_1,a_2,a_3\}$，集合 $B=\{b_1,b_2,b_3\}$，集合 $S=\{a_1\}$。设有函数 $f: A \to B$，并且函数 $f=\{(a_1,b_1),(a_2,b_2),(a_3,b_1)\}$，不难看出，这里的函数 f 是非单射非满射类型的函数。

例 3-3　设集合 $A=\{a_1,a_2,\cdots,a_n\}$，$B=\{0,1\}$。对于集合 A 的任一子集 S，我们把它与有序 n 元组 $f(S)=(b_1,b_2,\cdots,b_n)$ 对应，其中：

$$b_i=\begin{cases}1,\text{若 } a_i \in S \\ 0,\text{若 } a_i \notin S\end{cases} \quad (i=1,2,\cdots,n)$$

试证明：函数 f 是一个由集合 A 的幂集 2^A 到 B^n 的双射函数。

分析　题目没有说明 f 是函数，必须先证明它是函数，作为本题对于 f 的定义来说，f 是函数这个结论是显而易见的。

证明　(1) 对于任意的有序 n 元组 $(b_1,b_2,\cdots,b_n) \in B^n$，令 $S=\{a_i \mid a_i \in A,\text{当 } b_i =1 \text{ 时}\}$，则有：
$$S \subseteq A \text{ 且 } f(S)=(b_1,b_2,\cdots,b_n)$$
即针对笛卡儿积 B^n 的任意元素找到了相应的像源，所以函数 f 是满射函数。

(2) 设笛卡儿积 B^n 的任一元素 $(b_1,b_2,\cdots,b_n)$ 有两个像源 S_1 和 $S_2 \in 2^A$。

即：
$$f(S_1)=f(S_2)=(b_1,b_2,\cdots,b_n)$$
则对于任意 $a_i \in S_1$，有 $b_i=1$，因此，有 $a_i \in S_2$，于是 $S_1 \subseteq S_2$。

类似地,可以证明 $S_2 \subseteq S_1$。

所以,$S_1 = S_2$。

也就是说,笛卡儿积 B^n 的同一个元素的像源相等,所以函数 f 是单射函数。

综合(1)、(2)可知,函数 f 既是满射函数,又是单射函数,因此是双射函数。证毕。

下面我们简单讨论一下这个例子的意义。不难看出,这个例 3-3 讨论的是有 n 个元素的有限集的幂集与具有 2^n 个有序 n 元组组成的笛卡儿积之间的关系,即它们之间能够构造出一个双射函数,根据所构造的双射函数,可以将这两个集合中的元素建立起一一对应的联系。也就是说,如果将一个具有 n 个元素的集合作为全集合 U,那么它的任意一个子集必然与一个有序 n 元组一一对应,并且,这个有序 n 元组的每个坐标的取值要么是 0,要么是 1。特别地,全集合所对应的是坐标值全为 1 的有序 n 元组;空集所对应的是坐标值全为 0 的有序 n 元组;全集合 U 的任意一个子集都有唯一确定的一个有序 n 元组对应。这样一来,我们自然会联想到可以将包含于全集合(有限集)的任意一个集合按照与其对应的有序 n 元组存放到计算机中,以便于进行处理(即集合的基本运算,如求并集、求交集、求差集、求补集等)。这样,势必会提出下面这个问题:怎样借助于计算机完成集合的基本运算呢?请读者思考。

集合 A 上的恒等关系 $I_A = \{(a,a) \mid a \in A\}$ 显然是一个由集合 A 到集合 A 自身的双射函数,对于每一个元素 $a \in A$,其像就是元素 a 自身。若将 I_A 作为由 A 到 A 的函数来看待,则通常将 I_A 称为集合 A 上的恒等函数。

3.2 函数的复合运算

定义 3-4　设有定义在由集合 A 到集合 B 的函数 $f:A \to B$ 和定义在集合 B 到集合 C 上的函数 $g:B \to C$,则 f 和 g 的复合函数是一个由集合 A 到集合 C 的函数,记为 $g \cdot f:A \to C$(或记为 $gf:A \to C$)。

对于任意一个元素 $a \in A$,有 $(g \cdot f)(a) = g(f(a))$,也就是说,如果 $b \in B$ 是 $a \in A$ 在函数 f 作用下的像,并且 $c \in C$ 是元素 b 在函数 g 作用下的像,那么集合 C 中的元素 c 就是 a 在复合函数 $g \cdot f$ 作用下的像。

定义 3-4 是定义 2-7 对于函数这一特殊关系的另一种表述形式。实际上,这里定义的复合函数 $g \cdot f:A \to C$ 也就是在定义 2-7 中所说的由集合 A 到集合 C 的复合关系 $f \cdot g$。需要注意的是,当复合关系是一个复合函数时,在其表示的记号中颠倒了函数 f 和函数 g 的位置而写成 $g \cdot f$,其目的是与通常意义下复合函数的表示方法相一致。

在上述复合函数的定义中,要求函数 f 的值域包与函数 g 的定义域相等。实际上,对该条件可以适当放宽,即只要求函数 f 的值域 $f(A)$ 是函数 g 的定义域的子集就可以了。也就是说,若有函数 $f:A \to B$ 和函数 $g:C \to D$,并且有 $f(A)$ 是集合 C 的子集,则同样可以定义一个由集合 A 到集合 D 的复合函数 $g \cdot f$。但是,如果 $f(A)$ 不是集合 C 的子集,那么,复合函数 $g \cdot f$ 就没有意义了。因此,在定义 3-4 的条件下,尽管复合函数 $g \cdot f$ 有意义,但是 $f \cdot g$ 不一定有意义,即使 $g \cdot f$ 与 $f \cdot g$ 都有意义,二者也不一定相等。

例 3-4　设集合 $A = \{1,2,3\}$,集合 $B = \{a,b\}$,集合 $C = \{e,f\}$,定义在集合 A 到集合 B 上的函数 $f:A \to B$,$f = \{(1,a),(2,a),(3,b)\}$,定义在集合 B 到集合 C 上的函数 $g:B \to C$,$g = \{(a,e),(b,e)\}$,求复合函数 $g \cdot f$。

解　根据复合函数的定义不难求出 $g \cdot f = \{(1,e),(2,e),(3,e)\}$。

例 3-5 定义函数 $f:2^A \rightarrow Z$ 其中集合 A 是一有限集合，$f(S) = \#S$，定义函数 $g:$
$Z \rightarrow R, g(z) = (Z-5)/2$，求复合函数 $gf:2^A \rightarrow R$。

解 对于任意的 $S(S \subseteq A)$，则根据复合函数的定义有：
$$(gf)(S) = g(f(S)) = g(\#S) = (\#S-5)/2。$$

例 3-6 设集合 $A = \{1,2,3\}$，并且在由集合 A 到 A 自身上定义两个函数 f 和函数 g：

$$f:A \rightarrow A, f = \{(1,2),(2,3),(3,1)\}$$
$$g:A \rightarrow A, g = \{(1,2),(2,1),(3,3)\}$$

求复合函数 gf, fg, ff, gg。

解 根据复合函数的定义有：
$$gf = \{(1,1),(2,3),(3,2)\}$$
$$fg = \{(1,3),(2,2),(3,1)\} \neq gf,$$
$$ff = \{(1,3),(2,1),(3,2)\}$$
$$gg = \{(1,1),(2,2),(3,3)\} = I_A。$$

由于函数的复合运算是关系的复合运算的一种特殊情形，因此关系的复合运算中成立的性质，对于函数的复合运算也是成立的。例如，对于任意一个函数 $f:A \rightarrow B$，有 $fI_A = I_B f = f$。又例如，设有三个函数 $f:A \rightarrow B, g:B \rightarrow C, h:C \rightarrow D$，根据定义 3-4 不难看出，这些函数可以构成复合函数 $gf:A \rightarrow C, hg:B \rightarrow D$，进而可以构成复合函数 $h(gf)$ 和 $(hg)f$，可以看出，这两个复合函数都是由集合 A 到集合 D 的函数。又由于关系的复合运算满足结合律，因此，函数的复合运算也满足结合律，因此，可以得出以下定理。

定理 3-1 设对于任意给定的三个函数 $f:A \rightarrow B, g:B \rightarrow C, h:C \rightarrow D$，则有 $h(gf) = (hg)f$。

现在，我们根据函数的复合运算的定义，给出该定理的证明。

证明 因为对于任意的元素 $a \in A$，有：
$$[h(gf)](a) = h[(gf)(a)] = h(g(f(a))) = hg(f(a)) = [(hg)f](a)$$
所以有 $h(gf) = (hg)f$ 成立，证毕。

由于函数的复合运算满足结合律，因此，通常去掉括号而写成 hgf。一般说来，设有 n 个函数 $f_1:A_1 \rightarrow A_2, f_2:A_2 \rightarrow A_3, \cdots, f_n:A_n \rightarrow A_{n+1}$，则不加括号的运算式 $f_n f_{n-1} \cdots f_2 f_1$ 唯一地表示一个由集合 A_1 到集合 A_{n+1} 的函数。

特别地，当集合 $A_1 = A_2 = \cdots = A_{n+1} = A$ 并且 $f_1 = f_2 = \cdots = f_n = f$（即当所有的函数 f_i 都是由集合 A 到集合 A 的同一个函数）时，复合函数 $f_n f_{n-1} \cdots f_2 f_1$（即是一个由集合 A 到集合 A 的函数）可以表示为 f^n。

例 3-7 设有函数 $f:I \rightarrow I$，定义为 $f(i) = 2 \times i + 1$，试求复合函数 f^3。

解 根据复合函数的定义，复合函数 f^3 也是由整数集 I 到 I 自身的函数。对于任意的 $i \in I$，有 $f^3(i) = f(f^2(i)) = 2 \times f^2(i) + 1 = 2 \times f(f(i)) + 1 = 2 \times (2 \times f(i) + 1) + 1 = 2 \times (2 \times (2 \times i + 1) + 1) + 1 = 8 \times i + 7$。

定义 3-5 设有定义在集合 A 到 A 自身的函数 $f:A \rightarrow A$，且 $f^2 = f$，则称函数 f 为幂等函数。例如，定义在正整数集的幂集上的函数 $f:2^N \rightarrow 2^N$，将其定义为 $f(S) = \{n \mid n \in S$

∩P},则根据函数 f 的定义,对于任意一个 $S\in 2^N$,$f(S)$ 为 S 中所有的素数组成的集合,记为 $S_P(S_P\subseteq N)$。而又由于 $f^2(S)=f(f(S))=f(S_P)=S_P$,所以 $f^2=f$,因此这里定义的函数 f 是一个幂等函数。

如果函数 f 是幂等函数,那么对于所有的正整数 $n\geqslant 1$,都有 $f^n=f$。

定理 3-2 设有函数 $f:A\rightarrow B$ 和函数 $g:B\rightarrow C$,那么:

(1) 如果 f 和 g 都是单射函数,则复合函数 gf 也是单射函数;

(2) 如果 f 和 g 都是满射函数,则复合函数 gf 也是满射函数;

(3) 如果 f 和 g 都是双射函数,则复合函数 gf 也是双射函数。

证明 (1)不妨设任意的两个元素 $a_i,a_j\in A$,并且有 $a_i\neq a_j$,由于函数 f 是单射函数,因此,$f(a_i)\neq f(a_j)$;又由于函数 g 也是单射函数,因此有 $g(f(a_i))\neq g(f(a_j))$,此即由 $a_i\neq a_j$,可以推得 $(gf)(a_i)\neq(gf)(a_j)$,因此,复合函数 gf 是单射函数。

(2)设有任意一个元素 $c\in C$,由于函数 g 是满射函数,因此必存在某一个元素 $b\in B$,使得 $g(b)=c$,又由于函数 f 也是满射函数,因而必存在某一个元素 $a\in A$,使得 $f(a)=b$,于是有 $(gf)(a)=g(f(a))=g(b)=c$,即 $c\in(gf)(A)$。由元素 c 的任意性可知,复合函数 gf 是满射函数。

(3)由于函数 f 与函数 g 都是双射函数,也就是说,它们既是单射函数,又是满射函数,由(1)与(2)可知,复合函数 gf 是双射函数。因此,定理 3-2 得证。

上述定理 3-2 的逆定理不成立,但是有下面的"部分可逆"的结论。

定理 3-3 设有函数 $f:A\rightarrow B$ 和函数 $g:B\rightarrow C$,那么:

(1) 如果复合函数 gf 是单射函数,则函数 f 是单射函数;

(2) 如果复合函数 gf 是满射函数,则函数 g 是满射函数;

(3) 如果复合函数 gf 是双射函数,则函数 f 是单射函数,函数 g 是满射函数。

证明 (1)假设函数 f 不是单射函数,则必然存在两个元素 $a_i,a_j\in A$,并且有 $a_i\neq a_j$,使得 $f(a_i)=f(a_j)$。令 $f(a_i)=f(a_j)=b$,并且令 $g(b)=c$。则由复合函数的定义有:

$$(gf)(a_i)=g(f(a_i))=g(b)=c$$
$$(gf)(a_j)=g(f(a_j))=g(b)=c$$

此时,$(gf)(a_i)=(gf)(a_j)$ 与函数 gf 是单射函数矛盾。因此,函数 f 是单射函数。

(2) 由于复合函数 gf 是满射函数,因此对于任意一个元素 $c\in C$,都必存在一个元素 $a\in A$,使得有 $(gf)(a)=c$,又根据复合函数的定义有,$(gf)(a)=g(f(a))=c$,又由于 f 是一个由集合 A 到集合 B 的函数,所以必然存在一个元素 $b\in B$,使得有 $f(a)=b$,这样,就有 $g(b)=c$,因此,函数 g 是满射函数。

(3)由于复合函数 gf 是双射函数,可知函数 gf 既是单射函数,又是满射函数,由(1)与(2)可知,函数 f 是单射函数,函数 g 是满射函数。证毕。

关于复合函数的应用问题,我们通过以下两个例子进行说明。

例 3-8 设有三个分别定义在集合 A 到集合 B 上,集合 B 到集合 C 上,集合 C 到集合 D 上的函数 $f:A\rightarrow B,g:B\rightarrow C,h:C\rightarrow D$,并且复合函数 gf 和复合函数 hg 都是双射函数,试证明三个函数 f、g 和 h 也都是双射函数。

证明 由于复合函数 gf 是双射函数,根据定理 3-3 可知,函数 f 是单射函数,函

数 g 是满射函数；又由于复合函数 hg 是双射函数，因此，函数 g 是单射函数，函数 h 是满射函数。由于函数 g 既是满射函数，又是单射函数，因此，函数 g 是双射函数。对于任意一个元素 $b \in B$，存在一个元素 $c \in C$，使得 $g(b)=c$。由于复合函数 gf 是双射函数，因此，必然存在一个元素 $a \in A$，使得有 $gf(a)=c$，又由于 $gf(a)=g(f(a))$，并且 f 是单射函数，因此，$f(a) \in B$。不妨设 $f(a)=b'$，于是有 $g(b')=c$，但是由于函数 g 是单射函数，因此，$b=b'$，于是有 $f(a)=b$。由元素 b 的任意性可知，函数 f 是满射函数，因此，函数 f 是双射函数。假设函数 h 不是单射函数，则存在着两个元素 c'、$c'' \in C$，并且 $c' \neq c''$，但是有 $h(c')=h(c'')=d$。另一方面，由于函数 g 是满射函数，所以存在两个元素 b'、$b'' \in B$，使得有 $g(b')=c'$，并且 $g(b'')=c''$，因为 $c' \neq c''$，根据函数的定义，所以有 $b' \neq b''$。于是，根据复合函数的定义有：

$$hg(b')=h(g(b'))=h(c')=d$$
$$hg(b'')=h(g(b''))=h(c'')=d$$

这与复合函数 hg 是双射函数相矛盾，因此，函数 hg 是单射函数，因此函数 h 是双射函数。证毕。

例 3-9　设函数 $f:A \rightarrow B$ 和函数 $g:B \rightarrow C$，函数 f 是满射函数，并且复合函数 gf 是一个单射函数。试证明：函数 g 是单射函数。并举例说明，若函数 f 不是满射函数，则函数 g 不一定是单射函数。

证明　对于任意元素 $b_1, b_2 \in B$，并且 $b_1 \neq b_2$，由于函数 f 是满射函数，所以存在元素 $a_1, a_2 \in A$，使得 $f(a_1)=b_1, f(a_2)=b_2$。

由函数的"唯一性"可知 $a_1 \neq a_2$。

由复合函数的定义知，存在着元素 $c_1, c_2 \in C$，使得：

$$gf(a_1)=c_1, \quad gf(a_2)=c_2$$

即
$$g(b_1)=c_1, \quad g(b_2)=c_2$$

又由于复合函数 gf 是单射函数，因此，由 $a_1 \neq a_2$ 可以得出 $c_1 \neq c_2$，即 $g(b_1) \neq g(b_2)$。所以，函数 g 是单射函数。

而当复合函数 gf 是一个单射函数时，如果函数 f 不是满射函数，那么函数 g 不一定是单射函数。举例如下：集合 $A=\{a_1, a_2, a_3\}$，集合 $B=\{b_1, b_2, b_3, b_4\}$，集合 $C=\{c_1, c_2, c_3, c_4\}$，定义函数 $f:A \rightarrow B, f(a_1)=b_1, f(a_2)=b_2, f(a_3)=b_3$；定义函数 $g:B \rightarrow C, g(b_1)=c_1, g(b_2)=c_2, g(b_3)=c_3, g(b_4)=c_3$；则由集合 A 到集合 C 复合函数 $gf:A \rightarrow C, gf(a_1)=c_1, gf(a_2)=c_2, gf(a_3)=c_3$。显然，在此例中，复合函数 gf 是一个单射函数，并且函数 f 不是满射函数，此时的函数 g 是非单射非满射函数。

3.3　逆函数

在第 2 章曾将由集合 A 到集合 B 的关系 ρ 的逆关系 ρ^{-1} 定义为由集合 B 到集合 A 的关系，当且仅当 $(a,b) \in \rho$ 时，有 $(b,a) \in \rho^{-1}$。也就是说，简单地交换关系 ρ 里的所有序偶中元素的位置，就可以得到它的逆关系 ρ^{-1} 的各个序偶。但是，对于函数来说，情况就远远没有这样简单了。如果函数 f 是一个从集合 A 到集合 B 的函数，由于函数 f 本身也是一个关系，因此可以按照上面的方法得到 f 的逆关系，但是这个逆关系可能并不是一个函数。例如，如果函数 f 不是一个满射函数，则其逆关系的定义域就只能是集合 B 的一个真子集而不能是集合 B。又如果函数 f 不是一个单射函数，如有 $(a_1, b) \in f, (a_2, b) \in f$，则有序偶 (b, a_1) 和序偶(b,a_2)属于函数 f 的逆关系,因此,函数 f 的逆关系不满足像的唯一性条件。

例如,设集合 $A=\{0,1,2\}$,集合 $B=\{p,q,r,s\}$,定义由集合 A 到集合 B 的函数 $f:A\to B$,且 $f=\{(0,p),(1,q),(2,r)\}$,则如果将函数 f 看成是定义在集合 A 到集合 B 上的关系,则其逆关系为集合 B 到集合 A 上的关系$\{(p,0),(q,1),(r,2)\}$,显然,由于函数 f 不是满射函数,因此,在其逆关系中集合 B 的元素 s 在集合 A 中没有像与之对应,因此,该逆关系不是由集合 B 到集合 A 的函数。又例如,设集合 $A=\{0,1,2,3,4\}$,集合 $B=\{p,q,r,s\}$,定义由集合 A 到集合 B 的函数 $g:A\to B$,且 $f=\{(0,p),(1,q),(2,r),(3,r),(4,s)\}$,则如果将函数 f 看成是定义在集合 A 到集合 B 上的关系,则其逆关系为集合 B 到集合 A 上的关系$\{(p,0),(q,1),(r,2),(r,3),(s,4)\}$。显然由于函数 g 不是单射函数,因此,在其逆关系中集合 B 的元素 r 在集合 A 中有两个不同的元素(2 和 3)与之对应,因此该逆关系不是由集合 B 到集合 A 的函数。再例如,设集合 $A=\{0,1,2\}$,集合 $B=\{p,q,r\}$,定义由集合 A 到集合 B 的函数 $h:A\to B$,且 $h=\{(0,p),(1,q),(2,r)\}$,则如果将函数 h 看成是定义在集合 A 到集合 B 上的关系,则其逆关系为集合 B 到集合 A 上的关系$\{(p,0),(q,1),(r,2)\}$,显然这里的函数 h 是双射函数,该逆关系也是一个由集合 B 到集合 A 的函数。

根据上面的三个例子,可以得出以下的结论:如果函数 f 是一个由集合 A 到集合 B 的双射函数,那么对于集合 B 中的任何一个元素 b,必定有一个而且只有一个元素 $a\in A$,使得有 $f(a)=b$。如果将这个唯一对应的元素 a 看成是元素 b 在某个映像下的像,就可以得到一个由集合 B 到集合 A 的函数,通常将此函数称为函数 f 的逆函数。

定义 3-6 设有函数 $f:A\to B$ 是一个双射函数,定义函数 $g:B\to A$,使得对于任何一个元素 $b\in B$,有 $g(b)=a$,其中,元素 a 是使得 $f(a)=b$ 的集合 A 中的元素,则称函数 g 为函数 f 的逆函数,记作 f^{-1}。如果函数 f 存在逆函数 f^{-1},那么就称函数 f 是可逆的函数。

注意:仅当函数 f 是双射函数时,才能够定义函数 f 的逆函数 f^{-1},而且函数 f^{-1} 就是函数 f 的逆关系。

定理 3-4 设函数 $f:A\to B$ 是双射函数,则逆函数 $f^{-1}:B\to A$ 也是一个双射函数。

证明 对于任何一个元素 $a\in A$,由函数 f 的定义,在集合 B 中必有一个元素 b,使得$f(a)=b$,于是由逆函数 f^{-1} 的定义,$f^{-1}(b)=a$,即 $a\in f^{-1}(B)$,由元素 a 的任意性,可知函数 f^{-1} 是一个满射函数。又设 $b_1,b_2\in B$,并且 $b_1\neq b_2$,由双射函数 f 的定义,在集合 A 中必存在两个元素 $a_1,a_2\in B$,并且 $a_1\neq a_2$,使得 $f(a_1)=b_1,f(a_2)=b_2$。于是有 $f^{-1}(b_1)=a_1,f^{-1}(b_2)=a_2$,并且 $f^{-1}(b_1)\neq f^{-1}(b_2)$,这就是说,函数 f^{-1} 是一个单射函数。由于函数 f^{-1} 既是一个满射函数,又是一个单射函数,因此,函数 f^{-1} 是一个双射函数,该定理得证。

既然函数 f^{-1} 也是一个双射函数,那么函数 f^{-1} 也应有逆函数。

定理 3-5 设函数 $f:A\to B$ 是双射函数,则$(f^{-1})^{-1}=f$。

证明 根据定理 3-4,函数 f^{-1} 是一个由集合 B 到集合 A 的双射函数。因此 $(f^{-1})^{-1}$ 与函数 f 一样也是一个由集合 A 到集合 B 的函数。对于任意一个元素 $a\in A$,设 $f(a)=b$,则 $f^{-1}(b)=a$,因而 $(f^{-1})^{-1}(a)=b$,于是 $f(a)=(f^{-1})^{-1}(a)$,由元素 a 的任意性,即可知$(f^{-1})^{-1}=f$。证毕。

定理 3-5 说明函数 f 和其逆函数 f^{-1} 互为逆函数,它们之间还有如定理 3-6 中所示的关系。

定理 3-6 如果函数 $f:A \to B$ 是可逆函数,则有 $f^{-1}f = I_A$,$ff^{-1} = I_B$。

证明 由复合函数的定义,复合函数 $f^{-1}f$ 是一个由集合 A 到集合 A 的函数。如果对于任意一个元素 $a \in A$,不妨设 $f(a) = b$,则 $f^{-1}(b) = a$,因此,$f^{-1}f(a) = f^{-1}(b) = a$,由元素 a 的任意性,即可以得出 $f^{-1}f = I_A$;类似地,复合函数 ff^{-1} 是一个由集合 B 到集合 B 的函数。如果对于任意一个元素 $b \in B$,不妨设 $f^{-1}(b) = a$,则 $f(a) = b$,因此,$ff^{-1}(b) = b$,由元素 b 的任意性,即可以得出 $ff^{-1} = I_B$。证毕。

注意: 虽然复合函数 $f^{-1}f$ 与复合函数 ff^{-1} 都是恒等函数,但是它们的定义域不相同,因此,不能简单地(或统一)写成 $ff^{-1} = I$。只要集合 A 与集合 B 不相等,就有 $f^{-1}f \neq ff^{-1}$。

定理 3-7 设有函数 $f:A \to B$ 和函数 $g:B \to A$,当且仅当 $gf = I_A$ 并且 $fg = I_B$ 时,有 $g = f^{-1}$。

证明 必要性直接由定理 3-6 可以得出,下面对于该定理的充分性给予证明。

由于复合函数 $fg = I_B$ 是一个双射函数,故由定理 3-3 可知,函数 f 是一个满射函数。由于复合函数 $gf = I_A$ 也是一个双射函数,故由定理 3-3 可知,函数 f 是一个单射函数。因而函数 f 是一个双射函数,它有逆函数 f^{-1}。

由于 $f^{-1}(fg) = f^{-1}I_B = f^{-1}$,根据函数的复合运算的结合律可知:

$$f^{-1}(fg) = (f^{-1}f)g = I_A g = g$$

故有 $g = f^{-1}$,证毕。

定理 3-8 设有函数 $f:A \to B$ 和 $g:B \to C$,并且函数 f 和函数 g 都是可逆函数,则有:

$$(gf)^{-1} = f^{-1}g^{-1}$$

证明 由于函数 f 和函数 g 都是可逆函数,因此存在逆函数 $f^{-1}:B \to A$,$g^{-1}:C \to B$,因而有复合函数 $f^{-1}g^{-1}:C \to A$。又因为函数 f 和函数 g 都是双射函数,因此有逆函数 $(gf)^{-1}:C \to A$。于是 $(gf)^{-1}$ 与 $f^{-1}g^{-1}$ 都是由集合 C 到集合 A 的函数。对于任意一个元素 $c \in C$,设 $g^{-1}(c) = b$,$f^{-1}(b) = a$,则 $(f^{-1}g^{-1})(c) = f^{-1}(b) = a$,而 $(gf)(a) = g(f(a)) = g(b) = c$,所以 $(gf)^{-1}(c) = a$,因此,$(f^{-1}g^{-1})(c) = (gf)^{-1}(c)$,由元素 c 的任意性可知,$(gf)^{-1} = f^{-1}g^{-1}$。证毕。

定理 3-8 说明,复合函数的逆函数能够用相反次序的逆函数的复合来表示。

由上面的讨论可知,如果函数 f 不是双射函数,那么函数 f 就不可能有逆函数。但是对于单射函数和满射函数来说,它们可以分别有左逆函数和右逆函数。

定义 3-7 设有函数 $f:A \to B$ 和函数 $g:B \to A$,若 $g \cdot f = I_A$,则称函数 g 是函数 f 的左逆函数,称函数 f 是函数 g 的右逆函数。

定理 3-9 设有函数 $f:A \to B$,则有:

(1)当且仅当函数 f 是单射函数时,函数 f 有左逆函数;

(2)当且仅当函数 f 是满射函数时,函数 f 有右逆函数。

证明 (1)如果函数 f 是单射函数,则对于任意的元素 $a_i, a_j \in A$,如果 $a_i \neq a_j$,那

么有 $f(a_i) \neq f(a_j)$，即对于集合 B 中的任意一个元素 b，如果 $b \in f(A)$，那么只有唯一的元素 a，使得 $f(a)=b$。定义函数 $g:B \rightarrow A$，使得对于任意的元素 $b \in B$，若 $b \in f(A)$，并且 $f(a)=b$，则 $g(b)=a$；若 $b \notin f(A)$，则不妨设 $g(b)=a_0$（a_0 为集合 A 中的某个元素）。于是，对于任意的元素 $a \in A$，如果 $f(a)=b$，则 $gf(a)=g(f(a))=g(b)=a$，所以，函数 g 是函数 f 的左逆函数；反过来，如果函数 f 有左逆函数 $g:B \rightarrow A$，则 $g \cdot f=I_A$，因此复合函数 $g \cdot f$ 是双射函数，根据定理 3-3，函数 f 是单射函数。

（2）如果函数 f 是一个满射函数，那么对于集合 B 中的任意一个元素 $b \in f(A)$，定义函数 $g:B \rightarrow A$，使得对于任意的元素 $b \in B$，有 $g(b)=a$，这里的元素 a 是满足 $f(a)=b$ 的任意一个确定的 a。于是有 $fg(b)=f(g(b))=f(a)=b$，即 $f \cdot g=I_B$，即函数 g 是函数 f 的右逆函数。反过来，如果函数 f 有右逆函数 $g:B \rightarrow A$，则 $f \cdot g=I_B$ 是双射函数，由定理 3-3 可知，函数 f 是满射函数。证毕。

> **注意**：定理 3-9 中所涉及的左逆函数和右逆函数从本质上讲，与逆函数不是同一个概念，请读者加以区分。

3.4　置换

本节介绍一种更为特殊的函数，即从有限集 A 到集合 A 自身的双射函数。之所以介绍这一部分的内容，主要是为了后面介绍抽象代数中的群论打下一个良好的基础。

定义 3-8　设集合 $A=\{a_1,a_2,\cdots,a_n\}$ 是一个有限集合，从集合 A 到集合 A 自身的双射函数称为集合 A 上的置换，而整数 n 称为置换的阶。

一个 n 阶置换 $P:A \rightarrow A$ 通常表示为以下的形式。

$$P=\begin{bmatrix} a_1 & a_2 & \cdots & a_n \\ P(a_1) & P(a_2) & \cdots & P(a_n) \end{bmatrix}$$

这里的 n 个列的次序当然是任意的，由于置换 P 是双射函数。因此，$P(a_1),P(a_2),\cdots,P(a_n)$ 各不相同，然而由于所有的 $P(a_i)$ 都是集合 A 中的元素，因此 $P(a_1),P(a_2),\cdots,P(a_n)$ 必定是 $a_1,a_2,\cdots,a_n$ 的一个排列。由于 $a_1,a_2,\cdots,a_n$ 上排列的总数等于 $n!$，因此集合 A 上不同的 n 阶置换的数目是 $n!$ 个。

例如，设集合 $A=\{1,2,3\}$，因为 $n=3$，所以集合 A 上应有 $3!=6$ 个不同的三阶置换，具体如下。

$$P_1=\begin{bmatrix} 1 & 2 & 3 \\ 1 & 2 & 3 \end{bmatrix} \qquad P_2=\begin{bmatrix} 1 & 2 & 3 \\ 1 & 3 & 2 \end{bmatrix} \qquad P_3=\begin{bmatrix} 1 & 2 & 3 \\ 2 & 1 & 3 \end{bmatrix}$$

$$P_4=\begin{bmatrix} 1 & 2 & 3 \\ 2 & 3 & 1 \end{bmatrix} \qquad P_5=\begin{bmatrix} 1 & 2 & 3 \\ 3 & 1 & 2 \end{bmatrix} \qquad P_6=\begin{bmatrix} 1 & 2 & 3 \\ 3 & 2 & 1 \end{bmatrix}$$

集合 A 上的恒等函数 $I_A=\{(a,a)|a \in A\}$ 是集合 A 上具有如下形式的置换，称为集合 A 上的恒等置换。

$$\begin{bmatrix} a_1 & a_2 & \cdots & a_n \\ a_1 & a_2 & \cdots & a_n \end{bmatrix}$$

上例中的 P_1 就是集合 $A=\{a,b,c\}$ 上的恒等变换。

由于双射函数是可逆的,因此集合 A 上的任意置换 $P:A{\rightarrow}A$ 都有逆函数 $P^{-1}:A{\rightarrow}A$,它也是由集合 A 到集合 A 的双射函数,因此也是集合 A 上的置换。P^{-1} 称为 P 的逆置换,若:

$$P=\begin{bmatrix} a_1 & a_2 & \cdots & a_n \\ P(a_1) & P(a_2) & \cdots & P(a_n) \end{bmatrix}$$

则

$$P^{-1}=\begin{bmatrix} P(a_1) & P(a_2) & \cdots & P(a_n) \\ a_1 & a_2 & \cdots & a_n \end{bmatrix}$$

上例中的 $P_1^{-1}=P_1,P_2^{-1}=P_2,P_3^{-1}=P_3,P_4^{-1}=P_4,P_5^{-1}=P_5,P_6^{-1}=P_6$。

设置换 $P_1:A{\rightarrow}A$,置换 $P_2:A{\rightarrow}A$ 是集合 A 上任意的两个置换,则置换的复合 $P_1 \cdot P_2:A{\rightarrow}A$ 也必定是该集合 A 上的一个置换。有关置换的其他性质,将在第 5 章群论中再详细介绍。

 ## 3.5 集合的特征函数

到目前为止,我们讨论的集合都是朴素集合。即若给定一个全集合 U,则该集合 U 里的任意一个元素 u 与全集合 U 的某个子集之间的关系只有两种:要么这个元素属于该子集,要么这个元素不属于该子集。但是,随着科学技术的日益发展,人们面对的问题越来越复杂和多样化。例如,对于复杂控制系统(大型伺服系统)的模拟过程,如果仅仅使用数学模型往往不能达到比较好的控制效果。这时就需要使用模糊控制方法,而这种控制方法的基础恰恰是模糊数学,而模糊数学研究的对象是模糊集合。从这个例子可以说明,朴素集合的应用范围有其局限性。因此,需要将我们讨论的这样一种朴素集合进行更为一般化的处理,即模糊集合,为了更好地理解和运用模糊集合,首先就需要对朴素集合进行更加深入的研究。因此,本节的主要目的在于对朴素集合的本质进行更深入的讨论。

由于本章的讨论对象是函数,因此,自然会提出下面一个问题:对于任意一个全集合 U 的子集能否使用一个函数唯一地表示?

下面,我们首先讨论从全集合 U 到集合 $\{0,1\}$ 的函数,即函数 $f:U{\rightarrow}\{0,1\}$。根据前面所学的内容,不难看出,这样的函数不止一个。如果全集合 U 是有限集,不妨设此集合中有 n 个元素,则可以构成 2^n 个这样的函数;如果全集合 U 是无限集,则这样的函数将有无穷多个。

因为函数 f 是由全集合 U 到集合 $\{0,1\}$ 的函数,所以集合 U 中的每一个元素在集合 $\{0,1\}$ 中都有像,其像不是 1 就是 0。如果设全集合 U 的子集 $A=\{u|u{\in}U,$ 并且 $f(u)=1\}$,那么每一个函数 f 必定对应着该全集合 U 的一个子集。反过来,若对于全集合 U 的每一个子集 A,定义一个函数 $g:U{\rightarrow}\{0,1\}$,使得当元素 $u{\in}A$ 时,$g(u)=1$;当元素 $u{\notin}A$ 时,$g(u)=0$,则全集合 U 的每一个子集 A 必定对应着一个由全集合 U 到集合 $\{0,1\}$ 的函数。因此,集合 $\{0,1\}^U$ 与全集合 U 的幂集 2^U 的元素之间存在着一一对应的关系,也就是说,存在着由集合 $\{0,1\}^U$ 到幂集 2^U 的双射函数。每一个由全集合 U 到集合 $\{0,1\}$ 的函数称为相对应的子集的特征函数。

定义 3-9 全集合 U 的子集 A 的特征函数定义如下。

$$e_A:U{\rightarrow}\{0,1\}$$

其中:

$$e_A(u)=\begin{cases} 1, & \text{当 } u{\in}A \text{ 时} \\ 0, & \text{当 } u{\notin}A \text{ 时} \end{cases}$$

特征函数具有如定理 3-10 所描述的性质。

定理 3-10 设集合 A 与集合 B 是全集合 U 的子集，则其具有以下性质。

(1) 当且仅当对所有的 $u \in U$，若 $e_A(u)=0$，则集合 A 为空集 $(A=\varnothing)$。

(2) 当且仅当对所有的 $u \in U$，若 $e_A(u)=1$，则集合 A 为全集合 $(A=U)$。

(3) 当且仅当对所有的 $u \in U$，若 $e_A(u) \leqslant e_B(u)$，则集合 A 为集合 B 的子集 $(A \subseteq B)$。

(4) 当且仅当对所有的 $u \in U$，若 $e_A(u)=e_B(u)$，则集合 A 与集合 B 相等 $(A=B)$。

设集合 A 与集合 B 是全集合 U 的子集，则对于所有的元素 $u \in U$，有如下性质。

(1) $e_{A'}(u)=1-e_A(u)$。

(2) $e_{A \cap B}(u)=e_A(u) \cdot e_B(u)$。

(3) $e_{A \cup B}(u)=e_A(u)+e_B(u)-e_A(u) \cdot e_B(u)$。

值得一提的是，由于特征函数的值要么是 0，要么是 1，因此用于特征函数之间的关系符号（$\leqslant$、$=$）和运算符号（$+$、$-$、$\cdot$）都是表示通常的数与数之间的关系和算术运算。

根据特征函数的上述性质，我们可以用其来证明各种集合恒等式。

例 3-10 证明 $A \cup (B \cap C)=(A \cup B) \cap (A \cup C)$。

证明 由特征函数的性质 $e_{A \cap B}(u)=e_A(u) \cdot e_B(u)$ 与 $e_{A \cup B}(u)=e_A(u)+e_B(u)-e_A(u) \cdot e_B(u)$，对于任何一个元素 $u \in U$，有：

$$
\begin{aligned}
e_{A \cup (B \cap C)}(u) &= e_A(u)+e_{B \cap C}(u)-e_A(u) \cdot e_{B \cap C}(u) \\
&= e_A(u)+e_B(u) \cdot e_C(u)-e_A(u) \cdot e_B(u) \cdot e_C(u) \\
&= e_A(u) \cdot e_A(u)+e_B(u) \cdot e_C(u)-e_A(u) \cdot e_B(u) \cdot e_C(u) \\
&= e_A(u) \cdot e_A(u)+e_A(u) \cdot (e_B(u)+e_C(u))+e_B(u) \cdot e_C(u)-e_A(u) \cdot e_B(u) \cdot \\
&\quad e_C(u)-e_A(u) \cdot (e_B(u)+e_C(u)) \\
&= (e_A(u)+e_B(u)) \cdot (e_A(u)+e_C(u))-e_A(u) \cdot (e_B(u)+e_C(u)+e_B(u) \cdot e_C(u)) \\
&= (e_A(u)+e_B(u)-e_A(u) \cdot e_B(u)+e_A(u) \cdot e_B(u)) \cdot (e_A(u)+e_C(u))- \\
&\quad e_A(u) \cdot (e_B(u)+e_C(u)+e_B(u) \cdot e_C(u)) \\
&= (e_A(u)+e_B(u)-e_A(u) \cdot e_B(u)) \cdot (e_A(u)+e_C(u))-e_A(u) \cdot e_C(u) \\
&= (e_A(u)+e_B(u)-e_A(u) \cdot e_B(u)) \cdot (e_A(u)+e_C(u)-e_A(u) \cdot e_C(u)+e_A(u) \cdot \\
&\quad e_C(u))-e_A(u) \cdot e_C(u) \\
&= e_{A \cup B}(u) \cdot e_{A \cup C}(u)=e_{(A \cup B) \cap (A \cup C)}(u)
\end{aligned}
$$

这说明集合 $A \cup (B \cap C)$ 与集合 $(A \cup B) \cap (A \cup C)$ 的特征函数相同，因此，$A \cup (B \cap C)=(A \cup B) \cap (A \cup C)$。证毕。

设定义在由集合 A 到集合 B 上的函数 $f:A \to B$，并且定义集合 A 上的关系 ρ_f，则当且仅当 $f(a_i)=f(a_j)$ 时，有 $a_i \rho_f a_j$。容易验证：关系 ρ_f 是集合 A 上的等价关系，为方便起见，通常称关系 ρ_f 为函数 f 的等价核。因此，它可以导致集合 A 上的一个等价分划 $\pi_{\rho_f}^A=\{[a]_{\rho_f} \mid a \in A\}$，其中，集合 A 的子集 $[a]_{\rho_f}$ 是等价类。由于同一个等价类中的元素都是以集合 B 中的同一个元素为像的，因此每一个等价类对应着函数 f 的值域中的同一个元素。反过来，由于函数 f 的值域中的每一个元素在定义域 A 中至少有一个像源，因此该元素必与其像源所在的等价类相对应。于是存在一个由分划 $\pi_{\rho_f}^A$ 到函数 f 的值域的双射函数。如果函数 f 的值域是有限集，即若 $R_f=\{b_1, b_2, \cdots, b_k\} \subseteq B$，则 $\pi_{\rho_f}^A=\{A_1, A_2, \cdots, A_k\}$，其中 $A_i=\{a \mid a \in A, f(a)=b_i\}(i=1,2,\cdots,k)$。因为对于任意一个元素 $a \in A$，必然存在并且只能存在一个 $i(i=$

$1,2,\cdots,k$),使得关于元素 $a\in A_i$,若 $j\neq i$,则 $a\notin A_j$,所以,特征函数 $e_{A_1}(a)$,$e_{A_2}(a)$,$\cdots$,$e_{A_k}(a)$ 中只有某一个 $e_{A_i}(a)=1$,其余的 $e_{A_j}(a)=0(j\neq i)$。因此,我们可以将 $f(a)=b_i$ 写为以下的形式。

$$f(a)=b_1e_{A_1}(a)+b_2e_{A_2}(a)+\cdots+b_ie_{A_i}(a)+\cdots+b_ke_{A_k}(a)$$

也就是说,对于所有的 $a\in A$,有 $f(a)=\sum_{i=1}^{k}b_ie_{A_i}(a)$。这说明特征函数可以用来表示具有有限值域的函数。下面,给出一个具体的例子来进行说明。

给定函数 $f:I\to Z_m$ 定义为 $f(i)=\mathrm{res}_m(i)$,不难看出,该函数 f 是关于值域 $f(I)=Z_m$ 的满射函数。

不妨设集合 $C_j=\{i\,|\,i\in I$,并且 $i\equiv j(\mathrm{mod}\,m)\}(j=0,1,2,\cdots,m-1)$,则 $\pi_{\rho_f}^I=\{C_0,C_1,C_2,\cdots,C_{m-1}\}$ 是整数集 I 的一个分划,有:

$$f(i)=0e_{C_0}(a)+1e_{C_1}(i)+\cdots+je_{C_j}(i)+\cdots+(m-1)e_{C_{m-1}}(i)$$

即

$$f(i)=\sum_{j=0}^{m-1}je_{C_j}(i)$$

在第 1 章中曾经介绍过集合的成员表,设集合 A 和集合 B 是全集合 U 的子集,那么根据求补运算、求交运算、求并运算的定义,可以得出如图 1-1 所示的集合成员表。类似地,仿照列成员表的方法,由集合 A 和集合 B 的特征函数 $e_A(u)$ 和 $e_B(u)$ 的值的所有可能的组合,根据定理 3-10 所给出的特征函数的性质所给出的公式,把计算出的 $e_{A'}(u)$、$e_{A\cap B}(u)$ 和 $e_{A\cup B}(u)$ 的相应值也列成表,可以得到如表 3-1 所示的结果。

表 3-1   集合的特征函数运算表

$e_A(u)$	$e_B(u)$	$e_{A'}(u)$	$e_{A\cap B}(u)$	$e_{A\cup B}(u)$
0	0	1	0	0
0	1	1	0	1
1	0	0	0	1
1	1	0	1	1

比较表 1-1 和表 3-1 不难看出,表 1-1 中集合 S 所标记的列在表 3-1 中由该集合的特征函数 $e_S(u)$ 所标记,两者取值的情形完全一样,这是由于集合成员表和集合的特征函数这两个定义中的 0 和 1 所表示的意义是完全相同的。因此,一般来说,如果集合 S 是一个由集合 $A_1,A_2,\cdots,A_r$ 所产生的集合,那么根据集合 $A_1,A_2,\cdots,A_r$ 的特征函数 $e_{A_1}(u)$,$e_{A_2}(u)$,$\cdots$,$e_{A_r}(u)$ 的值的所有可能的组合而计算出的相应的集合 S 的特征函数 $e_S(u)$ 的值的表也必然与集合 S 的集合成员表完全一样。由此可见,集合成员表是表达集合的特征函数的一种方法。

以上通过对朴素集合的特征函数的介绍,可以看出,给定任意一个全集合 U 的子集,必然有唯一的一个特征函数与之相对应。也就是说,可以使用朴素集合的特征函数来描述该集合。下面,简单介绍一下模糊集合,首先介绍一个简单的例子。给定两个集合,一个集合是由年轻人组成的集合,记作 $A=\{$年轻人$\}$;另一个集合是由年老的人组成的集合,记作 $B=\{$年老的人$\}$。则这两个集合就是模糊集,这是因为这两个集合中所描述的元素并不能确切地定义。譬如说,王小二的年龄是 40 岁,那么王小二究竟是属于集合 A 还是属于集合 B 呢?根据对集合 A 和集合 B 的描述,我们很难将王小二归属到这两个集合当中的某一个中去,这是因为"年轻人"和"年老的人"这样的描述是模糊的,而不是精确的。因此,这里的集合 A 和集合 B 不是前面所介绍的朴素集合,而是模糊集合。因此,对于个体与模糊集合之间的关系,不能用以前的元素与朴素集合之间的关系——"属于"或者"不属于"来描述,而需要使用隶属度进行描述。隶属度是反映元素与模糊集合之间的隶属程度的度量方式。隶属度是 0 到 1 之间的一个实数(包括 0 和 1)。如果隶属度是 1,那么就表明该元素完全属于模糊集合;如果隶属度是 0,那么就表明该元素完全不属于模糊集合。一般说来,隶属度是 0 到 1 之间的数(不包括 0 和 1),如果隶属度越接近于 0,那么就表明元素与模糊集合之间的隶属程度越低;如果隶属度越接近于 1,那么就表明元素与模糊集合之间的隶属程度越高。例如,不妨设王小二隶属于模糊集合 A 的隶属度是 0.2,隶属于模糊集合 B 的隶属度是 0.1。与朴素集合的特征函数类似,模糊集合也可以使用一个函数与其唯一对应,这个函数通常被称为隶属函数。隶属函数与特征函数的区别仅在于其值域包为 $[0,1]$ 区间,而特征函数的值域包是双元素集合 $\{0,1\}$。因此,可以看出隶属函数是集合的特征函数的一般形式,模糊集合是朴素集合的更为一般的形式。关于模糊集合的进一步研究与讨论超出了本书的讨论范围,此处不再赘述。

3.6 集合的基数

在 1.1 节中,我们曾经给出了集合的基数的概念,对于有限集来说,所谓集合的基数就是集合中不同元素的数目。可是对于无限集来说,由于元素的数目是无穷的,这样的集合的基数如何定义呢?是不是所有的无限集的基数都相同呢?这是本节讨论的主要内容。在讨论了关系和函数的概念以后,便能够以更为严谨的方式来讨论集合的基数。

对于一个有限集合,其中不同的元素是如何进行计数的呢?例如,图书馆的藏书可以一册一册地清点;一个城市的人口,可以逐个登记。这些做法的实质是使这些集合的元素和自然数集的一个子集的元素之间建立起一一对应的关系。例如,一个小组有若干个同学,我们可以按照他们的学号依次点名:张晓华(1),赵太平(2),李玉刚(3),王晓波(4),黄文涛(5),郑英杰(6),宋千行(7)。就发现这个小组的成员与正整数 N 的子集 $\{1,2,3,4,5,6,7\}$ 的元素建立了一一对应的关系,因此就说这个小组有 7 位同学。但是为了计数的方便,有时并不一定要建立该集合与正整数集的某个子集的一一对应关系。例如,在一个剧场里,如果每一个观众都坐在一把椅子上,既没有站着的人,又没有空着的位子,那么观众和椅子的数目就相同。也就是说,只要知道一个集合和另一个元素的数目为已知的集合之间有一种一一对应的关系,则这个集合的元素数目也就知道了。这个例子启发我们如何去研究无限集的基数,因为对于无限集来说,"元素的数目"这个概念是没有意义的。

 定义 3-10 设有集合 A 和集合 B,如果存在一个双射函数 $f:A\rightarrow B$,则称集合 A 和集合 B 有相同的基数,或者说集合 A 与集合 B 是等势的集合,记作 $A\sim B$。

不难看出,对于有限集来说,所谓集合 A 与集合 B 具有相同的基数,就是指它们的元素个数是相等的。

例如,不妨设正偶数集合 $N_e=\{2,4,6,8,\cdots\}$,定义函数 $f:N\rightarrow N_e$,使得对于任意一个 $n\in N$,有 $f(n)=2n$。显而易见,该函数 f 是从集合 N 到集合 N_e 的双射函数,因此,集合 N 与集合 N_e 等势,即有 $N\sim N_e$。又例如,设正实数集合 $R_+=\{x\mid x\in R,$ 并且 $x>0\}$,集合 $R_1=\{x\mid x\in R,$ 并且 $0<x<1\}$,定义函数 $g:R_+\rightarrow R_1$,使得对于任何一个正实数 $x\in R_+$,有

$g(x)=x/(1+x)$。不难看出，函数 g 是从集合 R_+ 到集合 R_1 的双射函数，因此，集合 R_+ 与集合 R_1 等势，即有 $R_+\sim R_1$。

值得一提的是，当集合 A 与集合 B 是等势的集合时，从集合 A 到集合 B 的双射函数 f 可能不止一个，但是只要有一个双射函数存在，就足以证明两个集合是等势的集合。例如，在上面所举出的第二个例子中，还存在着另一个双射函数 $h:R_+\to R_1$，使得对于任意的正实数 $x\in R_+$，有 $h(x)=x^2/(1+x^2)$。

定理 3-11　设集合 S 是一个集合族，等势关系"$\sim$"是集合 S 上的一个关系，定义为当且仅当存在着一个由集合 A 到集合 B 的双射函数时，有 $A\sim B$，则等势关系"$\sim$"是集合 S 上的等价关系。

定理 3-11 是很容易证明的，读者可以自己尝试着给出证明过程。于是等价关系（或者称其为等势关系）"$\sim$"可以导出集合 S 上的一个等价分划。这个等价分划的等价类称为相同基数类，或者简称为同基类。也就是说，凡是属于同一个基数类的集合必有相等的基数，通常将这个相同的基数称为同基。

那么，究竟什么是一个集合的基数呢？这里并没有给出明确的回答，事实上也是很难给出一个明确的回答的。只能说集合的基数是集合的基本性质之一。任意两个集合，如果它们具有相等的基数，那么这两个集合就是等势的集合。

定义 3-11　如果集合 A 与集合 $N_m=\{1,2,\cdots,m\}$（m 是某一个正整数）属于同一个基数类，则称集合 A 为有限集，$\sharp A=m$，特别地，空集的基数为 0，即 $\sharp\varnothing=0$，空集也是有限集。不是有限集的集合称为无限集。

由上面的定义 3-11 可知，有限集的基数就是该集合中元素的数目。

无限集中最简单的一种集合就是可数集。

定义 3-12　如果集合 A 与正整数集合 N 有相同的基数，即集合 A 与集合 N 等势，那么就称集合 A 是可数集；有限集与可数集统称为可计数集；如果集合 A 是无限集，但不是可数集，即与可数集不同基，那么就称这样的无限集为不可数集。

可数集的基数记作"$\aleph_0$"，读作"阿列夫零"。下面给出一些可数集的例子。

设正奇数集合 $N_{odd}=\{1,3,5,7,\cdots\}=\{2n-1\mid n\in N\}$，定义函数 $f:N\to N_{odd}$，对于任意一个 $n\in N$，$f(n)=2n-1$。不难看出，函数 f 是一个双射函数，所以正奇数集合 N_{odd} 是一个可数集。

整数集 $I=\{\cdots,-3,-2,-1,0,1,2,\cdots\}$ 是一个可数集，这是因为可以将整数集 I 的所有元素按照以下的次序重新排列形成一个整数集合 $I=\{0,1,-1,2,-2,3,-3,\cdots\}$，然后使得整数集与正整数集就具有一一对应的关系了，即 $0\to1,1\to2,-1\to3,2\to4,-2\to5,3\to6,-3\to7,\cdots$，这个对应关系显然是一个双射函数，该双射函数的表达式可以写成以下的形式。

$$f(i)=\begin{cases}2|i| & i>0 \\ 2|i|+1 & i\leqslant0\end{cases}$$

通过这个例子，不难发现无限集与有限集具有许多不同的性质。在有限集中，不妨设有两个有限集合 A 和 B，如果 A 是 B 的子集，即 $A\subseteq B$，那么集合 A 的基数与集合 B 的基数不相等，即 $\sharp A\neq\sharp B$，但是如果是在无限集中，不妨设有两个无限集合 C 和 D，如果 C 是 D 的子集，即 $C\subseteq D$，那么集合 C 的基数与集合 D 的基数不一定不相等，或者说，集合 C 的基数与集合 D 的基数有可能是相等的，如上面所举的例子就表明，虽然正整数集与正奇数集都是无限集，并且正奇数集是正整数集的子集（即 $N_{odd}\subseteq N$），但是正奇数集却与正整数集同基。同理,虽然正整数集与整数集都是无限集,并且正整数集是整数集的子集(即 $N \subseteq I$),但是正整数集却与整数集同基。这说明无限集与有限集具有本质的差别,这一点对初学者来说需要引起足够的重视。

由于正整数集 N 中的元素可以排列成为一个无限序列的形式,也就是说,可以排列成为以下的序列形式。

$$1,2,3,4,5,\cdots$$

因此,在任何可数集 A 中令与自然数 n 对应的元素为 $a_n (n=1,2,3,\cdots)$,则可数集 A 的元素按照这样的编号也可以排成以下无限序列的形式。

$$a_1,a_2,a_3,a_4,a_5,\cdots$$

反过来,任意一个无限集合 A,如果它的元素可以排成上述序列的形式,则集合 A 一定是可数集,这是因为可以令序列中的第 m 个元素与正整数 m 对应,所以一个集合是可数集的充分必要条件是它的所有元素可以排列成一个无限序列的形式。可数集是无限集中基数最低的一类无限集吗? 具体可参考定理 3-12。

定理 3-12 任意一个无限集 A 必定包含一个可数子集。

证明 从集合 A 中取一个元素 a_1,组成集合 $B=\{a_1\}$。因为集合 A 是无限集,所以集合 A 与集合 B 的差集 $A-B \neq \varnothing$,即 $A-B$ 为非空集合,因此在 $A-B$ 中还可取一个元素 a_2 加到集合 B 中得到集合 $B=\{a_1,a_2\}$。由于集合 A 是无限集,并且集合 $A-B$ 也是无限集,因此,我们就得到了一个由集合 A 中互不相同的元素组成的无限序列:$B=\{a_1,a_2,a_3,\cdots\}$。不难看出,无限集 B 与正整数集 N 等势,因此,无限集合 B 是一个可数集,并且这样构造出的集合 B 一定是无限集 A 的子集,即 $B \subseteq A$。由无限集 B 的任意性可知定理 3-12 成立。证毕。

值得一提的是,定理 3-12 的证明方法是构造法证明,这是证明关于无限集合的相关结论主要证明方法。

定理 3-13 任意一个无限集合都包含与它自身等势的真子集。

证明 不妨设集合 A 是无限集合,根据定理 3-12,存在无限集合 $B \subseteq A$,并且集合 B 是一个可数集,不妨设为可数集 $B=\{a_0,a_1,a_2,\cdots\}$,取集合 A 的真子集 $A_1=A-\{a_0\}$,定义函数 $f:A \to A_1$,有:

$$f(x)=\begin{cases} a_{i+1} & 若\ x \in B \\ x & 若\ x \notin B \end{cases}$$

根据函数 f 的表达式,不难发现,函数 f 是一个双射函数,所以集合 A 与集合 A_1 等势,即 $A \sim A_1$。证毕。

定理 3-14 可数集的任何一个无限子集仍然是可数集。

证明 不妨设集合 A_1 是可数集合 A 的无限子集。因为集合 A 与正整数集合 N 同基,即 $A \sim N$,所以存在双射函数 $f:N \to A$,于是集合 A 中的元素可以排列成为如下的无限序列形式。

$$f(1),f(2),f(3),f(4),\cdots$$

从这个序列中删去不在无限集合 A_1 中出现的那些元素,又由于集合 A_1 是无限集,因此剩下的元素的数目必为无限。根据这些元素在无限序列中出现的先后顺序,可以使用 $f(i_1),f(i_2),f(i_3),f(i_4),\cdots$ 来表示它们。于是,可以定义函数 $g:N \to A_1$,使得对于任意一

个元素 $n \in N$,有 $g(n) = f(i_n)$,那么,函数 g 就是一个由正整数集合 N 到无限集 A_1 的双射函数,因此,无限集合 A_1 也是可数集。证毕。

可数集与有限集、可数集与可数集之间存在着一些基本的运算性质,见定理 3-15 至定理 3-18。

定理 3-15　可数集与有限集的并集仍然是可数集。

定理 3-16　两个可数集的并集仍然是可数集。

定理 3-17　有限个可数集的并集仍然是可数集。

定理 3-18　可数个可数集的并集仍然是可数集。

关于有理数集 Q 也有一些重要的性质。下面我们给出关于有理数集的重要性质之一。

定理 3-19　有理数集 Q 是一个可数集。

证明　不妨设集合 $A_i = \{1/i, 2/i, 3/i, \cdots\}(i = 1, 2, 3, \cdots)$,则集合 A_i 是可数集。于是根据定理 3-18 可知,所有的由正有理数组成的集合 $Q^+ = \bigcup_{i=1}^{\infty} A_i$ 是可数集。不难看出,所有的由负有理数组成的集合 Q^- 与集合 Q^+ 是同基的,也就是说,集合 Q^- 与集合 Q^+ 是等势的集合,即 $Q^+ \sim Q^-$,因此,由负有理数组成的集合也是可数集。而又由于集合 $Q = Q^+ \cup Q^- \cup \{0\}$,因此根据定理 3-15 和定理 3-1 可知,有理数集 Q 是可数集。

这时,我们自然而然地会问一个问题?既然整数集是可数集,有理数集是可数集,那么实数集是否也是可数集呢?

定理 3-20　集合 $R_1 = \{x \mid x \in R, 0 < x < 1\}$ 是不可数集。

证明　(使用反证法)由于集合 R_1 的元素全都介于 0 和 1 之间,因此集合 R_1 的元素都可写成无限的十进制小数 $0.a_1 a_2 \cdots a_n \cdots$ 的形式,其中 a_i 是 $0, 1, \cdots, 9$ 中的某一个数,并规定有限小数后面全是 0。这就使得集合 R_1 中的每一个元素都被唯一地表示成上述形式。假设无限集合 R_1 是可数集,则它的元素可以编号排列为如下形式。

$$a_1 = 0.a_{11} a_{12} a_{13} \cdots a_{1n} \cdots$$
$$a_2 = 0.a_{21} a_{22} a_{23} \cdots a_{2n} \cdots$$
$$\vdots$$
$$a_n = 0.a_{n1} a_{n2} a_{n3} \cdots a_{nn} \cdots$$
$$\vdots$$

这个假设意味着所有符合条件 $0 < x < 1$ 的实数 x 都应该被包括在此无限序列中,无一例外。然而,我们构造这样一个实数:$b = 0.b_1 b_2 b_3 \cdots b_n \cdots$,其中:

$$b_i = \begin{cases} 1 & 若 a_{ii} \neq 1 \\ 3 & 若 a_{ii} = 1 \end{cases}$$

这样的实数 b 显然符合条件 $0 < x < 1$,即 $b \in R_1$,但 b 与上述无限序列的所有实数都不相同,即 b 不属于上述无限集合 R_1,这与假设矛盾,所以,集合 R_1 不是可数集。证毕。

定理 3-20 和对该定理的证明是德国数学家康托尔(Georg Cantor,1845—1918)给出的。其证明方法又称为"康托尔对角线法",这是因为它是参照着上面的对角线上的元素 a_{ii} 来构造 b_{ii} 的。与此同时,上述定理 3-20 还说明了无限集合 R_1 与正整数集 N 属于不同的基数类,于是这两类无限集合具有本质的区别。由于正整数集 N 的基数使用的是"$\aleph_0$"表示,因此,通常使用"$\aleph_1$"表示无限集合 R_1 及其与集合 R_1 具有相同本质的无限集合的基数。通常将基数为$\aleph_1$的无限集合称为连续统。因此,称基数$\aleph_1$为连续统基数。

定理 3-21 实数集 R 是不可数集,并且它的基数就是连续统基数。

证明 构造函数 $f:R_1 \to R$,其中,$R_1 = \{x \mid x \in R, 0 < x < 1\}$,由定理 3-20 可知,不可数集 R_1 的基数为 $\aleph_1$。

$$f(x) = \begin{cases} 1/(2x) - 1 & 0 < x \leqslant 1/2 \\ 1/(2(x-1)) + 1 & 1/2 < x < 1 \end{cases}$$

显而易见,这是一个由不可数集 R_1 到实数集 R 的函数。在区间 $(0, 1/2]$ 内,函数值充满值域包(实数集 R)的 $[0, \infty)$ 部分;在区间 $(1/2, 1)$ 内,函数值充满值域包(实数集 R)的 $(-\infty, 0)$ 部分。根据分析不难看出,函数 f 是一个由不可数集 R_1 到实数集 R 的双射函数,于是,不可数集 R_1 与实数集 R 具有相同的基数,即 $R_1 \sim R$,因此,实数集 R 是不可数集,并且具有连续统基数 $\aleph_1$。证毕。

由以上的讨论可知,为了区别无限集,基数是至关重要的一个因素,对于基数相同的无限集,从本质来说是相同的,关于这个结论我们将会在第 4 章详细介绍。而对于基数不相同的无限集,它们的本质肯定不同。例如,可数集与不可数集就是本质不同的无限集。

任何两个有限集的基数之间是可以比较大小的,那么任意两个无限集之间的基数是否存在大小关系呢?这是一个非常重要的问题,因为这关系到无限集的本质区别以及对无限集的分类。但是在无限集中,不能借助于数清楚集合中的元素数目的方法确定集合的基数,这是由于在无限集中的元素数目并不是有限个,而是无限个。因此,不能用一个有限数来对其进行表示,我们不得不寻找新的定义方法。

定义 3-13 设有两个集合 A 和 B,如果集合 A 与集合 B 不等势,但是集合 A 与集合 B 的某个真子集是等势的,则称集合 A 的基数小于集合 B 的基数,记作 $\#A < \#B$ 或者 $\#B > \#A$。

注意:定义 3-13 中的集合 A 与集合 B 既可以指有限集,又可以指无限集。不难看出,这个定义是两个有限集合之间的基数比较的概念的推广,也就是说将有限集之间的基数比较概念扩展到了任意集合之间的基数比较概念中了。

在这里值得注意的是,上述定义 3-13 中的集合 A 与集合 B 是不等势的限制是必不可少的。这是因为如果集合 A 是无限集,那么它可以与它的一个真子集等势。如果不加上这个条件,会出现什么结果呢?我们给出一个例子进行说明。整数集 I(集合 A)与整数集 I(集合 B)相等,并且整数集 I(集合 A)与整数集 I(集合 B)的一个真子集正整数集 N 等势,由这两个前提条件,当然不应该得出 $\#I(\#A) < \#I$($\#B$)的结论。因此,在定义 3-13 中,必须加上集合 A 与集合 B 不等势这样的限制条件。在加上了这样的限制以后,可以证明 $\#A = \#B$,$\#A < \#B$,$\#A > \#B$ 不可能有两个式子能同时成立。显然,根据定义 3-13,$\#A = \#B$ 与 $\#A < \#B$,$\#A = \#B$ 与 $\#A > \#B$ 不可能同时成立。为了判定 $\#A < \#B$ 和 $\#A > \#B$ 也不可能同时成立,就必须证明在集合 A 与集合 B 在不等势的前提下,不可能既有集合 A 的真子集 A_1 与集合 B 等势,又有集合 B 的真子集 B_1 与集合 A 等势。

定理 3-22 设有集合 A 和集合 B 两个无限集,如果集合 A 的真子集 A_1 与集合 B 等势,同时有集合 B 的真子集 B_1 与集合 A 等势,则集合 A 与集合 B 等势。

对定理 3-22 的证明从略。

定理 3-22 说明可数集的基数是无限集的基数中的最小者。例如,可数集的基数 $\aleph_0 < \aleph_1$(连续统基数)。

我们知道,对于任意一个有限集 A,如果集合 A 的基数 $\#A = n$,那么集合 A 的幂集的基

数 $\sharp(2^A)=2^n$，因此，任意一个有限集 A 的基数必然小于它的幂集 2^A 的基数。那么对于任意一个给定的无限集，是否也可以找到另一个集合使其基数大于给定集合的基数呢？下面的定理说明了这样的集合是存在的。

定理 3-23 对于任何一个集合 A，有 $\sharp A < \sharp(2^A)$。

证明 定义函数 $f:A \rightarrow 2^A$，使得对于任何一个元素 $a \in A$，$f(a)=\{a\}$。不难看出，函数 f 是一个单射函数，但不是满射函数。也就是说，函数 f 是由集合 A 到 A 的幂集 2^A 的真子集的双射函数。为了证明集合 A 与 A 的幂集 2^A 不等势，假设存在一个双射函数 $g:A \rightarrow 2^A$，对于任何一个元素 $a \in A$，如果 $a \in g(a)$，那么就称元素 a 是集合 A 的"内元素"；如果 $a \notin g(a)$，那么就称元素 a 是集合 A 的"外元素"。设集合 B 是集合 A 中所有外元素的集合，即集合 $B=\{x \mid x \in A$，并且 $x \notin g(x)\}$。不难看出，$B \subseteq A$，所以 $B \in 2^A$，又由于函数 g 是双射函数，因此，必定存在一个元素 $b \in A$，使得 $g(b)=B$。现有两种情况，即要么元素 $b \in B$，则元素 b 是集合 A 的"内元素"，这与集合 B 的定义相矛盾；要么元素 $b \notin B$，则元素 b 是集合 A 的"外元素"，根据集合 B 的定义有 $b \in B$，这又与前提 $b \notin B$ 相矛盾。所以，不存在由集合 A 到它的幂集 2^A 的双射函数，也就是说，集合 A 与它的幂集 2^A 不等势，根据定义 3-13 有集合 A 的基数小于它的幂集 2^A 的基数，即 $\sharp A < \sharp(2^A)$。证毕。

上述定理 3-23 说明，无论一个集合的基数多么大，一定有更大基数的集合存在，即不可能存在一个最大的基数的集合。

值得一提的是，可数集的幂集与实数集是等势的，实数集的幂集的基数记作 $\aleph_2$，实数集幂集的幂集的基数记作 $\aleph_3 \cdots$，这样的幂集的构造方式可以永远进行下去。1874 年，集合论的创立者德国数学家康托尔猜测在可数集与实数集之间没有其他基数的无限集，也就是说，不存在一个无限集 A，使得 $\aleph_0 < \sharp A < \aleph_1$，这就是著名的连续统假设。在 1900 年的第二届国际数学家大会（从 1897 年开始，至今已举办了 27 届）上，著名数学家大卫·希尔伯特（David Hilbert，1862—1943）提出了 23 个 20 世纪亟待解决的世界著名难题，被后世者誉为著名的希尔伯特 23 个问题，这些问题推动了数学这门古老学科的新发展。20 世纪已经解决了这 23 个问题中的一部分，还有一部分问题至今仍未解决。其中有著名的哥德巴赫猜想（希尔伯特第 8 个问题），而这 23 个问题中的第一个问题（希尔伯特第 1 个问题）就是康托尔在 1874 年提出的连续统假设。经过了一代又一代数学家的不懈努力，到目前为止，这个假设仍然没有得到最终的证明。有些学者，如世界著名的数学家、逻辑学家哥德尔得出的结论是连续统假设仅仅只是一条假设，或者说一条公理（axiom），它不能由集合论中的其他公理推理得出。

3.7 经典例题选编

例 3-11 设函数 $f:A \rightarrow A$，函数 $g:A \rightarrow A$ 与函数 $h:A \rightarrow A$ 是集合 A 上的三个任意的函数，试证明：(1) 当且仅当函数 h 是满射函数时，由 $f \cdot h=g \cdot h$ 可以推出 $f=g$；(2) 当且仅当函数 h 是单射函数时，由 $h \cdot f=h \cdot g$ 可以推出 $f=g$。

证明 (1) ① 证明充分性。设函数 h 是满射函数并且有函数 $f,g,h \in A^A$，使得 $f \cdot h=g \cdot h$。任取元素 $b \in A$，必有元素 $a \in A$，使得 $h(a)=b$，于是有：

$$f(b)=f(h(a))=f \cdot h(a)$$
$$g(b)=g(h(a))=g \cdot h(a)$$

又由于 $f \cdot h = g \cdot h$，因此 $f \cdot h(a) = g \cdot h(a)$，即 $f(b) = g(b)$。由元素 b 的任意性可知，函数 f 与函数 g 相等，即 $f = g$。

②证明必要性。设对于任意的函数 $f, g, h \in A^A$，由 $f \cdot h = g \cdot h$ 可以推出 $f = g$，并且假设函数 h 不是满射函数（使用反证法），则必存在一个元素 $b \in A$，使得 $b \notin h(A)$。定义函数 f 与集合 A 上的恒等函数相等，即 $f = I_A$，另外，定义函数 g 为以下形式。

$$g(a) = \begin{cases} a & \text{当 } a \in h(A) \text{ 时} \\ a_0 & \text{当 } a \notin h(A) \text{ 时} \end{cases}$$

这里的元素 a_0 是与函数 h 相对应的值域 $h(A)$ 中的一个元素，于是对于任意的元素 $a \in A$，有：

$$f \cdot h(a) = f(h(a)) = h(a) ; g \cdot h(a) = g(h(a)) = h(a)$$

根据函数 g 的定义可知，$h(a) \in h(A)$。因此有 $f \cdot h = g \cdot h$。但是由于函数 f 是恒等函数，因此有 $f(b) = b$。根据函数 g 的定义，有 $g(b) = a_0$，并且 $a_0 \neq b$（因为 $b \notin h(A)$），因此有 $f(b) \neq g(b)$，所以有函数 f 与函数 g 不相等，即 $f \neq g$。这与题设相矛盾。因此，函数 h 必为满射函数。

（2）①证明充分性。设函数 h 是单射函数，并且有函数 $f, g, h \in A^A$，使得 $h \cdot f = h \cdot g$。假设函数 f 与函数 g 不相等，即 $f \neq g$（使用反证法），那么必定存在至少一个元素 $a \in A$，使得有 $f(a) \neq g(a)$。又由于函数 h 是单射函数，因此有 $h(f(a)) \neq h(g(a))$，即 $h \cdot f(a) \neq h \cdot g(a)$。所以复合函数 $h \cdot f$ 与复合函数 $h \cdot g$ 不相等，这与题设的前提 $h \cdot f = h \cdot g$ 相矛盾，因此有函数 f 与函数 g 相等，即 $f = g$。

② 证明必要性。设对于任意的函数 $f, g, h \in A^A$，由 $h \cdot f = h \cdot g$ 可以推出 $f = g$，又假设函数 h 不是单射函数（使用反证法），那么就必存在元素 $a_i, a_j \in A$，并且 $a_i \neq a_j$，使得 $h(a_i) = h(a_j)$。定义函数 f 与集合 A 上的恒等函数相等，即 $f = I_A$，另外，定义函数 g 为以下形式。

$$g(a_i) = a_j$$
$$g(a_j) = a_i$$
$$g(a) = a \quad (\text{当 } a \neq a_i, \text{并且 } a \neq a_j \text{ 时})$$

于是有
$$h \cdot f(a_i) = h(f(a_i)) = h(a_i)$$
$$h \cdot g(a_i) = h(g(a_i)) = h(a_j)$$
又由于
$$h(a_i) = h(a_j)$$
因此有
$$h \cdot f(a_i) = h \cdot g(a_i)$$
$$h \cdot f(a_j) = h(f(a_j)) = h(a_j)$$
$$h \cdot g(a_j) = h(g(a_j)) = h(a_i)$$
又由于
$$h(a_i) = h(a_j)$$
因此有
$$h \cdot f(a_j) = h \cdot g(a_j)$$

对于任意的元素 $a \in A$，如果 $a \neq a_i$ 并且 $a \neq a_j$，那么根据函数 g 的定义有：

$$h \cdot f(a) = h(f(a)) = h(a) = h(g(a)) = h \cdot g(a)$$

因此，有复合函数 $h \cdot f$ 与复合函数 $h \cdot g$ 相等，即 $h \cdot f = h \cdot g$。但是因为 $f(a_i) = a_i$ 并且 $g(a_i) = a_j$，且 $a_i \neq a_j$，所以函数 f 与函数 g 不相等，即 $f \neq g$，这与题设相矛盾。因此，函数 h 必为单射函数。

例 3-12 设有函数 $f: A \to B$，在由集合 B 的幂集到集合 A 的幂集上定义函数

$g:2^B \to 2^A$，对于任意一个 $S \in 2^B$，有 $g(S)=\{a|a \in A$ 并且 $f(a) \in S\}$。试问：(1)当函数 f 是单射函数时，函数 g 是不是满射函数？(2)当函数 f 不是单射函数时，函数 g 是否一定不是满射函数？

分析 首先弄清楚题意，由于 $S \in 2^B$，则表明集合 S 是集合 B 的幂集 2^B 的一个子集。$g(S)$ 这个函数值是集合 A 的一个子集，它是集合 S（函数 f 的值域）中所有元素的像源组成的集合。在这里需要注意的是，当不知道函数 f 是一个什么性质的函数时，对于集合 B 中的元素来说，有些可能在集合 A 中没有像源，有些可能在集合 A 中有像源，有些还可能在集合 A 中有多个像源。

解 (1)为了判断在函数 f 是单射函数的条件下，函数 g 是不是满射函数，可在集合 A 的幂集 2^A 中任取一个元素 H（即 $H \subseteq A$），判断 H 在函数 g 的定义域（集合 B 的幂集 2^B）是否存在像源。

现分两种情况加以讨论。如果集合 H 为非空集合，根据函数 f 的定义方式，不难看出，在集合 B 中必然存在非空集合 S，使得 $S=f(H)=\{b|b \in B$，并且存在一个元素 $a \in H$，使得 $f(a)=b\}$。也就是说，集合 S 是集合 H 中的所有元素在函数 f 的作用下的像的集合。或者换句话说，集合 S 中的每一个元素必存在一个像源在集合 H 中。那么，根据函数 g 的定义，$g(S)$ 是集合 S（将集合 S 看成函数 f 的值域）中所有元素的所有像源组成的集合，因此有 $H \subseteq g(S)$。如果函数 f 是单射函数，则对于任何一个元素 $b \in S$，b 在集合 A 中有且仅有一个像源 a 与之对应，并且 $a \in H$。于是有 $H=g(S)$。这说明 S 是 H 在函数 g 作用下的像源，H 是 S 在函数 g 作用下的像。如果 H 为空集 $\varnothing$，则根据函数 g 的定义，有 $g(\varnothing)=\varnothing$，因此说明空集 $\varnothing$ 也有像源 $\varnothing \in 2^B$。根据以上的分析说明，当函数 f 是单射函数时，函数 g 必为满射函数。

(2)如果函数 f 不是单射函数，那么就必定存在两个元素 $a_i,a_j \in A$，并且 $a_i \neq a_j$，使得 $f(a_i)=f(a_j)=b$，并且 $b \in B$，显然根据函数 g 的定义，有 $\{a_i,a_j\} \subseteq g(\{b\})$，也就是说，$g(\{b\})$ 中至少包含了两个不同的元素 a_i 与 a_j。不难看出，集合 A 的幂集 2^A 中的元素 $H_1=\{a_i\}$ 和 $H_2=\{a_j\}$ 在函数 g 的定义域中都没有与其对应的像源。因此，如果函数 f 不是单射函数，那么函数 g 一定不是满射函数。

习 题 3

1. 下列集合能够定义函数吗？如果能定义，试指出它们的定义域和值域。
(1) $\{(a,(b,c)),(b,(c,d)),(c,(a,d)),(d,(a,d))\}$。
(2) $\{(1,(2,3)),(2,(3,4)),(3,(3,2))\}$。
(3) $\{(a,(b,c)),(b,(c,d)),(a,(b,d))\}$。
(4) $\{(1,(2,3)),(2,(2,3)),(3,(2,3))\}$。

2. 设有函数 $f:A \cup B \to C$，试证明等式 $f(A \cup B)=f(A) \cup f(B)$，等式 $f(A \cap B)=f(A) \cap f(B)$ 成立吗？为什么？

3. 设函数 $f:A \to B$ 和函数 $g:B \to C$，函数 g 是单射函数，并且复合函数 $g \cdot f$ 是一个满射函数。试证明：函数 f 是满射函数。并举例说明，若函数 g 不是单射函数，则函数 f 不一定是满射函数。

4. 在下列函数中，确定哪些函数是单射函数，哪些函数是满射函数，哪些函数是双射函数?

(1) 函数 $f_1:N \rightarrow Z, f_1(n) =$ 小于 n 的完全平方数的数目。

(2) 函数 $f_2:R \rightarrow R, f_2(r) = 2r - 15$。

(3) 函数 $f_3:R \rightarrow R, f_3(r) = r^2 + 2r - 15$。

(4) 函数 $f_4:N^2 \rightarrow N, f_4(n,m) = n^m$。

(5) 函数 $f_5:N \rightarrow R, f_5(n) = \lg n$。

(6) 函数 $f_6:N \rightarrow Z, f_6(n) =$ 等于或者大于 $\lg n$ 的最小整数。

(7) 函数 $f_7:(2^U)^2 \rightarrow (2^U)^2, f_7(S,H) = (S \cup H, S \cap H)$。

5. 设集合 A 和集合 B 都是有限集，并且集合 A 和集合 B 的基数分别为 n 和 m，试问存在着多少个由集合 A 到集合 B 的不同的单射函数 $f:A \rightarrow B$？存在着多少个由集合 A 到集合 B 的不同的双射函数 $f:A \rightarrow B$？

6. 在下列函数中，试确定哪些是单射函数，哪些是满射函数，哪些是双射函数？

(1) $g_1:I \rightarrow I$

$$g_1(i) = \begin{cases} 1/2 & i \text{ 是偶数} \\ (i-1)/2 & i \text{ 是奇数} \end{cases}$$

(2) $g_2:Z_7 \rightarrow Z_7, g_2(x) = \text{res}_7(3x)$。

(3) $g_3:Z_6 \rightarrow Z_6, g_2(x) = \text{res}_6(3x)$。

7. 设集合 $A = \{a_1, a_2, \cdots, a_n\}$，试证明任何从集合 A 到集合 A 的函数，如果它是单射函数，那么它一定是满射函数。反之亦真。

8. 设有函数 $f:A \rightarrow B$，定义函数 $g:B \rightarrow 2^A$，使得 $g(b) = \{x \mid x \in A,$ 且 $f(x) = b\}$。试证明：如果函数 f 是满射函数，那么函数 g 必是单射函数。同时，其逆命题成立吗？

9. 设有函数 $f:Z \times Z \rightarrow Z$，函数 $g:Z \times Z \rightarrow Z$。在这里，$f(x,y) = x + y, g(x,y) = x \times y$。试证明函数 f 和函数 g 是满射函数，但都不是单射函数。

10. 设有函数 $f:R \rightarrow R$，函数 $g:R \rightarrow R$。在这里，$f(x) = x^2 - 1$ 和 $g(x) = x + 2$。求出复合函数 $g \cdot f$ 和 $f \cdot g$。并且说明这些函数是单射函数、满射函数还是双射函数。

11. 设有三个定义在实数集 R 上的函数 f、g 和 h。给定为 $f(x) = x + 2, g(x) = x - 2$，$h(x) = 2 \cdot x$。试求出以下的各个复合函数 $g \cdot f$、$f \cdot g$、$f \cdot f$、$f \cdot h$、$h \cdot g$ 以及 $f \cdot h \cdot g$。

12. 设集合 A 为任意的非空集合，并且集合 $Z_n = \{0, 1, \cdots, n-1\}$，集合 $F = \{f \mid f:Z_n \rightarrow A\}$。试证明存在由集合 F 到笛卡儿积 A^n 的双射函数。

13. 设有三个函数 $f:A \rightarrow B, g:B \rightarrow C$ 和 $h:C \rightarrow A$，并且复合函数 $h \cdot g \cdot f$ 和复合函数 $g \cdot f \cdot h$ 都是满射函数，但是复合函数 $f \cdot h \cdot g$ 是单射函数。试证明：函数 f, g 和 h 都是双射函数。

14. 设有双射函数 $f:A \rightarrow B$，试构造一个从集合 A 的幂集 2^A 到集合 B 的幂集 2^B 的双射函数，并且证明构造的函数是双射函数。

15. 设有函数 $f:A \rightarrow B$，定义函数 $g:2^A \rightarrow 2^B$，使得对于任意的集合 $H \subseteq A$，有

$$g(H) = \{f(h) \mid h \in H\}$$

试问：对于任意的集合 $H_1, H_2 \subseteq A, g(H_1) - g(H_2) = g(H_1 - H_2)$ 成立吗？并说明理由。

16. 设集合 $A = \{1, 2, 3, 4\}$，请定义一个集合 A 上的函数 $f:A \rightarrow A$，使得函数 f 不等于集合 A 上的恒等函数，但却是集合 A 上的双射函数。并求下列各个函数：f^2、f^3、f^{-1} 以及 $f^{-1} \cdot f$。能否找到集合 A 上的一个双射函数 $g:A \rightarrow A$，使得函数 g 不等于集合 A 上的恒等

函数,但是 g^2 等于集合 A 上的恒等函数。

17. 设定义在实数集 R 上的函数 $f:R{\rightarrow}R$,且 $f(x)=x^3+2$。试求 f^{-1}。

18. 求出下列置换的逆置换 P_1^{-1} 和 P_2^{-1},并求出 $P_1 \cdot P_2$ 和 $P_2 \cdot P_1$。

$$P_1 = \begin{bmatrix} 1 & 2 & 3 & 4 & 5 & 6 & 7 \\ 7 & 6 & 5 & 4 & 3 & 2 & 1 \end{bmatrix} \qquad P_2 = \begin{bmatrix} 1 & 2 & 3 & 4 & 5 & 6 & 7 \\ 5 & 7 & 6 & 2 & 1 & 3 & 4 \end{bmatrix}$$

19. 设集合 $S=(A \cap B) \cup (A' \cap C) \cup (B \cap C)$,这里集合 A、B 和 C 是全集合 U 的子集。根据集合 A、B 和 C 的特征函数 $e_A(u)$、$e_B(u)$ 和 $e_C(u)$ 的值的所有可能的组合,并将集合 S 的特征函数 $e_S(u)$ 的值列成表。并构造集合 S 的集合成员表,并且将所构造的两个表相比较,给出你的结论。

20. 设集合 $A_1,A_2,\cdots,A_r$ 是全集合 U 的子集,集合 S 是一个由 $A_1,A_2,\cdots,A_r$ 所产生的集合,集合 S 的最小集标准形式为 $S = \bigcup_{i=1}^{k} M_i$ (这里的集合 M_i 是由集合 $A_1,A_2,\cdots,A_r$ 所产生的最小集)。试证明:集合 S 的特征函数 $e_S(u) = \sum_{i=1}^{k} e_{M_i}(u)$。

21. 证明区间 $(0,1)$ 和 $[0,1]$ 是等势的。

Part 2
CHOUXIANG DAISHU

第2部分
抽象代数

第④章 代 数 系 统

【内容提要】

从本章开始,进入到离散数学课程的第二部分——抽象代数。本章仍然按照计算思维的模式首先对于运算这个基本概念进行重新诠释,然后在此基础上引入代数系统的基本概念,说明什么是代数系统,并介绍几个熟悉的代数系统的例子,讨论它们的基本性质。这些例子表明,不同的代数系统是可以具有一些共同的本质属性的,由此说明研究抽象的代数系统的必要性。最后还将介绍一些与抽象代数系统相关联的、重要的而且有用的概念,如同态、同构。最后,从计算思维的角度讲解一个运用同构概念的经典实例。

本章内容也是计算机专业基础课程如数据结构、算法分析与设计、计算机图形学、信息安全、可信计算等的重要基础。

4.1 运算

一提起运算,可能读者并不感到陌生,因为每位读者从小学学习算术开始,就接触到加、减、乘、除四则运算。同时,运算这件事也已经成为我们生活的一部分。例如,我们只要去超市购买商品,对于究竟购买哪件商品,通常需要简单地计算一下性价比;财务人员在对财务报表进行审计时也需要进行运算等。很显然,运算与人们的生活和工作息息相关。如果说机械工具是我们人类体力的延伸,那么计算机就是人类大脑信息处理能力的拓展。因此,可以说计算机的强大能力体现在其对大规模数据的处理能力上,说得更透彻一点,就是体现在其强大的运算能力上。也就是说,计算机除了可以执行简单的加、减、乘、除运算以外,还可以执行更为一般意义上的运算。

我们首先来看一个简单的例子:$3+5=8,3-5=-2$。这是最简单的整数加、减法运算,或称为求和运算和求差运算。在这个例子中,"+"和"−"仅仅只是运算符号,而这里的整数加法、整数减法的运算实质就是按照整数求和的运算规则计算两个整数的和,按照整数求差的运算规则计算两个整数的差。这两种运算的区别仅仅在于运算规则的差异。这样一来,可以将 $3+5=8$ 与 $3-5=-2$ 换一种表示方法书写,即可以写成 $+(3,5)=8$,$-(3,5)=-2$ 的形式。而此时的加号"+"和减号"−"则与函数的记号十分相像,即如果将 $+(3,5)=8$ 标记为 $f(3,5)=8$,$-(3,5)=-2$ 标记为 $g(3,5)=-2$,从本质上来说,与整数加法规则和整数减法规则是一致的。因此,不难看出,运算规则(或简称运算)的本质就是函数。既然是函数,就可以将运算进行一般化的定义,而不需只局限于数域中的加、减、乘、除四则运算。在上一章中讨论了由集合 A 到集合 B 的一般的函数。现在将讨论局限于由集合 A^n 到集合 A 的函数 $f:A^n \rightarrow A$。根据函数的定义,对于笛卡儿积 A^n 中的每一个有序 n 元组,在集合 A 中都有唯一的元素与之相对应。由于在笛卡儿积 A^n 中的每个有序 n 元组 $(a_1,a_2,\cdots,a_n)$ 中的所有 $a_i \in A$,因此函数关系 $f(a_1,a_2,\cdots,a_n)=a$ 就可以看成集合 A 中的 n 个元素经过某种运算 f 后在集合 A 中得到的运算结果 a。不难看出,这种运算对于集合 A 中的任意 n 个元素都可以进行,为此我们给出以下关于运算的一般化定义。

定义 4-1　设有非空集合 A，函数 $f:A^n \to A$ 称为集合 A 上的一个 n 元运算。其中，n 称为这个运算的阶。

特别地，当 $n=2$ 时，即若有函数 $f:A^2 \to A$，则称函数 f 是集合 A 上的二元运算。例如，整数集上的加法运算、减法运算、乘法运算等运算都是二元运算；集合的求并运算、求交运算、求差运算、求对称差运算等运算是全集合 U 的幂集 2^U 上的二元运算。当 $n=1$ 时，即若有函数 $f:A \to A$，则函数 f 是集合 A 上的一元运算。例如，在整数集中的求任意一个整数的相反数运算是一个一元运算；在非零有理数集中的求倒数运算是一个一元运算；集合的求补运算也是全集合 U 的幂集 2^U 上的一个一元运算。到目前为止，我们通常所见的运算一般以二元运算和一元运算为主。有没有已经学过的三元运算呢？我们稍加回忆，就可以发现在 C 语言程序设计中学过一种运算，即条件运算"表达式 1？表达式 2：表达式 3"就是一个三元运算。其中，表达式 1、表达式 2、表达式 3 的值均是布尔值，即要么是 0，要么是 1，条件运算的结果也只能取布尔值 0 或者 1。由此，不难发现，经过定义 4-1 这样一种对"运算"进行一般化了的定义形式以后，运算的外延大大地扩展了。

为了方便起见，常用以下的符号来表示一元运算和二元运算。例如：$\sim$，$*$，$\sharp$，$+$，$\cup$，$\cap$，$!$ 等。对于一元运算，通常将运算符号放在集合 A 中的任意一个元素 a_i 的前面或者上面，用以表示在此运算下像源 a_i 的像。对于二元运算，通常将运算符号放在集合 A 中的元素 a_i 和 a_j 之间，用以表示在此二元运算下笛卡儿积 A^2 中的序偶 (a_i, a_j) 的像。例如，$f(a_i, a_j)$ 可以写成 $a_i f a_j$ 或者 $a_i \cdot a_j$，其中，符号"$\cdot$"可以表示任何一种二元运算，如整数集中的两个元素 a 和 b 进行加法运算、减法运算和乘法运算等的运算形式通常表示为读者熟悉的以下符号串的形式：$a+b$，$a-b$，$a*b$。

当集合 A 是有限集时，不妨设集合 $A = \{a_1, a_2, \cdots, a_n\}$，那么集合 A 上的一元运算和二元运算通常按表 4-1 来定义。

表 4-1　一元运算与二元运算的运算表

a_i	$\cdot(a_i)$	$\cdot$	a_1	a_2	$\cdots$	a_n
a_1	$\cdot(a_1)$	a_1	$\cdot(a_1, a_1)$	$\cdot(a_1, a_2)$	$\cdots$	$\cdot(a_1, a_n)$
a_2	$\cdot(a_2)$	a_2	$\cdot(a_2, a_1)$	$\cdot(a_2, a_2)$	$\cdots$	$\cdot(a_2, a_n)$
$\cdots$	$\cdots$	$\cdots$	$\cdots$	$\cdots$	$\cdots$	$\cdots$
a_n	$\cdot(a_n)$	a_n	$\cdot(a_n, a_1)$	$\cdot(a_n, a_2)$	$\cdots$	$\cdot(a_n, a_n)$

对于有限集合 A 上的一元运算和二元运算 $\cdot$，可以用一个二维表的形式列出运算结果，我们称之为运算表。例如，设集合 $A = \{0, 2, 4, 6\}$，在该集合上的二元运算 $\cdot$ 定义如下：$\cdot(x_1, x_2) = |x_1 - x_2|$，则该二元运算的运算表如表 4-2 所示。

表 4-2　运算 $\cdot$ 的运算表

$\cdot$	0	2	4	6
0	0	2	4	6
2	2	0	2	4
4	4	2	0	2
6	6	4	2	0

还可以在集合 $A=\{0,2,4,6\}$ 上接着定义一个一元运算 $\sim$，其运算表如表 4-3 所示。运算表常常作为对运算的严格定义，而且是一种非常有效的分析运算性质的工具，在后面的内容中还会提及。

表 4-3　运算 $\sim$ 的运算表

a_i	$\sim(a_i)$
0	6
2	0
4	2
6	6

如果作用在一个集合 A 的元素上的运算，其运算结果也仍然是这同一个集合中的元素，那么就称这个运算在该集合 A 上是封闭的。不难看出，定义在集合 A 上的 n 元运算在该集合 A 上总是封闭的。显而易见，封闭性对于运算来说，其实就是对函数定义的要求。简单来说，运算从本质上来说就是函数，既然是函数，就必然满足封闭性。

现在，我们将封闭性这个概念进行拓展，讨论一下在计算机专业中有哪些典型的关于运算的封闭性的例子。如果将封闭性的概念运用到程序设计中，有许多体现出运算的封闭性的例子。比如说，程序员在进行编程时，需要对某一段源程序代码进行调试，在调试过程中，可能经常会遇到一些发生越界的错误，越界错误的实质就是某种运算失效了。换句话说，也就是运算失去了封闭性，即运算结果不在当前运算的值域包（机器字长）的范围之内。这时，就需要对该源程序代码进行重新调试，通常主要是检查各种数据类型是否使用正确，然后进行编译，并检查结果是否正确。这是关于处理在调试具有越界错误的程序时经常使用的方法。又例如，在除法运算中（通常定义在实数集 R 上），规定 0 不能为除数，因为 0 为除数是没有意义的。那么"没有意义的"是什么意思呢？如果使用运算的封闭性这个概念，不难理解，其实就是说在实数集 R 上的除法运算，如果 0 作除数，那么除法运算的结果不在实数集 R 的范围之内。在数值计算中（如使用计算机程序对某方程求解），如果遇到除法运算，除数一般不会取 0（因为除数为 0 无意义），但是如果除数的绝对值很小，近似为 0，则此时的运算结果也有可能越界，这是因为在计算机求解过程中，计算机的存储单元是由有限个存储元组成的，简单来说，计算机的机器字长是有限的。如果运算结果超过了当前机器字长所能表示的范围，那么就会产生越界错误。因此，一般来说，需要避免这种情况出现，通常将这种除法运算转换为对数的加法或减法运算，这样就可以避免越界错误的产生了。

假设在集合 A 上定义了一个 n 元运算 $\cdot$，集合 H 是集合 A 的子集，由运算 $\cdot$ 的定义，集合 H 中的任意 n 个元素经过运算 $\cdot$ 后，所得到的运算结果是集合 A 中的元素，但不一定是集合 H 中的元素。也就是说虽然有序 n 元组 $(a_1,a_2,\cdots,a_n)\in H^n$，但是并不能保证 $\cdot(a_1,a_2,\cdots,a_n)\in H$，于是提出下面的定义。

定义 4-2　设运算 $\cdot$ 是集合 A 上的一个 n 元运算，并且有集合 H 是集合 A 的非空子集，如果对于每一个有序 n 元组 $(a_1,a_2,\cdots,a_n)\in H^n$，都有 $\cdot(a_1,a_2,\cdots,a_n)\in H$，那么就称运算 $\cdot$ 在集合 H 上是封闭的。

例如，在正整数集 N 上定义了二元运算——加法运算：$+(n,m)=n+m$，且令正偶数集合 $N_e=\{2k\,|\,k\in N\}=\{2,4,6,8,\cdots\}$；集合 $H=\{n\,|\,n\in N,30$ 能被 n 整除$\}=\{1,2,3,5,6,10,$

$15,30\}$。显然，正偶数集 N_e 与集合 H 都是正整数集 N 的非空子集。二元运算"$+$"在正偶数集 N_e 上是封闭的，但是由于 $2+5=7\notin H$，因此，二元运算"$+$"在集合 H 上是不封闭的。

定理 4-1 设运算 $\cdot$ 是定义在集合 A 上的一个 n 元运算，并且在集合 A 的两个非空子集 H_1 和 H_2 上均是封闭的，则该 n 元运算 $\cdot$ 在非空集合 $H_1\bigcap H_2$ 上也是封闭的。

证明 对于任意一组元素 $a_1,a_2,\cdots,a_n\in H_1\bigcap H_2$，一方面，$a_1,a_2,\cdots,a_n\in H_1$，并且 n 元运算 $\cdot$ 在集合 H_1 上是封闭的，于是有 $\cdot(a_1,a_2,\cdots,a_n)\in H_1$；另一方面，$a_1,a_2,\cdots,a_n\in H_2$，并且 n 元运算 $\cdot$ 在集合 H_2 上是封闭的，于是又有 $\cdot(a_1,a_2,\cdots,a_n)\in H_2$。根据以上两个方面的分析，所以有 $\cdot(a_1,a_2,\cdots,a_n)\in H_1\bigcap H_2$。因此，$n$ 元运算 $\cdot$ 在非空集合 $H_1\bigcap H_2$ 上也是封闭的。证毕。

在本章中，为了讨论问题方便起见，我们一般仅局限于讨论一元运算和二元运算。下面，我们讨论二元运算的一些基本性质。与在实数集 R 上加法运算和乘法运算具有交换律、结合律相类似，在集合 A 上的二元运算也可以按照与此相似的方法定义可交换性和可结合性；与在实数集 R 上乘法运算对于加法运算的分配律相类似，也可以定义一般的在集合 A 上的两种二元运算之间的可分配性。

定义 4-3 设二元运算 $\cdot$ 是非空集合 A 上的二元运算，如果对于任意的元素 a_1，$a_2\in A$，有 $a_1\cdot a_2=a_2\cdot a_1$，那么就称二元运算 $\cdot$ 在集合 A 上具有可交换性。

定义 4-4 设二元运算 $\cdot$ 是非空集合 A 上的二元运算，如果对于任意的元素 a_1，$a_2,a_3\in A$，有 $(a_1\cdot a_2)\cdot a_3=a_1\cdot(a_2\cdot a_3)$，那么就称二元运算 $\cdot$ 在集合 A 上具有可结合性。

定义 4-5 设运算 $\cdot$ 与运算 $*$ 都是非空集合 A 上的二元运算，如果对于任意的元素 $a_1,a_2,a_3\in A$，有 $(a_1*a_2)\cdot a_3=(a_1\cdot a_3)*(a_2\cdot a_3)$，并且 $a_3\cdot(a_1*a_2)=(a_3\cdot a_1)*(a_3\cdot a_2)$，那么就称在集合 A 上，二元运算 $\cdot$ 对于二元运算 $*$ 具有可分配性。

例如，任意一个集合的幂集上的求并运算与求交运算都是既具有可交换性又具有可结合性的，并且这两种运算是相互可分配的，即求并运算对于求交运算具有可分配性，求交运算对于求并运算也具有可分配性。

根据定义 4-3～定义 4-5，我们就可以不用讨论二元运算的具体形式了（如实数集上的加法运算、减法运算、乘法运算等），而只需要讨论隐藏在这些运算背后的一些根本性质（如可交换性、可结合性、可分配性等）了。这是一种抽象的思维方式，正是按照这种思维方式，形成了一种新的学科——抽象代数，抽象代数中的重要组成部分就是抽象运算，这即是本章研究的主要对象。也就是说，本章讨论的所有运算一般说来都是抽象运算，即对于这些运算仅仅只讨论它们满足的性质，而不讨论它们的具体运算实现方式。

如果二元运算 $\cdot$ 在集合 A 上具有可结合性，那么 $(a_1\cdot a_2)\cdot a_3=a_1\cdot(a_2\cdot a_3)$ 通常记作没有括号的 $a_1\cdot a_2\cdot a_3$。

在前面的各章曾经多次提到过将运算的结合律推广到 n 个运算对象时，可以使用数学归纳法进行证明，现在就对集合 A 上的二元运算给出相应的证明。

证明 设二元运算 $*$ 是集合 A 上的具有结合性的运算。为了证明该二元运算 $*$ 对于任意 n 个元素 $a_1,a_2,\cdots,a_n$ 具有可结合性，只需要证明在表达式 $a_1*a_2*\cdots*a_n$ 中任意添加括号所得到的积（简称集合 A 中的元素经过二元运算 $*$ 的结果为积）等于按照次序自左向右添加括号所得到的积，即 $(\cdots(((a_1*a_2)*a_3)*a_4)\cdots a_{n-1})*a_n$。首先，当 $n=1$ 或者

$n=2$ 时,上面的命题显然成立。当 $n=3$ 时,由运算的可结合性可知上面的命题也成立。其次,假设对少于 n 个元素的乘积上面的命题成立,并且假设由 $a_1 * a_2 * \cdots * a_n$ 任意添加括号而得到的积为 α,并且假设在 α 中最后一次计算是 β 与 γ 两部分进行二元运算 $*$,即 $\alpha=(\beta)*(\gamma)$。由于 γ 部分的元素的数目小于 n,因此根据归纳假设可以得出以下的结论:γ 等于按照次序自左向右添加括号所得到的积 $(\cdots)*a_n$。由二元运算 $*$ 的可结合性,$\alpha=(\beta)*(\gamma)=(\beta)((\cdots)*a_n)=((\beta)*(\cdots))*a_n$,但是 $(\beta)*(\cdots)$ 的元素的数目小于 n,因此等于按照次序自左向右添加括号所得积 $(\cdots(((a_1 * a_2)*a_3)*a_4)\cdots a_{n-2})*a_{n-1}$。因此,$\alpha=(\cdots(((a_1 * a_2)*a_3)*a_4)\cdots a_{n-2})*a_{n-1}$。这就证明了对于集合 A 中任意 n 个元素的二元运算,$*$ 都是具有可结合性的。于是,在这样的集合中,没有括号的表达式 $a_1 * a_2 * \cdots * a_n$ 唯一地表示集合 A 中的一个元素。特别对于表达式 $a * a * \cdots * a$(n 次),记作 a^n,并且称为 a 的 n 次幂。其中,n 称为 a 的指数。从形式上讲,a^n 还可以按照递归的方法定义为如下形式:

$$a^1=a$$
$$a^{n+1}=a^n * a(n=1,2,3,\cdots)$$

不难看出,如果二元运算 $*$ 具有可结合性,那么对于任意的正整数 m 和 n,有:

$$a^n * a^m=a^{n+m}$$
$$(a^m)^n=a^{mn}$$

下面,我们再定义一些集合 A 中与二元运算相联系的一些特殊元素。这些特殊元素从另一个角度可以反映出二元运算的一些基本性质。

定义 4-6 设运算 $*$ 是集合 A 上的二元运算,如果存在一个元素 $e_l \in A$,使得对于所有的 $a \in A$ 有 $e_l * a=a$,那么就称元素 e_l 是集合 A 上关于二元运算 $*$ 的左单位元;如果存在一个元素 $e_r \in A$,使得对于所有的 $a \in A$,有 $a * e_r=a$,那么就称元素 e_r 是集合 A 上关于二元运算 $*$ 的右单位元;如果存在一个元素 $e \in A$,使得对于所有的 $a \in A$,有 $a * e=e * a=a$,则称元素 e 是集合 A 上关于二元运算 $*$ 的单位元。

定理 4-2 设运算 $*$ 是集合 A 上的二元运算,又设元素 e_l 与 e_r 分别是二元运算 $*$ 的左单位元和右单位元,则有 $e_l=e_r=e$,并且 e 是二元运算 $*$ 在集合 A 上的唯一的单位元。

证明 由于 e_l 与 e_r 分别是二元运算 $*$ 的左单位元和右单位元,因此 $e_l * e_r=e_l=e_r$。不妨设 $e_l=e_r=e$,则元素 e 即是二元运算 $*$ 的一个单位元。又假设元素 e 不是二元运算 $*$ 的唯一单位元,也就是说,还存在一个与 e 不同的另一个元素 e' 也是二元运算 $*$ 的单位元,则 $e * e'=e=e'$,根据这个表达式不难看出,与刚才的假设相矛盾,所以说明元素 e 是二元运算 $*$ 的唯一的单位元。

定义 4-7 设运算 $*$ 是集合 A 上的二元运算,如果存在一个元素 $z_l \in A$,使得对于所有的 $a \in A$ 有 $z_l * a=z_l$,那么就称元素 z_l 是集合 A 上关于二元运算 $*$ 的左零元;如果存在一个元素 $z_r \in A$,使得对于所有的 $a \in A$,有 $a * z_r=z_r$,那么就称元素 z_r 是集合 A 上关于二元运算 $*$ 的右零元;如果存在一个元素 $z \in A$,使得对于所有的 $a \in A$,有 $a * z=z * a=z$,则称元素 z 是集合 A 上关于二元运算 $*$ 的零元。

与定理 4-2 类似,有以下的定理 4-3。

定理 4-3 设运算 $*$ 是集合 A 上的二元运算,又设元素 z_l 与 z_r 分别是二元运算 $*$ 的左零元和右零元,则有 $z_l=z_r=z$,并且 z 是二元运算 $*$ 在集合 A 上的唯一的零元。

证明 由于 z_l 与 z_r 分别是二元运算 $*$ 的左零元和右零元,因此 $z_l * z_r=z_l=z_r$。

不妨设 $z_l = z_r = z$，则元素 z 即是二元运算 * 的一个零元。又假设元素 z 不是二元运算 * 的唯一零元，也就是说，还存在一个与 z 不同的另一个元素 z' 也是二元运算 * 的零元，则 $z * z' = z = z'$，根据这个表达式不难看出，与刚才的假设相矛盾，故元素 z 是二元运算 * 的唯一的零元。

例如，对于实数集 R 上的加法运算来说，0 是其单位元，它没有零元。但是乘法运算的单位元是 1，零元是 0。减法运算的右单位元是 0，它没有左单位元，因此也没有单位元。在全集合 U 的幂集 2^U 上，空集 $\varnothing$ 是集合求并运算的单位元，求交运算的零元；全集合 U 是求交运算的单位元，求并运算的零元。

前面我们讨论了与二元运算基本性质有关的特殊元素——单位元和零元的基本概念，单位元和零元的共同特征是只要对于某种二元运算有它们（单位元或零元）存在，那么它们就是唯一存在的。这两种特殊的元素都具有独一无二的特性。下面，我们再介绍另外两种与二元运算性质有关的特殊元素，它们的存在形式不一定是唯一的，但是它们也在某一个方面反映出了二元运算的一些特殊性质。

定义 4-8　设运算 * 是集合 A 上的二元运算。如果在集合 A 中存在着某个元素 a，使得 $a * a = a$，那么就称元素 $a \in A$ 是集合 A 上关于二元运算 * 的幂等元。

例如，如果对于某些二元运算，它们有单位元或者零元，则单位元和零元都是关于这些二元运算的幂等元。除了单位元和零元以外，还可能会出现其他的元素作为幂等元。又例如，在全集合 U 的幂集 2^U 上，如果定义了集合的求并运算或者求交运算，那么每个幂集 2^U 上的元素（即每个全集合 U 的子集）都是这两个二元运算的幂等元。

定义 4-9　设运算 * 是集合 A 上具有单位元 e 的二元运算，对于元素 $a \in A$，如果存在一个元素 $a_l^{-1} \in A$，使得 $a_l^{-1} * a = e$，那么就称元素 a 对于二元运算 * 是左可逆的，并且称元素 a_l^{-1} 为元素 a 的左逆元；如果存在一个元素 $a_r^{-1} \in A$，使得 $a * a_r^{-1} = e$，则称元素 a 对于二元运算 * 是右可逆的，并且称元素 a_r^{-1} 为元素 a 的左逆元；如果存在一个元素 $a^{-1} \in A$，使得下面的等式成立，即 $a^{-1} * a = a * a^{-1} = e$，那么就称元素 a 对于二元运算 * 是右可逆的，并且称元素 a^{-1} 为元素 a 的逆元。

如果定义在集合 A 上具有单位元的二元运算 * 中的某个元素 a 有逆元，则 a 的逆元不一定是唯一的，因此，这个性质比较一般化，如果要让元素 a 的逆元具有唯一性，必须使得二元运算 * 的运算性质进一步地具有特殊性，于是产生了定理 4-4。

定理 4-4　设运算 * 是集合 A 上具有单位元 e 并且是具有可结合性的二元运算。如果元素 $a \in A$，既有左逆元，又有右逆元，那么元素 a 的左逆元和右逆元必定相等，并且就是元素 a 的关于二元运算 * 的唯一逆元。

证明　不妨设元素 a_l^{-1} 与 a_r^{-1} 分别为元素 a 的左逆元和右逆元，则有 $a_l^{-1} * a = e = a * a_r^{-1}$。又由于二元运算 * 是集合 A 上具有可结合性的二元运算，因此有：

$$a_l^{-1} * a * a_r^{-1} = (a_l^{-1} * a) * a_r^{-1} = e * a_r^{-1} = a_r^{-1}$$
$$= a_l^{-1} * (a * a_r^{-1}) = a_l^{-1} * e = a_l^{-1}$$

于是得出 $a_l^{-1} = a_r^{-1} = a^{-1}$ 是元素 a 的一个逆元。

不妨设元素 a' 也是元素 a 的一个逆元，则有：

$$a' = a' * e = a' * (a * a^{-1}) = (a' * a) * a^{-1} = e * a^{-1} = a^{-1}$$

因此，a^{-1} 是元素 a 关于二元运算 * 的唯一逆元。证毕。

根据逆元的定义可知,如果集合 A 中的元素 a 关于运算 $*$ 有逆元 a^{-1},那么就有 $a * a^{-1} = a * a^{-1} = e$。因此,有 $(a^{-1})^{-1} = a$,即元素 a 是元素 a^{-1} 关于运算 $*$ 的逆元。

例如,每一个实数 $r \in R$ 都有一个关于加法运算的逆元 r;每一个非零实数 $r \in R - \{0\}$ 都有一个关于乘法运算的逆元 $1/r$,但是数 0 关于实数的乘法运算没有逆元。

下面,我们讨论一个特殊类型的集合——单元素集合,顾名思义,这个集合中只有一个元素,如果在这个集合上定义一个二元运算 $*$,不难看出,这个单元素既是单位元,又是零元;同时还是幂等元,是这个单元素自身的逆元。另外,运算 $*$ 具有可交换性和可结合性。因此,单元素集合上定义的二元运算 $*$ 是一个具有极其特殊性质的运算。如果在非单元素的非空集合上定义的二元运算又具有怎样的性质呢?我们看下面的定理。

定理 4-5 设运算 $*$ 是集合 A 上的二元运算,且 $\sharp A > 1$,如果该二元运算 $*$ 有单位元 e 和零元 z,那么就有 $e \neq z$。

证明 假设单位元 e 与零元 z 相等,即 $e = z$(反证法),由于集合 A 的基数大于 1,于是至少还有一个元素 $x \in A$,并且 $x \neq e$(既是单位元,又是零元),但是根据已知条件有 $x = e * x = z * x = z = e$,与前面的假设矛盾,因此,必有 $e \neq z$。证毕。

综上所述,对于任何一个集合上定义的二元运算 $*$,单位元是可逆的,并且其逆元就是单位元自身。但是,一般来说,零元对于任何一个集合上定义的二元运算都是没有逆元的,除非是定义在单元素集合的二元运算上才有逆元,其逆元就是它自身。

下面,我们通过两个例题来进一步了解前面介绍的运算的一些基本性质。

例 4-1 设定义在实数集 R 上的二元运算 $r_1 * r_2 = r_1 + r_2 - r_1 r_2$。试问:此二元运算是否满足交换律和结合律?是否存在单位元、零元和幂等元?若有单位元的话,哪些元素有逆元?

解 因为 $r_1 * r_2 = r_1 + r_2 - r_1 r_2 = r_2 + r_1 - r_2 r_1 = r_2 * r_1$,所以此运算满足交换律。对任意 $r_1, r_2, r_3 \in R$,由于:

$$
\begin{aligned}
(r_1 * r_2) * r_3 &= (r_1 + r_2 - r_1 r_2) + r_3 - (r_1 + r_2 - r_1 r_2) r_3 \\
&= r_1 + r_2 + r_3 - r_1 r_2 - r_1 r_3 - r_2 r_3 + r_1 r_2 r_3 \\
&= r_1 + (r_2 + r_3 - r_2 r_3) - r_1 (r_2 + r_3 - r_2 r_3) \\
&= r_1 * (r_2 * r_3)
\end{aligned}
$$

因此,该运算 $*$ 满足结合律。假设元素 r_1 是单位元,则对于任意元素 $r \in R$,应有 $r_1 * r = r_1 + r - r_1 r = r$,恒等变换得 $r_1(1 - r) = 0$,又由于元素 r 是实数集 R 中的任意元素,于是只有 $r_1 = 0$。由于单位元对于任何集合上的某种特定的二元运算都是唯一的,因此该二元运算 $*$ 有单位元 0;假设元素 r_1 是零元,则对于任意元素 $r \in R$,应有 $r_1 * r = r_1 + r - r_1 r = r_1$,经过恒等变换并且化简以后得 $r(1 - r_1) = 0$,又由于元素 r 是任意元素,因此,只有 $r_1 = 1$,由于零元对于任何集合上的某种特定的二元运算都是唯一的,所以,该二元运算 $*$ 有零元 1。

假设元素 r 是幂等元,则应有 $r * r = r + r - rr = r$,经过恒等变换并且化简以后可得:$r(1 - r) = 0$,解方程得 $r = 0$ 或者 $r = 1$,由此说明该二元运算只有两个幂等元 0 和 1(分别是单位元和零元)。假设元素 r_1 有逆元 r_2,则应有 $r_1 * r_2 = r_1 + r_2 - r_1 r_2 = 0$。经过恒等变换并化简以后得到 $r_2 = r_1/(r_1 - 1)$,因为分母不能为 0,所以除了元素 1(零元)没有逆元之外,其余所有的元素 $r \in R - \{1\}$ 都有逆元 $r/(r - 1)$。

例 4-2 设集合 $F = \{f \mid f: N \to N\}$,函数的复合运算。是定义在集合 F 上的二元

运算,试问复合运算。的单位元是什么?设有函数 $h:N{\rightarrow}N$,定义为对任意 $n{\in}N,h(n){=}2n$,试问,函数 h 是否有关于复合运算。的左逆元、右逆元或逆元?

解 由于对于集合 F 中的任意一个元素 f,有 $f{\circ}I_N{=}I_N{\circ}f{=}f$。其中,$I_N$ 是由正整数集 N 到自身 N 的恒等函数,所以复合运算。的单位元是 I_N。题目中问 h 是否有关于复合运算。的左逆元,即是问是否存在函数 $g:N{\rightarrow}N$,使得 $g{\circ}h{=}I_N$。可以定义以下的函数来进行说明。

定义函数 $g:N{\rightarrow}N$,有:

$$g(n)=\begin{cases}n/2 & n \text{ 为偶数}\\ 1 & n \text{ 为奇数}\end{cases}$$

不难看出,$g{\circ}h{=}I_N$,因此,这样定义的函数 $g:N{\rightarrow}N$ 即是函数 h 在集合 F 中关于复合运算。的左逆元(左逆函数)。又由于函数 h 不是满射函数,因此无论怎样定义函数 $g:N{\rightarrow}N$,都不可能使得复合函数 $h{\circ}g$ 成为满射函数,所以函数 h 没有在集合 F 中关于复合运算。的右逆元(右逆函数)。因此,函数 h 没有在集合 F 中关于复合运算。的逆元(逆函数)。

定义在某个非空集合上的二元运算的上述这些性质在下面将要介绍的代数系统中经常作为公理(axiom)来使用。

4.2 代数系统

代数系统是抽象代数这一部分内容中的一个最核心的概念。下面,我们给出它的定义。

定义4-10 一个非空集合和定义在该集合上的一个或者多个运算所组成的系统称为一个代数系统,用记号 $<S;o_1,o_2,\cdots,o_n>$ 来表示。其中,集合 S 是非空集合,称为这个代数系统的域;运算 $o_1,o_2,\cdots,o_n$ 是集合 S 上的运算。

集合 S 上的每种运算可以是具有不同阶的运算。代数系统 $<S;o_1,o_2,\cdots,o_n>$ 的基数与集合 S 的基数意义相同,因此当集合 S 是有限集时,代数系统 $<S;o_1,o_2,\cdots,o_n>$ 称为有限代数系统。

例如,设 R_A 表示集合 A 上的所有关系的集合。二元运算。是求复合关系的运算。由于运算。在集合 R_A 上是封闭的,因此它们可以构成一个代数系统 $<R_A;{\circ}>$,其中的二元运算。是集合 R_A 上的二元运算。又例如,不难看出,求补运算、求并运算和求交运算在全集合 U 的幂集 2^U 上是封闭的,因此可以构成代数系统 $<2^U;',{\cup},{\cap}>$,通常称之为集合代数。其中,求补运算 $'$ 是全集合 U 的幂集 2^U 上的一元运算,求并运算 ${\cup}$ 和求交运算 ${\cap}$ 是全集合 U 的幂集 2^U 上的二元运算。

下面,通过对一个具体的代数系统的特殊性质的分析引入一个具有许多特殊性质的代数系统——整环。

现在我们分析由整数集 I 和通常的加法与乘法运算组成一个代数系统。记作 $<I;+,*>$,这两个运算都是 I 上的二元运算,并且考察在这个代数系统中,这两种运算分别具有怎样的性质。通过分析,总结出以下的六条性质。

(1) 可交换性(对于两种二元运算 $+$ 和 $*$ 都具有的性质)。

对于任意的元素 $i,j{\in}I$,有 $i{+}j{=}j{+}i,i*j{=}j*i$。

(2) 可结合性(对于两种二元运算 $+$ 和 $*$ 都具有的性质)。

对于任意的元素 $i,j,k{\in}I$,有 $i{+}(j{+}k){=}(i{+}j){+}k,i*(j*k){=}(i*j)*k$。

（3）运算＊对运算＋的可分配性。

对于任意的元素 $i,j,k\in I$，有 $i*(j+k)=i*j+i*k,(j+k)*i=j*i+k*i$。

（4）单位元（对于两种二元运算＋和＊都具有的性质）。

整数集 I 中含有特殊的元素 0 和 1，使得对于任意的整数 $i\in I$，有：

$$i+0=0+i=i,\quad i*1=1*i=i$$

（5）加法的可逆性。

对于任意的元素 $i\in I$，都有一个元素 $-i\in I$，使得：

$$(-i)+i=i+(-i)=0$$

（6）消去性。

如果 $i\neq0$（i 不是加法的单位元），则对任意的 $j,k\in I$，依据 $i*j=i*k$，可得 $j=k$。

容易验证在由实数集 R 和定义在其上的实数的加法和乘法组成的代数系统 $<R;+,*>$ 具有上述对于代数系统 $<I;+,*>$ 所列出的全部性质。此外，有理数集 Q 及其上定义的有理数的加法运算和乘法运算组成的代数系统 $<Q;+,*>$ 也具有上述对于代数系统 $<I;+,*>$ 所列出的全部性质。

又例如，设有集合 $H=\{a,b\}$ 以及定义在该集合 H 上的二元运算"＋"和"＊"，如表 4-4 所示。容易验证，代数系统 $<H;+,*>$ 也具有上述对于代数系统 $<I;+,*>$ 所列出的全部性质。其中，二元运算"＋"的单位元是 a，二元运算"＊"的单位元是 b。

表 4-4　二元运算＋和＊的运算表

＋	a	b
a	a	b
b	b	b
＊	a	b
a	a	a
b	a	b

通过以上所列举的这些例子表明，不同的代数系统可能具有一些共同的性质。这一事实启发我们，不必一个一个地去研究每个代数系统，而是列出一组某些代数系统都共同具有的性质，并且将这一组性质作为公理来研究满足这组公理的抽象的代数系统。在这样的抽象代数系统中，以这些公理（axiom）作为前提，推导出的任何有效的结论，或者将其称为定理（theorem），对于满足这组公理的任何代数系统都将是成立的。为了进行这样的讨论，通常将不会考虑任何一个特定的集合，也将不会给所具有的运算赋予任何特定的含义。在这种代数系统中的集合和运算仅仅只是一些抽象的符号，通常将这样的一类代数系统称为抽象代数系统或者简称为抽象代数。例如，我们可以将满足上面所列出的六条性质的代数系统称为"整环"，而这个从上面所举出的具体例子当中抽象出来的这个代数系统——整环即是一个抽象的代数系统。下面，我们给出整环的完整定义。

定义 4-11　设集合 J 是一个非空集合，二元运算"＋"和"＊"是集合 J 上的二元运算，如果运算"＋"和运算"＊"满足前面的性质（1）～性质（6），那么就称该代数系统 $<J;+,*>$ 为整环。

因此，前面所列出的代数系统 $<I;+,*>$、$<R;+,*>$、$<Q;+,*>$、$<H;+,*>$

都是整环。

下面，我们通过两个例子进一步熟悉整环这个抽象代数系统的六个基本性质。

例 4-3 设集合 $A=\left\{\begin{bmatrix} a & b \\ 2b & a \end{bmatrix}\middle| a,b\in I\right\}$，试证明集合 A 与矩阵的加法和乘法运算构成一个整环。

证明 （1）首先证明集合 A 与矩阵的加法和乘法构成一个代数系统，其证明过程如下。

对于集合 A 中的任意的元素 $\begin{bmatrix} a & b \\ 2b & a \end{bmatrix}$、$\begin{bmatrix} c & d \\ 2d & c \end{bmatrix}$

由于 $\begin{bmatrix} a & b \\ 2b & a \end{bmatrix}+\begin{bmatrix} c & d \\ 2d & c \end{bmatrix}=\begin{bmatrix} a+c & b+d \\ 2b+2d & a+c \end{bmatrix}\in A$

并且 $\begin{bmatrix} a & b \\ 2b & a \end{bmatrix}\cdot\begin{bmatrix} c & d \\ 2d & c \end{bmatrix}=\begin{bmatrix} ac+2bd & ad+bc \\ 2(ad+bc) & ac+2bd \end{bmatrix}\in A$

因此，集合 A 与该集合 A 上的矩阵加法运算和矩阵乘法运算构成一个代数系统。

（2）对于集合 A 中的任意的元素 $\begin{bmatrix} a & b \\ 2b & a \end{bmatrix}$、$\begin{bmatrix} c & d \\ 2d & c \end{bmatrix}$，有：

$$\begin{bmatrix} a & b \\ 2b & a \end{bmatrix}+\begin{bmatrix} c & d \\ 2d & c \end{bmatrix}=\begin{bmatrix} a+c & b+d \\ 2b+2d & a+c \end{bmatrix}=\begin{bmatrix} c & d \\ 2d & c \end{bmatrix}+\begin{bmatrix} a & b \\ 2b & a \end{bmatrix}$$

$$\begin{bmatrix} a & b \\ 2b & a \end{bmatrix}\cdot\begin{bmatrix} c & d \\ 2d & c \end{bmatrix}=\begin{bmatrix} ac+2bd & ad+bc \\ 2(ad+bc) & ac+2bd \end{bmatrix}=\begin{bmatrix} c & d \\ 2d & c \end{bmatrix}\cdot\begin{bmatrix} a & b \\ 2b & a \end{bmatrix}$$

因此，集合 A 上的矩阵加法和矩阵乘法都是具有可交换性的。

（3）对于集合 A 中的任意的元素 $\begin{bmatrix} a & b \\ 2b & a \end{bmatrix}$、$\begin{bmatrix} c & d \\ 2d & c \end{bmatrix}$、$\begin{bmatrix} e & f \\ 2f & e \end{bmatrix}$，有：

$$\left(\begin{bmatrix} a & b \\ 2b & a \end{bmatrix}+\begin{bmatrix} c & d \\ 2d & c \end{bmatrix}\right)+\begin{bmatrix} e & f \\ 2f & e \end{bmatrix}=\begin{bmatrix} a+c+e & b+d+f \\ 2b+2d+2f & a+c+e \end{bmatrix}$$

$$\begin{bmatrix} a & b \\ 2b & a \end{bmatrix}+\left(\begin{bmatrix} c & d \\ 2d & c \end{bmatrix}+\begin{bmatrix} e & f \\ 2f & e \end{bmatrix}\right)=\begin{bmatrix} a+c+e & b+d+f \\ 2b+2d+2f & a+c+e \end{bmatrix}$$

$$\left(\begin{bmatrix} a & b \\ 2b & a \end{bmatrix}\cdot\begin{bmatrix} c & d \\ 2d & c \end{bmatrix}\right)\cdot\begin{bmatrix} e & f \\ 2f & e \end{bmatrix}=\begin{bmatrix} ac+2bd & ad+bc \\ 2(ad+bc) & ac+2bd \end{bmatrix}\cdot\begin{bmatrix} e & f \\ 2f & e \end{bmatrix}$$

$$=\begin{bmatrix} ace+2bde+2adf+2bcf & acf+2bdf+ade+bce \\ 2(acf+2bdf+ade+bce) & ace+2bde+2adf+2bcf \end{bmatrix}$$

$$\begin{bmatrix} a & b \\ 2b & a \end{bmatrix}\cdot\left(\begin{bmatrix} c & d \\ 2d & c \end{bmatrix}\cdot\begin{bmatrix} e & f \\ 2f & e \end{bmatrix}\right)=\begin{bmatrix} a & b \\ 2b & a \end{bmatrix}\cdot\begin{bmatrix} ce+2df & cf+de \\ 2(cf+de) & ce+2df \end{bmatrix}$$

$$=\begin{bmatrix} ace+2bde+2adf+2bcf & acf+2bdf+ade+bce \\ 2(acf+2bdf+ade+bce) & ace+2bde+2adf+2bcf \end{bmatrix}$$

因此，集合 A 上的矩阵加法和矩阵乘法都是具有可结合性的。

（4）对于集合 A 中的任意的元素 $\begin{bmatrix} a & b \\ 2b & a \end{bmatrix}$、$\begin{bmatrix} c & d \\ 2d & c \end{bmatrix}$、$\begin{bmatrix} e & f \\ 2f & e \end{bmatrix}$，有：

$$\begin{bmatrix} a & b \\ 2b & a \end{bmatrix}\cdot\left(\begin{bmatrix} c & d \\ 2d & c \end{bmatrix}+\begin{bmatrix} e & f \\ 2f & e \end{bmatrix}\right)=\begin{bmatrix} a & b \\ 2b & a \end{bmatrix}\cdot\begin{bmatrix} c+e & d+f \\ 2(d+f) & c+e \end{bmatrix}$$

$$= \begin{bmatrix} ac+ae+2b(d+f) & ad+af+bc+be \\ 2(ad+af+bc+be) & ac+ae+2b(d+f) \end{bmatrix}$$

$$\begin{bmatrix} a & b \\ 2b & a \end{bmatrix} \cdot \begin{bmatrix} c & d \\ 2d & c \end{bmatrix} + \begin{bmatrix} a & b \\ 2b & a \end{bmatrix} \cdot \begin{bmatrix} e & f \\ 2f & e \end{bmatrix} = \begin{bmatrix} ac+2bd & ad+bc \\ 2(ad+bc) & ac+2bd \end{bmatrix} + \begin{bmatrix} ae+2bf & af+be \\ 2(af+be) & ae+2bf \end{bmatrix}$$

$$= \begin{bmatrix} ac+ae+2b(d+f) & ad+af+bc+be \\ 2(ad+af+bc+be) & ac+ae+2b(d+f) \end{bmatrix}$$

$$\left(\begin{bmatrix} c & d \\ 2d & c \end{bmatrix} + \begin{bmatrix} e & f \\ 2f & e \end{bmatrix} \right) \cdot \begin{bmatrix} a & b \\ 2b & a \end{bmatrix} = \begin{bmatrix} c+e & d+f \\ 2(d+f) & c+e \end{bmatrix} \cdot \begin{bmatrix} a & b \\ 2b & a \end{bmatrix}$$

$$= \begin{bmatrix} ac+ae+2b(d+f) & ad+af+bc+be \\ 2(ad+af+bc+be) & ac+ae+2b(d+f) \end{bmatrix}$$

$$\begin{bmatrix} c & d \\ 2d & c \end{bmatrix} \cdot \begin{bmatrix} a & b \\ 2b & a \end{bmatrix} + \begin{bmatrix} e & f \\ 2f & e \end{bmatrix} \cdot \begin{bmatrix} a & b \\ 2b & a \end{bmatrix} = \begin{bmatrix} ac+2bd & ad+bc \\ 2(ad+bc) & ac+2bd \end{bmatrix} + \begin{bmatrix} ae+2bf & af+be \\ 2(af+be) & ae+2bf \end{bmatrix}$$

$$= \begin{bmatrix} ac+ae+2b(d+f) & ad+af+bc+be \\ 2(ad+af+bc+be) & ac+ae+2b(d+f) \end{bmatrix}$$

因此，集合 A 上的矩阵乘法运算对于矩阵加法运算具有可分配性。

(5) 在集合 A 中有两个特殊的元素 $\begin{bmatrix} 0 & 0 \\ 0 & 0 \end{bmatrix}$ 和 $\begin{bmatrix} 1 & 0 \\ 0 & 1 \end{bmatrix}$，对于集合 A 中的任意的元素 $\begin{bmatrix} a & b \\ 2b & a \end{bmatrix}$，

使得：
$$\begin{bmatrix} a & b \\ 2b & a \end{bmatrix} + \begin{bmatrix} 0 & 0 \\ 0 & 0 \end{bmatrix} = \begin{bmatrix} 0 & 0 \\ 0 & 0 \end{bmatrix} + \begin{bmatrix} a & b \\ 2b & a \end{bmatrix} = \begin{bmatrix} a & b \\ 2b & a \end{bmatrix}$$

$$\begin{bmatrix} a & b \\ 2b & a \end{bmatrix} \cdot \begin{bmatrix} 1 & 0 \\ 0 & 1 \end{bmatrix} = \begin{bmatrix} 1 & 0 \\ 0 & 1 \end{bmatrix} \cdot \begin{bmatrix} a & b \\ 2b & a \end{bmatrix} = \begin{bmatrix} a & b \\ 2b & a \end{bmatrix}$$

因此，对于集合 A 上的矩阵加法和矩阵乘法，都具有与各自运算相应的单位元。

(6) 由于对于集合 A 中的任意的元素 $\begin{bmatrix} a & b \\ 2b & a \end{bmatrix}$，都存在着在集合 A 中唯一的 $\begin{bmatrix} -a & -b \\ -2b & -a \end{bmatrix}$，

使得：
$$\begin{bmatrix} a & b \\ 2b & a \end{bmatrix} + \begin{bmatrix} -a & -b \\ -2b & -a \end{bmatrix} = \begin{bmatrix} -a & -b \\ -2b & -a \end{bmatrix} + \begin{bmatrix} a & b \\ 2b & a \end{bmatrix} = \begin{bmatrix} 0 & 0 \\ 0 & 0 \end{bmatrix}$$

因此，对于集合 A 上的矩阵加法来说，集合 A 上的任意元素都存在着唯一的逆元。

(7) 取集合 A 上不等于矩阵加法的单位元 $\begin{bmatrix} 0 & 0 \\ 0 & 0 \end{bmatrix}$ 的元素 $\begin{bmatrix} a & b \\ 2b & a \end{bmatrix}$，则对于集合 A 上的

任意元素 $\begin{bmatrix} c & d \\ 2d & c \end{bmatrix}$、$\begin{bmatrix} e & f \\ 2f & e \end{bmatrix}$，不妨设：

$$\begin{bmatrix} a & b \\ 2b & a \end{bmatrix} \cdot \begin{bmatrix} c & d \\ 2d & c \end{bmatrix} = \begin{bmatrix} a & b \\ 2b & a \end{bmatrix} \cdot \begin{bmatrix} e & f \\ 2f & e \end{bmatrix}$$

则
$$\begin{bmatrix} a & b \\ 2b & a \end{bmatrix} \cdot \begin{bmatrix} c & d \\ 2d & c \end{bmatrix} = \begin{bmatrix} ac+2bd & ad+bc \\ 2(ad+bc) & ac+2bd \end{bmatrix}$$

$$\begin{bmatrix} a & b \\ 2b & a \end{bmatrix} \cdot \begin{bmatrix} e & f \\ 2f & e \end{bmatrix} = \begin{bmatrix} ae+2bf & af+be \\ 2(af+be) & ae+2bf \end{bmatrix}$$

于是有
$$\begin{bmatrix} ac+2bd & ad+bc \\ 2(ad+bc) & ac+2bd \end{bmatrix} = \begin{bmatrix} ae+2bf & af+be \\ 2(af+be) & ae+2bf \end{bmatrix}$$

所以有
$$ac+2bd = ae+2bf$$
$$ad+bc = af+be$$

解此方程组并且化简得：

$$(2b^2-a^2)(f-d)=0$$

根据题意，a、b 都是不为 0 的整数，于是 $2b^2-a^2$ 不为 0，因此得出结论 $f-d=0$，因此 $f=d$。代入原方程组得 $ac=ae$，由于 a 不为 0，因此 $e=c$。于是有 $\begin{bmatrix} c & d \\ 2d & c \end{bmatrix} = \begin{bmatrix} e & f \\ 2f & e \end{bmatrix}$。

也就是说，集合 A 上的矩阵乘法满足消去律，综上所述，集合 A 与矩阵的加法和乘法运算构成一个整环。证毕。

例 4-4 证明：代数系统 $<Z_3;\oplus_3,\odot_3>$ 是一个整环。其中，二元运算 $\oplus_3$ 和二元运算 $\odot_3$ 的定义如下：对于任意的元素 $a,b\in Z_3$，有 $a\oplus_3 b=\text{res}_3(a+b)$，$a\odot_3 b=\text{res}_3(a*b)$。

证明 根据二元运算的定义，可以构造出二元运算 $\oplus_3$ 与二元运算 $\odot_3$ 的运算表如表 4-5 所示。

表 4-5 二元运算 $\oplus_3$ 与二元运算 $\odot_3$ 的运算表

$\oplus_3$	0	1	2
0	0	1	2
1	1	2	0
2	2	0	1
$\odot_3$	0	1	2
0	0	0	0
1	0	1	2
2	0	2	1

（1）由运算表可知，集合 Z_3 与集合 Z_3 上定义的二元运算 $\oplus_3$ 与 $\odot_3$ 构成了一个代数系统（满足封闭性）。

（2）不难看出，集合 Z_3 上定义的二元运算 $\oplus_3$ 与二元运算 $\odot_3$ 均满足可交换性。

（3）对于任意的元素 $a,b,c\in Z_3$，不妨设：

$$a+b=3*m_1+\text{res}_3(a+b),\ b+c=3*m_2+\text{res}_3(b+c)$$

于是有

$$(a\oplus_3 b)\oplus_3 c=\text{res}_3(a+b)\oplus_3 c=\text{res}_3(\text{res}_3(a+b)+c)$$
$$=\text{res}_3((3*m_1+\text{res}_3(a+b))+c)=\text{res}_3((a+b)+c)$$
$$a\oplus_3(b\oplus_3 c)=a\oplus_3\text{res}_3(b+c)=\text{res}_3(a+\text{res}_3(b+c))$$
$$=\text{res}_3(a+(3*m_2+\text{res}_3(b+c)))=\text{res}_3(a+(b+c))$$
$$=\text{res}_3((a+b)+c)$$

因此有

$$(a\oplus_3 b)\oplus_3 c=a\oplus_3(b\oplus_3 c)$$

类似地，可以证明 $(a\odot_3 b)\odot_3 c=a\odot_3(b\odot_3 c)$。

因此，集合 Z_3 上定义的二元运算 $\oplus_3$ 与二元运算 $\odot_3$ 均满足可结合性。

（4）对于任意的元素 $a,b,c\in Z_3$，不妨设：

$$b+c=3*n_1+\text{res}_3(b+c)$$
$$a*b=3*n_2+\text{res}_3(a*b)$$
$$a*c=3*n_3+\text{res}_3(a*c)$$

于是有：

$$a\odot_3(b\oplus_3 c)=a\odot_3\text{res}_3(b+c)=\text{res}_3(a*\text{res}_3(b+c))$$

$$= \text{res}_3(a * 3 * n_1 + a * \text{res}_3(b+c))$$
$$= \text{res}_3(a * (b+c))$$
$$(a \odot_3 b) \oplus_3 (a \odot_3 c) = \text{res}_3(a * b) \oplus_3 \text{res}_3(a * c)$$
$$= \text{res}_3(\text{res}_3(a * b) + \text{res}_3(a * c))$$
$$= \text{res}_3((3 * n_2 + \text{res}_3(a * b)) + (3 * n_3 + \text{res}_3(a * c)))$$
$$= \text{res}_3(a * b + a * c) = \text{res}_3(a * (b+c))$$

所以有：
$$a \odot_3 (b \oplus_3 c) = (a \odot_3 b) \oplus_3 (a \odot_3 c)$$

因此，集合 Z_3 上定义二元运算 $\odot_3$ 对于二元运算 $\oplus_3$ 具有可分配性。

（5）由运算表 4-5 可以看出，0 是二元运算 $\oplus_3$ 的单位元，1 是二元运算 $\odot_3$ 的单位元。

（6）对于集合 Z_3 上的二元运算 $\oplus_3$，所有的元素都有逆元。根据运算表 4-5，不难看出：0 是 0 自身的逆元；1 和 2 互为对方的逆元，即 1 的逆元是 2，2 的逆元是 1。

（7）根据二元运算 $\odot_3$ 的运算表可以得出，如果 a 不为二元运算 $\oplus_3$ 的单位元 0，那么对于所有的 $b, c \in Z_3$，当 b 不等于 $c(b \neq c)$ 时，$(a \odot_3 b) \neq (a \odot_3 c)$。这说明集合 Z_3 上定义的二元运算 $\odot_3$ 满足消去律。

综上所述，集合 Z_3 及其上定义的二元运算 $\oplus_3$ 与二元运算 $\odot_3$ 构成一个整环。证毕。

前面我们仅就单个代数系统讨论了其上的运算及其相关的一些特殊的运算性质。接下来，需要进一步来讨论两个代数系统之间的关系。

定义 4-12 设有两个代数系统 $V_1 = <S_1; o_{11}, o_{12}, \cdots, o_{1n}>$，$V_2 = <S_2; o_{21}, o_{22}, \cdots, o_{2n}>$，如果运算 o_{1i} 和 $o_{2i}(i = 1, 2, \cdots, n)$ 具有相同的阶，那么就称代数系统 V_1 和代数系统 V_2 是同类型的代数系统。

为了使讨论的问题变得更加简单和直观，在本章后面的讨论将代数系统的类型局限于形如 $<S; o_1, o_2, \sim>$ 类型的代数系统。其中，运算 o_1 和运算 o_2 是代数系统 $<S; o_1, o_2, \sim>$ 上的二元运算，运算 $\sim$ 是一元运算。所引入的相关概念以及讨论的结果都可以推广到任意类型的代数系统中去。

定义 4-13 设 $<S; o_1, o_2, \sim>$ 是一个代数系统，集合 H 是集合 S 的一个非空子集，如果集合 S 上的每一个运算在集合 H 上都是封闭的，也就是说对于每一个二元运算 o_i 及其任意的有序二元组 $(x_j, x_k) \in H^2$，都有 $x_j o_i x_k \in H$，以及对于一元运算 $\sim$ 及其任意的元素 $x \in H$，都有 $\sim(x) \in H$，那么就称代数系统 $<H; o_1', o_2', \sim'>$ 是代数系统 $<S; o_1, o_2, \sim>$ 的子系统或者称其是代数系统 $<S; o_1, o_2, \sim>$ 的子代数。其中，运算 $o_i'(i = 1, 2)$ 是二元运算，对于每一个有序二元组 $(x_j, x_k) \in H^2$，有 $x_j o_i' x_k = x_j o_i x_k$；运算 $\sim'$ 是一元运算，并且对于每一个元素 $x \in H$，有 $\sim'(x) = \sim(x)$。

特别地，如果集合 H 是集合 S 的真子集，那么就称代数系统 $<H; o_1', o_2', \sim'>$ 是代数系统 $<S; o_1, o_2, \sim>$ 的真子系统或者真子代数。

以后为了讨论问题方便起见，通常将 $<S; o_1, o_2, \sim>$ 的子代数或者真子代数 $<H; o_1', o_2', \sim'>$ 中的二元运算与一元运算取成与原代数系统 $<S; o_1, o_2, \sim>$ 的二元运算和一元运算相同的运算方式，也就是说，$o_1' = o_1$，$o_2' = o_2$，$\sim' = \sim$。因此，为了表述简便起见，将 $<S; o_1, o_2, \sim>$ 的子代数或者真子代数 $<H; o_1', o_2', \sim'>$ 简记为 $<H; o_1, o_2, \sim>$。

实际上，代数系统 $<S; o_1, o_2, \sim>$ 的子系统，就是将集合 S 压缩到了它的一个子集 H 上，也就是说，只要在集合 S 上具有封闭性的几个运算在它的子集 H 上也是封闭的，那么集合 S 的子集 H 带上几个运算就成为原代数系统的子代数。

例如,代数系统$<E;+,*>$(其中,集合E是全部偶数组成的集合,运算"$+$"和运算"$*$"是通常整数的加法运算和乘法运算)就是代数系统$<I;+,*>$的子代数。代数系统$<I;+,*>$有多少个子代数呢? 这个问题留给读者思考。若集合M表示全部奇数组成的集合,不难看出,集合M和整数加法运算$+$与整数乘法运算$*$不能构成代数系统$<I;+,*>$的子代数。这是因为对于集合M上的元素进行整数加法来说,其结果不封闭(奇数$+$奇数$=$偶数$\notin M$)。又例如,代数系统$<[0,1];*>$(其中,运算$*$是实数的乘法运算)是代数系统$<R;*>$的子代数。

4.3　同态与同构

在上一章中介绍过函数可以将两个集合联系在一起,同理,可以进一步地思考:是否可以构造一个函数将两个代数系统联系起来呢? 为了回答这个问题,我们首先必须考察一下代数系统与集合的共同点与区别。不难看出,代数系统与集合的共同点是集合,区别是代数系统除了包括集合以外,还有一个定义在该集合上的运算,而运算从本质上讲就是函数,而函数从本质上讲也是集合。因此,从理论上讲,可以构造一个函数将两个代数系统联系起来。其次就是要考虑怎样联系的问题? 这需要我们对函数作进一步地分析。

函数这个概念,对于代数系统来说,必须与代数系统中的运算产生联系,才能成为分析两个代数系统之间联系有力的工具。因此,在讨论两个代数系统之间的联系时,需要的是与运算有联系的函数。这是联系两个代数系统之间的函数与联系两个集合之间的函数的最主要的区别。不难发现,如果有这样一种类型的函数,它可以使元素先运算后取像的结果,与这些元素先取像后运算的结果相一致,这种函数是一个比较特殊的函数,本节主要讨论具有这种联系的特殊函数。

定义 4-14 　设代数系统$V_1=<S_1;*_1,o_1,\sim_1>$和代数系统$V_2=<S_2;*_2,o_2,\sim_2>$是两个同类型的代数系统。其中,运算$*_1,o_1,*_2,o_2$都是二元运算,运算$\sim_1$和运算$\sim_2$都是一元运算,函数h是由集合S_1到集合S_2的函数。若对于任意的元素$x_1,x_2\in S_1$,有:

$$h(x_1*_1 x_2)=h(x_1)*_2 h(x_2)$$
$$h(x_1 o_1 x_2)=h(x_1)o_2 h(x_2)$$
$$h(\sim_1(x_1))=\sim_2(h(x_1))$$

则称函数h是从代数系统V_1到代数系统V_2的一个同态。

代数系统V_2通常称为代数系统V_1在函数h下的同态像。在这种情况下,有时也称函数h将运算$*_1$传送到运算$*_2$;函数h将运算o_1传送到运算o_2;函数h将运算$\sim_1$传送到运算$\sim_2$。定义4-14中的三个等式要求函数h必须是这样的一个函数,它使得代数系统V_1和代数系统V_2中相对应的元素分别经过相对应的运算后的运算结果仍然保持相对应的联系。换句话说,代数系统V_1中的元素先进行运算然后再取像,与代数系统V_1中的元素先在代数系统V_2中取像,然后再进行代数系统V_2中的相应的运算,其结果是相等的。

联系两个代数系统之间的特殊函数——同态的示意图如图4-1所示。

下面,我们通过几个例子来介绍同态。

例 4-5 　考虑代数系统$V_1=<I;+,\cdot>$,其中运算$+$与运算$\cdot$是通常整数的加法运算与乘法运算;以及代数系统$V_2=<Z_6;\oplus_6,\odot_6>$,其中$Z_6=\{0,1,2,3,4,5\}$,而运算$\oplus_6$与运算$\odot_6$定义为:$z_1\oplus_6 z_2=\mathrm{res}_6(z_1+z_2),z_1\odot_6 z_2=\mathrm{res}_6(z_1\cdot z_2)$。定义函数$h:I\to Z_6$,

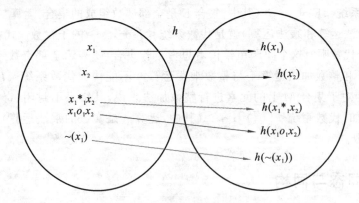

图 4-1 同态的示意图

对任意 $i \in Z_6$，有 $h(i) = \text{res}_6(i)$，则函数 h 是一个从代数系统 V_1 到代数系统 V_2 的同态。

证明 对于任意整数集上的元素 $i_1, i_2 \in I$，不妨设 $i_1 = 6k_1 + r_1 (0 \leqslant r_1 < 6, k_1 \in Z)$；$i_2 = 6k_2 + r_2 (0 \leqslant r_2 < 6, k_2 \in Z)$，则 $i_1 + i_2 = 6(k_1 + k_2) + (r_1 + r_2)$。于是有 $i_1 + i_2 = 6(k_1 + k_2) + (r_1 + r_2)$。一方面，$\text{res}_6(i_1) \bigoplus_6 \text{res}_6(i_2) = r_1 \bigoplus_6 r_2 = \text{res}_6(r_1 + r_2)$，因此有 $\text{res}_6(i_1 + i_2) = \text{res}_6(i_1) \bigoplus_6 \text{res}_6(i_2)$。$\text{res}_6(i_1) \bigodot_6 \text{res}_6(i_2) = r_1 \bigodot_6 r_2 = \text{res}_6(r_1 \cdot r_2) = \text{res}_6((6k_1 + r_1) \cdot (6k_2 + r_2))$，因此有 $\text{res}_6(i_1 \cdot i_2) = \text{res}_6(i_1) \bigodot_6 \text{res}_6(i_2)$。故函数 h 是一个从代数系统 V_1 到代数系统 V_2 的同态。证毕。

例 4-6 设函数 f_1 和函数 f_2 都是从代数系统 $<S_1; *>$ 到代数系统 $<S_2; o>$ 的同态，其中，运算 $*$ 和运算 o 都是二元运算，并且运算 o 具有可交换性和可结合性。定义函数 $h: S_1 \rightarrow S_2$，使对于任意的元素 $x \in S_1$ 有 $h(x) = f_1(x) o f_2(x)$。试证明函数 h 也是从代数系统 $<S_1; *>$ 到代数系统 $<S_2; o>$ 的同态。

证明 对于任意的元素 $x, y \in S_1$，由于函数 f_1 和函数 f_2 都是从代数系统 $<S_1; *>$ 到代数系统 $<S_2; o>$ 的同态，于是有 $h(x * y) = f_1(x * y) o f_2(x * y) = (f_1(x) o f_1(y)) o (f_2(x) o f_2(y))$。由二元运算 o 的可交换性和可结合性，可得 $h(x * y) = (f_1(x) o f_2(x)) o (f_1(y) o f_2(y)) = h(x) o h(y)$。由元素 x, y 的任意性可知，函数 h 是从代数系统 $<S1; *>$ 到代数系统 $<S2; o>$ 的同态。证毕。

例 4-7 设有代数系统 $V_1 = <R; +, \sim>$ 和 $V_2 = <R_+; \times, '>$。其中，R 是实数集，R_+ 是正实数集，二元运算 $+$ 和二元运算 $\times$ 是通常数的加法和乘法，一元运算 $\sim$ 是求相反数的运算，一元运算 $'$ 是求倒数的运算。设有函数 $h: R \rightarrow R_+$，对于任意的实数 $x \in R$，有 $h(x) = e^x$。试证明函数 h 是由代数系统 V_1 到代数系统 V_2 的同态。

证明 对于任意的实数 $x, y \in R$，因为 $h(x + y) = e^{x+y} = e^x \times e^y = h(x) \times h(y)$，于是函数 h 将运算 "$+$" 传送到了运算 "$\times$"；又由于 $h(\sim(x)) = h(-x) = e^{-x} = 1/(e^x) = 1/h(x) = (h(x))'$，于是函数 h 将一元运算 "$\sim$" 传送到了一元运算 "$'$"。因此，函数 h 是由代数系统 V_1 到代数系统 V_2 的同态。证毕。

我们知道，整数集 I 上的"模 m 同余"关系是整数集 I 上的等价关系。不妨设 $m = 4$，并且令 $I_{(4)}$ 表示所生成的等价类集合，因此有等价分划 $I_{(4)} = \{[0], [1], [2], [3]\}$。其中，$[k]$ $(k = 0, 1, 2, 3)$ 表示所有与 k 等价的那些整数组成的集合。下面定义在集合 $I_{(4)}$ 上的二元运算 $\bigoplus$。对于任意的 $[i]$、$[j] \in I_{(4)} (i, j = 0, 1, 2, 3)$，有 $[i] \bigoplus [j] = [\text{res}_4(i + j)]$。二元运算 $\bigoplus$

的描述见运算表 4-6 所示。不难看出，二元运算⊕在集合 $I_{(4)}$ 上是封闭的，因此集合 $I_{(4)}$ 与定义在其上的二元运算⊕可以构成一个代数系统，记作代数系统$<I_{(4)};⊕>$。

表 4-6　二元运算⊕的运算表

⊕	[0]	[1]	[2]	[3]
[0]	[0]	[1]	[2]	[3]
[1]	[1]	[2]	[3]	[0]
[2]	[2]	[3]	[0]	[1]
[3]	[3]	[0]	[1]	[2]

考察代数系统$<I_{(4)};⊕>$与代数系统$<H;+>$，其中，集合 $H=\{a,b\}$。二元运算"+"的运算表如表 4-7 所示。

表 4-7　二元运算"+"的运算表

+	a	b
a	a	b
b	b	b

在这两个代数系统之间定义一个函数 $h:I_{(4)}→H$ 如下。

$$h([0])=h([2])=a;h([1])=h([3])=b$$

因为对于任意的 $i,j=0,1,2,3$，有 $h([i]⊕[j])=h([i])+h([j])$

所以函数 h 是一个由代数系统$<I_{(4)};⊕>$到代数系统$<H;+>$的同态。

给定前面所讨论的代数系统$<I_{(4)};⊕>$和代数系统$<N;+>$，其中，二元运算"+"表示普通整数的加法。定义函数 $f:N→I_{(4)}$ 如下，对于任意的正整数 $n\in N$，有：

$$f(n)=[\text{res}_4(n)]$$

对于任意的正整数 $n,m\in N$，令 $f(n)=[i]$，$f(m)=[j]$，则有：

$$f(n+m)=[\text{res}_4(n+m)]=[\text{res}_4(i+j)]$$
$$=[i]+[j]=f(n)+f(m)$$

所以，函数 f 是一个由代数系统$<N;+>$到代数系统$<I_{(4)};⊕>$的同态。

不难看出，凡是能够满足定义 4-14 所给出的条件的函数，都是一个从代数系统 V_1 到代数系统 V_2 的同态。因此从一个代数系统到另一个代数系统之间，可能存在着多个不同的同态映射（函数）。

在上一章中介绍过三种类型的特殊函数，即单射函数、满射函数和双射函数，如果将其与同态映射相结合，可以分别构成性质更加特殊的单一同态、满同态和同构。下面给出这三个概念的定义。

定义 4-15　设函数 $h:S_1→S_2$ 是由代数系统 $V_1=<S_1;*_1,o_1,\sim_1>$ 到代数系统 $V_2=<S_2;*_2,o_2,\sim_2>$ 的同态，那么有：

（1）如果函数 h 是单射函数，那么就称函数 h 是从代数系统 V_1 到代数系统 V_2 的单一同态；

（2）如果函数 h 是满射函数，那么就称函数 h 是从代数系统 V_1 到代数系统 V_2 的满同态；

(3) 如果函数 h 是双射函数,那么就称函数 h 是从代数系统 V_1 到代数系统 V_2 的同构。

如图 4-1 所示,所谓的函数 h 就是实现将运算 $*_1$ 传送到运算 $*_2$ 的功能,也就是说,如果集合 S_1 中的两个元素 x_1 和 x_2 经过二元运算 $*_1$ 后的结果为 x,那么,x 在集合 S_2 中的像 $h(x)$ 刚好就是集合 S_1 中的两个元素 x_1 和 x_2 在集合 S_2 中的像 $h(x_1)$ 和 $h(x_2)$ 经过二元运算 $*_2$ 运算以后的结果。也就是说,集合 S_1 中的任意两个元素之间由二元运算 $*_1$ 所构成的关系,经过函数 h 映射到集合 S_2 中以后,其像之间的类似关系由二元运算 $*_2$ 来构成,因此,通常可以将同态称之为一个“保持运算”的映射。

既然同态 h 能够保持运算,那么我们不禁会问,同态能不能保持运算的性质呢?换句话说,二元运算 $*_1$ 所具有的全部运算性质,二元运算 $*_2$ 是不是也全部都具有呢?对于这个问题,有下面的定理 4-6。

定理 4-6 设函数 $h:S_1 \rightarrow S_2$ 是由代数系统 $V_1 = \langle S_1; *_1, o_1, \sim_1 \rangle$ 到代数系统 $V_2 = \langle S_2; *_2, o_2, \sim_2 \rangle$ 的一个满同态,则有:

(1) 如果二元运算 $*_1$(或者 o_1)具有可交换性,那么二元运算 $*_2$(或者 o_2)也具有可交换性;

(2) 如果二元运算 $*_1$(或者 o_1)具有可结合性,那么二元运算 $*_2$(或者 o_2)也具有可结合性;

(3) 如果对于二元运算 $*_1$(或者 o_1),代数系统 V_1 具有一个单位元 e,那么对于二元运算 $*_2$(或者 o_2)也具有单位元 $h(e)$;

(4) 如果对于二元运算 $*_1$(或者 o_1),代数系统 V_1 具有一个零元 z,那么对于二元运算 $*_2$(或者 o_2)也具有零元 $h(z)$;

(5) 如果对于二元运算 $*_1$(或者 o_1),集合 S_1 中的元素 x 有逆元 x^{-1},那么对于二元运算 $*_2$(或者 o_2),集合 S_2 中的元素 $h(x)$ 也具有逆元 $h(x^{-1})$;

(6) 如果二元运算 $*_1$(或者 o_1)对于二元运算 o_1(或者 $*_1$)具有可分配性,那么二元运算 $*_2$(或者 o_2)对于二元运算 o_2(或者 $*_2$)也具有可分配性。

证明 (1) 对于任意的元素 $y_1, y_2 \in S_2$,由于函数 h 是满射函数,因此必然存在元素 $x_1, x_2 \in S_1$,使得 $h(x_1) = y_1$,$h(x_2) = y_2$,于是有 $y_1 *_2 y_2 = h(x_1) *_2 h(x_2) = h(x_1 *_1 x_2) = h(x_2 *_1 x_1) = h(x_2) *_2 h(x_1) = y_2 *_2 y_1$,因此说明二元运算 $*_2$ 具有可交换性。

(2) 对于任意的元素 $y_1, y_2, y_3 \in S_2$,由于函数 h 是满射函数,因此必然存在元素 $x_1, x_2, x_3 \in S_1$,使得 $h(x_1) = y_1$,$h(x_2) = y_2$,$h(x_3) = y_3$,于是有 $(y_1 *_2 y_2) *_2 y_3 = (h(x_1) *_2 h(x_2)) *_2 h(x_3) = h(x_1 *_1 x_2) *_2 h(x_3) = h((x_1 *_1 x_2) *_1 x_3) = h(x_1 *_1 (x_2 *_1 x_3)) = h(x_1) *_2 h(x_2 *_1 x_3) = h(x_1) *_2 (h(x_2) *_2 h(x_3)) = y_1 *_2 (y_2 *_2 y_3)$,因此说明二元运算 $*_2$ 具有可结合性。

(3) 对于任意的元素 $y \in S_2$,由于函数 h 是满射函数,因此必然存在元素 $x \in S_1$,使得 $h(x) = y$,于是有 $y *_2 h(e) = h(x) *_2 h(e) = h(x *_1 e) = h(e *_1 x) = h(x) = y$,其中 $h(e *_1 x) = h(e) *_2 h(x) = h(e) *_2 y$,因此得到 $y *_2 h(e) = h(e) *_2 y = y$,因此对于二元运算 $*_2$ 也具有单位元 $h(e)$。

(4) 对于任意的元素 $y \in S_2$,由于函数 h 是满射函数,因此必然存在元素 $x \in S_1$,使得 $h(x) = y$,于是有 $y *_2 h(z) = h(x) *_2 h(z) = h(x *_1 z) = h(z *_1 x) = h(z)$,其中 $h(z *_1 x) = h(z) *_2 h(x) = h(z) *_2 y$,因此得到 $y *_2 h(z) = h(z) *_2 y = h(z)$,因此对于二元运算 $*_2$ 也具有零元 $h(z)$。

（5）对于任意的元素 $y \in S_2$，由于函数 h 是满射函数，因此必然存在元素 $x \in S_1$，使得 $h(x) = y$，于是有 $h(x *_1 x^{-1}) = h(x^{-1} *_1 x) = h(x) *_2 h(x^{-1}) = h(x^{-1}) *_2 h(x) = h(e)$，因此，$h(x)$ 也具有逆元 $h(x^{-1})$。

（6）对于任意的元素 $y_1, y_2, y_3 \in S_2$，由于函数 h 是满射函数，因此必然存在元素 $x_1, x_2, x_3 \in S_1$，使得 $h(x_1) = y_1, h(x_2) = y_2, h(x_3) = y_3$，根据假设，二元运算 $*_1$ 对于二元运算 o_1 具有可分配性，于是有：

$$x_1 *_1 (x_2 o_1 x_3) = (x_1 *_1 x_2) o_1 (x_1 *_1 x_3)$$

于是有：
$$h(x_1 *_1 (x_2 o_1 x_3)) = h((x_1 *_1 x_2) o_1 (x_1 *_1 x_3))$$
$$h(x_1) *_2 h(x_2 o_1 x_3) = h(x_1 *_1 x_2) o_2 h(x_1 *_1 x_3)$$
$$h(x_1) *_2 (h(x_2) o_2 h(x_3)) = h(x_1) *_2 (h(x_2 o_1 x_3)) = h(x_1 *_1 (x_2 o_1 x_3))$$
$$= h((x_1 *_1 x_2) o_1 (x_1 *_1 x_3)) = h(x_1 *_1 x_2) o_2 h(x_1 *_1 x_3)$$
$$= (h(x_1) *_2 h(x_2)) o_2 (h(x_1) *_2 h(x_3))$$

也即：
$$y_1 *_2 (y_2 o_2 y_3) = (y_1 *_2 y_2) o_2 (y_1 *_2 y_3)$$

因此，二元运算 o_2 对于二元运算 o_2 也具有可分配性。证毕。

定理 4-6 表明，一般的同态在代数系统之间仅仅只能保持运算，而具有满射性质的同态不仅能保持运算，而且还能保持运算的性质。例如，与代数系统 V_1 相联系的一些重要公理（axiom），诸如可交换性、可结合性、可分配性、同一性以及可逆性，在该代数系统 V_1 的任何一个满同态像中（特别是在后面将会讲到的同构像中）能够被完全地保持下来。构成满同态的两个代数系统的所有性质在彼此同构的两个代数系统中全部具有，因为同构是一种特殊的满同态。

在这里需要指出的是，如果函数 $h: S_1 \rightarrow S_2$ 不是一个满同态，那么定理 4-6 所列出的性质就不一定都成立。因为这时在集合 S_2 中可能存在着某些元素，它们不是集合 S_1 中任何元素的像。

如果函数 h 是从代数系统 V_1 到代数系统 V_2 的同构，那么函数 h 就是从集合 S_1 到集合 S_2 的双射函数，根据定理 3-4，函数 h 的逆函数 h^{-1} 也是由集合 S_2 到集合 S_1 的双射函数。而且，由于集合 S_2 中的每一个元素都是在函数 h 的作用下得到的集合 S_1 中某一个元素的像，所以笛卡儿积 $S_2 \times S_2$ 中的任意一个有序二元组 (y_1, y_2) 可以写成 $(h(x_1), h(x_2))$ 的形式，并且有：

$$h^{-1}(y_1 *_2 y_2) = h^{-1}(h(x_1) *_2 h(x_2)) = h^{-1}(h(x_1 *_1 x_2))$$
$$= (h^{-1} \cdot h)(x_1 *_1 x_2) = x_1 *_1 x_2 = h^{-1}(y_1) *_1 h^{-1}(y_2)$$

运用类似的方法可以证明：$h^{-1}(y_1 o_2 y_2) = h^{-1}(y_1) o_1 h^{-1}(y_2)$。

对于任意的元素 $y \in S_2$，必定存在一个元素 $x \in S_1$，使得有 $h(x) = y$，因此，有：

$$h^{-1}(\sim_2 (y)) = h^{-1}(\sim_2 (h(x))) = h^{-1}(h(\sim_1 (x)))$$
$$= (h^{-1} \cdot h)(\sim_1 (x)) = \sim_1 (h^{-1}(y))$$

这也就是说，当函数 h 是从代数系统 V_1 到代数系统 V_2 的同构时，函数 h 的逆函数 h^{-1} 也是从代数系统 V_2 到代数系统 V_1 的同构。在这种情况下，通常称代数系统 V_1 与代数系统 V_2 是彼此同构的。

根据以上的讨论可知，如果两个代数系统 $V_1 = <S_1; *_1, o_1, \sim_1>$ 和 $V_2 = <S_2; *_2, o_2, \sim_2>$ 彼此同构，那么集合 S_1 中的全部元素与集合 S_2 中的全部元素都具有一一对应的联系，并且代数系统 V_1 中的各个运算与代数系统 V_2 中的各个运算也是一一对应的。也就是说，如果集合 S_1 中的元素之间有由某个运算所构成的关系时，那么集合 S_2 中对应的元素之间也相应有由与上述运算相对应的运算构成的类似的关系,反之亦然。因此,如果在代数系统 V_1 中有一个与某运算 $*_1$ 相关的性质,那么只需要将 $x \in S_1$ 改为与之相对应的 $h(x) \in S_2$,并且代数系统 V_1 中的运算 $*_1$ 改为代数系统 V_2 中的与运算 $*_1$ 相对应的运算 $*_2$ 就可以了。在代数系统 V_2 中,这个性质也同样成立。反过来,如果在代数系统 V_2 中有一个与某运算 $*_2$ 相关的性质,那么只需要将 $h(x) \in S_2$ 改为与之相对应的 $x \in S_1$,并且代数系统 V_2 中的运算 $*_2$ 改为代数系统 V_1 中的与运算 $*_2$ 相对应的运算 $*_1$ 就可以了。在代数系统 V_1 中,这个性质也同样成立。由此,我们可以得出以下的结论:两个彼此同构的代数系统,除了集合中元素的名字和运算的符号可能不相同以外,在本质上没有任何区别。研究代数系统 V_1 所导出的各种理论可以直接应用于任意一个与该代数系统 V_1 同构的所有代数系统中,于是,当研究一个新的代数系统的性质时,确定这个代数系统与另一个性质已知的代数系统是否同构是十分重要的一件事情。

下面,我们通过几个例子进行具体说明。

研究代数系统 $V_1 = <\{\varnothing, A, A', U\}; ', \cup, \cap>$,在这里,集合 A 是全集合 U 的一个固定的子集,并且运算 $'$、$\cup$ 和 $\cap$ 分别用来表示通常的集合的求补运算、求并运算和求交运算。再研究另一个代数系统 $V_2 = <\{1, 2, 5, 10\}; \sim, \vee, \wedge>$,在这个代数系统里,$i \vee j \, (i, j \in \{1, 2, 5, 10\})$ 表示 i 和 j 的最小公倍数,$i \wedge j$ 表示 i 和 j 的最大公约数,并且 $\sim(i)$ 表示 10 除以 i 所得的商。于是,代数系统 V_1 和代数系统 V_2 上的运算表如表 4-8 所示。

表 4-8 代数系统 V_1 和代数系统 V_2 上的运算表

S	S'
$\varnothing$	U
A	A'
A'	A
U	$\varnothing$

(a)

$\cup$	$\varnothing$	A	A'	U
$\varnothing$	$\varnothing$	A	A'	U
A	A	A	U	U
A'	A'	U	A'	U
U	U	U	U	U

(b)

$\cap$	$\varnothing$	A	A'	U
$\varnothing$	$\varnothing$	$\varnothing$	$\varnothing$	$\varnothing$
A	$\varnothing$	A	$\varnothing$	A
A'	$\varnothing$	$\varnothing$	A'	A'
U	$\varnothing$	A	A'	U

(c)

i	$\sim(i)$
1	10
2	5
5	2
10	1

(d)

$\vee$	1	2	5	10
1	1	2	5	10
2	2	2	10	10
5	5	10	5	10
10	10	10	10	10

(e)

$\wedge$	1	2	5	10
1	1	1	1	1
2	1	2	1	2
5	1	1	5	5
10	1	2	5	10

(f)

根据表 4-8,不难看出,下面的三张表可以经由上面的三张表简单地分别使用 1、2、5、10 代替 $\varnothing$、A、A' 和 U,并且使用代数系统 V_2 上的运算 $\sim$、$\vee$ 和 $\wedge$ 分别代替代数系统 V_1 上的运算 $'$、$\cup$ 和 $\cap$ 而得到。因此表明,代数系统 V_1 与代数系统 V_2 是彼此同构的。又因为有同构 h,当然 h 也是由集合 $\{\varnothing, A, A', U\}$ 到集合 $\{1, 2, 5, 10\}$ 上的双射函数。在这里,$h(\varnothing) = 1$,$h(A) = 2$,$h(A') = 5$,$h(U) = 10$,所以,对于代数系统 V_1 所导出的任何性质,可以通过简单地作上述替换以后可以直接作用于代数系统 V_2 上。也就是说,这两个代数系统 V_1 和 V_2 除了形式上不同之外,在本质上完全一样。

抽象代数中的两个代数系统彼此同构这一概念应用十分广泛。特别是在计算机科学中这样的例子屡见不鲜。甚至可以毫不夸张地说,正是这种代数系统彼此同构的特征一举奠定了今天的计算机系统的信息处理模式。这是为什么呢?下面,我们通过一个例子来说明。

现在讨论如何使用计算机来实现全集合 U 的任意两个子集的求并运算、求交运算和求补运算。在第 1 章中我们已经讨论过集合与集合之间的各种基本运算(并、交、差、补、对称差)方法。但是,我们知道这些方法中有相当一部分是通过人工的方法求解的,效率很低。特别是对于集合数量很大的情况尤其如此。这时,我们自然会考虑接下来的一个问题:能否将两个集合之间的各种基本运算通过计算机来实现呢?在回答这个问题之前就必须回答另外的两个问题,即能否将两个集合之间的各种基本运算分别转化为相应的计算机系统可以执行的运算(特别是效率较高的运算),以及怎样将两个集合之间的各种基本运算分别转化为相应的计算机系统可以执行的运算。但是在解决这两个问题之前需要有一个前提,那就是怎样在计算机系统中表示一个集合。

我们知道,计算机系统最擅长的运算就是与、或、非的运算。换句话说,计算机系统在执行这些运算的时候效率最高,这是因为这些运算可以直接通过计算机的硬件(逻辑门电路)实现。如果能够将全集合 U 的任意两个子集的求并运算、求交运算和求补运算转化为与之相对应的计算机系统可以执行的运算,问题就解决了。但是首先,我们需要在计算机系统中能够准确地描述一个集合。幸运的是,这个工作已经顺利地完成了。

设有集合 $A=\{a_1,a_2,\cdots,a_n\}$,$B=\{0,1\}$。对于集合 A 的任意一个子集 S,将其与有序 n 元组 $f(S)=(b_1,b_2,\cdots,b_n)$ 对应,其中:

$$b_i=\begin{cases}1,若\ a_i\in S\\0,若\ a_i\notin S\end{cases}\quad(i=1,2,\cdots,n)$$

在第 3 章中我们已经证明了函数 f 是一个由集合 A 的幂集 2^A 到笛卡儿积 B^n 的双射函数。因此,如果将这里的集合 A 看成全集合 U,那么就说明集合 A 中的任何一个子集都可以与笛卡儿积 B^n 里的某一个有序 n 元组建立起一一对应的联系。并且有序 n 元组中的 n 个坐标的取值要么是 0,要么是 1。由于有序 n 元组中的 n 个坐标之间有唯一的顺序,因此,可以用一维数组来表示任意一个有序 n 元组。这样一来,原来的集合 A 中的任何一个子集在计算机中就可以用一个一维数组唯一地表示出来了。

接下来,我们在集合 A 的幂集 2^A 上可以定义三个运算,即求并运算($\cup$)、求交运算($\cap$)以及求补运算($'$);在笛卡儿积 B^n 上也可以分别定义三个运算,即按位或运算($|$)、按位与运算($\&$)以及取反运算($\sim$)。其中,按位或运算的运算规则是将两个有序 n 元组的各个相对应位的坐标值进行或运算;按位与运算的运算规则是将两个有序 n 元组的各个相对应位的坐标值进行与运算;取反运算的运算规则是将有序 n 元组的各个坐标值进行取反操作。即如果当前坐标位的坐标值为 1,那么经过取反操作以后,该位的坐标值变为 0;如果当前坐标位的坐标值为 0,那么经过取反操作以后,该位的坐标值变为 1。

对于集合 A 的幂集中的任意两个集合 S_1 和 S_2,$S_1=\{a_i\mid a_i\in A,当\ b_i=1\ 时\}$,$S_2=\{a_j\mid a_j\in A,当\ b_i=1\ 时\}$。集合 S_1 与集合 S_2 的求并运算 $S_1\cup S_2=\{a_i\mid a_i\in S_1\ 或\ a_i\in S_2\}$,因此,$f(S_1\cup S_2)=(b_1,b_2,\cdots,b_n)$,当 $a_i\in S_1\cup S_2$ 时($i=1,2,\cdots,n$),即当 $a_i\in S_1$ 或 $a_i\in S_2$ 时,$b_i=1(i=1,2,\cdots,n)$,否则 $b_i=0$。也就是说,只要当元素 a_i 属于集合 S_1 或集合 S_2 时,在由函数 f 将像源 $S_1\cup S_2$ 映射到的笛卡儿积 B^n 中的像(值)$(b_1,b_2,\cdots,b_n)$ 的第 i 个坐标的值为 1,否则为 0。又不妨令 $f(S_1)$ 的值为 $(b_1',b_2',\cdots,b_n')$,并且 $f(S_2)$ 的值为 $(b_1'',b_2'',\cdots,b_n'')$,则当 $a_i\in S_1$ 时,$b_i'=1(i=1,2,\cdots,n)$,否则 $b_i'=0$;当 $a_i\in S_2$ 时,$b_i''=1(i=1,2,\cdots,n)$,否则 $b_i''=0$。则 $f(S_1)|f(S_2)=(b_1''',b_2''',\cdots,b_n''')$,不难看出,只要当元素 $a_i\in S_1$ 或 $a_i\in S_2$ 时,$b_i'''=1(i=1,2,\cdots,n)$,否则 $b_i'''=0$。由此可得,$f(S_1\cup S_2)=f(S_1)|f(S_2)$,类似地可以得

出，$f(S_1 \cap S_2) = f(S_1) \& f(S_2)$。对于集合 A 的幂集中的任意集合 S，不妨设 $S = \{a_k \mid a_k \in A,$ 当 $b_k = 1$ 时$\}$，则集合 S 的补集 $S' = \{a_l \mid a_l \in A,$ 且 $a_l \notin S\}$，因此，$f(S') = (b_1, b_2, \cdots, b_n)$，当元素 $a_i \in S'$ 时（$i = 1, 2, \cdots, n$），即当元素 $a_i \notin S$ 时，$b_i = 1$（$i = 1, 2, \cdots, n$）；而当 $a_i \in S$ 时，$b_i = 0$。也就是说，只有当元素 a_i 不属于集合 S 时，在由函数 f 将像源 S' 映射到的笛卡儿积 B^n 中的像（值）$(b_1, b_2, \cdots, b_n)$ 的第 i 个坐标的值为 1，否则为 0。又不妨令 $f(S) = (b_1', b_2', \cdots, b_n')$，则当元素 $a_i \in S$ 时（$i = 1, 2, \cdots, n$），即当元素 $a_i \in S$ 时，$b_i = 1$（$i = 1, 2, \cdots, n$）；而当 $a_i \notin S$ 时，$b_i = 0$。这样一来，就可以得出以下结论，即在与集合 S 的补集 S' 所对应的有序 n 元组 $(b_1, b_2, \cdots, b_n)$ 中坐标值为 1 的位置，在集合 S 所对应的有序 n 元组 $(b_1', b_2', \cdots, b_n')$ 中相同位置的坐标值为 0；并且在与集合 S 的补集 S' 所对应的有序 n 元组 $(b_1, b_2, \cdots, b_n)$ 中坐标值为 0 的位置，在集合 S 所对应的有序 n 元组 $(b_1', b_2', \cdots, b_n')$ 中相同位置的坐标值为 1。因此，$f(S') = \sim f(S)$。例如，设作为全集合 U 的集合 $A = \{a_1, a_2, a_3, a_4, a_5, a_6, a_7, a_8\}$，其幂集 2^A 中有两个元素 $S_1 = \{a_1, a_3, a_4, a_7\}$，$S_2 = \{a_2, a_3, a_5, a_6, a_7\}$，则 $S_1 \cup S_2 = \{a_1, a_2, a_3, a_4, a_5, a_6, a_7\}$，$f(S_1 \cup S_2) = f(\{a_1, a_2, a_3, a_4, a_5, a_6, a_7\}) = (1,1,1,1,1,1,1,0)$，$f(S_1) = f(\{a_1, a_3, a_4, a_7\}) = (1,0,1,1,0,0,1,0)$，$f(S_2) = f(\{a_2, a_3, a_5, a_6, a_7\}) = (0,1,1,0,1,1,1,0)$，于是，$f(S_1) \mid f(S_2) = (1,0,1,1,0,0,1,0) \mid (0,1,1,0,1,1,1,0) = (1,1,1,1,1,1,1,0)$，因此，$f(S_1 \cup S_2) = f(S_1) \mid f(S_2)$；$S_1 \cap S_2 = \{a_3, a_7\}$，$f(S_1 \cap S_2) = f(\{a_3, a_7\}) = (0,0,1,0,0,0,1,0)$，$f(S_1) \& f(S_2) = (1,0,1,1,0,0,1,0) \& (0,1,1,0,1,1,1,0) = (0,0,1,0,0,0,1,0)$。又另设作为全集合 U 的集合 $A = \{a_1, a_2, a_3, a_4, a_5, a_6, a_7, a_8\}$ 的幂集 2^A 中的一个元素 $S = \{a_2, a_3, a_5, a_7, a_8\}$，则 $S' = \{a_1, a_4, a_6\}$。于是 $f(S') = f(\{a_1, a_4, a_6\}) = (1,0,0,1,0,1,0,0)$；$f(S) = f(\{a_2, a_3, a_5, a_7, a_8\}) = (0,1,1,0,1,0,1,1)$，因此，$\sim f(S) = \sim (0,1,1,0,1,0,1,1) = (1,0,0,1,0,1,0,0)$，所以有 $f(S') = \sim f(S)$。

综合以上的分析和讨论，可以得出以下的结论：全集合 U 的幂集 2^U 及在其上定义的求并运算、求交运算、求补运算构成的代数系统与笛卡儿积 $\{0,1\}^n$ 及在其上定义的按位或运算、按位与运算、取反运算构成的代数系统彼此同构。这个结论的意义非常重大，它表明用现代的计算机系统可以执行人们在科学研究的过程中需要使用到的对集合进行的一切可能的运算。因为根据第 1 章的相关内容，集合之间的所有运算都可以转换为与之等价的求并运算、求交运算与求补运算的各种可能的组合形式。而且计算机系统对于执行这样的运算，其效率是非常高的，这恰恰体现出了计算机系统的使用价值。例如，读者可以了解到当前的计算机系统对于图形图像这种大信息量的信息具有很强的处理能力。之所以具有如此之强的处理能力，其根本原因就在于计算机首先将图形图像进行编码，然后将处理过程转化为集合的运算方式，然后就可以进行高效地处理了。而这种处理方法的理论来源之一恰好就是本节介绍的代数系统的彼此同构这一基本的概念。

为了进一步理解和掌握两个代数系统彼此同构这一重要的概念，下面通过几个具体的例题加以说明。

例 4-8 设集合 E 是由偶数组成的集合，$E = \{\cdots, -4, -2, 0, 2, 4, \cdots\}$，试证明代数系统 $<I; +>$ 和 $<E; +>$ 是同构的。其中，代数系统 $<I; +>$ 和代数系统 $<E; +>$ 中的运算"$+$"均表示整数加法运算。

证明 在由整数集 I 到偶数集 E 之间可以构造一个函数 $g: I \to E$，使得 $g(i) = 2 * i$，不难看出，函数 g 是一个双射函数，并且对于任意的整数 i 和 j，都有：

$$g(i+j) = 2 * (i+j) = 2 * i + 2 * j = g(i) + g(j)$$

因此，代数系统 $<I; +>$ 和 $<E; +>$ 是同构的。证毕。

例 4-9　表 4-9 定义了代数系统 $V_1=<\{a,b,c,d\};*>$ 和代数系统 $V_2=<\{1,2,3,4\};\cdot>$，试证明这两个代数系统同构。

表 4-9　二元运算"$*$"和"$\cdot$"的运算表

(a)					(b)				
$*$	a	b	c	d	$\cdot$	1	2	3	4
a	d	a	b	d	1	2	2	2	4
b	d	b	c	d	2	1	1	4	2
c	a	d	c	d	3	2	2	3	1
d	d	a	b	a	4	2	1	1	3

分析　根据两个代数系统彼此同构的定义，应首先证明两个系统的集合间存在双射函数，然后再证明该函数对于两个运算的所有结果都是一一对应的。但是在一般简单的情况下，在由运算表给出的两个代数系统之间给出一个双射函数并不难，困难(或麻烦)在于要证明这个构造出来的双射函数对于两个运算的所有结果都是一一对应的，就需要对该双射函数进行一一验证。幸运的是，我们可以将二元运算表看成一个矩阵，即首先构造一个双射函数，也就是将代数系统 V_1 中的元素与代数系统 V_2 中的元素建立起一一对应的关系，然后再将表 4-9 中的两个运算表中的一个运算表(可以进行任意选择)用建立起对应关系的另一个表中的元素进行替换(注：运算符不用替换)，并将得到的新运算表(可以将其理解为矩阵)进行类似于矩阵的行列等效变换，即进行元素位置可以发生改变，但是运算的根本性质不发生改变的变换，最后将经过等效变换之后的运算表与没有经过任何变换的那张表进行比较，一定是除了运算符不同以外，其余的均一致。这是由两个代数系统彼此同构的本质决定的。下面给出具体的证明过程。读者通过这个例题可以更加深入地体会两个代数系统彼此同构的本质是什么。

证明　根据表 4-9，可以构造出一个由集合 $\{a,b,c,d\}$ 到集合 $\{1,2,3,4\}$ 的双射函数 $h:\{a,b,c,d\}\rightarrow\{1,2,3,4\}$。其中，$h(a)=2,h(b)=4,h(c)=3,h(d)=1$。于是，不妨将运算表 4-9(a) 中的 a,b,c,d 这四个符号分别用与它们所对应的 2,4,3,1 进行替换，并且运算表 4-9(a) 中的运算符不变，这样一来，表 4-9(a) 可以变为如表 4-10(a) 所示的运算表，然后再经过等效变换，即将表 4-10(a) 中的 1,2,3,4 这四个符号的位置变成与表 4-9(b) 中的 1,2,3,4 的位置相一致，运算的本质按照二元运算"$*$"执行，保持不变，从而可以将表 4-10(a) 改变为表 4-10(b)。

表 4-10　经过等效变换之后的运算表

(a)					(b)				
$*$	2	4	3	1	$*$	1	2	3	4
2	1	2	4	1	1	2	2	2	4
4	1	4	3	1	2	1	1	4	2
3	2	1	3	3	3	2	2	3	1
1	2	4	2	4	4	2	1	1	3

最后将表 4-10(b)与表 4-9(b)进行比较,不难发现,表 4-10(b)与表 4-9(b)除了运算符不相同之外,其余的形式完全一样。这即说明代数系统 $V_1=<\{a,b,c,d\};*>$ 和代数系统 $V_2=<\{1,2,3,4\};\cdot>$ 是彼此同构的。证毕。

在证明两个代数系统彼此同构时,通常使用在两个代数系统之间构造双射函数的方法,这是一种典型的构造法证明方式,谈起构造法证明,实际上就是给人一种创新和创造的感觉。为什么呢?因为在两个代数系统之间可以构造出很多个不同的双射函数,这些双射函数未必都能够满足同态性,也就是说,这些函数未必都能够保证先运算后取像的结果与先取像后运算的结果是一致的。因此,在使用构造法证明时,会随着构造的过程本身的不易性增加证明的难度。那么,怎样才能构造出与题目所需相符的双射函数呢?这时,我们需要回想一下满同态的性质,由于具有满射性质的同态不仅能保持运算,而且还能保持运算的性质。因此,如果两个代数系统彼此同构,那么这两个代数系统中的运算的性质也能够完全保持。这样,我们就可以从两个代数系统的特殊元素(如单位元、零元、幂等元、逆元等)或者代数系统的基本运算性质的一致性进行分析,寻找与待证明的问题相符合的双射函数。下面,我们通过一个例子来说明。

例 4-10 设有一个代数系统 $<R;\cdot>$,其中运算 $\cdot$ 定义为 $a\cdot b=(a-1)(b-1)+1,(a,b\in R)$;另一代数系统是 $<R;\times>$,其中 $\times$ 为普通数的乘法。两个代数系统中的 R 均为实数集。试证明代数系统 $<R;\cdot>$ 与代数系统 $<R;\times>$ 彼此同构。

证明 考察代数系统 $<R;\times>$,不难看出,这个系统有关于运算 "$\times$" 的单位元是 1,运算 "$\times$" 的零元是 0;考察另一个代数系统 $<R;\cdot>$,由于有 $a\cdot 2=(a-1)(2-1)+1=(2-1)(a-1)+1=2\cdot a=a$,并且有 $a\cdot 1=(a-1)(1-1)+1=(1-1)(a-1)+1=1\cdot a=1$,因此,2 是代数系统 $<R;\cdot>$ 关于运算 "$\cdot$" 的单位元,1 是代数系统 $<R;\cdot>$ 关于运算 "$\cdot$" 的零元,现构造由实数集 R 到 R 自身的双射函数 $h:R\to R$,且满足 $h(1)=2,h(0)=1$(单位元 e 映射到单位元 $h(e)$;零元 z 映射到零元 $h(z)$),由此不难看出,双射函数 h 经过坐标为 $(1,2),(0,1)$ 的两个点,两个点之间可以连一条直线,又由于直线具有单调性,因此,直线是天然的双射函数,所以,可以构造经过 $(1,2)$ 和 $(0,1)$ 这两个点的直线 $h(r)=r+1(r\in R)$,又对于实数集 R 上的任意两个实数 $x,y\in R$,有 $h(x\times y)=x\times y+1=(x+1-1)(y+1-1)+1=((x+1)-1)((y+1)-1)+1=(h(x)-1)(h(y)-1)+1=h(x)\cdot h(y)$ 所以,函数 h 是由代数系统 $<R;\times>$ 到代数系统 $<R;\cdot>$ 的同态,即函数 h 是由代数系统 $<R;\times>$ 到代数系统 $<R;\cdot>$ 的同构。因此,代数系统 $<R;\cdot>$ 与代数系统 $<R;\times>$ 彼此同构。证毕。

例 4-11 证明代数系统 $<Z;+>$ 和代数系统 $<N;*>$ 不同构。其中,二元运算 "$+$" 是普通整数的加法,二元运算 "$*$" 是普通整数的乘法。

证明 (反证法)假设函数 $h:Z\to N$ 是从代数系统 $<Z;+>$ 到代数系统 $<N;*>$ 的一个同构,则存在着一个非零整数 $x\in Z(x\geqslant 3)$ 和某个素数 $p\in N(p\geqslant 2)$,使 $h(x)=p$,由于函数 h 是一个同构,因此有 $p=h(x)=h(x+0)=h(x)*h(0)$,并且有 $p=h(x)=h((x-1)+1)=h(x-1)*h(1)$,由 $x\geqslant 3$ 可得 $0<1<x-1<x$。又由于函数 h 是双射函数,于是有 $h(0)、h(1)、h(x-1)$ 与 $h(x)$ 两两互不相等,因此可得,p 有 4 个不同的整数因子。这与 p 是素数的假设矛盾,因为 p 是素数表明 p 只有 2 个不同的整数因子。所以,代数系统 $<Z;+>$ 和代数系统 $<N;*>$ 不同构。

不难看出,每一个代数系统对其自身是同构的。如果代数系统 V_1 对代数系统 V_2 是同构的,那么代数系统 V_2 对代数系统 V_1 也是同构的。而且如果代数系统 V_1 对代数系统 V_2 是同构的,那么代数系统 V_1 和代数系统 V_3 也是同构的。所以,在由代数系统所组成的集合上的同构关系是一个等价关系。因此,我们可以将这个集合划分成为一些等价类。其中,每一个类是由具有相同"结构"的同构的代数系统所组成。

如果代数系统 V_1 和代数系统 V_2 是同一个代数系统 V,那么从代数系统 V_1 到代数系统 V_2 的同态称为代数系统 V 的自同态,从代数系统 V_1 到代数系统 V_2 的同构称为自同构。

例 4-12 设有代数系统 $V_1 = <R; *>$ 和代数系统 $V_2 = <R_+; *>$,现定义函数如下。

(1) $f_1:R \rightarrow R_+$,$f_1(x) = |x|$。

(2) $f_2:R_+ \rightarrow R_+$,$f_2(x) = |x|$。

(3) $f_3:R_+ \rightarrow R_+$,$f_3(x) = 2x$。

其中,集合 R 与集合 R_+ 分别是实数集与正实数集,并且两个代数系统中的二元运算"$*$"是普通实数的乘法。试问,以上这些函数是不是从代数系统 V_1 到代数系统 V_2 的同构,或者是不是从代数系统 V_2 到 V_2 自身的自同构?

解 (1) 关于函数 $f_1:R \rightarrow R_+$,对于任意的实数 $x,y \in R$,$f_1(x*y) = |x*y| = |x| * |y| = f_1(x) * f_1(y)$,因此,函数 f_1 是由代数系统 V_1 到代数系统 V_2 的同态,又由于 $2 \in R$,并且 $f_1(2) = f_1(-2) = 2$,因此,函数 f_1 不是单射函数。所以,函数 f_1 不是双射函数,因此,函数 f_1 不是从代数系统 V_1 到代数系统 V_2 的同构。

(2) 关于函数 $f_2:R_+ \rightarrow R_+$,显然它是从代数系统 V_2 到代数系统 V_2 自身的同态,又对于任意的正实数 $x \in R_+$,有 $f_2(x) = |x| = x$,于是函数 f_2 是双射函数,所以函数 f_2 是由代数系统 V_2 到代数系统 V_2 自身的同构。按照自同构的定义,函数 f_2 也是代数系统 V_2 到代数系统 V_2 自身的自同构。

(3) 关于函数 $f_3:R_+ \rightarrow R_+$,对于任意的正实数 $x,y \in R_+$,有 $f_3(x*y) = 2(x*y) = 2xy$,但是 $f_3(x) * f_3(y) = 2x * 2y = 4xy$,于是有 $f_3(x*y) \neq f_3(x) * f_3(y)$,因此,函数 f_3 不是代数系统 V_2 到代数系统 V_2 自身的自同构。

4.4 经典例题选编

例 4-13 代数系统 $V_1 = <R; *>$ 和代数系统 $V_2 = <R; +>$ 彼此同构吗?这里的集合 R 表示实数集,二元运算"$*$"与二元运算"$+$"分别表示通常实数的乘法运算和加法运算。

解 假设代数系统 $V_1 = <R; *>$ 和代数系统 $V_2 = <R; +>$ 彼此是同构的,则这两个代数系统有完全相同的性质,但是在实数集合 R 上,二元运算"$*$"有零元 0,而在实数集合 R 上,二元运算"$+$"却没有零元 0。由此可知,代数系统 $V_1 = <R; *>$ 和代数系统 $V_2 = <R; +>$ 不同构。

例 4-14 代数系统 $V_1 = <R - \{0\}; *>$ 和代数系统 $V_2 = <R; +>$ 彼此同构吗?这里的集合 R 表示实数集,二元运算"$*$"与二元运算"$+$"分别表示通常数的乘法运算和加法运算。

分析 代数系统 V_1 和代数系统 V_2 的运算均没有零元,在这方面它们的性质是相同的,但是在其他方面它们的性质是否完全相同呢?通过观察不难发现,代数系统 V_1 中有一个特殊的元素 -1,$(-1)*(-1)=1$(代数系统 V_1 中的单位元),也就是说,元素 -1(并非代数系统 V_1 中的单位元)的逆元就是 -1 自身。但是在代数系统 V_2 中,除了单位元 0 以外,找不出以自身为逆元的元素,即根据实数加法运算规则,不存在满足 $r+r=0$ 的非零实数 r。由此可以判定代数系统 V_1 和代数系统 V_2 不可能同构。

下面,我们从 -1 这个特殊元素入手,用反证法给予证明。

解 不妨设函数 f 是由代数系统 V_1 到代数系统 V_2 的一个同构,则由代数系统 V_1 的单位元映射到代数系统 V_2 的单位元这条性质可知,$f(1)=0$。又令 $f(-1)=r$,由于函数 f 是一个双射函数,因此有 $r\neq0$。于是有:

$$f(1)=f((-1)*(-1))=f(-1)+f(-1)=2*r$$

所以,$2*r=0$,因此可得 $r=0$,这与 $f(-1)=r\neq0$ 相矛盾。因此,代数系统 $V_1=<R-\{0\};*>$ 和代数系统 $V_2=<R;+>$ 不同构。

为了得到两个同构的代数系统,设想一下能否从例 4-14 中的代数系统 V_1 中将元素 -1 去掉呢,也就是说考虑集合 $R-\{0,-1\}$ 呢?不行!这是因为乘法运算“$*$”在 $R-\{0,-1\}$ 这个集合上不封闭(如 0.5 与 -2 都是属于 $R-\{0,-1\}$ 的,但是 $0.5*(-2)=-1\notin R-\{0,-1\}$),它们不能构成代数系统。

例 4-15 试证明代数系统 $V_1=<R_+;*>$ 和代数系统 $V_2=<R;+>$ 彼此同构。这里的集合 R 表示实数集,二元运算“$*$”与二元运算“$+$”分别表示通常数的乘法运算和加法运算。

分析 粗略地看,代数系统 V_1 与代数系统 V_2 具有许多相同的性质,如集合 R_+ 与集合 R 是等势的,乘法运算“$*$”与加法运算“$+$”都具有可交换性和可结合性,并且代数系统 V_1 与代数系统 V_2 都具有各自的单位元(代数系统 V_1 的单位元是 1,代数系统 V_2 的单位元是 0),但都没有零元。因此,在集合 R_+ 与集合 R 之间,很容易构造一个双射函数 $f:R_+\rightarrow R$,并且有 $f(r)=\ln(r)$。而且,也很容易证明函数 f 具有同态的性质,因此可以证明代数系统 V_1 与代数系统 V_2 是彼此同构的。具体证明过程如下。

证明 定义函数 $f:R_+\rightarrow R$,对于任意的正实数 $r\in R_+$,有 $f(r)=\ln(r)$。由于对于任意的正实数 $x,y\in R_+$,若 $x\neq y$,根据对数函数的性质,有 $\ln(x)\neq\ln(y)$,于是函数 f 是一个单射函数。又对于任意一个实数 $r'\in R$,都存在着一个正实数 $r\in R_+$,使得 $r=\exp\{r'\}$(注:这里的 $\exp\{r'\}$ 即是 $e^{r'}$,下同),于是函数 f 是一个满射函数。因此,函数 f 是一个双射函数。又对于任意的正实数 $x,y\in R_+$,有:

$$f(x*y)=\ln(x*y)=\ln(x)+\ln(y)=f(x)+f(y)$$

由此可知,函数 f 是由代数系统 V_1 到代数系统 V_2 的同态,于是函数 f 是由代数系统 $V_1=<R_+;*>$ 到代数系统 $V_2=<R;+>$ 的同构,因此代数系统 $V_1=<R_+;*>$ 和代数系统 $V_2=<R;+>$ 是彼此同构的代数系统。证毕。

例 4-16 代数系统 $V_1=<R;->$ 和代数系统 $V_2=<R_+;\div>$ 彼此同构吗?这里的集合 R 表示实数集,二元运算“$-$”与二元运算“$\div$”分别表示通常数的减法运算和除法运算。

解 定义由实数集 R 到正实数集 R_+ 上的函数 $h:R\rightarrow R_+$,使得对于任意的实数 r 有 $h(r)=\exp\{r\}$,则对于任意的实数 $x,y\in R$,有:

$$h(x-y)=\exp\{x-y\}=\exp\{x\}\div\exp\{y\}=h(x)\div h(y)$$

由此可知,函数 h 是由代数系统 V_1 到代数系统 V_2 的同态,于是函数 h 是由代数系统 $V_1=<R;->$ 到代数系统 $V_2=<R_+;\div>$ 的同构。

例 4-17 试证明代数系统 $V=<I;+>$ 只有 $g:I\to I,g(i)=\pm i(i\in I,i$ 为任意整数)两个自同构。其中,集合 I 表示整数集,二元运算"$+$"表示通常数的加法运算。

证明 首先定义整数集 I 到 I 自身的函数 $g_1:I\to I$,对于任意的整数 $i\in I$,有 $g_1(i)=i$。由此可知,函数 g_1 既是集合 I 上的恒等函数,又是一个双射函数。对于任意的整数 $i,j\in I$,根据函数 g_1 的定义,显然应有:

$$g_1(i+j)=i+j=g_1(i)+g_1(j)$$

于是,函数 g_1 是由代数系统 V 到 V 自身的自同态,所以函数 g_1 是由代数系统 V 到 V 自身的自同构。再定义整数集 I 到 I 自身的函数 $g_2:I\to I$,对于任意的整数 $i\in I$,有 $g_2(i)=-i$,由此可知,函数 g_2 也是一个双射函数。对于任意的整数 $i,j\in I$,根据函数 g_2 的定义,显然应有:

$$g_2(i+j)=-(i+j)=(-i)+(-j)=g_2(i)+g_2(j)$$

于是,函数 g_2 是由代数系统 V 到 V 自身的自同态,所以函数 g_2 是由代数系统 V 到 V 自身的自同构。假设由代数系统 V 到 V 自身还有自同构。并且不妨设函数 $h:I\to I$ 是由代数系统 V 到 V 自身的任意一个自同构,则函数 h 是一个双射函数,并且根据满同态的基本性质——单位元的映射关系可知,$h(0)=0$。对于整数集中的整数 1 来说,必存在某个整数 $k\in I$,并且 $k\neq 0$,使得 $h(k)=1$。现在我们分情况讨论如下。

(1) 若 $k>0$,则 $h(k)=h(1+1+\cdots+1)=h(1)+h(1)+\cdots+h(1)=1$,也就是说,$k$ 个 $h(1)$ 相加之和等于 1,于是可得,$h(1)=1/k$。又由于 $h(1)$ 是整数,因此 $k=1$,所以 $h(1)=1$。

(2) 若 $k<0$,则 $h(k)=h((-1)+(-1)+\cdots+(-1))=h(-1)+h(-1)+\cdots+h(-1)=1$,也就是说,$-k$ 个 $h(1)$ 相加之和等于 1,于是可得,$h(1)=-1/k$。又由于 $h(1)$ 是整数,因此 $k=-1$,所以 $h(-1)=1$。又由于 1 和 -1 互为对方的逆元,根据满同态的基本性质——逆元的映射关系可知,$h(1)=-1$。

综合(1)与(2)的分析,可以得出以下结论:对于由代数系统 V 到 V 自身的自同构 $h:I\to I$,必有 $h(0)=0$,当 $h(1)=1$ 时,$h(-1)=-1$;当 $h(1)=-1$ 时,$h(-1)=1$。

于是,对于任意的正整数 $i\in I$,有:

$$h(i)=h(1+1+\cdots+1)=h(1)+h(1)+\cdots+h(1)=i*h(1)=\pm i$$

同理,对于任意的负整数 $i\in I$,有:

$$h(i)=h((-1)+(-1)+\cdots+(-1))=h(-1)+h(-1)+\cdots+h(-1)=(-i)*h(-1)=\pm i$$

由函数 h 的任意性可知,由代数系统 V 到 V 自身只有 $g:I\to I$ 和 $g(i)=\pm i(i\in I,i$ 为任意整数)的两个自同构。证毕。

习 题 4

1. 在下列正整数集 N 的子集中,哪些在整数加法运算下是封闭的? 证明你的结论。

(1) $\{n|n$ 的某一次幂可以被 32 整除$\}$。

(2) $\{n|n$ 与 11 互质$\}$。

(3) $\{n|n$ 能被 6 整除,并且 n 的平方能被 24 整除$\}$。

(4) $\{n \mid 33n$ 能被 9 整除$\}$。

2. 试证明在有理数除法运算下封闭的有理数的集合在有理数乘法运算下一定也是封闭的。

3. 下面是非负实数集合 $R_+ \cup \{0\}$ 上的二元运算"$*$"的不同的定义规则。在每一种情况下,判定该二元运算"$*$"是否具有可交换性,以及是否具有可结合性?非负实数集合 $R_+ \cup \{0\}$ 对于"$*$"运算是否有单位元?如果有单位元的话,非负实数集合 $R_+ \cup \{0\}$ 中的每一个对于"$*$"运算是否都是可逆的?

(1) $x * y = |x-y|$。

(2) $x * y = (x^2+y^2)^{1/2}$。

(3) $x * y = x+2 \times y$。

(4) $x * y = 0.5 \times (x+y)$。

其中,x^2 表示任意实数的平方运算,$x^{1/2}$ 表示任意非负实数的开方运算,$|x|$ 表示任意实数 x 取绝对值的运算,运算符号"$+$"、"$-$"、"$\times$"分别表示非负实数的加法运算、减法运算以及乘法运算。

4. 根据运算表怎样识别一个具有可交换性的二元运算?怎样识别单位元和逆元(如果存在的话)?

5. 列举几个你所熟悉的代数系统。

6. 设$<A;*>$是一个代数系统。其中,运算"$*$"是具有可结合性的二元运算,并且对于所有的 $a_i, a_j \in A$,若 $a_i * a_j = a_j * a_i$ 成立,则可以推得 $a_i = a_j$。试证明对于任意的 $a \in A$,有 $a * a = a$。

7. 设$<J;+,*>$是一个整环。其中,0 是该整环中关于运算"$+$"的单位元,1 是该整环中关于运算"$*$"的单位元。试证明:

(1) 对于所有的 $i, j, k \in J$,若 $i+j = i+k$ 成立,则可以推得 $j = k$;

(2) 对于所有的 $i, j \in J$,方程 $i+x = j$ 在集合 J 上有唯一解;

(3) 对于所有的 $i \in J$,有 $i * 0 = 0 * i = 0$;

(4) 对于所有的 $i, j \in J$,若 $i * j = 0$ 成立,则可以推得 $i = 0$ 或者 $j = 0$;

(5) 对于所有的 $i \in J$,有 $-(-i) = i$;

(6) 对于所有的 $i \in J$,有 $-i = (-1) * i$;

(7) 对于所有的 $i, j \in J$,有 $-(i+j) = (-i)+(-j)$;

(8) 对于所有的 $i, j \in J$,有 $(-i) * j = i * (-j) = -(i * j)$;

(9) 对于所有的 $i, j \in J$,有 $(-i) * (-j) = i * j$。

8. 证明代数系统$<C;+,*>$是一个整环。其中,集合 C 是由全体复数组成的集合,而二元运算"$+$"和二元运算"$*$"是复数的加法运算和复数的乘法运算。

9. 代数系统$<\{2i \mid i \in I\};+,*>$(其中,二元运算"$+$"和二元运算"$*$"表示通常整数的加法运算和乘法运算)是整环吗?并说明理由。

10. 设有代数系统$<N;*>$和代数系统$<\{0,1\};*>$。其中,这两个代数系统中的二元运算"$*$"是通常数的乘法运算。试证明函数 $g: N \rightarrow \{0,1\}$ 是一个由代数系统$<N;*>$到代数系统$<\{0,1\};*>$的同态。函数 g 的定义如下。

$$g(n) = \begin{cases} 1 & n = 2^k (k \geqslant 0) \\ 0 & \text{否则} \end{cases}$$

11. 考虑代数系统$<C;+,*>$(其中,集合 C 是由复数组成的集合,而二元运算"$+$"和二元运算"$*$"是复数的加法运算和复数的乘法运算)和代数系统$<H;+,*>$(其中,集合 H 是所有形如 $\begin{bmatrix} r_1 & r_2 \\ -r_2 & r_1 \end{bmatrix}$ $(r_1,r_2 \in R)$ 的 2×2 矩阵组成的集合,二元运算"$+$"和二元运算"$*$"表示矩阵的加法运算和乘法运算),试证明这两个代数系统彼此同构。

12. 代数系统$<\{0,1\};+,*>$(其中,二元运算"$+$"和二元运算"$*$"表示布尔加法和布尔乘法)与代数系统$<\{-1,1\};\vee,\wedge>$(其中,二元运算"$\vee$"和二元运算"$\wedge$"分别表示集合$\{-1,1\}$中的元素 i 和元素 j 的最大者和最小者)是同构的吗？证明你的结论。

13. 设函数 $f:X \rightarrow Y$ 是由代数系统 $V_1 = <X;o>$ 到代数系统 $V_2 = <Y;*>$ 的同态,函数 $g:Y \rightarrow Z$ 是由代数系统 $V_2 = <Y;*>$ 到代数系统 $V_3 = <Z;\times>$ 的同态,其中运算"o"、运算"$*$"、运算"$\times$"都是二元运算。试证明:复合函数 $g \cdot f:X \rightarrow Z$ 是由代数系统 V_1 到代数系统 V_3 的同态。

14. 设函数 $f:S_1 \rightarrow S_2$ 是由代数系统 $V_1 = <S_1;o_{11},o_{12},\cdots,o_{1n}>$ 到代数系统 $V_2 = <S_2;o_{21},o_{22},\cdots,o_{2n}>$ 的同态。试证明代数系统 $<f(S_1);o_{21},o_{22},\cdots,o_{2n}>$ 是代数系统 V_2 的子代数。

15. 试证明代数系统$<Q;+,*>$上的自同构只有一个。其中,集合 Q 表示有理数集,运算"$+$"和运算"$*$"分别表示有理数的加法运算和乘法运算。

16. 设集合 N 表示正整数集,集合 E 表示正偶数集,试证明代数系统$<N;+>$与代数系统$<E;+>$彼此同构。其中,两个代数系统中的二元运算"$+$"均表示整数的加法运算。

17. 设集合 N 表示正整数集,集合 E 表示正偶数集,试证明代数系统$<N;*>$与代数系统$<E;*>$彼此同构。其中,两个代数系统中的二元运算"$*$"均表示整数的乘法运算。

18. 设集合 N 表示正整数集,二元运算"$+$"表示整数的加法运算。试证明代数系统$<N;+>$只有一个自同构。

第5章 群 论

【内容提要】

第4章介绍了一般代数系统的基本概念,举出了一些代数系统的例子,并且讨论了两个代数系统之间存在的一些特殊关系。本章将对一个具有重要性质的代数系统——群(group)进行讨论。

本章研究的重点对象具有一个二元运算的抽象代数系统,这样的代数系统通常称为二元代数。本章首先从最简单的二元代数——半群开始展开讨论,然后研究独异点,最后研究在理论上和应用上都颇为重要的二元代数——群。在介绍了群的基本性质之后,引入子群和陪集这两个群论中的重要概念。

对于计算机科学工作者来说,理解和掌握群论的知识非常重要。它不仅对于当前计算机科学中关于代码的查错、纠错的研究,形式语言与自动机理论、信息安全等所涉及的相关专业领域提供了重要的理论来源,而且也在某种程度上推动了计算机科学未来的发展。例如,作为量子计算机的理论基础——量子计算中也涉及有关群论的知识。

5.1 半群和独异点

对于本章最重要的二元代数——群来说,其既是一个应用领域非常广泛,又是一个具有非常特殊性质的代数系统。因此,我们首先从最一般的二元代数展开讨论。

定义 5-1 设集合 S 是一个非空集合,并且运算 $*$ 是该集合 S 上的一个二元运算,如果运算 $*$ 具有可结合性,那么就称代数系统 $<S;*>$ 为半群。

下面,举几个常见的满足半群性质的代数系统。例如,代数系统 $<N;\times>$ 和代数系统 $<N;+>$ 都是半群。其中,二元运算"$\times$"和二元运算"$+$"分别表示通常数的乘法运算和加法运算。如果仍用二元运算"$\times$"表示通常数的乘法运算,那么代数系统 $<\{0,1\};\times>$ 和代数系统 $<(0,1);\times>$ 也都是半群。其中,$(0,1)$ 表示大于 0 小于 1 的全体实数组成的集合。代数系统 $<I;+>$ 和代数系统 $<R_+;\times>$ 也都是半群,其中,集合 R_+ 表示全体正实数组成的集合,并且二元运算"$+$"和二元运算"$\times$"分别表示通常数的加法运算和乘法运算。

> 代数系统 $<I;->$ 和代数系统 $<Q_+;/>$ 也是半群吗?其中,集合 Q_+ 表示全体正有理数组成的集合,并且二元运算"$-$"和二元运算"$/$"分别表示普通数的减法运算和除法运算。请读者思考并给出你的回答。

例 5-1 设代数系统 $V=<R;\circ>$,其中运算"$\circ$"是二元运算,$a\circ b=|a|\times b$,运算"$\times$"表示普通实数的乘法,$|a|$ 表示求实数 a 的绝对值运算。试证明代数系统 $V=<R;\circ>$ 是半群。

分析 由于题目已经说明了 V 是代数系统,运算"$\circ$"是二元运算,所以证明代数系统 V 是半群就只要证明 V 是可结合的即可。

证明　对于任意的元素 a、b、$c \in R$,有:

$$(a \circ b) \circ c = ||a| \times b| \times c$$
$$= |a| \times |b| \times c$$
$$= |a| \times (|b| \times c)$$
$$= a \circ (b \circ c)$$

所以,代数系统 $V = <R ; \circ>$ 是半群。证毕。

对于一个半群 $<S ; *>$ 中的二元运算 " $*$ " 来说,可以有单位元,也可以没有单位元。

定义 5-2　若半群 $<S ; *>$ 关于运算 " $*$ " 有单位元,则称该半群为独异点。

在第 4 章中已经证明了对于任意的二元运算的单位元,如果它存在,那么它是唯一的。由此可知,独异点具有唯一的单位元。

例如,代数系统 $<Z ; \times>$ 和代数系统 $<Z ; +>$ 都是独异点。其中,二元运算 " $\times$ " 和 " $+$ " 是通常数的乘法运算和加法运算。其单位元分别是非负整数 1 和 0。前面讨论的半群 $<N ; \times>$ 是独异点,因为它具有单位元 1;但是半群 $<N ; +>$ 不是独异点,因为它没有单位元。代数系统 $<2^U ; \cup>$ 和代数系统 $<2^U ; \cap>$ 分别是以元素 $\varnothing$ 和 U 作为单位元的独异点。

设集合 S 是一个非空集合,$P(S)$ 是由集合 S 的所有分划组成的集合。定义集合 $P(S)$ 上的二元运算 " $*$ ",使得对于集合 S 的任意分划 $\pi_1, \pi_2 \in P(S)$,$\pi_1 * \pi_2$ 是由 π_1 中的每个元素与 π_2 中的每个元素的交集组成的集合,其中去掉空集。例如,不妨设集合 $S = \{a, b, c, d, e, f, g\}$,$\pi_1 = \{\{a, b\}, \{c\}, \{d, e, f\}, \{g\}\}$,$\pi_2 = \{\{a, b, c\}, \{d, e\}, \{f, g\}\}$,则 $\pi_1 * \pi_2 = \{\{a, b\}, \{c\}, \{d, e\}, \{f\}, \{g\}\}$。容易证明,集合 $P(S)$ 对于二元运算 " $*$ " 具有封闭性,也就是说,对于集合 S 的任意分划 $\pi_1, \pi_2 \in P(S)$,$\pi_1 * \pi_2$ 仍然是集合 S 的一个分划;并且由二元运算 " $*$ " 的定义可知,$*$ 运算具有可结合性,元素 $\pi = \{S\}$ 是代数系统 $<P(S) ; *>$ 关于运算 " $*$ " 的单位元,因此代数系统 $<P(S) ; *>$ 是一个独异点。

例 5-2　设代数系统 $V = <R ; \circ>$,并且运算 " $\circ$ " 是二元运算,$a \circ b = |a| \times b$,运算 " $\times$ " 表示普通实数的乘法,$|a|$ 表示求实数 a 的绝对值运算。则代数系统 $V = <R ; \circ>$ 是独异点吗?为什么?

解　对于任意的实数 $b \in R$,若代数系统 V 有左单位元 a,则 $a \circ b = |a| \times b = b$,所以只有 $|a| = 1$,即 $a = 1$ 或 $a = -1$,故代数系统 $<R ; \circ>$ 只有两个左单位元 1 和 -1。对于任意的实数 $a \in R$,若代数系统 $V = <R ; \circ>$ 有右单位元 b,则有 $a \circ b = |a| * b = a$,当 $a > 0$ 时,必须 $b = 1$;当 $a < 0$ 时,必须 $b = -1$,因此,元素 1 和 -1 都不可能成为代数系统 $V = <R ; \circ>$ 的右单位元,也就是说,代数系统 $V = <R ; \circ>$ 中对于运算 " $\circ$ " 没有单位元。由此可得,代数系统 $V = <R ; \circ>$ 不是独异点。

定义 5-3　如果独异点 $<S ; *>$ 中的二元运算 " $*$ " 具有可交换性,那么称独异点 $<S ; *>$ 是具有可交换性的独异点。

前面已经遇到过许多具有可交换性的独异点。例如,独异点 $<2^U ; \cup>$ 和独异点 $<2^U ; \cap>$,独异点 $<Z ; \times>$ 和独异点 $<Z ; +>$,包括独异点 $<P(S) ; *>$ 都是具有可交换性的独异点。

设集合 R_A 表示集合 A 上所有关系组成的集合,运算 $\cdot$ 表示求复合关系的运算,则可以证明由集合 R_A 与在该集合上定义的复合运算 $\cdot$ 构成的代数系统 $<R_A ; \cdot>$ 是一个独异点。其中,恒等关系 I_A 是代数系统 $<R_A ; \cdot>$ 中关于复合运算 $\cdot$ 的单位元。由于关系的复合运算不具有可交换性,因此,独异点$<R_A;\cdot>$不是具有可交换性的独异点。

又设集合$V=\{a,b,c,\cdots,z\}$。通常将这样的集合V称为字母表,并且将其中的元素称为字母、字符或者符号。由字母表V中的有限个字母组成的任何行,称为字母表上的句子或者行。由$n(n\geqslant0)$个字母组成的行称为长度为n的行。例如,bc,cc,cb,bb都是长度为2的行;abc,ccb,cab,abb是长度为3的行。特别地,空行是不包含任何字母的行,通常用ε表示空行。字母表V上的所有行的集合用V^*表示。而非空行的集合用$V^+=V^*-\{\varepsilon\}$表示。

定义集合V^*上的一个二元运算$\cdot$,对于任意的元素$\alpha,\beta\in V^*$,$\alpha\cdot\beta$表示将行α写在行β的左边而得到的行,即$\alpha\cdot\beta=\alpha\beta$。在形式语言与自动机理论中,经常会遇到词法分析和句法分析,这些分析的基础是正则表达式。而构成正则表达式中的其中一种运算就是这里所给出的二元运算$\cdot$,通常将运算$\cdot$称为链接运算或者并置运算。下面,我们讨论集合V^*上的二元运算$\cdot$的运算性质。不难看出,$\alpha\cdot\beta\in V^*$,因此集合V^*关于运算$\cdot$具有封闭性。从而,集合V^*与定义在其上的链接运算可以构成一个代数系统$<V^*;\cdot>$。又例如,行$abccabcb$与行bbc的链接运算产生行$abccabcbbbc$。容易看出,集合V^*上定义的链接运算$\cdot$具有可结合性。因此,代数系统$<V^*;\cdot>$是一个半群。又因为对于任意的行$\alpha\in V^*$,有$\alpha\cdot\varepsilon=\varepsilon\cdot\alpha=\alpha$,即空行$\varepsilon$是集合$V^*$上关于链接运算$\cdot$的单位元。所以半群$<V^*;\cdot>$是一个独异点。但是,由于集合$V^*$上的链接运算$\cdot$不具有可交换性,因此,独异点$<V^*;\cdot>$是一个不具有可交换性的独异点。

在具有单位元e的独异点$<S;*>$中,集合S中的任意一个元素a的幂可以定义为:$a^0=e,a^{n+1}=a^n*a(n=0,1,2,\cdots)$。不难证明,对于任意的非负整数$m$和$n$,有:

$$a^m*a^n=a^{m+n},\quad(a^m)^n=a^{mn}$$

定义 5-4 在独异点$<S;*>$中,如果存在一个元素$g\in S$,使得任何一个元素$a\in S$都可以写成$g^i(i\geqslant0)$的形式,那么就称独异点$<S;*>$为循环独异点,元素g被称为该循环独异点的生成元。

于是,我们可以得到以下的定理5-1。

定理 5-1 任何一个循环独异点都具有可交换性。

证明 不妨设二元代数$<S;*>$是一个具有生成元g的循环独异点,则对于任意的元素$a,b\in S$,必定存在着两个整数$m,n\geqslant0$,使得$a=g^m,b=g^n$。由此可得:

$$a*b=g^m*g^n=g^{m+n}=g^n*g^m=b*a$$

因此,任何一个循环独异点都具有可交换性。证毕。

例如,二元代数$<Z;+>$是一个循环独异点,1是它的生成元。由于0是二元代数$<Z;+>$的单位元,因此有$0=1^0$。对于任意的正整数m,由于$m=1+1+\cdots+1$,所以,$m=1^m$。

> **注意:** 在循环独异点$<Z;+>$中,元素的幂的表示方法与数的乘幂的表示方法虽然从形式上看是相同的,但是在二元代数$<S;*>$中,元素之间的运算并不一定是普通数的乘法运算,它是二元代数$<S;*>$上定义的二元运算$*$,此运算是一种抽象类型的运算。例如,在循环独异点$<Z;+>$中的"+"运算表示通常数的加法运算。

设二元代数$<S;*>$是一个独异点。其中,集合$S=\{1,2,3,4,5\}$,运算表(见表5-1)给出了该二元代数$<S;*>$中运算"$*$"的定义。

表 5-1　$<S;*>$的运算表

$*$	1	2	3	4	5
1	1	2	3	4	5
2	2	2	3	5	5
3	3	3	5	2	2
4	4	5	2	3	3
5	5	5	3	3	3

根据二元运算表 5-1，不难看出 1 是二元代数$<S;*>$关于二元运算"$*$"的单位元，因此有 $1=4^0$，又 $4=4^1$，$3=4*4=4^2$，$2=3*4=4^2*4=4^3$，$5=2*4=4^3*4=4^4$。所以，二元代数$<S;*>$是一个循环独异点，其生成元是 4。设二元代数$<S;*>$是具有单位元 e 和生成元 g 的一个有限循环独异点。考察无限序列 $e,g,g^2,g^3,\cdots$ 此序列必然包含集合 S 中的全部元素，而且，由于集合 S 只有有限个元素，因此必定存在正整数 n，它使得 g^n 是在序列中已经出现过的元素。设 n 是一个这样的最小的正整数，使得 $g^n=g^m(m<n)$，则此序列可以写成如下形式。

$$e,g,g^2,g^3,\cdots,g^m,g^{m+1},\cdots,g^{n-1},g^n=g^m,g^{m+1},\cdots,g^{n-1},g^m,g^{m+1},\cdots,g^{n-1},\cdots$$

从而使得集合 S 刚好具有 n 个元素，即 $S=\{e,g,g^2,g^3,\cdots,g^{n-1}\}$。不妨设 $n-m=k$，则对于任意的 $i\geq m$，有 $g^i=g^{i+hk}$，其中 h 是任意的非负整数。令 $i=pk$，在这里，pk 是使得 $pk\geq m$ 的 k 的最小倍数。若令 $h=p$，则有 $g^i=g^{pk}=g^{pk+pk}=g^{pk}*g^{pk}$，由此可得，$g^{pk}$ 是二元代数$<S;*>$中的幂等元。当 $m\neq 0$ 时，$g^{pk}\neq e$，因此，集合 S 中至少含有一个除了单位元 e（幂等元）以外的幂等元。

定理 5-2　设二元代数$<S;*>$是一个有限独异点（集合 S 是有限集的独异点），则对于任意一个元素 $a\in S$，都存在着一个整数 $m\geq 1$，使得 a^m 是一个幂等元。

证明　对于任意一个元素 $a\in S$，考察二元代数$<S_a;*>$，其中集合 $S_a=\{e,a,a^2,a^3,\cdots\}$。不难看出，二元代数$<S_a;*>$是一个具有生成元 a 的有限循环独异点。因此，至少有一个幂等元 a^{pk}，其中整数 p 与整数 k 如前面的定义。证毕。

在前面由运算表 5-1 给出的例子中，由于 $4^5=4*4^4=4*5=3=4^2$，于是有 $m=2,n=5,k=n-m=5-2=3$。因此，对于任意的整数 $i\geq 2$，有 $4^{i+3k}=4^i(k\geq 0)$。特别地，$4^{3+3}=4^3$，因此，$4^3=2$ 是幂等元（实际上，根据运算表 5-1 所示，有 $2*2=2$）。

为了说明定理 5-2，考察根据运算表 5-1 构造出的独异点$<\{1,5,5^2,5^3,\cdots\};*>$，其中，二元运算"$*$"的运算规则如表 5-1 所示。由于：

$$5^1=5,5^2=5*5=3,5^3=5*5^2=5*3=2,5^4=5*5^3=5*2=5$$

因此，对于任意的整数 $i\geq 1$，有 $5^{i+3k}=5^i$。特别地，$5^{3+3}=5^3$，因此，$5^3=2$ 是幂等元。

如果将子代数的概念应用到半群和独异点上，那么就可以得到子半群和子独异点的概念。

定义 5-5　设二元代数$<S;*>$是一个半群，如果二元代数$<H;*>$是该二元代数$<S;*>$的子代数，那么就称二元代数$<H;*>$是$<S;*>$的子半群。

子半群也是一个半群。这是因为定义在代数系统$<S;*>$上的二元运算"$*$"在集合 S 上具有可结合性，所以当此运算限制在代数系统$<S;*>$的子代数$<H;*>$上时，它仍然具有可结合性。例如，对于任意的元素 $a\in S$，令集合 $H=\{a,a^2,a^3,\cdots\}$，不难看出集合 H 是

集合 S 的子集,则二元代数 $<H;*>$ 是二元代数 $<S;*>$ 的一个子半群。

定义5-6　设二元代数 $<S;*>$ 是一个独异点,二元代数 $<H;*>$ 是该二元代数 $<S;*>$ 的子代数,并且二元代数 $<S;*>$ 中的单位元 $e\in H$,则称二元代数 $<H;*>$ 是二元代数 $<S;*>$ 的子独异点。

与子半群相似,子独异点也是一个独异点。

对半群 $<N;\times>$(其中,运算"$\times$"表示通常数的乘法运算),设集合 $N_e=\{2n\mid n\in N\}$,由于二元代数 $<N_e;\times>$ 是半群 $<N;\times>$ 的子代数,因此二元代数 $<N_e;\times>$ 是半群 $<N;\times>$ 的子半群。

设有独异点 $<S;*>$,其中集合 $S=\{0,1,e\}$,运算表(见表5-2)给出了该独异点 $<S;*>$ 中运算"$*$"的定义。

表5-2　$<S;*>$ 的运算表

$*$	0	1	e
0	0	0	0
1	0	1	1
e	0	1	e

独异点 $<S;*>$ 的子代数 $<\{0,1\};*>$ 是 $<S;*>$ 的子半群。虽然可以证明二元代数 $<\{0,1\};*>$ 是一个独异点(1是它的单位元),但 $<\{0,1\};*>$ 却不是独异点 $<S;*>$ 的子独异点,这是因为独异点 $<S;*>$ 中的单位元 e 不属于集合 $\{0,1\}$。

而二元代数 $<\{0,e\};*>$ 却是独异点 $<S;*>$ 的子独异点,这是因为这两个代数系统都含有相同的单位元 e。

又例如,二元代数 $<R;+>$ 是一个独异点,数0是其单位元(其中,运算"$+$"表示通常数的加法运算)。不难看出,二元代数 $<I;+>$ 与 $<Z;+>$ 都是独异点 $<R;+>$ 的子独异点。这是因为它们含有相同的单位元0。

定理5-3　设二元代数 $<S;*>$ 是一个具有可交换性的独异点,则在集合 S 中的全体幂等元组成的集合形成独异点 $<S;*>$ 的一个子独异点。

证明　不妨设集合 H 是集合 S 中的全体幂等元组成的集合。令单位元 e 是独异点 $<S;*>$ 中的单位元。由于单位元本身就是幂等元,因此 $e\in H$。又另设元素 $a,b\in H$,则有 $a*a=a,b*b=b$,因此由二元运算"$*$"具有可交换性可知:

$$(a*b)*(a*b)=(a*a)*(b*b)=a*b$$

即 $a*b$ 也是幂等元,因此,$a*b\in H$,由此可知集合上定义的二元运算 $*$ 具有封闭性,因此二元代数 $<H;*>$ 是独异点 $<S;*>$ 的一个子独异点。证毕。

值得一提的是,代数系统的同态(包括单一同态与满同态)、同构以及一些相关的结论对于半群和独异点来说,都是适用的。而且由于半群和独异点都是非常简单的代数系统,因此,将以上这些概念与结论应用于半群和独异点是一件很容易的事情,这里限于篇幅,不再赘述。需要指出的是,利用两个代数系统的满同态关系能够判定某些代数系统是半群或者是独异点。可以根据下面的定理5-4来对其进行判定。

定理5-4　设函数 h 是从代数系统 $V_1=<S_1;*>$ 到 $V_2=<S_2;\cdot>$ 的满同态。其中,运算"$*$"和运算"$\cdot$"都是二元运算,则有:

(1)如果代数系统 V_1 是半群,那么代数系统 V_2 也是半群;

（2）如果代数系统 V_1 是独异点，那么代数系统 V_2 也是独异点。

证明 （1）由于代数系统 $V_1 = <S_1 ; *>$ 是半群，因此二元运算"$*$"具有可结合性，又由于函数 h 是从代数系统 $V_1 = <S_1 ; *>$ 到 $V_2 = <S_2 ; \cdot>$ 的满同态，根据满同态的性质可知，二元运算"$\cdot$"也是可结合的，因此代数系统 $V_2 = <S_2 ; \cdot>$ 也是半群。

（2）由于代数系统 $V_1 = <S_1 ; *>$ 是独异点，因此代数系统 V_1 具有单位元 e。又由于函数 h 是从代数系统 $V_1 = <S_1 ; *>$ 到 $V_2 = <S_2 ; \cdot>$ 的满同态，根据满同态的性质可知，代数系统 V_2 中必有单位元 $h(e)$，因此代数系统 $V_2 = <S_2 ; \cdot>$ 也是独异点。

5.2 群的概念与分类

在上一节中讨论了关于半群和独异点的概念及其基本性质。本节主要讨论群论中的核心——群（group）的概念及其基本性质。下面首先介绍群的基本概念。

定义 5-7 设 $<G ; \cdot>$ 是一个代数系统。如果集合 G 上的二元运算 $\cdot$ 满足下列三个条件，那么就称此代数系统 $<G ; \cdot>$ 是一个群。

（1）对于任意的元素 $a, b, c \in G$，有：
$$a \cdot (b \cdot c) = (a \cdot b) \cdot c$$

（2）存在一个元素 $e \in G$，使得对于任意一个元素 $x \in G$，有：
$$e \cdot a = a \cdot e = a$$

（3）对于任意一个元素 $x \in G$，存在一个元素 $x^{-1} \in G$，使得：
$$x^{-1} \cdot x = x \cdot x^{-1} = e$$

定义 5-8 如果群 $<G ; \cdot>$ 的运算 $\cdot$ 具有可交换性，那么就称该群 $<G ; \cdot>$ 为交换群或者阿贝尔群。

尼尔斯·亨利克·阿贝尔（Niels Henrik Abel, 1802—1829），挪威数学家，在很多数学领域做出了开创性工作。他是椭圆函数领域的开拓者，阿贝尔函数的发现者。

例如，二元代数 $<I ; +>$ 是一个群，其中二元运算"$+$"表示通常数的加法运算。其单位元是整数 0，每一个整数 i 关于运算"$+$"的逆元是 $-i$。由于加法运算"$+$"具有可交换性，因此该二元代数 $<I ; +>$ 是一个交换群（阿贝尔群）。又例如，二元代数 $<Q - \{0\} ; \times>$ 是一个群，其中二元运算"$\times$"表示通常数的乘法运算。其单位元是有理数 1，每一个有理数 q 关于运算"$\times$"的逆元是 $1/q$。由于乘法运算"$\times$"具有可交换性，因此该二元代数 $<Q - \{0\} ; \times>$ 是一个交换群（阿贝尔群）。

相反，独异点 $<Z ; +>$ 与独异点 $<I ; \times>$ 都不是群。其中，二元运算"$+$"与二元运算"$\times$"分别表示通常数的加法运算和乘法运算。这是因为在独异点 $<Z ; +>$ 中，单位元是 0，于是集合 Z 中的每一个正整数关于加法运算"$+$"都没有逆元；在独异点 $<I ; \times>$ 中，单位元是 1，除了 1 和 -1 有逆元以外，其余的每一个整数关于乘法运算"$\times$"都没有逆元。

例 5-3 设集合 $G = Q - \{1\}$（其中，Q 是有理数集），定义集合 G 上的二元运算"$*$"为 $a * b = a + b - ab$，试证明该二元代数 $<G ; *>$ 是交换群（阿贝尔群）。

证明 对于任意的元素 $a, b, c \in G$，由于有：
$$(a * b) * c = (a + b - ab) * c$$
$$= a + b - ab + c - (a + b - ab)c$$

$$=a+b+c-ab-ac-bc+abc$$
$$a*(b*c)=a*(b+c-bc)$$
$$=a+b+c-bc-a(b+c-bc)$$
$$=a+b+c-bc-ab-ac+abc$$

因此有：
$$(a*b)*c=a*(b*c)$$

表明二元运算"$*$"具有可结合性。

又因为对于任意元素 $a\in G$，有：$0*a=0+a-0\times a=a+0-a\times 0=a*0=a$，所以二元代数 $<G；*>$ 有单位元 0。

因为对于任意的元素 $a\in G$，有：

$a/(a-1)*a=a/(a-1)+a-a\times a/(a-1)=a+a/(a-1)-a/(a-1)\times a=0$（单位元）

所以对于二元代数 $<Q-\{1\}；*>$ 的任意一个元素 a，都有逆元 $a/(a-1)$。

根据以上的分析可得，该二元代数 $<G；*>$ 是群。

又因为对于任意的元素 $a,b\in G$，有：
$$a*b=a+b-ab=b+a-ba=b*a$$

所以，二元运算"$*$"具有可交换性。

因此，二元代数 $<Q-\{1\}；*>$ 是交换群（阿贝尔群）。证毕。

下面，我们再介绍另一种特殊的群——置换群。先看下面的例子。

设集合 $A=\{1,2,3\}$ 上的所有置换的集合 $P=\{\mathbf{1},p_a,p_b,p_c,p_d,p_e\}$，其中：

$$1=\begin{bmatrix}1&2&3\\1&2&3\end{bmatrix}\qquad p_a=\begin{bmatrix}1&2&3\\1&3&2\end{bmatrix}\qquad p_b=\begin{bmatrix}1&2&3\\2&1&3\end{bmatrix}$$

$$p_c=\begin{bmatrix}1&2&3\\2&3&1\end{bmatrix}\qquad p_d=\begin{bmatrix}1&2&3\\3&1&2\end{bmatrix}\qquad p_e=\begin{bmatrix}1&2&3\\3&2&1\end{bmatrix}$$

由于集合 A 上置换的集合对于置换的复合运算具有封闭性，因此可以定义代数系统 $<P；·>$，其中二元运算"$·$"表示集合 A 上置换的复合运算。p 与 q 的复合运算 $p·q(p,q\in P)$ 是表示置换 p 以后再接着进行置换 q 的运算所产生的一种置换。例如：

$$p_b·p_d=\begin{bmatrix}1&2&3\\2&1&3\end{bmatrix}\begin{bmatrix}1&2&3\\3&1&2\end{bmatrix}=\begin{bmatrix}1&2&3\\1&3&2\end{bmatrix}=p_a$$

置换的复合运算"$·$"的运算表列在表 5-3 中。在第 3 章中，我们曾经介绍过置换的本质就是函数，于是置换的复合运算就是函数的复合运算，因此置换的复合运算"$·$"具有可结合性。根据置换的复合运算的运算表 5-3 不难看出，恒等置换 1 就是代数系统 $<P；·>$ 的单位元，并且每一个置换皆有它的逆元，又称为逆置换。例如，$1^{-1}=1,p_a^{-1}=p_a,p_b^{-1}=p_b$，$p_c^{-1}=p_d,p_d^{-1}=p_c,p_e^{-1}=p_e$。由此可得，代数系统 $<P；·>$ 是一个群。由表 5-3 可知，置换的复合运算"$·$"的运算表关于主对角线是不对称的，所以群 $<P；·>$ 不是交换群（阿贝尔群）。

表 5-3　置换的复合运算表

$·$	1	p_a	p_b	p_c	p_d	p_e
1	1	p_a	p_b	p_c	p_d	p_e
p_a	p_a	1	p_c	p_b	p_e	p_d
p_b	p_b	p_d	1	p_e	p_a	p_c
p_c	p_c	p_e	p_a	p_d	1	p_b
p_d	p_d	p_b	p_e	1	p_c	p_a
p_e	p_e	p_c	p_d	p_a	p_b	1

事实上,对于任意一个有限集合 A 来说,若集合 A 的基数为 n,则由集合 A 上的所有 n 次置换组成的集合的基数是 $n!$。关于这些置换的复合运算总是构成一个群,这样的群通常称为 n 次对称群,n 次对称群的任意一个子群称为(n 次)置换群。例如,前面介绍的群$<P;\cdot>$就是一个 3 次置换群。容易证明,其子代数$<\{1,p_c,p_d\};\cdot>$、$<\{1,p_a\};\cdot>$、$<\{1,p_b\};\cdot>$和$<\{1,p_e\};\cdot>$也都是群,因此它们都是 3 次置换群。由于任何一个有限群都与一个置换群同构,因此根据第 4 章的结论,对抽象群的研究可以转化为对置换群的研究。

在 5.1 节介绍的独异点中,我们定义了元素的非负整数次幂,即:

$$a^0=e, a^{n+1}=a^n * a \qquad (n=0,1,2,\cdots)$$

现在,我们再来定义 $a^{-n}=(a^{-1})^n (n=1,2,3,\cdots)$。

容易验证,对于任意的整数 m 和 n(不论 m 或 n 为正数、负数或零),以下的两个式子仍然成立。

$$a^m * a^n = a^{m+n}, (a^m)^n = a^{mn}$$

因此又有:

$$a^{-n}=(a^n)^{-1}$$

定义 5-9　在群$<G;*>$中,如果存在一个元素 $g\in G$,使得每一个元素 $a\in G$ 都能够写成 $g^i(i\in I)$ 的形式,那么就称该群$<G;*>$为循环群。同时,元素 g 称为该循环群的生成元,并且称群$<G;*>$是由生成元 g 生成的群。

例如,群$<I;+>$是一个循环群,其中二元运算"$+$"表示通常整数的加法运算,其生成元是 1。因为定义单位元 $0=1^0$,并且任意一个正整数 $n=1+1+\cdots+1$(n 个 1 相加),任意一个负整数 $-n=(-1)+(-1)+\cdots+(-1)$(n 个 -1 相加)。根据定理 5-1,容易证明任何一个循环群都是交换群(阿贝尔群)。

例 5-4　设有代数系统$<I;*>$。其中,集合 I 为整数集;二元运算"$*$"的定义为:对于任意的整数 $a,b\in I, a*b=a+b-2$。试证明此代数系统$<I;*>$是一个循环群。

证明　对于任意的元素 $a,b,c\in I$,由于有:

$$(a*b)*c=(a+b-2)*c=(a+b-2)+c-2$$
$$=a+(b+c-2)-2=a*(b*c)$$

因此,二元运算"$*$"具有可结合性。

又因为对于任意的整数 $a\in I$,有

$$a*2=a+2-2=a=2+a-2=2*a$$

所以,2 是代数系统$<I;*>$的单位元。

由于对于任意的整数 $a\in I$,有

$$a*(4-a)=a+(4-a)-2=(4-a)+a-2=2(单位元)$$

因此,对于任意的整数 $a\in I$,都有 a 的逆元 $a^{-1}=4-a$。

所以,代数系统$<I;*>$是一个群。

当 $a=1$ 时,有 $a^0=2, a^1=a=1, a^2=a*a=1*1=1+1-2=0, \cdots$

不失一般性,不妨设 n 为非负整数,可以猜想有 $a^n=2-n$,下面用数学归纳法给出这种猜想的正确性。不妨设 $a^n=2-n$,则有:

$$a^{n+1}=a^n * a=(2-n)*1=(2-n)+1-2=1-n=2-(n+1)$$

由此可得,猜想成立,即当 n 为非负整数时,有 $a^n=1^n=2-n$。

又由于 $1^{-1}=4-1=3, 1^{-2}=(1^{-1})^2=3^2=3*3=3+3-2=4, \cdots$，可以猜想，$a^{-n}=1^{-n}=2+n$，下面用数学归纳法给出这种猜想的正确性。不妨设 $a^{-n}=1^{-n}=2+n$，则有：

$$a^{-(n+1)}=(a^{-1})^{n+1}=(1^{-1})^{n+1}=(1^{-1})^n*1^{-1}$$

$$=(2+n)*3=(2+n)+3-2=3+n=2+(n+1)$$

由此可知，猜想成立，即 $a^{-n}=1^{-n}=2+n$。

由此不难得出以下结论：当 $a=1$ 时，整数集 I 中的任意一个元素（整数）都可以表示成 1 的整数次幂的形式，因此 1 是群 $<I;*>$ 的生成元，所以原代数系统 $<I;*>$ 是一个循环群。证毕。

定义 5-10 设二元代数 $<G;*>$ 是一个群，如果集合 G 是一个有限集，那么就称该群 $<G;*>$ 为有限群，并且集合 G 中的元素的数目称为群 $<G;*>$ 的阶。如果集合 G 是一个无限集，那么就称该群 $<G;*>$ 为无限群。

定义 5-11 对于群 $<G;*>$ 中的元素 a，若存在着一个正整数 r，使得 $a^r=e$，则称元素 a 具有有限周期，而使得 $a^r=e$ 成立的最小的正整数称为元素 a 的周期。如果对于任何的正整数 r，总有 $a^r\neq e$，那么就称元素 a 的周期为无限。

根据定义 5-11，不难看出，任意一个群 $<G;*>$ 中单位元的周期为 1。

定理 5-5 设二元代数 $<G;*>$ 是一个由元素 g 生成的循环群，则有：

(1) 若 g 的周期为 n，则群 $<G;*>$ 是一个 n 阶的有限循环群；

(2) 若 g 的周期为无限，则群 $<G;*>$ 是一个无限阶的循环群。

证明 (1) 设循环群 $<G;*>$ 的生成元的周期为 n，则有 $g^n=e$（e 是群 $<G;*>$ 的单位元）。对于任意一个元素 $g^k\in G(k\in I)$，不妨令 $k=nq+r(0\leqslant r<n)$，则 $g^k=g^{nq+r}=(g^n)^q*g^r=e*g^r=g^r$，也就是说，群 $<G;*>$ 中的任意一个元素都可以写成 g^r 的形式，又因为 $0\leqslant r<n$，这说明集合 G 中至多只能有 n 个互不相同的元素 $g,g^2,\cdots,g^n(=e)$。在这种情况下，不妨假设这 n 个元素 $g,g^2,\cdots,g^n(=e)$ 中有某两个元素相同（反证法），即 $g^j=g^k(1\leqslant j<k\leqslant n)$，则 $g^{k-j}=g^k*g^{-j}=g^j*g^{-j}=e$。这样一来，生成元 g 的周期为 $k-j$，又因为 $1\leqslant j<k\leqslant n$，于是可以推得 $0<k-j<n$，这与前提生成元 g 的周期为 n 相矛盾。因此，g，$g^2,\cdots,g^n(=e)$ 是集合 G 中的 n 个互不相同的元素。由以上的所证可知，群 $<G;*>$ 是一个 n 阶的有限循环群。

(2) 设生成元 g 的周期为无限（反证法），并且假设群 $<G;*>$ 是一个 n 阶的有限循环群（n 是正整数），则在元素 $g,g^2,\cdots,g^n,g^{n+1}$ 中至少有两个元素是相同的，不妨设其为 $g^j=g^k$（$1\leqslant j<k\leqslant n+1$），则应有 $g^{k-j}=g^k*g^{-j}=g^j*g^{-j}=e$。而由于 $j<k$，于是 $k-j>0$，这说明生成元 g 具有有限周期，与前提生成元 g 的周期为无限相矛盾。因此，群 $<G;*>$ 是一个无限阶的循环群。证毕。

由于对于任何一个群 $<G;*>$ 来说，每一个元素都是可逆的，因此在阶大于 1 的群中没有零元。另外，除了单位元以外，群 $<G;*>$ 中再也没有其他元素能作为幂等元存在了。为了说明这一点，不妨假设元素 $a\in G$ 是群 $<G;*>$ 中的幂等元，于是有 $a*a=a$，则应有：

$$a=e*a=(a^{-1}*a)*a=a^{-1}*(a*a)=a^{-1}*a=e$$

5.3 群的基本性质

在 5.2 节中，主要讨论了关于群的基本概念以及群的分类，本节将重点讨论关于群这个特殊的二元代数的一些重要性质。

定理 5-6 如果二元代数 $<G;*>$ 是一个群,那么对于任意的元素 $a,b\in G$,有:

(1) 存在唯一的元素 $x\in G$,使得 $a*x=b$;

(2) 存在唯一的元素 $y\in G$,使得 $y*a=b$。

证明 (1) 设群 $<G;*>$ 的单位元为 e,由于 $a*(a^{-1}*b)=(a*a^{-1})*b=e*b=b$,因此至少存在一个元素 $x=a^{-1}*b$,满足 $a*x=b$。现在不妨设 $x'\in G$ 也使得 $a*x'=b$ 成立,则有 $x'=e*x'=(a^{-1}*a)*x'=a^{-1}*(a*x')=a^{-1}*b$。于是有 $x=x'$。因此,$x=a^{-1}*b$ 是满足 $a*x=b$ 的唯一元素。

(2) 由于 $(b*a^{-1})*a=b*(a^{-1}*a)=b*e=b$,因此至少存在一个元素 $y=b*a^{-1}$,满足 $y*a=b$。现在不妨设 $y'\in G$ 也使得 $y'*a=b$ 成立,则有 $y'=y'*e=y'*(a*a^{-1})=(y'*a)*a^{-1}=b*a^{-1}$。于是有 $y=y'$,因此,$y=b*a^{-1}$ 是满足 $y*a=b$ 的唯一元素。证毕。

定理 5-7 如果二元代数 $<G;*>$ 是一个群,那么对于任意的元素 $a,b,c\in G$,有:

(1) 若 $a*b=a*c$,则有 $b=c$;

(2) 若 $b*a=c*a$,则有 $b=c$。

定理 5-7 是定理 5-6 的一个直接推论,它说明群满足消去律。消去律是群这个二元代数的重要性质之一。由上面的定理可知,如果群 $<G;*>$ 是一个有限群,那么在该有限群 $<G;*>$ 的运算表中,在任意一个给出的行和任意一个给出的列内,集合 G 中的每一个元素都必然会出现一次并且只能出现一次。因此,有限群 $<G;*>$ 的运算表的每一行和每一列都可以看成集合 G 中元素的一个排列或者一个置换。

定理 5-8 如果二元代数 $<G;*>$ 是一个群,则对于任意的元素 $a,b\in G$,有:

$$(a*b)^{-1}=b^{-1}*a^{-1}$$

证明 因为 $(a*b)*(a*b)^{-1}=e$,并且有:

$$(a*b)*(b^{-1}*a^{-1})=a*(b*b^{-1})*a^{-1}=a*e*a^{-1}=a*a^{-1}=e,$$

因此,根据定理 5-7,可得 $(a*b)^{-1}=b^{-1}*a^{-1}$。证毕。

使用数学归纳法很容易将定理 5-8 的结论推广到任意 n 个元素的情形。也就是说,对于任意的元素 $a_1,a_2,\cdots,a_n\in G$,有:

$$(a_1*a_2*\cdots*a_n)^{-1}=a_n^{-1}*a_{n-1}^{-1}*\cdots*a_1^{-1}$$

特别地,当二元代数 $<G;*>$ 是一个交换群(阿贝尔群)时,上面的式子又可以写成下面的形式。

$$(a_1*a_2*\cdots*a_n)^{-1}=a_1^{-1}*a_2^{-1}*\cdots*a_n^{-1}$$

定理 5-9 如果群 $<G;*>$ 的元素 a 具有有限周期 r,那么当且仅当 k 是 r 的整数倍时,有 $a^k=e$。

证明 (1) 证明充分性。不妨设 $k=nr$(其中,n 是一个整数),则有:

$$a^k=a^{nr}=(a^r)^n=e^n=e$$

(2) 证明必要性。假定 $a^k=e$,并且假设 $k=nr+j(0\leqslant j<r)$,则有 $a^j=a^{k-nr}=a^k*a^{-nr}=e*a^{-nr}=e*(a^r)^{-n}=e*e^{-n}=e*e=e$。因为 $0\leqslant j<r$,又根据前提条件(a 具有有限周期 r),得出 r 是使得 $a^r=e$ 的最小正整数,所以必有 $j=0$,因此 $k=nr$,即 k 是 r 的整数倍。证毕。

于是，若群$<G;*>$中有一个元素 a，满足 $a^r=e$，并且对于 r 的正整数因子 $d(1<d<r)$，有 $a^d\neq e$，则 r 是该元素 a 的周期。例如，如果 $a^{12}=e$，并且 $a^2\neq e,a^3\neq e,a^4\neq e,a^6\neq e$，那么，12 必定是元素 a 的周期。

定理 5-10　群$<G;*>$中的任意一个元素与它的逆元具有相同的周期。

证明　不妨设元素 a 是群$<G;*>$中的元素，若元素 a 是一个具有有限周期 r 的元素，则 $a^r=e$，并由此有$(a^{-1})^r=(a^r)^{-1}=e^{-1}=e$，因此元素 a 的逆元 a^{-1} 必有有限周期，不妨将其设为 r'，则有 $r'\leqslant r$。又 $a^r=(a^{-r})^{-1}=[(a^{-1})^r]^{-1}=e^{-1}=e$，因此又有 $r\leqslant r'$。由以上的分析可得 $r=r'$，证毕。

由以上的证明可知，当群$<G;*>$中的元素 a 的周期为无限时，a 的逆元 a^{-1} 的周期也为无限。

定理 5-11　在有限群$<G;*>$中的任意一个元素都有一个有限周期，而且每个元素的周期不超过 $\sharp G$。

证明　设元素 a 是有限群$<G;*>$中的任意一个元素，由于群$<G;*>$是一个有限群，所以在序列 $a,a^2,\cdots,a^{\sharp G},a^{(\sharp G)+1}$ 中，至少有两个元素是相同的，不妨设这两个相同的元素分别为 a^p 与 a^q，并且 $a^p=a^q(1\leqslant p<q\leqslant(\sharp G)+1)$，则有：

$$a^{q-p}=a^q*a^{-p}=a^p*a^{-p}=a^0=e(0<q-p<(\sharp G)+1)$$

因此，元素 a 的周期至多是 $q-p\leqslant\sharp G$。证毕。

但是，当群$<G;*>$是一个无限群时，集合 G 中的元素的周期不一定是有限的。例如，在群$<I;+>$（其中，二元运算"+"表示通常数的加法运算）中，除了单位元 0 之外，其余元素的周期均为无限。

5.4　子群及其陪集

在前面的章节中，曾经定义过关于子半群和子独异点的概念，在本节中，我们将重点讨论关于子群及其与之相关的陪集的概念与基本性质。

定义 5-12　设二元代数$<G;*>$是一个群，并且二元代数$<H;*>$是群$<G;*>$的子代数，如果满足以下两个条件：

（1）群$<G;*>$中的单位元也作为其子代数$<H;*>$的单位元；

（2）对于任意的元素 $a\in H$，它的逆元 $a^{-1}\in H$。

那么就称二元代数$<H;*>$是群$<G;*>$的子群。特别地，如果集合 H 是集合 G 的真子集，那么就称子群$<H;*>$是群$<G;*>$的真子群。

根据上面的定义 5-12，群$<G;*>$的任意一个子群本身也是一个群。

对于任意的群$<G;*>$，群$<G;*>$和群$<\{e\};*>$都是群$<G;*>$的子群。它们通常被称为群$<G;*>$的平凡子群。

对于群$<I;+>$（其中，二元运算"+"表示通常数的加法运算），定义集合 $N_e=\{2,4,6,\cdots\}$，不难看出，二元代数$<N_e;+>$是群$<I;+>$的子代数。但是，单位元 $0\notin N_e$，并且对于任意的元素 $a\in N_e$，a 的逆元 $-a\notin N_e$，所以，二元代数$<N_e;+>$不是群$<I;+>$的子群。二元代数$<Z;+>$是群$<I;+>$的子代数，并且单位元 $0\in Z$，但是对于非负整数 Z 中的任意一个正整数 a，a 的逆元 $-a\notin Z$，因此，二元代数$<Z;+>$也不是群$<I;+>$的子群。

又例如,定义集合 $I_6=\{6i\mid i\in I\}$,不难看出,二元代数 $<I_6;+>$(其中,二元运算"$+$"表示通常数的加法运算)是群 $<I;+>$ 的子代数,并且群 $<I;+>$ 中的单位元 $0\in I_6$。又对于任意一个元素 $6i\in I_6$,有 $6(-i)\in I_6$,因此,二元代数 $<I_6;+>$ 是群 $<I;+>$ 的子群。一般来说,对于任意的正整数 n,二元代数 $<I_n;+>$ 是群 $<I;+>$ 的子群。

事实上,定义 5-12 中关于单位元的要求是多余的。这是因为由于 $a\in H$,根据定义 5-12 中(2)可知,必存在元素 a 的逆元 $a^{-1}\in H$,因此有 $a*a^{-1}=e\in H$,这样一来,我们就可以证明下面的结论。

定理 5-12 设二元代数 $<H;*>$ 是群 $<G;*>$ 的子代数,则当且仅当对于任意的元素 $a\in H$,有 $a^{-1}\in H$ 时,二元代数 $<H;*>$ 是群 $<G;*>$ 的子群。

于是,若给定一个群 $<G;*>$,为了确定集合 G 的任意一个非空子集 H 是否构成该群 $<G;*>$ 的一个子群,只需要检验以下两条是否成立。

(1)封闭性:对于任意的元素 $a,b\in H$,有 $a*b\in H$。

(2)可逆性:对于任意的元素 $a\in H$,有其逆元 $a^{-1}\in H$。

为了进一步简化起见,我们还可以将上面这两个条件合并成为一个条件,即可以得到下面的定理 5-13。

定理 5-13 设二元代数 $<G;*>$ 是一个群,并且集合 H 是集合 G 的非空子集,则当且仅当由元素 $a,b\in H$,可以得到 $a*b^{-1}\in H$ 时,二元代数 $<H;*>$ 是群 $<G;*>$ 的子群。

证明 (1)证明必要性。设二元代数 $<H;*>$ 是群 $<G;*>$ 的子群,则根据定义 5-12 可知,若元素 $a,b\in H$,则有 $b^{-1}\in H$,由二元代数 $<H;*>$ 的运算封闭性可知,$a*b^{-1}\in H$。

(2)证明充分性。设由元素 $a,b\in H$,可以得到 $a*b^{-1}\in H$ 的条件成立,则由元素 $a\in H$,可知 $a*a^{-1}=e\in H$,并且 $e*a^{-1}=a^{-1}\in H$,这就证明了可逆性。其次,如果元素 $a,b\in H$,则由上面所证的过程可知,元素 $b^{-1}\in H$,因此有 $a*b=a*(b^{-1})^{-1}\in H$,由此证明了运算"$*$"在集合 H 上具有可封闭性。于是,根据定理 5-12 可知,二元代数 $<H;*>$ 是群 $<G;*>$ 的子群。证毕。

特别地,如果群 $<G;*>$ 是一个有限群,那么定理 5-12 中关于可逆性的要求也是多余的,即有下面的定理 5-14。

定理 5-14 设群 $<G;*>$ 是一个有限群,如果二元代数 $<H;*>$ 是群 $<G;*>$ 的子代数,那么二元代数 $<H;*>$ 是群 $<G;*>$ 的子群。

证明 设元素 $a\in H$,根据定理 5-11,元素 a 有一个有限周期,设为 r。又由于集合 H 关于运算"$*$"具有封闭性,因此元素 $a,a^2,\cdots,a^{r-1},a^r$ 均在集合 H 中,其中:

$$a^{r-1}=a^r*a^{-1}=e*a^{-1}=a^{-1}$$

因此,有元素 a 的逆元 $a^{-1}\in H$,故二元代数 $<H;*>$ 是群 $<G;*>$ 的子群。证毕。

于是,如果给定一个有限群 $<G;*>$,为了确定集合 G 的某一个非空子集 H 与在 H 上定义的运算"$*$"能否构成群 $<G;*>$ 的一个子群,只需要检验集合 H 关于运算"$*$"是否具有封闭性即可。

定理 5-14 的前提条件还可以进一步削弱,即只要集合 H 是集合 G 的有限子集合,而并不一定要求群 $<G;*>$ 是有限群,子代数 $<H;*>$ 也可以成为群 $<G;*>$ 的子群。于是,有下面的定理 5-15。

定理 5-15 设二元代数$<G;*>$是一个群,并且二元代数$<H;*>$是群$<G;*>$的有限子代数,则二元代数$<H;*>$是群$<G;*>$的子群。

如果我们对定理 5-14 的证明略加修改,便可以类似地给出该定理的证明。

不难看出,任意一个交换群(阿贝尔群)的子群也必定是一个交换群(阿贝尔群)。

在 5.2 节中,由于置换集合$\{1,p_a\}$关于复合运算·是封闭的(见表 5-3),因此,二元代数$<\{1,p_a\};\cdot>$是群$<\{1,p_a,p_b,p_c,p_d,p_e\};\cdot>$的子群。类似地,由于置换集合$\{1,p_c,p_d\}$关于复合运算·也是封闭的(见表 5-3),因此,二元代数$<\{1,p_c,p_d\};\cdot>$也是群$<\{1,p_a,p_b,p_c,p_d,p_e\};\cdot>$的子群。

事实上,对于任意一个群$<G;*>$,如果该群$<G;*>$的子代数$<H;*>$也是一个群,那么这个作为子代数的群$<H;*>$一定是群$<G;*>$的子群。这是因为,不妨假设元素e'是群$<H;*>$的单位元,则有$e'*e'=e'$。由此可得,群$<G;*>$的单位元$e=(e')^{-1}*e'=(e')^{-1}*(e'*e')=((e')^{-1}*e')*e'=e*e'=e'$,也就是说,群$<G;*>$的单位元$e$在集合$G$的子集$H$中。又若元素$a\in H$,并且假设集合$H$中的元素$a'$是元素$a$在集合$H$中的逆元,于是应有$a*a'=e$。另一方面又有$a*a^{-1}=e$,根据群的基本性质中的消去律可得:$a'=a^{-1}$,即$a^{-1}\in H$。

这样一来,对于任意一个群$<G;*>$来说,如果集合H是集合G的一个非空子集,并且二元代数$<H;*>$是一个群,那么二元代数$<H;*>$就是群$<G;*>$的子群;反过来,如果二元代数$<H;*>$是群$<G;*>$的子群,那么$<H;*>$就一定是一个群。由此可知,二元代数$<H;*>$是群$<G;*>$的子群的充要条件是二元代数$<H;*>$是一个群。因此,在许多数学教材中通常这样来定义子群:设二元代数$<G;*>$是一个群,并且集合H是集合G的一个非空子集,若二元代数$<H;*>$也是一个群,则称该二元代数$<H;*>$是群$<G;*>$的一个子群。

下面,我们讨论群$<G;*>$中与子群$<H;*>$相关联的这样一些子集。

定义 5-13 设二元代数$<H;*>$是群$<G;*>$的子群,元素a是集合G中的任意一个元素,则集合$H*a=\{h*a\mid h\in H\}$被称为子群$<H;*>$在群$<G;*>$中的一个右陪集,集合$a*H=\{a*h\mid h\in H\}$被称为子群$<H;*>$在群$<G;*>$中的一个左陪集。

对于任意的元素$a\in H$,根据定义 5-13 可知,$H*a=a*H=H$。这就是说,集合H自身既是一个右陪集,又是一个左陪集。

在 5.2 节中,我们曾经讨论过 3 次对称置换群$<P;\cdot>=<\{1,p_a,p_b,p_c,p_d,p_e\};\cdot>$以及它的子群$<\{1,p_a\};\cdot>$。根据复合运算的运算表 5-3 不难看出,在群$<P;\cdot>$中,该子群$<\{1,p_a\};\cdot>$的右陪集是:

$$\{1,p_a\}\cdot 1=\{1,p_a\} \quad \{1,p_a\}\cdot p_a=\{p_a,1\} \quad \{1,p_a\}\cdot p_b=\{p_b,p_c\}$$
$$\{1,p_a\}\cdot p_c=\{p_c,p_b\} \quad \{1,p_a\}\cdot p_d=\{p_d,p_e\} \quad \{1,p_a\}\cdot p_e=\{p_e,p_d\}$$

于是,子群$<\{1,p_a\};\cdot>$在 3 次对称置换群$<P;\cdot>$中有 3 个互不相同的右陪集:$\{1,p_a\},\{p_b,p_c\},\{p_d,p_e\}$。

同理可得,在群$<P;\cdot>$中,子群$<\{1,p_a\};\cdot>$的左陪集是:

$$1\cdot\{1,p_a\}=\{1,p_a\} \quad p_a\cdot\{1,p_a\}=\{p_a,1\} \quad p_b\cdot\{1,p_a\}=\{p_b,p_d\}$$
$$p_c\cdot\{1,p_a\}=\{p_c,p_e\} \quad p_d\cdot\{1,p_a\}=\{p_d,p_b\} \quad p_e\cdot\{1,p_a\}=\{p_e,p_c\}$$

于是,子群$<\{1,p_a\};\cdot>$在 3 次对称置换群$<P;\cdot>$中有 3 个互不相同的左陪集:

$\{1,p_a\},\{p_b,p_d\},\{p_c,p_e\}$。

现在讨论 3 次对称置换群$<P;\cdot>=<\{1,p_a,p_b,p_c,p_d,p_e\};\cdot>$以及它的另一个子群$<\{1,p_c,p_d\};\cdot>$。根据复合运算的运算表 5-3 不难看出,在群$<P;\cdot>$中,该子群$<\{1,p_c,p_d\};\cdot>$的右陪集是:

$\{1,p_c,p_d\}\cdot 1=\{1,p_c,p_d\}$ $\{1,p_c,p_d\}\cdot p_a=\{p_a,p_e,p_b\}$ $\{1,p_c,p_d\}\cdot p_b=\{p_b,p_a,p_e\}$

$\{1,p_c,p_d\}\cdot p_c=\{p_c,p_d,1\}$ $\{1,p_c,p_d\}\cdot p_d=\{p_d,1,p_c\}$ $\{1,p_c,p_d\}\cdot p_e=\{p_e,p_b,p_a\}$

于是,子群$<\{1,p_c,p_d\};\cdot>$在 3 次对称置换群$<P;\cdot>$中有 2 个互不相同的右陪集,分别是$\{1,p_c,p_d\}$与$\{p_a,p_e,p_b\}$。

同理可得,在群$<P;\cdot>$中,子群$<\{1,p_a\};\cdot>$的左陪集是:

$1\cdot\{1,p_c,p_d\}=\{1,p_c,p_d\}$ $p_a\cdot\{1,p_c,p_d\}=\{p_a,p_b,p_e\}$ $p_b\cdot\{1,p_c,p_d\}=\{p_b,p_e,p_a\}$

$p_c\cdot\{1,p_c,p_d\}=\{p_c,p_d,1\}$ $p_d\cdot\{1,p_c,p_d\}=\{p_d,1,p_c\}$ $p_e\cdot\{1,p_c,p_d\}=\{p_e,p_a,p_b\}$

于是,子群$<\{1,p_c,p_d\};\cdot>$在 3 次对称置换群$<P;\cdot>$中有两个互不相同的左陪集,分别是$\{1,p_c,p_d\}$与$\{p_a,p_b,p_e\}$。

根据以上的分析,不难看出,对于任意一个元素 $x\in\{1,p_a,p_b,p_c,p_d,p_e\}$,皆有$\{1,p_c,p_d\}\cdot x=x\cdot\{1,p_c,p_d\}$。显然,一个群可以有多个不同的子群。与 3 次对称置换群$<P;\cdot>$的子群$<\{1,p_a\};\cdot>$相比较而言,子群$<\{1,p_c,p_d\};\cdot>$具有更加特殊的性质,于是可以得出定义 5-14。

定义 5-14 设二元代数$<H;*>$是群$<G;*>$的子群,如果对于任意一个元素 $a\in G$,皆有 $H*a=a*H$,那么就称该子群$<H;*>$是群$<G;*>$的正规子群。正规子群的右陪集与左陪集简称为陪集。

显然,子群$<\{1,p_c,p_d\};\cdot>$是 3 次对称置换群$<\{1,p_a,p_b,p_c,p_d,p_e\};\cdot>$的正规子群。$\{1,p_c,p_d\}$与$\{p_a,p_b,p_e\}$是该正规子群$<\{1,p_c,p_d\};\cdot>$的陪集。但是,子群$<\{1,p_a\};\cdot>$却不是群$<\{1,p_a,p_b,p_c,p_d,p_e\};\cdot>$的正规子群。下面,我们给出判别一个子群是正规子群的充要条件。为此,首先引进下面的符号。

设集合 H 是群$<G;*>$中的集合 G 的子集,则对于任意一个元素 $a\in G$,通常使用符号 $a*H*a^{-1}$ 表示下面的集合:

$$a*H*a^{-1}=\{a*h*a^{-1}\mid h\in H\}$$

一般地,如果集合 A 与集合 B 都是群$<G;*>$中的集合 G 的子集,则定义:

$$A*B=\{a*b\mid a\in A,b\in B\}$$

定理 5-16 设二元代数$<H;*>$是群$<G;*>$的子群,当且仅当对于任意的元素 $a\in G$,有 $a*H*a^{-1}=H$ 时,子群$<H;*>$是群$<G;*>$的正规子群。

证明 （1）证明必要性。设子群$<H;*>$是群$<G;*>$的正规子群,则对于任意的元素 $a\in G$,有 $H*a=a*H$,因此由运算“*”的可结合性以及符号 $a*H*a^{-1}$ 的定义可知:

$$a*H*a^{-1}=(a*H)*a^{-1}=(H*a)*a^{-1}=H*(a*a^{-1})=H*e=H$$

（2）证明充分性。设对于任意的元素 $a\in G$,有 $a*H*a^{-1}=H$,则有:

$$H*a=(a*H*a^{-1})*a=(a*H)*(a^{-1}*a)=(a*H)*e=a*H$$

即子群$<H;*>$是群$<G;*>$的正规子群。证毕。

前面讨论的群$<G;*>$的子群$<H;*>$成为正规子群的充要条件还可以进一步地削弱,即有下面的定理 5-17。

定理 5-17 设二元代数$<H;*>$是群$<G;*>$的一个子群,当且仅当对于任意的元素$a\in G$,有$a*H*a^{-1}\subseteq H$时,子群$<H;*>$是群$<G;*>$的一个正规子群。

证明 必要性显然成立,下面证明充分性成立。设对于任意的元素$a\in G$,有$a*H*a^{-1}\subseteq H$,由于元素a的逆元$a^{-1}\in G$,因此以元素a^{-1}替代元素a,即有$a^{-1}*H*a\subseteq H$成立。于是有:

$$a*(a^{-1}*H*a)*a^{-1}\subseteq a*H*a^{-1}$$

即有:
$$(a*a^{-1})*H*(a*a^{-1})\subseteq a*H*a^{-1}$$

于是有:
$$e*H*e\subseteq a*H*a^{-1}$$

因此有:
$$H\subseteq a*H*a^{-1}$$

所以有:
$$a*H*a^{-1}=H$$

则有:
$$H*a=(a*H*a^{-1})*a=(a*H)*(a^{-1}*a)=(a*H)*e=a*H$$

即子群$<H;*>$是群$<G;*>$的正规子群。证毕。

在前面的例子中不难发现,子群$<\{1,p_a\};\cdot>$在3次对称置换群$<\{1,p_a,p_b,p_c,p_d,p_e\};\cdot>$中所有相异的右陪集与所有相异的左陪集分别组成集合$P$的分划。正规子群$<\{1,p_c,p_d\};\cdot>$在群$<\{1,p_a,p_b,p_c,p_d,p_e\};\cdot>$中的所有相异的陪集也组成了集合$P$的分划。这个结论是否具有一般性呢?也就是说对于任意的群,它的子群在该群中的所有相异的右(左)陪集是否一定组成该群的一个分划呢?答案是肯定的。为了说明这一点,需要首先证明以下的定理。

定理 5-18 设二元代数$<H;*>$是群$<G;*>$的一个子群,元素a和元素b是集合G中的任意两个元素,则有:

(1) $H*a=H*b$或者$(H*a)\bigcap(H*b)=\varnothing$;

(2) $a*H=b*H$或者$(a*H)\bigcap(b*H)=\varnothing$。

证明 (1) 设$(H*a)\bigcap(H*b)\neq\varnothing$,则至少存在着一个元素$x\in(H*a)\bigcap(H*b)$,则有$x=h_1*a=h_2*b(h_1,h_2\in H)$。

于是,$h_1^{-1}*h_1*a=h_1^{-1}*h_2*b$,由运算"$*$"具有可结合性可知,$a=(h_1^{-1}*h_2)*b$。不妨设$h_1^{-1}*h_2=h_3$,根据子群的定义可知,$h_3\in H$。于是,$a=h_3*b(h_3\in H)$。

因此,对于任意的一个元素$h*a\in H*a$,有:
$$h*a=h*h_3*b=(h*h_3)*b=h_4*b(h_4\in H)$$

于是,$h_4*b\in H*b$,因此有$H*a\subseteq H*b$。

对于等式$x=h_1*a=h_2*b(h_1,h_2\in H)$,有:
$$h_2^{-1}*h_1*a=h_2^{-1}*h_2*b$$

由运算"$*$"具有可结合性可知:
$$b=(h_2^{-1}*h_1)*a$$

不妨设$h_2^{-1}*h_1=h_5$,根据子群的定义可知,$h_5\in H$,于是$b=h_5*a(h_5\in H)$。

因此,对于任意的一个元素$h*b\in H*b$,有$h*b=h*h_5*a=(h*h_5)*a=h_6*a(h_6\in H)$,于是,$h_6*a\in H*a$,因此有$H*b\subseteq H*a$。综合以上的分析,可知若$(H*a)\bigcap(H*b)$不为空集,则有$H*a=H*b$,否则$(H*a)\bigcap(H*b)=\varnothing$。

(2) 设$(a*H)\bigcap(b*H)\neq\varnothing$,则至少存在着一个元素$y\in(a*H)\bigcap(b*H)$,则有$y=a*h_1'=b*h_2'(h_1',h_2'\in H)$,于是,$a*h_1'*h_1'^{-1}=b*h_2'*h_1'^{-1}$。由运算"$*$"具有可结

合性可知，$a=b*(h_2{}'*h_1{}'^{-1})$，不妨设 $h_2{}'*h_1{}'^{-1}=h_3{}'$，根据子群的定义可知，$h_3{}'\in H$，于是 $a=b*h_3{}'(h_3{}'\in H)$。

因此，对于任意的一个元素 $a*h'\in a*H$，有 $a*h'=b*h_3{}'*h'=b*(h_3{}'*h')=b*h_4{}'(h_4{}'\in H)$，于是，$b*h_4{}'\in b*H$，因此有 $a*H\subseteq b*H$。

对于等式 $y=a*h_1{}'=b*h_2{}'(h_1{}',h_2{}'\in H)$，有：

$$a*h_1{}'*h_2{}'^{-1}=b*h_2{}'*h_2{}'^{-1}$$

由运算"$*$"具有可结合性可知：

$$b=a*h_1{}'*h_2{}'^{-1}=a*(h_1{}'*h_2{}'^{-1})$$

不妨设 $h_1{}'*h_2{}'^{-1}=h_5{}'$，根据子群的定义可知：

$$h_5{}'\in H$$

于是：

$$b=a*h_5{}'(h_5{}'\in H)$$

因此，对于任意的一个元素 $b*h'\in b*H$，有：

$$b*h'=a*h_5{}'*h'=a*(h_5{}'*h')=a*h_6{}'(h_6{}'\in H)$$

于是，$a*h_6{}'\in a*H$，因此有 $b*H\subseteq a*H$。

综合以上的分析，可知若 $(a*H)\bigcap(b*H)$ 不为空集，则有 $a*H=b*H$，否则，$(a*H)\bigcap(b*H)=\varnothing$。证毕。

对于群 $<G;*>$ 中的任意两个元素 a 和 b，在什么情况下会出现 $H*a=H*b$，在什么情况下会出现 $(H*a)\bigcap(H*b)=\varnothing$ 呢？关于这个问题，我们通过下面的定理 5-19 进行说明。

定理 5-19 设二元代数 $<H;*>$ 是群 $<G;*>$ 的一个子群，则有：
(1) 当且仅当元素 $b\in H*a$ 时，有 $H*b=H*a$；
(2) 当且仅当元素 $b\in a*H$ 时，有 $b*H=a*H$。

证明 (1) 证明充分性。设元素 $b\in H*a$，又由于 $e\in H$，因此有 $b=e*b\in H*b$。于是有 $b\in(H*a)\bigcap(H*b)$，根据定理 5-18 可知，$H*b=H*a$。

证明必要性。设 $H*b=H*a$，则由 $b=e*b\in H*b$ 可知，$b\in H*a$。

(2) 证明充分性。设元素 $b\in a*H$，又由于 $e\in H$，因此有 $b=b*e\in b*H$。于是有 $b\in(a*H)\bigcap(b*H)$，根据定理 5-18 可知，$b*H=a*H$。

证明必要性。设 $b*H=a*H$，则由 $b=b*e\in b*H$ 可知，$b\in a*H$。证毕。

定理 5-19 表明，由集合 G 中的元素 a 所确定的群 $<G;*>$ 的一个子群 $<H;*>$ 的右陪集（左陪集）与该右陪集（左陪集）中的任意一个元素 b 所确定的右陪集（左陪集）相等；由集合 G 中的元素 a 所确定的群 $<G;*>$ 的一个子群 $<H;*>$ 的右陪集（左陪集）与该右陪集（左陪集）之外的任意一个元素 b 所确定的右陪集（左陪集）的交集为空集 $\varnothing$。

定理 5-20 设二元代数 $<H;*>$ 是群 $<G;*>$ 的一个子群，则有：
(1) 群 $<G;*>$ 的子群 $<H;*>$ 的所有不相等的右陪集构成了集合 G 的一个分划；
(2) 群 $<G;*>$ 的子群 $<H;*>$ 的所有不相等的左陪集构成了集合 G 的一个分划。

证明 (1) 由于二元代数 $<H;*>$ 是群 $<G;*>$ 的一个子群，于是群 $<G;*>$ 的单位元 $e\in H$，因此对于任意的一个元素 $a\in G$，有 $a=e*a\in H*a$，即集合 $H*a$ 为非空集合，又根据定理 5-18(1)，群 $<G;*>$ 的子群 $<H;*>$ 的任意两个不相等的右陪集的交集为空集 $\varnothing$，并且任何一个元素 $a\in G$ 必在右陪集 $H*a$ 中，因此群 $<G;*>$ 的子群 $<H;$

＊＞的所有不相等的右陪集构成了集合 G 的一个分划。

（2）由于二元代数＜H；＊＞是群＜G；＊＞的一个子群，于是群＜G；＊＞的单位元 $e \in H$，因此对于任意的一个元素 $b \in G$，有 $b = b * e \in b * H$，即集合 $b * H$ 为非空集合。又根据定理 5-18(1)，群＜G；＊＞的子群＜H；＊＞的任意两个不相等的左陪集的交集为空集 $\varnothing$，并且任何一个元素 $b \in G$ 必在左陪集 $b * H$ 中。因此，群＜G；＊＞的子群＜H；＊＞的所有不相等的左陪集构成了集合 G 的一个分划。证毕。

定理 5-20 中的分划称为群＜G；＊＞中与其子群＜H；＊＞相关的右陪集（左陪集）分划。这种分划可以看成由集合 G 上的某个等价关系 ρ 所导致的等价分划，这里的等价关系 ρ 即是当且仅当元素 a 和元素 b 是属于群＜G；＊＞的子群＜H；＊＞的同一个右陪集（左陪集）时，有 $a \rho b$；当二元代数＜H；＊＞是群＜G；＊＞的正规子群时，这种右陪集（左陪集）分划可以简单地称为群＜G；＊＞中与其子群＜H；＊＞相关的陪集分划。

以上这些定理还给出了构造右陪集（左陪集）分划的方法。假设二元代数＜H；＊＞是群＜G；＊＞的真子群，则必定存在一个元素 $a_1 \in G$ 并且 $a_1 \notin H$，于是作真子群＜H；＊＞的右陪集 $H * a_1$（或者左陪集 $a_1 * H$）。如果集合 G 的子集 $H \cup H * a_1$（或者 $H \cup a_1 * H$）还不能包含集合 G 的全部元素，那么就再取一个不属于集合 $H \cup H * a_1$（或者 $H \cup a_1 * H$）的集合 G 中的元素 a_2，并且作子群＜H；＊＞的右陪集 $H * a_2$（或者左陪集 $a_2 * H$）。如果集合 G 中还有元素不属于集合 G 的子集 $H \cup H * a_1 \cup H * a_2$（或者 $H \cup a_1 * H \cup a_2 * H$），以及如果在集合 G 中仍然存在一个元素 a_3 不属于集合 G 的子集 $H \cup H * a_1 \cup H * a_2$（或者 $H \cup a_1 * H \cup a_2 * H$），则与上面的方法一样，可作子群＜$H$；＊＞的右陪集 $H * a_3$（或者左陪集 $a_3 * H$）。继续按照这种递归的方式进行下去，有可能将集合 G 分划成为有限多个右陪集（左陪集）的并集，这种方法借助于计算机是非常容易实现的，可以通过一个简单的递归算法编写程序来实现。例如，$G = H * a_0 \cup H * a_1 \cup \cdots \cup H * a_n$ 或者 $G = a_0 * H \cup a_1 * H \cup \cdots \cup a_n * H$。其中，令 $a_0 \in H$，于是 $H * a_0 = a_0 * H = H$。

但是集合 G 也有可能不能分划成为有限多个右陪集（左陪集）的并集。例如，当子群＜H；＊＞＝＜$\{e\}$；＊＞，但是群＜G；＊＞却是一个无限群时（集合 G 是无限集），就会产生这种现象。

定理 5-21 设二元代数＜H；＊＞是群＜G；＊＞的子群，则对于任意的元素 $a \in G$，有 $\sharp(H * a) = \sharp(a * H) = \sharp H$。

证明 定义函数 $f: H \rightarrow H * a$，使得对于任意一个元素 $h \in H$，有 $f(h) = h * a$。显然，函数 f 是一个满射函数，又根据定理 5-7 可知，如果有两个不相同的元素 $h_1, h_2 \in H$，那么 $h_1 * a \neq h_2 * a$，于是有 $f(h_1) \neq f(h_2)$，因此函数 f 是一个单射函数，所以函数 f 是一个双射函数，故 $\sharp(H * a) = \sharp H$。定义函数 $g: H \rightarrow a * H$，使得对于任意一个元素 $h \in H$，有 $f(h) = a * h$。显然，函数 f 是一个满射函数，又根据定理 5-7 可知，如果有两个不相同的元素 $h_3, h_4 \in H$，那么 $a * h_3 \neq a * h_4$，于是有 $g(h_3) \neq g(h_4)$，因此函数 g 是一个单射函数，所以函数 g 是一个双射函数，故 $\sharp(a * H) = \sharp H$。通过以上的分析可知，$\sharp(H * a) = \sharp(a * H) = \sharp H$。证毕。

不仅如此，还可以得出以下的结论，即群＜G；＊＞的子群＜H；＊＞的所有互不相等的右陪集的数目与子群＜H；＊＞的所有互不相等的左陪集的数目相等。

事实上，如果群＜G；＊＞的子群＜H；＊＞的所有互不相等的右陪集的数目为一个有限数 n，不妨设这 n 个互不相等的右陪集分别为 $H * a_1, H * a_2, \cdots, H * a_n$，则 $a_1^{-1} * H$，

$a_2{}^{-1}*H,\cdots,a_n{}^{-1}*H$ 一定是子群 $<H;*>$ 的所有互不相等的左陪集。为了说明这个结论是正确的，必须证明以下两点：一是任意子群 $<H;*>$ 的两个左陪集 $a_i{}^{-1}*H\neq a_j{}^{-1}*H$ $(i\neq j,i,j=1,2,\cdots,n)$；二是集合 G 中的任意一个元素 g 必在子群 $<H;*>$ 的某个左陪集 $a_j{}^{-1}*H$ 中 $(j=1,2,\cdots,n)$。

可采用反证法。假设在 $i\neq j$ 时 $(i,j=1,2,\cdots,n)$，有 $a_i{}^{-1}*H=a_j{}^{-1}*H$，则有 $a_j{}^{-1}\in a_j{}^{-1}*H=a_i{}^{-1}*H$，于是有 $a_j{}^{-1}\in a_i{}^{-1}*H$。因此存在一个元素 $h\in H$，使得 $a_j{}^{-1}=a_i{}^{-1}*h$，于是根据定理 5-8 可知，$a_j=(a_j{}^{-1})^{-1}=(a_i{}^{-1}*h)^{-1}=h^{-1}*a_i$。由于 $h^{-1}\in H$，故 $h^{-1}*a_i\in H*a_i$，所以 $a_j\in H*a_i$。又由于 $a_j=e*a_j$，于是有 $a_j\in H*a_j$，根据定理 5-18 可知，$H*a_i=H*a_j$，这与"n 个互不相等的右陪集"这个前提相矛盾，所以当 $i\neq j$ 时 $(i,j=1,2,\cdots,n)$，有 $a_i{}^{-1}*H\neq a_j{}^{-1}*H$。

对于任意的一个元素 $g\in G$，有元素 g 的逆元 $g^{-1}\in G$。因此 g^{-1} 必在某个右陪集 $H*a_j$ 中，即 $g^{-1}=h*a_j(h\in H)$。于是有 $g=(g^{-1})^{-1}=(h*a_j)^{-1}=a_j{}^{-1}*h^{-1}\in a_j{}^{-1}*H(j=1,2,\cdots,n)$。

使用同样的方式也可以证明，当群 $<G;*>$ 的子群 $<H;*>$ 的所有互不相等的左陪集的数目为一个有限数 n 时，子群 $<H;*>$ 的所有互不相等的右陪集的数目也为该有限数 n。因此，当群 $<G;*>$ 的子群 $<H;*>$ 的所有互不相等的左陪集（右陪集）为无限时，子群 $<H;*>$ 的所有互不相等的右陪集（左陪集）也为无限。

定义 5-15 设二元代数 $<H;*>$ 是群 $<G;*>$ 的子群，则群 $<G;*>$ 的子群 $<H;*>$ 的所有互不相等的右陪集（左陪集）的数目称为该子群 $<H;*>$ 在群 $<G;*>$ 中的指数。

例如，在前面提及的例子中，子群 $<\{1,p_a\};\cdot>$ 在 3 次对称置换群 $<\{1,p_a,p_b,p_c,p_d,p_e\};\cdot>$ 中的指数为 3，正规子群 $<\{1,p_c,p_d\};\cdot>$ 在群 $<\{1,p_a,p_b,p_c,p_d,p_e\};\cdot>$ 中的指数为 2。

根据以上的讨论结果，可以得到如下的定理 5-22。

定理 5-22 （拉格朗日定理）设群 $<G;*>$ 是一个具有子群 $<H;*>$ 的有限群，并且该子群 $<H;*>$ 在群 $<G;*>$ 中的指数为 d，则 $\sharp G=d\cdot(\sharp H)$（这里的运算"·"表示整数的乘法运算）。

该定理的结论是显而易见的，并且由此定理 5-22 可知，有限群 $<G;*>$ 的任意一个子群的阶必为该群 $<G;*>$ 的阶的因子，因此任何素数阶的群只有平凡子群。在这里，我们还可以得到比定理 5-11 更进一步的结论。该结论由定理 5-23 描述。

定理 5-23 在有限群 $<G;*>$ 中，每个集合 G 中的元素的周期都是 $\sharp G$ 的因子。

证明 不妨设元素 $a\in G$，并且该元素 a 的周期为 d，则二元代数 $<\{e,a,a^2,\cdots,a^{d-1}\};*>$ 是有限群 $<G;*>$ 的一个子群，容易证明集合 $\{e,a,a^2,\cdots,a^{d-1}\}$ 中的各个元素互不相同，并且集合 $\{e,a,a^2,\cdots,a^{d-1}\}$ 中的每个元素都有逆元。根据定理 5-22 可知，d 是 $\sharp G$ 的因子。证毕。

由以上的讨论可知，如果群 $<G;*>$ 是一个 n 阶的有限群，那么根据上面的定理 5-23 可知，对于任意一个元素 $a\in G$，不妨设该元素 a 的周期为 d，有 $a^n=(a^d)^k,(k\in N)$，所以 $a^n=e^k=e$。如果群 $<G;*>$ 是一个素数阶的群，那么该群 $<G;*>$ 中的任何非单位元的元素的周期恰好为 $\sharp G$。

5.5　正规子群与满同态

如果我们将刻画两个代数系统之间的同态概念应用于群,那么就可以得到两个群之间的同态关系。

设二元代数$<G;*>$和$<G';\cdot>$是两个群,函数f是由集合G到集合G'的一个函数。如果对于所有的$a,b\in G$,有$f(a*b)=f(a)\cdot f(b)$,那么就称函数f是由群$<G;*>$到群$<G';\cdot>$的同态。根据函数f是单射函数、满射函数或者双射函数,上面所论述的两个群$<G;*>$和$<G';\cdot>$之间的同态也可以区分为单一同态、满同态或者同构。

定理 5-24　设二元代数$<G;*>$是一个群,$<G';\cdot>$是一个二元代数,如果函数f是由该群$<G;*>$到二元代数$<G';\cdot>$的满同态,那么二元代数$<G';\cdot>$也是一个群。

这个定理无须证明,因为根据上一章所讨论的两个代数系统之间若存在着满同态的关系,则这两个代数系统应该具有的性质就可以证明定理5-24的结论是显而易见的。

定义 5-16　设函数f是由群$<G;*>$到群$<G';\cdot>$的满同态,则称群$<G';\cdot>$的单位元e'在集合G中所对应的全部像源的集合$K=\{a\mid a\in G,f(a)=e'\}$为满同态$f$的核。

定理 5-25　设集合K是由群$<G;*>$到群$<G';\cdot>$的满同态f的核,则群$<K;*>$就是群$<G;*>$的正规子群。

分析:首先证明群$<K;*>$是群$<G;*>$的子群,然后证明群$<K;*>$是群$<G;*>$的正规子群。

证明　根据具有满同态关系的两个代数系统的单位元之间的映射关系可知,群$<G;*>$的单位元$e\in K$,因此集合K是非空集合。由单位元的唯一性可知,群$<G;*>$的单位元e也是$<K;*>$中的单位元。令元素$a,b\in K$,则$f(a)=f(b)=e'$,因为函数f是由群$<G;*>$到群$<G';\cdot>$的满同态,于是有:

$$f(a*b^{-1})=f(a)\cdot f(b^{-1})=f(a)\cdot(f(b))^{-1}=e'\cdot(e')^{-1}=e'$$

由此可得$a*b^{-1}\in K$,因此,群$<K;*>$是群$<G;*>$的子群。

其次,对于任意的元素$g\in G$与任意的元素$k\in K$,有:

$$f(g*k*g^{-1})=f(g*k)\cdot f(g^{-1})=f(g)\cdot f(k)\cdot f(g^{-1})$$
$$=f(g)\cdot f(k)\cdot(f(g))^{-1}=f(g)\cdot e'\cdot(f(g))^{-1}$$
$$=f(g)\cdot(f(g))^{-1}=e'$$

由此可得,对于任意的元素$g\in G$,有$g*K*g^{-1}\subseteq K$,由定理5-17可知,群$<K;*>$是群$<G;*>$的正规子群,因此,定理5-25成立。证毕。

定理 5-26　设函数f是由群$<G;*>$到群$<G';\cdot>$的满同态,并且函数f的核是集合K,如果集合G中的元素a按照函数f的映射关系在集合G'中的像是a',那么元素a'在集合G中所对应的全部像源的集合是陪集$a*K$。

证明　对于任意一个元素$a*k\in a*K(k\in K)$,有:

$$f(a*k)=f(a)\cdot f(k)=a'\cdot e'=a'$$

其中,e'为群$<G';\cdot>$的单位元。

由此可得,陪集$a*K$中的所有的元素都是a'的像源。再假设元素$b(b\in G)$是a'的像源,又由于:

$$f(a^{-1}*b)=f(a^{-1})\cdot f(b)=(f(a))^{-1}\cdot f(b)=(a')^{-1}\cdot a'=e'$$

于是就得到 $a^{-1}*b\in K$，由此可得 $b\in a*K$，也就是说，元素 $b(b\in G)$ 在陪集 $a*K$ 中。因此，a' 的所有像源的集合是 $a*K$，于是定理 5-26 成立。证毕。

根据以上的讨论，不难得出下面的结论：由群 $<G;*>$ 到群 $<G';\cdot>$ 的一个满同态函数 f，就可以得到一个正规子群 $<K;*>$。该正规子群 $<K;*>$ 的所有陪集构成了集合 G 的一个分划，并且这个分划可被看成为由集合 G 上的某个等价关系 ρ 所导致的。这个关系 ρ 是，当且仅当元素 a 和元素 b 是在群 $<G;*>$ 的正规子群 $<K;*>$ 的同一个陪集中时，有 $a\rho b$。由于当且仅当元素在同一个陪集中时，在函数 f 的作用下有相等的函数值，因此该等价关系 ρ 即是 ρ_f。

5.6 经典例题选编

例 5-5 设二元代数 $<G;*>$ 是一个群，集合 $F=\{f_a\mid f_a:G\to G$，并且 $f_a(x)=a*x,a\in G\}$，试证明：(1) 函数 f_a 是双射函数；(2) $<F;\cdot>$ 也是一个群(其中，运算"$\cdot$"表示函数的复合运算)；(3) $<G;*>$ 与 $<F;\cdot>$ 彼此同构。

证明 (1) 对于任意的元素 $a,x,y\in G$，根据群的基本性质可知，若 $x\neq y$，则 $a*x\neq a*y$，即 $f_a(x)\neq f_a(y)$。由此可知，函数 f_a 是单射函数。

又对于任意的元素 $y\in G$，存在着元素 $a^{-1}*y\in G$，使得 $f_a(a^{-1}*y)=a*a^{-1}*y=y$。因此，函数 f_a 是满射函数。综上所述，函数 f_a 是双射函数。

(2) 对于任意的函数 $f_a,f_b\in F$，根据函数的复合运算的定义可知，$f_a\cdot f_b$ 仍然是由集合 G 到自身的函数，并且 $f_a\cdot f_b(x)=f_a(b*x)=a*(b*x)$，又由于 $<G;*>$ 是一个群，因此运算"$*$"具有可结合性，所以，$f_a\cdot f_b(x)=(a*b)*x=f_{a*b}(x)(a*b\in G)$，也就是说，$f_a\cdot f_b=f_{a*b}$，因此复合运算"$\cdot$"在集合 F 上是封闭的，并且函数的复合运算"$\cdot$"具有可结合性。不妨设群 $<G;*>$ 的单位元为 e，不难看出，$f_e(x)=e*x$。并且对于任意的函数 $f_a\in F$，有 $f_a\cdot f_e=f_{a*e}=f_a=f_{e*a}=f_a\cdot f_e$，因此，函数 f_e 是代数系统 $<F;\cdot>$ 的单位元。对于任意的元素 $f_a\in F$，有：

$$(f_{a^{-1}}\cdot f_a)(x)=f_{a^{-1}}(a*x)=a^{-1}*a*x=e*x=f_e(x)=(f_a\cdot f_{a^{-1}})(x)$$

于是有 $f_{a^{-1}}\cdot f_a=f_a\cdot f_{a^{-1}}=f_e$。

也就是说，$f_{a^{-1}}$ 是 f_a 的逆元。由元素 f_a 的任意性可知，集合 F 中的每一个元素都有逆元，综上所述可知，代数系统 $<F;\cdot>$ 是一个群。

(3) 构造一个由集合 G 到集合 F 的函数 $h:G\to F$，使得对于任意的元素 $a\in G$，有 $h(a)=f_a$。根据群的基本性质之一——群满足消去律(定理 5-7)可知，若元素 $a,b\in G$，并且 $a\neq b$，对于 $x\in G$，可得：

$$f_a(x)=a*x,f_b(x)=b*x,\text{并且 } a*x\neq b*x$$

于是有 $f_a(x)\neq f_b(x)$，因此 $f_a\neq f_b$，因此，函数 h 是一个单射函数。不难看出，对于任意一个元素 $f_a(f_a\in F)$，作为函数 h 来说，都必然存在一个像源 $a(a\in G)$ 与其对应。因此，函数 h 是一个满射函数，综上所述，构造的函数 h 是一个双射函数。又对于任意的元素 $a,b\in G$ 和任意的元素 $x\in G$，有：

$$f_{a*b}(x)=(a*b)*x$$
$$(f_a\cdot f_b)(x)=f_a(f_b(x))=f_a(b*x)=a*(b*x)$$

又由于群 $<G;*>$ 中的运算"$*$"具有可结合性，于是有 $(a*b)*x=a*(b*x)$，即：

$$f_{a*b}(x) = (f_a \cdot f_b)(x)$$

又由于元素 x 的任意性可知，$f_{a*b} = f_a \cdot f_b$，即：

$$h(a*b) = h(a) \cdot h(b)$$

因此，函数 h 是从代数系统 $<G;*>$ 到代数系统 $<F;\cdot>$ 的同态。

综上所述，群 $<G;*>$ 与群 $<F;\cdot>$ 彼此同构。证毕。

例 5-6 设二元代数 $<G;*>$ 是群，关系 ρ 是集合 G 上的等价关系，并且对于任意的元素 $a,b,c \in G$，若有 $(a*c)\rho(b*c)$，则有 $a\rho b$。并且令集合 $H = \{h \mid h \in G$，并且 $h\rho e\}$，其中元素 e 是群 $<G;*>$ 的单位元 e。试证明：代数系统 $<H;*>$ 是群 $<G;*>$ 的子群。

分析 为了证明代数系统 $<H;*>$ 是群 $<G;*>$ 的子群，根据定理 5-12，需要证明以下两点：①对于任意的元素 $h_1, h_2 \in H$，有 $h_1 * h_2 \in H$，即由前提条件 $h_1\rho e$ 和 $h_2\rho e$，要推出 $(h_1 * h_2)\rho e$；②对于任意的元素 $h \in H$，有 h 的逆元 $h^{-1} \in H$，也就是说，由 $h\rho e$，要推出 $h^{-1}\rho e$。为此，我们可以在式 $h_1\rho e$ 的左边利用 $h_1 = h_1 * e$，进而引进元素集合 G 中的另一个元素 h_2，也就是说，利用 $h_1 = h_1 * e = h_1 * (h_2 * h_2^{-1})$。与此相似，在式 $h\rho e$ 中，利用 $e = h * h^{-1}$，使之引进 h 的逆元 h^{-1}，就可以达到证明的目的了。

下面，我们使用两种方法进行证明。

方法一： 由于关系 ρ 是一个等价关系，于是关系 ρ 具有自反性，因此有 $e\rho e$，所以，单位元 $e \in H$，即集合 H 中至少存在着一个群 $<G;*>$ 中的单位元 e，所以集合 H 是集合 G 的非空子集。不失一般性，设元素 $h_1, h_2 \in H$，则有 $h_1\rho e$ 和 $h_2\rho e$，于是有：

$$(h_1 * (h_2 * h_2^{-1}))\rho(h_2 * h_2^{-1})$$

即：

$$((h_1 * h_2) * h_2^{-1})\rho(h_2 * h_2^{-1})$$

根据题设条件可知：

$$(h_1 * h_2)\rho h_2$$

由于关系 ρ 是集合 G 上的等价关系，因此 ρ 具有传递性，故得出 $(h_1 * h_2)\rho e$，所以 $(h_1 * h_2) \in H$。

又设元素 $h \in H$，则有 $h\rho e$，于是有 $((h * h^{-1}) * h)\rho(h^{-1} * h)$，根据题设条件可知：$(h * h^{-1})\rho h^{-1}$ 即 $e\rho h^{-1}$。

由于关系 ρ 是集合 G 上的等价关系，因此 ρ 具有对称性，于是有 $h^{-1}\rho e$，因此有：元素 h 的逆元 $h^{-1} \in H$。

由元素 h 的任意性可知，集合 H 中的任意一个元素都有逆元。

综上所述，代数系统 $<H;*>$ 是群 $<G;*>$ 的子群。证毕。

若我们使用定理 5-13 进行证明，则证明过程更为简单，由此产生了第二种证明方法。

方法二： 对于任意的元素 $h_1, h_2 \in H$，有 $h_1\rho e$ 和 $h_2\rho e$，由于关系 ρ 是集合 G 上的等价关系，于是关系 ρ 具有对称性和传递性，因此 $e\rho h_2$，$h_1\rho h_2$，于是有：

$$h_1 * (h_2^{-1} * h_2)\rho h_2$$

又由于二元代数 $<G;*>$ 是群，因此运算"$*$"具有可结合性，故有：

$$((h_1 * h_2^{-1}) * h_2)\rho h_2$$

即：

$$((h_1 * h_2^{-1}) * h_2)\rho(e * h_2)$$

根据题设条件可知：

$$(h_1 * h_2{}^{-1})\rho e$$

由此可得：

$$h_1 * h_2{}^{-1} \in H$$

因此，代数系统$<H；*>$是群$<G；*>$的子群。证毕。

例 5-7 设群$<A；*>$和群$<B；*>$都是群$<G；*>$的正规子群，令$AB=\{a*b \mid a\in A，且 b\in B\}$。试证明 AB 关于运算"$*$"也构成群$<G；*>$的正规子群。

证明 不妨设群$<G；*>$的单位元为 e，则根据题设有 $e\in A$ 并且 $e\in B$，所以有 $e\in AB$，因此集合 AB 是非空集合。又由于群$<A；*>$是群$<G；*>$的正规子群，于是根据正规子群的定义(定义 5-14)，对于任意的元素 $g\in G$，有 $g*A=A*g$，因此对于任意的元素 $a\in A$ 和任意的元素 $g\in G$，必定存在一个元素 $a'\in A$，使得 $g*a=a'*g$。同理可知，由于群$<B；*>$是群$<G；*>$的正规子群，于是根据正规子群的定义(定义 5-14)，对于任意的元素 $g\in G$，有 $g*B=B*g$，因此对于任意的元素 $a\in A$ 和任意的元素 $g\in G$，必定存在一个元素 $b'\in A$，使得 $g*b=b'*g$。不失一般性，设元素 $a_1*b_1，a_2*b_2\in AB$，则根据集合 AB 的定义可知，元素 $a_1，a_2\in A$，元素 $b_1，b_2\in B$，又由于群$<A；*>$和群$<B；*>$都是群$<G；*>$的正规子群，于是有：

$$(a_1*b_1)*(a_2*b_2)^{-1}=(a_1*b_1)*(b_2{}^{-1}*a_2{}^{-1})=(a_1*b_1)*(a_3*b_2{}^{-1})$$
$$=a_1*(b_1*a_3)*b_2{}^{-1}=a_1*(a_4*b_1)*b_2{}^{-1}$$
$$=(a_1*a_4)*(b_1*b_2{}^{-1})\in AB$$

其中，元素 $a_3，a_4\in A$。

通过以上的分析可得，代数系统$<AB；*>$是群$<G；*>$的子群。

又对于任意的元素 $g\in G$ 和任意的元素 $a*b\in AB$，所以有：

$$g*(a*b)*g^{-1}=(g*a)*(b*g^{-1})=(a'*g)*(b*g^{-1})$$
$$=a'*(g*b)*g^{-1}=a'*(b'*g)*g^{-1}$$
$$=(a'*b')*(g*g^{-1})=(a'*b')*e$$
$$=a'*b'\in AB$$

由元素 $a*b$ 的任意性可知，$g*AB*g^{-1}\subseteq AB$，由元素 g 的任意性与定理 5-17 可知，子群$<AB；*>$是群$<G；*>$的正规子群。

习 题 5

1. 给出一个半群，使其具有左单位元和右零元，但又不是独异点。

2. 独异点$<2^U；\cup>$、$<2^U；\cap>$、$<Z；+>$、$<Z；\cdot>$具有零元吗？如果有，它们是什么？

3. 设有二元代数 $V=<\{a,b,c,d\}；*>$，其中，运算"$*$"由表 5-4 所示。

表 5-4 运算"$*$"运算表

$*$	a	b	c	d
a	a	b	c	d
b	b	c	d	a

| c | c | d | a | b |
| d | d | a | b | c |

(1) 试证明此二元代数 V 是一个循环独异点，并且列出 V 的生成元。

(2) 如果元素 g 是生成元，将二元代数 V 的每一个元素表示成 g 的幂的形式。

(3) 请列出二元代数 V 的全部幂等元。

(4) 试证明二元代数 V 中的每一个元素的某幂次方是幂等的。

4. 证明正整数集 N 关于运算 $x * y = \max\{x, y\}$ 构成一个半群。它是独异点吗？为什么？

5. 设集合 $S = \{a, b\}$，试证明半群 $<S^s ; \cdot>$ 是不可交换的。在这里，二元运算"·"表示函数的复合运算。

6. 试证明任何一个有限半群都有一个幂等元。

7. 试证明在一个独异点中由元素的左可逆元（右可逆元）组成的集合形成一个子独异点。

8. 设二元代数 $<S ; *>$ 是一个半群，如果对于所有的元素 $a, x, y \in S$，由 $a * x = a * y$ 可以推出 $x = y$，那么就将元素 a 称为左可约的。试证明：如果集合 S 中的元素 a 和元素 b 都是左可约的，那么元素 $a * b$ 也是左可约的。

9. 试证明一个独异点的所有可逆元素组成的集合，关于该独异点所具有的运算，能够构成一个群。

10. 下列的二元代数 $<G ; *>$ 中哪一个构成群？在二元代数 $<G ; *>$ 是群的情况下，指出其单位元并且确定每一个元素的逆元。

(1) 集合 $G = \{1, 10\}$，二元运算"*"为按模 11 的乘法运算。

(2) 集合 $G = \{1, 3, 4, 5, 9\}$，二元运算"*"为按模 11 的乘法运算。

(3) 集合 G 为有理数集 Q，二元运算"*"为通常数的加法运算。

(4) 集合 G 为有理数集 Q，二元运算"*"为通常数的乘法运算。

(5) 集合 G 为整数集 I，二元运算"*"为通常数的减法运算。

(6) 集合 $G = \{1, 2, 3, 4\}$，二元运算"*"为表 5-5 中定义的运算。

表 5-5　运算"*"运算表

*	1	2	3	4
1	2	4	1	3
2	4	3	2	1
3	1	2	3	4
4	3	1	4	2

11. 如果群 $<G ; *>$ 是一个交换群（阿贝尔群），那么对于所有的元素 $a, b \in G$，试证明：$(a * b)^n = a^n * b^n \ (n \in N)$。

12. 试证明在一个群 $<G ; *>$ 中，如果对于任意的元素 $a, b \in G$，有 $(a * b)^2 = a^2 * b^2$，那么群 $<G ; *>$ 必定是一个交换群（阿贝尔群）。

13. 试证明如果一个群的每一个元素都是它自己的逆元，那么该群必定是一个交换群

（阿贝尔群）。

14. 试证明$<\{1\};*>$和$<\{1,-1\};*>$是非零实数在乘法运算下仅有的有限群。

15. 试证明x的全部多项式的集合在加法运算下是一个群。

16. 试证明$<Z_3;\oplus_3>$是一个群，其中集合$Z_3=\{0,1,2\}$，二元运算"$\oplus_3$"是按模3的加法运算。

17. 试证明在一个有限群里，周期大于2的元素的数目一定是偶数。

18. 设群$<G;*>$是一个阶为偶数的有限群，试证明在集合G里周期等于2的元素的数目一定是奇数。

19. 设群$<G;*>$是一个循环群，函数f是由群$<G;*>$到$<G';\cdot>$的满同态（运算"$\cdot$"是二元运算），试证明$<G';\cdot>$也是一个循环群。

20. 设群$<G;*>$是一个无限阶的循环群，群$<G';\cdot>$是一个任意的循环群，试证明存在由群$<G;*>$到群$<G';\cdot>$的同态。

21. 设群$<G;*>$是一个由元素g生成的阶为n的有限循环群，试证明g^r也能够生成该有限循环群$<G;*>$。其中，r与n互质。

22. 试证明所有无限阶的循环群都相互同构，并且任何阶等于n的有限循环群也都相互同构。

23. 若群$<H_1;*>$和群$<H_2;*>$都是群$<G;*>$的子群，则集合G的子集H_1*H_2是否可以构成群$<G;*>$的子群呢？请说明理由。

24. 试证明任意一个循环群的子群也是循环群。

25. 试证明阶为素数的群一定是循环群。

26. 设二元代数$<S;*>$是一个有限可交换的独异点，并且对于任意的元素$a,b,c\in S$，由$a*b=a*c$可以得到$b=c$，试证明该独异点$<S;*>$是一个交换群（阿贝尔群）。

27. 设二元代数$<G;*>$是一个群，并且群$<G';*>$是群$<G;*>$的一个子群，又定义集合G的一个子集$H:H=\{a\mid a*G'=G'*a\}$。试证明：(1) $<H;*>$是群$<G;*>$的子群；(2) 群$<G';*>$是群$<H;*>$的正规子群。

28. 设二元代数$<G;*>$是一个群，并且定义集合G的一个子集H为$H=\{a\mid a*x=x*a$，对于任意的元素$x\in G\}$。试证明$<H;*>$是群$<G;*>$的一个子群。

29. 设集合$G=\{(a,b)\mid a,b\in R$并且$a\neq 0\}$。其中，集合R为实数集。定义集合G上的二元运算"$*$"，对于任意的有序二元组$(a,b),(c,d)\in G,(a,b)*(c,d)=(a\times c,b\times c+d)$，在这里，二元运算"$+$"和"$\times$"分别表示通常数的加法运算和乘法运算。试证明：

(1) $<G;*>$是一个群；

(2) 若集合$H=\{(1,b)\mid b\in R\}$，则$<H;*>$是群$<G;*>$的一个子群。

30. 设群$<G;*>$是一个n阶的非交换群，并且$n\geq 3$。试证明集合G中存在着非单位元a与b，并且$a\neq b$，使得$a*b=b*a$。

31. 设群$<G;*>$是一个3阶群，并且集合$G=\{e,a,b\}$，试给出该群$<G;*>$的运算表并证明群$<G;*>$是一个交换群（阿贝尔群）。

32. 设群$<G;*>$是一个交换群（阿贝尔群），并且集合H是集合G中的全部具有有限周期的元素构成的集合。试证明$<H;*>$是群$<G;*>$的正规子群。

33. 设函数g是由群$<G;*>$到群$<G';\cdot>$的一个满同态，试证明：

（1）如果群$<H;*>$是群$<G;*>$的一个子群，那么由集合H中的每一个元素的像组成的集合H'关于二元运算"$\cdot$"也构成群$<G';\cdot>$的一个子群；

（2）如果群$<M;*>$是群$<G;*>$的一个正规子群，那么由集合M中的每一个元素的像组成的集合M'关于二元运算"$\cdot$"也构成群$<G';\cdot>$的一个正规子群。

34．设函数g是由群$<G;*>$到群$<G';\cdot>$的一个满同态，试证明：

（1）如果群$<H';*>$是群$<G';*>$的一个子群，那么由集合H'中的每一个元素的像源组成的集合H关于二元运算"$\cdot$"也构成群$<G;\cdot>$的一个子群；

（2）如果群$<M';*>$是群$<G';*>$的一个正规子群，那么由集合M'中的每一个元素的像源组成的集合M关于二元运算"$\cdot$"也构成群$<G;\cdot>$的一个正规子群。

第6章 格与布尔代数

【内容提要】

本章主要介绍另一种代数系统——格(lattice),其结构以第2章所介绍的偏序关系作为基础。接着将根据格的基本概念推导出格的一些基本性质,并且给出格的各种实例。然后在格的基础上再附加一些条件后,格就演变成为布尔代数(boolean algebra)。布尔代数即是冯·诺依曼模型计算机工作的理论基石。接下来将证明,每一个有限布尔代数都同构于某一个集合代数。由此可以得出,每一个有限布尔代数都是2的幂。最后讨论布尔函数及其标准形式。

格的概念在有限自动机理论、数据库安全理论的很多方面都是至关重要和不可或缺的;布尔代数可以直接用于开关理论以及组合逻辑设计和时序逻辑设计等诸多领域,也是现代计算机(冯·诺依曼型计算机)的理论来源之一。因此,对于计算机科学来说,格与布尔代数是两个十分重要的代数系统。

6.1　偏序集

在第2章中,我们曾经将集合 L 上的具有自反性、反对称性与可传递性的关系称为集合 L 上的偏序关系,并且使用符号"$\leqslant$"来表示。现在,我们将集合 L 和集合 L 上的偏序关系"$\leqslant$"一起称为一个偏序集,通常用记号 $<L;\leqslant>$ 来表示。由于 $\leqslant$ 和它的逆 $\geqslant$ 都是集合 L 上的偏序关系,因此,对于偏序集 $<L;\leqslant>$ 中的所有元素 $l_1,l_2,l_3\in L$,有:

$$l_1\leqslant l_1 \tag{6-1}$$

若有 $l_1\leqslant l_2$,并且 $l_2\leqslant l_1$,则有:

$$l_1=l_2 \tag{6-2}$$

若有 $l_1\leqslant l_2$,并且 $l_2\leqslant l_3$,则有:

$$l_1\leqslant l_3 \tag{6-3}$$

$$l_1\geqslant l_1 \tag{6-1'}$$

若有 $l_1\geqslant l_2$,并且 $l_2\geqslant l_1$,则有:

$$l_1=l_2 \tag{6-2'}$$

若有 $l_1\geqslant l_2$,并且 $l_2\geqslant l_3$,则有:

$$l_1\geqslant l_3 \tag{6-3'}$$

符号"$\leqslant$"通常读作"小于或者等于"。我们说 l_1 小于或者等于 l_2,意思就是 $l_1\leqslant l_2$。如果我们说 $l_1<l_2$,那么意思就是 $l_1\leqslant l_2$,但是 $l_1\neq l_2$。符号"$\geqslant$"通常读作"大于或者等于",并且 $l_2\leqslant l_1$ 等价于 $l_1\leqslant l_2$。

定义 6-1　设元素 l_1 与 l_2 是偏序集 $<L;\leqslant>$ 中的任意两个元素,并且有元素 $a\in L$。如果满足 $a\leqslant l_1$,并且 $a\leqslant l_2$,那么就称元素 a 为元素 l_1 与 l_2 的下界。如果元素 a 是元素 l_1 与 l_2 的下界,并且对于任意的元素 $a'\in L$,若 a' 是元素 l_1 与 l_2 的下界,就有 $a'\leqslant a$,那么就称元素 a 为元素 l_1 与 l_2 的最大下界,简记为 glb。

定义 6-2　设元素 l_1 与 l_2 是偏序集 $<L;\leqslant>$ 中的任意两个元素,并且有元素 $b\in L$。如果满足 $l_1\leqslant b$,并且 $l_2\leqslant b$,那么就称元素 b 为元素 l_1 与 l_2 的上界。如果元素 b 是元素 l_1 与 l_2 的上界,并且对于任意的元素 $b'\in L$,若 b' 是元素 l_1 与 l_2 的上界,就有 $b\leqslant b'$,那么就称元素 b 为元素 l_1 与 l_2 的最小上界,简记为 lub。

定理 6-1　设元素 l_1 与 l_2 是偏序集 $<L;\leqslant>$ 中的任意两个元素,如果 l_1 与 l_2 有最大下界(glb),那么最大下界是唯一的;如果 l_1 与 l_2 有最小上界(lub),那么最小上界也是唯一的。

证明　设元素 a_1 与 a_2 都是元素 l_1 与 l_2 的最大下界(glb),根据定义 6-1,有:
$$a_1\leqslant l_1,并且 a_1\leqslant l_2;a_2\leqslant l_1,并且 a_2\leqslant l_2$$
于是有:　　　　　　　　　　$a_1\leqslant a_2$ 并且 $a_2\leqslant a_1$

由于偏序关系 $\leqslant$ 具有反对称性,因此 $a_1=a_2$,由此可知最大下界是唯一的。

设元素 b_1 与 b_2 都是元素 l_1 与 l_2 的最小上界(glb),根据定义 6-2,有:
$$l_1\leqslant b_1,并且 l_2\leqslant b_1;l_1\leqslant b_2,并且 l_2\leqslant b_2$$
于是有:　　　　　　　　　　$b_1\leqslant b_2$ 并且 $b_2\leqslant b_1$

由于偏序关系 $\leqslant$ 具有反对称性,因此 $b_1=b_2$,由此可知最小上界是唯一的。证毕。

下面,我们通过一个例子来说明。设集合 $A=\{1,2,3,4,6,12\}$。由于集合 A 中的元素都是正整数,因此根据第 2 章的偏序关系性质,不难看出,整除关系是集合 A 上的偏序关系。记作"$\leqslant$"。由于 $1\leqslant 2$,并且 $1\leqslant 3$,因此,1 是 2 和 3 的下界,也是 2 和 3 的最大下界(在集合 A 中,小于或等于 2 和小于或等于 3 的元素只有 1 这唯一一个元素)。由于 $2\leqslant 6$,并且 $3\leqslant 6$;$2\leqslant 12$,并且 $3\leqslant 12$,因此,6 和 12 都是元素 2 和 3 的上界,但是由于 $6\leqslant 12$,因此,6 是 2 和 3 的最小上界;又由于 $1\leqslant 6,1\leqslant 12;2\leqslant 6,2\leqslant 12;3\leqslant 6,3\leqslant 12;6\leqslant 6,6\leqslant 12$,因此,1,2,3 和 6 都是 6 和 12 的下界,但是又因为 $1\leqslant 6,2\leqslant 6$,并且 $3\leqslant 6$,所以可得 6 是 6 和 12 的最大下界。不难看出,12 既是 6 和 12 的上界,也是 6 和 12 的最小上界。

在偏序集 $<L;\leqslant>$ 的次序图(Hasse 图)中,元素 l_1 与 l_2 有最大下界这一事实反映为,从结点 l_1 与 l_2 出发,经过向下的路径至少可以共同到达次序图的一个结点,这些结点中最上面的那一个结点即表示元素 l_1 与 l_2 的最大下界。同理可知,元素 l_1 与 l_2 有最小上界这一事实反映为,从结点 l_1 与 l_2 出发,经过向上的路径至少可以共同到达次序图的一个结点,这些结点中最下面的那一个结点即表示元素 l_1 与 l_2 的最小上界。

下面,我们通过一个例子具体说明。设有集合 $U=\{a,b,c\}$,则根据偏序关系的性质可知,U 的幂集 2^U 上的包含关系 $\subseteq$ 是一个偏序关系。因此,集合 U 的幂集 2^U 与包含关系 $\subseteq$ 构成了一个偏序集,记作 $<2^U;\subseteq>$。图 6-1 给出了偏序集 $<2^U;\subseteq>$ 的次序图。由图 6-1 不难看出,$\{a,b,c\}$ 既是 $\{a,b\}$ 和 $\{a,c\}$ 的上界,又是 $\{a,b\}$ 和 $\{a,c\}$ 的最小上界;$\{a\}$ 和 $\varnothing$ 是 $\{a,b\}$ 和 $\{a,c\}$ 的下界。其中,$\{a\}$ 是 $\{a,b\}$ 和 $\{a,c\}$ 的最大下界;$\{a,b,c\}$ 和 $\{b,c\}$ 都是 $\{b,c\}$ 和 $\{b\}$ 的上界,其中 $\{b,c\}$ 是 $\{b,c\}$ 和 $\{b\}$ 的最小上界。

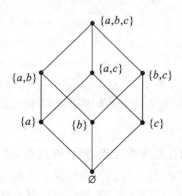

图 6-1　包含关系的次序图

定义 6-3　设 $<L;\leqslant>$ 是一个偏序集,如果对于任意一个元素 $l\in L$,有 $a\leqslant l$,那么就称该元素 $a(a\in L)$ 是最小元素;如果对于任意一个元素 $l\in L$,有 $l\leqslant b$,那么就称该元素 $b(b\in L)$ 是最大元素。

定理6-2 如果偏序集$<L;\leqslant>$有最小元素,那么最小元素是唯一的;如果偏序集$<L;\leqslant>$有最大元素,那么最大元素也是唯一的。

证明 设元素a_1与a_2都是偏序集$<L;\leqslant>$的最小元素;元素b_1与b_2都是偏序集$<L;\leqslant>$的最大元素。则由定义6-3可知,$a_1\leqslant a_2$,并且$a_2\leqslant a_1$;$b_1\leqslant b_2$,并且$b_2\leqslant b_1$。由偏序关系具有反对称性可得:$a_1=a_2$,$b_1=b_2$。证毕。

在本节所列举的两个例子中,偏序集$<A;\leqslant>$有最小元素1和最大元素12;偏序集$<2^U;\subseteq>$有最小元素$\varnothing$和最大元素$\{a,b,c\}$。

在2.7节中,我们给出了偏序集$<A;|>$及其次序图(如图2-6所示),由次序图2-6(a)不难看出,它既没有最小元素,又没有最大元素。由于2和3没有下界,因此没有最大下界,故没有最小元素;同理,由于8和12没有上界,因此也没有最小上界,故没有最大元素。

6.2 格及其性质

从6.1节的最后一个例子,我们不难看出,对于任意一个偏序集来说,其中的任何一对元素不一定都有最大下界或者最小上界。在这一节,主要讨论其中的任何一对元素都有最大下界和最小上界的偏序集,并且将这种偏序集称为"格"。我们首先介绍格的定义。

定义6-4 格是这样一类偏序集$<L;\leqslant>$,其中的任意一对元素l_1与l_2($l_1,l_2\in L$)均存在最大下界和最小上界。

通常为了方便起见,将元素l_1与l_2的最大下界和最小上界分别用$l_1\wedge l_2$和$l_1\vee l_2$来表示,即$l_1\wedge l_2=\mathrm{glb}(l_1,l_2)$,$l_1\vee l_2=\mathrm{lub}(l_1,l_2)$。又由于任意一对元素的最大下界和最小上界是唯一的,因此,"$\wedge$"与"$\vee$"均可以看成在集合L上的二元运算,以后为了叙述方便,通常将二元运算"$\wedge$"与"$\vee$"分别称为交运算和并运算。

根据最大下界(glb)和最小上界(lub)的定义,在格$<L;\leqslant>$中,对于所有的元素$l_1,l_2,l_3\in L$,有:

$$l_1\wedge l_2\leqslant l_1,l_1\wedge l_2\leqslant l_2 \tag{6-4}$$

若:

$$l_3\leqslant l_1,并且l_3\leqslant l_2,则l_3\leqslant l_1\wedge l_2 \tag{6-5}$$

$$l_1\vee l_2\geqslant l_1,l_1\vee l_2\geqslant l_2 \tag{6-4'}$$

若:

$$l_3\geqslant l_1,并且l_3\geqslant l_2,则l_3\geqslant l_1\vee l_2 \tag{6-5'}$$

反之,如果一个偏序集满足式(6-4)、式(6-5)、式(6-4')和式(6-5'),那么该偏序集就是格。

例6-1 全集合U的幂集2^U和定义在其上的包含关系构成了一个偏序集$<2^U;\subseteq>$,试证明这个偏序集是一个格。

证明 对于任意的子集$S_1,S_2\subseteq U$,有$S_1\bigcap S_2\subseteq S_1$,$S_1\bigcap S_2\subseteq S_2$,并且若有子集$S\subseteq U$,使得$S\subseteq S_1$,并且$S\subseteq S_2$,那么必有$S\subseteq S_1\bigcap S_2$,由此可知,幂集$2^U$中的任意子集对$(S_1,S_2)$有最大下界(glb),并且$\mathrm{glb}(S_1,S_2)=S_1\bigcap S_2$;同理,对于任意的子集$S_1,S_2\subseteq U$,有$S_1\subseteq S_1\bigcup S_2$,$S_2\subseteq S_1\bigcup S_2$,若有子集$S\subseteq U$,使得$S_1\subseteq S$,并且$S_2\subseteq S$,那么必有$S_1\bigcup S_2\subseteq S$。由此可知,幂集$2^U$中的任意子集对$(S_1,S_2)$有最小上界(lub),并且$\mathrm{lub}(S_1,S_2)=S_1\bigcup S_2$。因

此,偏序集$<2^U;\subseteq>$是一个格。证毕。

例如,正整数集 N 上的整除关系"$|$"是一个偏序关系。则对于任意两个正整数 n_1 和 n_2,既存在最小上界(lub),又存在最大下界(glb)。并且有:

$$\text{lub}(n_1,n_2)=\text{lcm}(n_1,n_2) \quad (n_1 \text{ 和 } n_2 \text{ 的最小公倍数})$$
$$\text{glb}(n_1,n_2)=\text{gcd}(n_1,n_2) \quad (n_1 \text{ 和 } n_2 \text{ 的最大公约数})$$

因此,偏序集$<N;|>$是一个格。

又例如,设 n 是一个正整数,并且集合 S_n 是该正整数 n 的全部正因子的集合。例如:

如果 $n=6$,那么　　　　　　　　$S_6=\{1,2,3,6\}$

如果 $n=8$,那么　　　　　　　　$S_8=\{1,2,4,8\}$

如果 $n=24$,那么　　　　　　　　$S_{24}=\{1,2,3,4,6,8,12,24\}$

如果 $n=30$,那么　　　　　　　　$S_{30}=\{1,2,3,5,6,10,15,30\}$

另设关系"$|$"是整除关系,显而易见,对于任意正整数 n,整除关系"$|$"是集合 S_n 上的偏序关系。因此,由以上的 4 个集合分别与整除关系"$|$"可以构成 4 个不同的偏序集。不难看出,这 4 个偏序集$<S_6;|>$、$<S_8;|>$、$<S_{24};|>$与$<S_{30};|>$都是格。

但是,并不是每一个偏序集都是格。例如,在 2.7 节中我们曾经列举过的偏序集$<\{2,3,4,6,8,12,36,60\};|>$就不是一个格。图 6-2 中也给出了几个不是格的偏序集的例子。

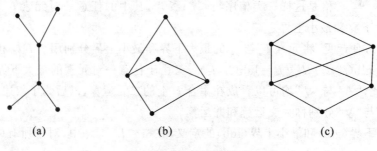

$$(a) \qquad\qquad\qquad (b) \qquad\qquad\qquad (c)$$

图 6-2　不是格的偏序集

其中,对于图 6-2(a)所示的偏序集来说,由于并不是对于任意一对元素都有最小上界和最大下界,因此不是一个格。对于图 6-2(a)所示的偏序集来说,由于存在着一对元素,它们具有不唯一的最小上界,因此不是一个格。对于图 6-2(c)所示的偏序集来说,由于存在着一对元素,它们具有不唯一的最小上界,因此不是一个格。

下面,我们进一步考察格所具有的一些基本性质。

定理 6-3　　如果元素 l_1 与 l_2 是格$<L;\leqslant>$的元素,那么有$(l_1 \vee l_2=l_2)\Leftrightarrow(l_1 \wedge l_2=l_1)\Leftrightarrow(l_1\leqslant l_2)$。

证明　　设 $l_1 \vee l_2=l_2$,根据式 6-4′可得 $l_1\leqslant l_2$,又由偏序关系 ≤ 具有自反性可知 $l_1\leqslant l_1$,于是由式 6-5 可知,$l_1\leqslant l_1 \wedge l_2$。而根据式 6-4′有 $l_1 \wedge l_2\leqslant l_1$,又根据偏序关系 ≤ 具有反对称性可知,$l_1 \wedge l_2=l_1$;反过来,设 $l_1 \wedge l_2=l_1$,根据式 6-4 可得 $l_1\leqslant l_2$,又由偏序关系 ≤ 具有自反性可知,$l_2\leqslant l_2$,于是由式 6-5′可知,$l_1 \vee l_2\leqslant l_2$。而根据式 6-4′有 $l_1 \vee l_2\leqslant l_2$,又根据偏序关系 ≤ 具有反对称性可知,$l_1 \wedge l_2=l_2$。从而可得$(l_1 \vee l_2=l_2)\Leftrightarrow(l_1 \wedge l_2=l_1)$。

设 $l_1 \wedge l_2=l_2$,根据式 6-4 可得 $l_1\leqslant l_2$;反过来,设 $l_1\leqslant l_2$,由偏序关系 ≤ 具有自反性可知,$l_2\leqslant l_2$。因而由 6-5′,有 $l_1 \vee l_2\leqslant l_2$。又根据式 6-4′可知,$l_2\leqslant l_1 \vee l_2$,根据偏序关系 ≤ 具有反对称性可知,$l_1 \wedge l_2=l_1$。从而可得$(l_1 \wedge l_2=l_1)\Leftrightarrow(l_1\leqslant l_2)$。

由以上的分析可知，$(l_1 \vee l_2 = l_2) \Leftrightarrow (l_1 \wedge l_2 = l_1) \Leftrightarrow (l_1 \leqslant l_2)$。证毕。

一个含有格的元素和符号 $=,\leqslant,\geqslant,\vee,\wedge$ 的关系式的对偶，指的是用符号 $\geqslant,\leqslant,\vee$ 与 $\wedge$ 分别代替此关系式中的 $\leqslant,\geqslant,\wedge$ 与 $\vee$ 所得到的关系式。关系式 P 的对偶表示记作 P^D。不难看出，如果 P^D 是 P 的对偶，那么 P 也是 P^D 的对偶。由此可知，P 与 P^D 互为对偶。

例如，$(l_1 \wedge l_2) \vee (l_1 \wedge l_3) \leqslant l_1 \wedge (l_2 \vee (l_1 \wedge l_3))$ 与 $(l_1 \vee l_2) \wedge (l_1 \vee l_3) \leqslant l_1 \vee (l_2 \wedge (l_1 \vee l_3))$ 互为对偶。

不难看出，在前面列出的代表格的定义的 10 个基本关系式中，式 6-1′、式 6-2′、式 6-3′、式 6-4′以及式 6-5′分别是式 6-1、式 6-2、式 6-3、式 6-4 以及式 6-5 的对偶。由此可知，在格的任意一个由这些基本关系式所导出的关系式中，同时交换 $\leqslant$ 和 $\geqslant$ 以及 $\vee$ 和 $\wedge$ 所得到的关系式也可以从这些基本关系式的对偶导出。因此，为了证明交换以后所得到的关系式，只需要在原来关系式的证明中进行上述的代换就可以了。这样一来，对于格中的任何一条定理都存在着一条与之相对偶的定理。换句话说，在格中存在着对偶原理，也就是说，对于格 $<L;\leqslant>$ 上的任意一个真命题，其对偶亦为真命题。

下面的每一条定理都包含了一对相互对偶的恒等式，除了对于交换律同时给出了相对偶的证明过程以外，其余的定理将不再写出这种成对的证明过程。有兴趣的读者可以自己完成这些对偶形式的证明。

定理 6-4 （交换律）在格 $<L;\leqslant>$ 中，对于任意的元素 $l_1,l_2 \in L$，有：(1) $l_1 \wedge l_2 = l_2 \wedge l_1$；(2) $l_1 \vee l_2 = l_2 \vee l_1$。

证明 （1）根据式 6-4 有 $l_1 \wedge l_2 \leqslant l_2$，并且 $l_1 \wedge l_2 \leqslant l_1$。根据式 6-5 可知，$l_1 \wedge l_2 \leqslant l_2 \wedge l_1$。类似地，根据式 6-4 有 $l_2 \wedge l_1 \leqslant l_1$，$l_2 \wedge l_1 \leqslant l_2$。根据式 6-5 可知，$l_2 \wedge l_1 \leqslant l_1 \wedge l_2$。于是，由反对称性可知，$l_1 \wedge l_2 = l_2 \wedge l_1$。

（2）根据式 6-4′有 $l_1 \vee l_2 \geqslant l_2$，并且 $l_1 \vee l_2 \geqslant l_1$，根据式 6-5 可知，$l_1 \vee l_2 \geqslant l_2 \vee l_1$。类似地，根据式 6-4 有 $l_2 \vee l_1 \geqslant l_1$，$l_2 \vee l_1 \geqslant l_2$。根据式 6-5 可知，$l_2 \vee l_1 \geqslant l_1 \vee l_2$。于是，由反对称性可知，$l_1 \vee l_2 = l_2 \vee l_1$。

定理 6-5 （结合律）在格 $<L;\leqslant>$ 中，对于任意的元素 $l_1,l_2,l_3 \in L$，有：(1) $l_1 \vee (l_2 \vee l_3) = (l_1 \vee l_2) \vee l_3$；(2) $l_1 \wedge (l_2 \wedge l_3) = (l_1 \wedge l_2) \wedge l_3$。

证明 （1）不妨设在集合中的元素 $a = l_1 \vee (l_2 \vee l_3)$，元素 $a' = (l_1 \vee l_2) \vee l_3$，根据式 6-4′有 $l_1 \leqslant a$，$l_2 \vee l_3 \leqslant a$。再根据式 6-4′以及偏序关系的可传递性可知，$a \geqslant l_2$，$a \geqslant l_3$，于是有 $a \geqslant l_1$，$a \geqslant l_2$。根据式 6-5′可知，$a \geqslant l_1 \vee l_2$，而又由于 $a \geqslant l_3$，因此根据式 6-5′可得，$a \geqslant (l_1 \vee l_2) \vee l_3$，即 $a \geqslant a'$。又根据式 6-4′有 $l_1 \vee l_2 \leqslant a'$，$l_3 \leqslant a'$，再根据式 6-4′以及偏序关系的可传递性可知，$a' \geqslant l_1$，$a' \geqslant l_2$，于是有 $a' \geqslant l_2$，$a' \geqslant l_3$。根据式 6-5′可知，$a' \geqslant l_2 \vee l_3$，而又由于 $a' \geqslant l_1$。因此根据式 6-5′可得，$a' \geqslant l_1 \vee (l_2 \vee l_3)$，即 $a' \geqslant a$。由于偏序关系具有反对称性，因此 $a = a'$，即 $l_1 \vee (l_2 \vee l_3) = (l_1 \vee l_2) \vee l_3$。

（2）由于（2）是（1）的对偶，因此（2）成立。证毕。

由于有结合律，因此，通常将式 $l_1 \vee (l_2 \vee l_3) = (l_1 \vee l_2) \vee l_3$ 中的括号去掉，简写为 $l_1 \vee l_2 \vee l_3$；将式 $l_1 \wedge (l_2 \wedge l_3) = (l_1 \wedge l_2) \wedge l_3$ 中的括号也去掉，简写为 $l_1 \wedge l_2 \wedge l_3$。利用数学归纳法不难证明，对于任意 n 个元素 $l_1,l_2,l_3,\cdots,l_n \in L$，结合律也是成立的，也就是说不加括号的表达式 $l_1 \vee l_2 \vee l_3 \vee \cdots \vee l_n$（简记为 $\bigvee\limits_{i=1}^{n} l_i$）与不加括号的表达式 $l_1 \wedge l_2 \wedge l_3 \wedge \cdots \wedge l_n$（简记为 $\bigwedge\limits_{i=1}^{n} l_i$）分别唯一地表示集合 L 中的一个元素。

定理 6-6 （等幂律）在格 $<L;\leqslant>$ 中，对于任意的元素 $l\in L$，有：(1) $l\vee l=l$；(2) $l\wedge l=l$。

证明 (1) 根据式 6-4′有 $l\vee l\geqslant l$，又根据式 6-1′有 $l\geqslant l$，因此又根据式 6-5′有 $l\geqslant l\vee l$，于是根据式 6-2′可知，$l\vee l=l$。

(2) 由于(2)是(1)的对偶，因此(2)成立。证毕。

定理 6-7 （吸收律）在格 $<L;\leqslant>$ 中，对于任意的元素 $l_1,l_2\in L$，有：(1) $l_1\wedge(l_1\vee l_2)=l_1$；(2) $l_1\vee(l_1\wedge l_2)=l_1$。

证明 (1) 根据式 6-4 可知，$l_1\wedge(l_1\vee l_2)\leqslant l_1$。由于偏序关系具有自反性可得，$l_1\leqslant l_1$。根据式 6-4′可知 $l_1\leqslant l_1\vee l_2$，于是可得 $l_1\leqslant l_1\wedge(l_1\vee l_2)$。又由于偏序关系具有反对称性可知，$l_1\wedge(l_1\vee l_2)=l_1$。

(2) 由于(2)是(1)的对偶，因此(2)成立。证毕。

定理 6-8 在格 $<L;\leqslant>$ 中，对于任意的元素 $l_1,l_2,l_3,l_4\in L$，如果 $l_1\leqslant l_2$ 并且 $l_3\leqslant l_4$，那么：(1) $l_1\vee l_3\leqslant l_2\vee l_4$；(2) $l_1\wedge l_3\leqslant l_2\wedge l_4$。

证明 (1) 根据式 6-4′可知，$l_2\vee l_4\geqslant l_2$，而由于 $l_1\leqslant l_2$，根据偏序关系具有可传递性可知，$l_2\vee l_4\geqslant l_1$。同理，根据式 6-4′可知，$l_2\vee l_4\geqslant l_4$，而又由于 $l_3\leqslant l_4$，根据偏序关系具有可传递性可知，$l_2\vee l_4\geqslant l_3$。于是根据式 6-5′可知，$l_2\vee l_4\geqslant l_1\vee l_3$，即 $l_1\vee l_3\leqslant l_2\vee l_4$。

(2) 根据式 6-4 可知，$l_1\wedge l_3\leqslant l_1$，而由于 $l_1\leqslant l_2$，根据偏序关系具有可传递性可知，$l_1\wedge l_3\leqslant l_2$。同理，根据式 6-4 可知，$l_1\wedge l_3\leqslant l_3$，而又由于 $l_3\leqslant l_4$，根据偏序关系具有可传递性可知，$l_1\wedge l_3\leqslant l_4$，于是根据式 6-5 可知，$l_1\wedge l_3\leqslant l_2\wedge l_4$。证毕。

推论 在格 $<L;\leqslant>$ 中，对于任意的元素 $l_1,l_2,l_3\in L$，若 $l_2\leqslant l_3$，则 $l_1\vee l_2\leqslant l_1\vee l_3$，并且 $l_1\wedge l_2\leqslant l_1\wedge l_3$。

这个推论可以看成定理 6-8 的一种特殊情形，通常将这个推论中的关于格所具有的性质称为格的保序性。

定理 6-9 在格 $<L;\leqslant>$ 中，对于任意的元素 $l_1,l_2,l_3\in L$，有下列分配关系不等式成立：(1) $l_1\vee(l_2\wedge l_3)\leqslant(l_1\vee l_2)\wedge(l_1\vee l_3)$；(2) $l_1\wedge(l_2\vee l_3)\geqslant(l_1\wedge l_2)\vee(l_1\wedge l_3)$。

证明 (1) 根据式 6-4 可知，$l_2\wedge l_3\leqslant l_2$，并且 $l_2\wedge l_3\leqslant l_3$，于是根据定理 6-8 的推论可得，$l_1\vee(l_2\wedge l_3)\leqslant l_1\vee l_2$ 并且 $l_1\vee(l_2\wedge l_3)\leqslant l_1\vee l_3$。

再根据式 6-5 可知，$l_1\vee(l_2\wedge l_3)\leqslant(l_1\vee l_2)\wedge(l_1\vee l_3)$。

(2) 根据对偶原理，(2)也成立。证毕。

下面，我们将最大下界和最小上界的概念推广到集合 L 的任意一个子集 H 上。设 $<L;\leqslant>$ 是一个偏序集，集合 H 是集合 L 的一个子集。如果元素 $a\in L$，并且对于任何一个元素 $h\in H$，有 $a\leqslant h$，那么就称元素 a 是集合 L 的子集 H 的下界。如果元素 a 是集合 L 的子集 H 的下界，并且对于任意的元素 $a'\in L$，若 a' 是 H 的下界，便有 $a'\leqslant a$，那么就称元素 a 是集合 H 的最大下界。如果元素 $b\in L$，并且对于任何一个元素 $h\in H$，有 $h\leqslant b$，那么就称元素 b 是集合 L 的子集 H 的上界。如果元素 b 是集合 L 的子集 H 的上界，并且对于任意的元素 $b'\in L$，若 b' 是 H 的上界，便有 $b\leqslant b'$，那么就称元素 b 是集合 H 的最小上界。

容易证明，在格 $<L;\leqslant>$ 中，元素 $l_1\wedge l_2\wedge l_3\wedge\cdots\wedge l_n$ 就是元素 $l_1,l_2,l_3,\cdots,l_n$ 的最大下界；元素 $l_1\vee l_2\vee l_3\vee\cdots\vee l_n$ 就是元素 $l_1,l_2,l_3,\cdots,l_n$ 的最小上界。即：

若令 $a=l_1 \wedge l_2 \wedge l_3 \wedge \cdots \wedge l_n$，则

$$a \leqslant l_1, a \leqslant l_2, \cdots, a \leqslant l_n \tag{6-6}$$

若令 $a' \leqslant l_1, a' \leqslant l_2, \cdots, a' \leqslant l_n$，则

$$a' \leqslant l_1 \wedge l_2 \wedge l_3 \wedge \cdots \wedge l_n \tag{6-7}$$

若令 $b=l_1 \vee l_2 \vee l_3 \vee \cdots \vee l_n$，则

$$b \geqslant l_1, b \geqslant l_2, \cdots, b \geqslant l_n \tag{6-6'}$$

若令 $b' \geqslant l_1, b' \geqslant l_2, \cdots, b' \geqslant l_n$，则

$$b' \geqslant l_1 \vee l_2 \vee l_3 \vee \cdots \vee l_n \tag{6-7'}$$

下面使用对集合 L 中的元素的数目 n 进行归纳的方法给出式 6-6 与式 6-7 的证明。

证明 当 $n=1$ 和 $n=2$ 时，式 6-6 与式 6-7 显然成立。

不妨设 $l_1 \vee l_2 \vee l_3 \vee \cdots \vee l_k$ 是元素 $l_1, l_2, l_3, \cdots, l_k$ 的最大下界，由结合律可知，$l_1 \wedge l_2 \wedge l_3 \wedge \cdots \wedge l_k \wedge l_{k+1}=(l_1 \wedge l_2 \wedge l_3 \wedge \cdots \wedge l_k) \wedge l_{k+1}=a$（不失一般性，不妨将其设为 a），则根据式 6-4 可得，$a \leqslant l_1 \wedge l_2 \wedge l_3 \wedge \cdots \wedge l_k$ 并且 $a \leqslant l_{k+1}$。则根据归纳假设可知，$l_1 \wedge l_2 \wedge l_3 \wedge \cdots \wedge l_k \leqslant l_j (j=1,2,\cdots,k)$。于是，根据偏序关系具有可传递性可得，$a \leqslant l_1, a \leqslant l_2, \cdots, a \leqslant l_k$，又由于 $a \leqslant l_{k+1}$，因此，$l_1 \wedge l_2 \wedge l_3 \wedge \cdots \wedge l_k \wedge l_{k+1}$ 是元素 $l_1, l_2, l_3, \cdots, l_k, l_{k+1}$ 的下界。又如果对于任意一个元素 $a' \in L$ 并且 $a' \leqslant l_1, a' \leqslant l_2, \cdots, a' \leqslant l_k, a' \leqslant l_{k+1}$，那么根据归纳假设可以得出，$a' \leqslant l_1 \wedge l_2 \wedge l_3 \wedge \cdots \wedge l_k$。又由于 $a' \leqslant l_{k+1}$，于是根据式 6-5 可知，$a' \leqslant (l_1 \wedge l_2 \wedge l_3 \wedge \cdots \wedge l_k) \wedge l_{k+1}$，因此，$l_1 \wedge l_2 \wedge l_3 \wedge \cdots \wedge l_k \wedge l_{k+1}$ 是元素 $l_1, l_2, l_3, \cdots, l_k, l_{k+1}$ 的最大下界。根据以上的分析可以说明式 6-6 与式 6-7 成立。根据对偶原理可以得出，式 6-6′ 与式 6-7′ 也成立。证毕。

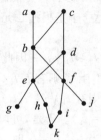

下面，我们通过一个例子进行说明。设偏序集 $<A;\leqslant>$ 的次序图（Hasse 图）如图 6-3 所示。由图 6-3 不难看出，对于集合 A 的子集 $B=\{e,f,g,h,i,j,k\}$ 来说，b 和 d 分别是其上界，但是子集 B 没有最小上界；对于集合 A 的子集 $C=\{a,b,c,d\}$ 来说，元素 e、f、g、h、i、j 和 k 均是其下界，但是子集 C 没有最大下界。

图 6-3 偏序集 $<A;\leqslant>$ 的次序图

6.3 格是一种代数系统

从上一节的讨论中，我们已经知道，如果偏序集 $<L;\leqslant>$ 是一个格，那么集合 L 中的任意一对元素 l_1 与 l_2 都有唯一的最大下界（glb）和最小上界（lub），如果分别使用 $l_1 \wedge l_2$ 与 $l_1 \vee l_2$ 来表示它们，那么运算"$\wedge$"和运算"$\vee$"可以分别看成集合 L 上的两个二元运算，这两种运算均满足交换律、结合律、等幂律和吸收律。现在要说明这一结论的逆也是成立的，也就是说，如果在集合 L 上定义了两个二元运算，并且这两个二元运算满足以上四条定律（交换律、结合律、等幂律和吸收律），那么集合 L 上必定存在一个偏序关系 $\leqslant$，使得偏序集 $<L;\leqslant>$ 是一个格。

定理 6-10 如果集合 L 是一个定义了两个二元运算"$\wedge$"和"$\vee$"的集合，并且这两个运算都满足交换律、结合律和吸收律，那么在集合 L 上必定存在着一个偏序关系，使得在该偏序关系下，对于任意一对元素 $l_1, l_2 \in L$，$l_1 \vee l_2$ 就是元素 l_1 与 l_2 的最小上界（lub），$l_1 \wedge l_2$ 就是元素 l_1 与 l_2 的最大下界（glb）。

在定理 6-10 中没有列出等幂律，这是因为在定理 6-10 的条件下，等幂律是自然满足的。实际上，根据吸收律可以推出等幂律，也就是说，对于任意的元素 $l \in L$，有：

$$l \vee l = l \vee (l \wedge (l \vee l)) = l$$

运用相同的方法或者对偶原理可以证明 $l \vee l=l$，因此在以下的证明过程中，可以认为等幂律也是成立的。下面，我们给出定理 6-10 的证明过程。

证明 首先在集合 L 上定义一个关系"$\leqslant$"如下。

对于任意的元素 $l_1, l_2, l_3 \in L$，当且仅当 $l_1 \vee l_2=l_1$ 时，有：

$$l_2 \leqslant l_1 \tag{6-8}$$

根据等幂律可知，对于任意一个元素 $l \in L$，有 $l \vee l=l$，于是可得，$l \leqslant l$，因此关系 $\leqslant$ 具有自反性。设 $l_1 \leqslant l_2$ 并且 $l_2 \leqslant l_1$，则根据式 6-8 可知，$l_2 \vee l_1=l_2$ 并且 $l_1 \vee l_2=l_1$ 同时成立，根据二元运算"$\vee$"满足交换律可得，$l_1=l_2$。因此，关系 $\leqslant$ 具有反对称性。设 $l_1 \leqslant l_2$ 并且 $l_2 \leqslant l_3$，则根据式 6-8 可知，$l_2 \vee l_1=l_2$ 并且 $l_3 \vee l_2=l_3$ 同时成立，又由于二元运算"$\vee$"满足结合律，则有 $l_3 \vee l_1=(l_3 \vee l_2) \vee l_1=l_3 \vee (l_2 \vee l_1)=l_3 \vee l_2=l_3$，于是又根据式 6-8 可知，$l_1 \leqslant l_3$，也就是说，关系 $\leqslant$ 具有可传递性。由以上的分析可知，关系 $\leqslant$ 是定义在集合 L 上的偏序关系。对于任意的元素 $l_1, l_2, l_3 \in L$，根据二元运算"$\vee$"满足交换律、结合律和等幂律可知：

$$(l_1 \vee l_2) \vee l_1=l_1 \vee (l_2 \vee l_1)=l_1 \vee (l_1 \vee l_2)=(l_1 \vee l_1) \vee l_2=l_1 \vee l_2$$

因此，根据式 6-8 可得，$l_1 \vee l_2 \geqslant l_1$。同理，对于任意的元素 $l_1, l_2 \in L$，根据二元运算"$\vee$"满足交换律、结合律和等幂律可知，$(l_1 \vee l_2) \vee l_2=l_1 \vee (l_2 \vee l_2)=l_1 \vee l_2$。因此，根据式 6-8 可得，$l_1 \vee l_2 \geqslant l_2$。又根据式 6-8 可得，若 $l_3 \geqslant l_1$ 并且 $l_3 \geqslant l_2$，则有 $l_3 \vee l_1=l_3$ 并且 $l_3 \vee l_2=l_3$ 同时成立，于是根据二元运算"$\vee$"满足交换律、结合律和等幂律可知：

$$l_3 \vee (l_1 \vee l_2)=(l_3 \vee l_1) \vee l_2=l_3 \vee l_2=l_3$$

即 $l_3 \geqslant l_1 \vee l_2$。因此，$l_1 \vee l_2=\mathrm{lub}(l_1, l_2)$，也就是说，$l_1 \vee l_2$ 是元素 l_1 与 l_2 的最小上界。若 $l_1 \vee l_2=l_1$，则有 $l_2 \wedge (l_1 \vee l_2)=l_2 \wedge l_1$。于是根据吸收律可知，$l_2 \wedge l_1=l_2$；反过来，若 $l_2 \wedge l_1=l_2$，则有 $l_1 \vee (l_2 \wedge l_1)=l_1 \vee l_2$。于是根据吸收律可知，$l_1 \vee l_2=l_1$。因此有 $(l_1 \vee l_2=l_1) \Leftrightarrow (l_2 \wedge l_1=l_2)$。于是，可以将偏序关系 $\leqslant$ 按照如下方式来定义。对于任意一对元素 $l_1, l_2 \in L$，当且仅当 $l_1 \wedge l_2=l_2$ 时，有：

$$l_2 \leqslant l_1 \tag{6-9}$$

运用以上论证过程的对偶原理以及根据式 6-9 可得 $l_1 \wedge l_2=\mathrm{glb}(l_1, l_2)$，也就是说，$l_1 \wedge l_2$ 是元素 l_1 与 l_2 的最大下界。证毕。

综合本节与 6.2 节的结论，可以给出与定义 6-4 等价的关于"格"这个概念的另一种定义方式，如下面将要给出的定义 7-5，也就是说将格定义为一种代数系统。

定义 6-5 设 $<L; \vee, \wedge>$ 是一个代数系统，运算"$\vee$"与运算"$\wedge$"是定义在集合 L 上的两个二元运算。如果这两个二元运算均满足交换律、结合律和吸收律，那么就称此代数系统 $<L; \vee, \wedge>$ 为一个格。

因此，在例 6-1 中所描述的格 $<2^U; \subseteq>$ 也可以表示为 $<2^U; \bigcup, \bigcap>$。这样一来，我们可以借助于第 4 章中所介绍的子代数的概念定义子格的概念如下。

定义 6-6 设代数系统 $<L; \vee, \wedge>$ 是一个格，如果代数系统 $<H; \vee, \wedge>$ 是 $<L; \vee, \wedge>$ 的子代数，那么就称此代数系统 $<H; \vee, \wedge>$ 是 $<L; \vee, \wedge>$ 的子格。

下面，我们通过两个例子来说明子格的应用。

例 6-2 设偏序集 $<L; \leqslant>$ 是一个格，若元素 $a \in L$，集合 S 是集合 L 的子集，定义集合 $S=\{l \mid l \in L$，并且 $a \leqslant l\}$，则 $<S; \leqslant>$ 是格 $<L; \leqslant>$ 的子格。

证明 由于对于任意的元素 $l_1, l_2 \in S$，必有 $a \leqslant l_1$，并且 $a \leqslant l_2$。于是根据式 6-5 可知，$a \leqslant l_1 \wedge l_2$，根据式 6-3' 与式 6-4' 可得，$a \leqslant l_1 \vee l_2$，因此有：$l_1 \wedge l_2 \in S$，并且 $l_1 \vee l_2 \in S$。

因此，$<S; \leqslant>$ 是格 $<L; \leqslant>$ 的子格。证毕。

例 6-3 设有集合 A,B 和函数 $f:A\to B$，$S\subseteq 2^B$ 定义为 $S=\{y\mid y=f(x),x\in 2^A\}$，试证明集合 S 对于集合的运算 $\cup$ 和 $\cap$ 构成格 $<2^B;\cup,\cap>$ 的子格。

分析 这里只要证明运算 $\cup$、$\cap$ 在集合 S 上是封闭的即可。即证明：对于任意的集合 $S_1,S_2\in S$，有 $S_1\cup S_2\in S$ 并且 $S_1\cap S_2\in S$。根据题意，S_1,S_2 都是集合 A 的某个子集的像的集合，它们一定对应两个像源集合 A_1,A_2，即由 $S_1=f(A_1),S_2=f(A_2)\Rightarrow S_1\cup S_2=f(A_1)\cup f(A_2),S_1\cap S_2=f(A_1)\cap f(A_2)$。

证明 对于任意的元素 $S_1,S_2\in S$，必定存在元素 $A_1,A_2\in 2^A$，使得 $S_1=f(A_1)$，$S_2=f(A_2)$，于是，$S_1\cup S_2=f(A_1)\cup f(A_2)$。对于任意给定的元素 $b\in f(A_1)\cup f(A_2)$，则有 $b\in f(A_1)$ 或者 $b\in f(A_2)$，所以存在着元素 $a_1\in A_1$ 使得 $f(a_1)=b$ 或者存在元素 $a_2\in A_2$ 使得 $f(a_2)=b$。又由于 $A_1\subseteq A_1\cup A_2$，并且 $A_2\subseteq A_1\cup A_2$，于是元素 $a_1\in A_1\cup A_2$，或者 $a_2\in A_1\cup A_2$，于是无论 $a_1\in A_1$ 还是 $a_2\in A_2$，都表明存在着元素 $a\in A_1\cup A_2$，使得 $f(a)=b$，所以，元素 $b\in f(A_1\cup A_2)$。由此可知，$f(A_1)\cup f(A_2)\subseteq f(A_1\cup A_2)$。对于任意给定的元素 $b'\in f(A_1\cup A_2)$，则存在着一个元素 $a\in A_1\cup A_2$，使得 $f(a)=b'$。根据并集的定义可知，元素 $a\in A_1$ 或者 $a\in A_2$，于是，当 $a\in A_1$ 时，$b'\in f(A_1)$；当 $a\in A_2$ 时，$b'\in f(A_2)$。总而言之，$b'\in f(A_1)\cup f(A_2)$，由此可知，$f(A_1\cup A_2)\subseteq f(A_1)\cup f(A_2)$。因此，$f(A_1)\cup f(A_2)=f(A_1\cup A_2)$，于是有 $S_1\cup S_2=f(A_1\cup A_2)$。又由于 $A_1\cup A_2\subseteq A$，因此，$A_1\cup A_2\in 2^A$，所以，根据集合 S 的定义可知，$S_1\cup S_2\in S$。又由于 $S_1=f(A_1),S_2=f(A_2)$，于是有 $S_1\subseteq B$，并且 $S_2\subseteq B$，因此，$S_1\cap S_2\subseteq B$。若 $S_1\cap S_2$ 为非空集合，则对于任意一个元素 $b\in S_1\cap S_2$，必有 $b\in S_1$，即 $b\in f(A_1)$。因此，存在一个元素 $a\in A_1$，使得 $f(a)=b$，又由于 $A_1\subseteq A$，因此，$a\in A$。也就是说，对于任意一个元素 $b\in S_1\cap S_2$，必定存在一个元素 $a\in A$，使得 $f(a)=b$。不妨令集合 $A_3=\{a\mid a\in A$，并且 $f(a)=b,b\in S_1\cap S_2\}$，不难看出，$A_3\in 2^A$，并且有 $S_1\cap S_2=f(A_3)$。因此，$S_1\cap S_2\in S$。若 $S_1\cap S_2$ 为空集 $\varnothing$，则 $\varnothing\in 2^A$，并且 $f(\varnothing)=\varnothing$，此时，$S_1\cap S_2=\varnothing\in S$。综上所述，$S_1\cap S_2\in S$。根据以上的分析可知，$S$ 对于集合的运算 $\cup$ 和 $\cap$ 构成格 $<2^B;\cup,\cap>$ 的子代数。因此，$<S;\cup,\cap>$ 是格 $<2^B;\cup,\cap>$ 的子格。证毕。

又例如，设集合 $L=\{a,b,c,d,e,f,g,h\}$，并且令偏序集 $<L;\leqslant>$ 是一个格，其次序图（Hasse 图）如图 6-4 所示。并且令集合 $S_1=\{a,b,d,f\}$，集合 $S_2=\{c,e,g,h\}$，集合 $S_3=\{a,b,d,h\}$，集合 $S_4=\{c,e,g\}$，则不难看出偏序集 $<S_1;\leqslant>$ 和偏序集 $<S_2;\leqslant>$ 是格 $<L;\leqslant>$ 的子格，但是偏序集 $<S_3;\leqslant>$ 却不是格 $<L;\leqslant>$ 的子格。这是因为在集合 S_3 中考察元素 b 和元素 d，显然应有 $b\wedge d=\mathrm{glb}(b,d)=f$，而 f 不属于集合 S_3。但是，偏序集 $<S_3;\leqslant>$ 是一个格，其次序图如图 6-5 所示。偏序集 $<S_4;\leqslant>$ 既不是格，也不是格 $<L;\leqslant>$ 的子格。

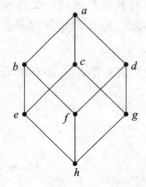

图 6-4　偏序集 $<L;\leqslant>$ 的次序图

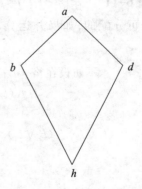

图 6-5　$<S_3;\leqslant>$ 的次序图

6.4 分配格与有补格

根据定理 6-9,我们已经知道虽然格满足分配不等式,但是任意给定一个格$<L;\vee,\wedge>$,其运算"$\vee$"相对于运算"$\wedge$"或者运算"$\wedge$"相对于运算"$\vee$"不一定能满足分配律。如果一旦满足了分配律,那么就表明格$<L;\vee,\wedge>$具有了一种更加特殊的性质。具有这种特殊性质的格的定义如定义 6-7。

定义 6-7 设代数系统$<L;\vee,\wedge>$是一个格,如果对于任意的元素 $l_1,l_2,l_3\in L$,有:

$$l_1\vee(l_2\wedge l_3)=(l_1\vee l_2)\wedge(l_1\vee l_3)$$
$$l_1\wedge(l_2\vee l_3)=(l_1\wedge l_2)\vee(l_1\wedge l_3)$$

那么就将此代数系统$<L;\vee,\wedge>$称为分配格。

例如,不难证明全集合 U 的幂集 2^U 与其上所定义的求并运算和求交运算所组成的格$<2^U;\cup,\cap>$是一个分配格。

但是,图 6-6 中给出的两个格都不是分配格。因为在图 6-6(a)中,有:

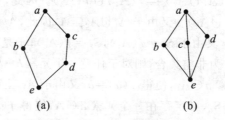

(a)　　　　　　(b)

图 6-6　两个非分配格的例子

$$d\vee(b\wedge c)=d\vee e=d,\quad(d\vee b)\wedge(d\vee c)=a\wedge c=c$$

并且 $d\neq c$,于是有:

$$d\vee(b\wedge c)\neq(d\vee b)\wedge(d\vee c)$$

在图 6-6(b)中,有:

$$c\vee(b\wedge d)=c\vee e=e;\quad(c\vee b)\wedge(c\vee d)=a\wedge a=a$$

并且 $e\neq a$,于是有:

$$c\vee(b\wedge d)\neq(c\vee b)\wedge(c\vee d)$$

应该指出,在定义分配格时,有些条件是多余的。

定理 6-11 在格$<L;\vee,\wedge>$中,如果交运算对并运算是可分配的,那么并运算对交运算也是可分配的;如果并运算对交运算是可分配的,那么交运算对并运算也是可分配的。

证明 不妨设在格$<L;\vee,\wedge>$中,对于任意的元素 $l_1,l_2,l_3\in L$,若有:
$$l_1\wedge(l_2\vee l_3)=(l_1\wedge l_2)\vee(l_1\wedge l_3)$$

则有:

$$(l_1\vee l_2)\wedge(l_1\vee l_3)=((l_1\vee l_2)\wedge l_1)\vee((l_1\vee l_2)\wedge l_3)$$
$$=l_1\vee((l_1\vee l_2)\wedge l_3)=l_1\vee(l_3\wedge(l_1\vee l_2))$$
$$=l_1\vee((l_3\wedge l_1)\vee(l_3\wedge l_2))$$
$$=(l_1\vee(l_3\wedge l_1))\vee(l_3\wedge l_2)$$

$$=l_1 \vee (l_3 \wedge l_2)=l_1 \vee (l_2 \wedge l_3)$$

又根据对偶原理可知,如果并运算对交运算是可分配的,那么交运算对并运算也是可分配的。证毕。

如果格$<L;\vee,\wedge>$是分配格,那么对于任意的元素$l,a_1,a_2,\cdots,a_n \in L$,有:

$$l \vee (\overset{n}{\underset{i=1}{\wedge}} a_i)=\overset{n}{\underset{i=1}{\wedge}}(l \vee a_i)$$

$$l \wedge (\overset{n}{\underset{i=1}{\vee}} a_i)=\overset{n}{\underset{i=1}{\vee}}(l \wedge a_i)$$

更一般地,对于任意的元素$l_1,l_2,l_3,\cdots,l_k,a_1,a_2,\cdots,a_n \in L$,有:

$$(\overset{k}{\underset{i=1}{\wedge}} l_i) \vee (\overset{n}{\underset{j=1}{\wedge}} a_j)=\overset{k}{\underset{i=1}{\wedge}}(\overset{n}{\underset{j=1}{\wedge}}(l_i \vee a_j)) \qquad (\overset{k}{\underset{i=1}{\vee}} l_i) \wedge (\overset{n}{\underset{j=1}{\vee}} a_j)=\overset{k}{\underset{i=1}{\vee}}(\overset{n}{\underset{j=1}{\vee}}(l_i \wedge a_j))$$

定理 6-12　若元素l_1,l_2,l_3是分配格$<L;\vee,\wedge>$中的任意三个元素,则:

$$(l_1 \vee l_2=l_1 \vee l_3,l_1 \wedge l_2=l_1 \wedge l_3) \Leftrightarrow (l_2=l_3)$$

证明　从右到左的推理结论是显而易见的。为了证明从左到右的推理结论,需要运用交换律、吸收律和分配律的性质,其推理过程如下。

$$l_2=l_2 \vee (l_2 \wedge l_1)=l_2 \vee (l_3 \wedge l_1)=(l_2 \vee l_3) \wedge (l_2 \vee l_1)$$
$$=(l_2 \vee l_3) \wedge (l_3 \vee l_1)=(l_3 \vee l_2) \wedge (l_3 \vee l_1)$$
$$=l_3 \vee (l_2 \wedge l_1)=l_3 \vee (l_1 \wedge l_2)=l_3 \vee (l_1 \wedge l_3)$$
$$=l_3$$

证毕。

如果一个格存在着最小元素和最大元素,那么就称这两个格中的特殊元素为此格的界,并且分别使用0和1来表示。根据最小元素和最大元素的定义,如果一个格$<L;\vee,\wedge>$中有元素0和元素1,那么对于格中的任意元素$l \in L$,有$0 \leqslant l$,并且$l \leqslant 1$。于是,根据定理6-3可知,对于格中的任意一个元素$l \in L$,有:

$$l \vee 1=1, \quad l \wedge 1=l \tag{6-10}$$
$$l \vee 0=l, \quad l \wedge 0=0 \tag{6-11}$$

根据格中的元素0与1的唯一性可知,含有元素0与1的格的次序图中,必定存在唯一的一个称为"0"的结点,它位于次序图的最底层。同理,必定存在唯一的一个称为"0"的结点,它位于次序图的最顶层。并且从任意一个表示非元素0和元素1的结点出发经过向上的路径都可以到达表示元素1的结点;而从任意一个表示非元素0和元素1的结点出发经过向下的路径都可以到达表示元素0的结点。

例如,在图6-1所给出的格$<2^U;\cup,\cap>$的次序图中,结点$\varnothing$表示元素0;而结点$\{a,b,c\}$表示元素1。

又例如,偏序集$<R;\leqslant>$(其中,集合R是实数集,偏序关系$\leqslant$是通常的两个实数之间的"小于或者等于"关系)显然是一个格。对于任意的元素$r_1,r_2 \in R$,有:

$$glb(r_1,r_2)=min(r_1,r_2)$$
$$lub(r_1,r_2)=max(r_1,r_2)$$

由此可知,这个格$<R;\leqslant>$既没有最大元素也没有最小元素。

定义 6-8　设代数系统$<L;\vee,\wedge>$是一个既有元素0又有元素1的格,对于集合L中的任意一个元素a,如果存在元素a'使得$a \vee a'=1$,并且$a \wedge a'=0$,那么就称元素a'是元素a的补元。

不难看出,元素 a 与元素 a' 是互为补元的。也就是说,如果元素 a' 是元素 a 的补元,那么元素 a 也是元素 a' 的补元。

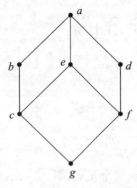

图 6-7　格的次序图

例如,在图 6-7 所示的格中,元素 c 是元素 d 的一个补元,与此同时,元素 d 也是元素 c 的一个补元。同一个元素的不同的补元数目可以大于 1。例如,在图 6-7 所示的格中,元素 b 与元素 c 都可以作为元素 d 的补元。但是,元素 e 却没有补元。

根据式 6-10 和式 6-11 可知,元素 0 与元素 1 互为补元。

■ **定义 6-9**　设代数系统 $<L;\vee,\wedge>$ 是一个含有元素 0 和元素 1 的格,如果集合 L 中的每一个元素都有补元,那么就称格 $<L;\vee,\wedge>$ 为有补格。

例如,在图 6-6(a) 所给出的格中,每一个元素都有补元。元素 b 的补元是元素 c 和元素 d,元素 c 与元素 d 的补元都是元素 b;元素 a 与元素 e 互为补元。因此,这是一个有补格。又例如,在图 6-6(b) 所给出的格中,元素 b 的补元是元素 c 与元素 d,元素 c 的补元是元素 b 与元素 d,元素 d 的补元是元素 b 与元素 c,元素 a 与元素 e 互为补元。因此,它也是一个有补格。

又例如,格 $<2^U;\bigcup,\bigcap>$ 是一个有补格。其中,全集合 U 是元素 1,空集 $\varnothing$ 是元素 0,集合 U 的任意一个子集 S 的补元是集合 S'(集合 S' 是集合 S 的补集)。

如果一个格既是有补格又是分配格,那么就称这个格为有补分配。例如,格 $<2^U;\bigcup,\bigcap>$ 就是一个有补分配格。

下面再来考察一下有补分配格的一些基本性质。

■ **定理 6-13**　在有补分配格 $<L;\vee,\wedge>$ 中,任意一个元素 $l\in L$ 的补元素 l' 是唯一的。

■ **证明**　假设有两个元素 l_1 和 l_2,使得:

$$l\vee l_1=1,\quad l\wedge l_1=0$$
$$l\vee l_2=1,\quad l\wedge l_2=0$$

则有:

$$l\vee l_1=l\vee l_2=1 \text{ 并且 } l\wedge l_1=l\wedge l_2=0$$

根据定理 6-12 可知,$l_1=l_2$,因此,元素 l 的补元是唯一的。证毕。

■ **定理 6-14**　(对合律) 在有补分配格 $<L;\vee,\wedge>$ 中,对于任意一个元素 $l\in L$,有 $(l')'=l$。

■ **证明**　因为 $l\vee l'=1$,并且 $l\wedge l'=0$,根据交换律有 $l'\vee l=1$,并且 $l'\wedge l=0$。所以,元素 l 是元素 l' 的补元,又根据定理 6-13 可知,元素 l' 的补元是唯一的,因此可得 $l=(l')'$。

■ **定理 6-15**　(德·摩根定律) 在有补分配格 $<L;\vee,\wedge>$ 中,对于任意的元素 l_1, $l_2\in L$,有:(1) $(l_1\vee l_2)'=l_1'\wedge l_2'$;(2) $(l_1\wedge l_2)'=l_1'\vee l_2'$。

■ **证明**　(1) 根据分配律可知:

$$(l_1\vee l_2)\vee(l_1'\wedge l_2')=(l_1\vee l_2\vee l_1')\wedge(l_1\vee l_2\vee l_2')=1\wedge 1=1$$
$$(l_1\vee l_2)\wedge(l_1'\wedge l_2')=(l_1\wedge l_2'\wedge l_1')\vee(l_1\wedge l_1'\wedge l_2')=0\wedge 0=0$$

根据定理 6-13,由补分配格中补元的唯一性可知,$(l_1\vee l_2)'=l_1'\wedge l_2'$。

（2）根据对偶原理可知，（2）成立。证毕。

定理 6-16 在有补分配格 $<L;\vee,\wedge>$ 中，对于任意的元素 $l_1,l_2\in L$，有：

$$(l_1\leqslant l_2)\Leftrightarrow(l_1\wedge l_2'=0)\Leftrightarrow(l_1'\vee l_2=1)$$

证明 若 $l_1\leqslant l_2$，则根据定理 6-8 的推论（格的保序性）可知，$l_1\wedge l_2'\leqslant l_2\wedge l_2'$。又由于 $l_2\wedge l_2'=0$，因此，$l_1\wedge l_2'\leqslant0$，但是由于 0 是有补分配格 $<L;\vee,\wedge>$ 的最小元素，于是有 $0\leqslant l_1\wedge l_2'$，因此根据偏序关系的反对称性可知，$l_1\wedge l_2'=0$。类似地，若 $l_1\leqslant l_2$，则根据定理 6-8 的推论（格的保序性）可知，$l_1'\vee l_1\leqslant l_1'\vee l_2$。又由于 $l_1'\vee l_1=1$，因此，$1\leqslant l_1'\vee l_2$。但是由于 1 是有补分配格 $<L;\vee,\wedge>$ 的最大元素，于是有，$l_1'\vee l_2\leqslant1$。因此，根据偏序关系的反对称性可知，$l_1'\vee l_2=1$；反过来，若 $l_1\wedge l_2'=0$，则有：

$$l_2=l_2\vee(l_1\wedge l_2')=(l_2\vee l_1)\wedge(l_2\vee l_2')=(l_2\vee l_1)\wedge1=l_2\vee l_1$$

因此有 $l_1\leqslant l_2$，若 $l_1'\vee l_2=1$，则有：

$$l_1=l_1\wedge(l_1'\vee l_2)=(l_1\wedge l_1')\vee(l_1\wedge l_2)=0\vee(l_1\wedge l_2)=l_1\wedge l_2$$

因此有 $l_1\leqslant l_2$。

综合以上的分析可知，$(l_1\leqslant l_2)\Leftrightarrow(l_1\wedge l_2'=0)\Leftrightarrow(l_1'\vee l_2=1)$。证毕。

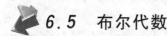 6.5 布尔代数

定义 6-10 如果一个格既是分配格，又是有补格，那么就称该格为一个布尔代数（boolean algebra）。

由于在有补分配格中，任何一个元素的补元都是唯一的，因此，求补运算能够作为这种格的域上的一个一元运算。于是，具有域 B 的布尔代数可以表示为 $<B;',\vee,\wedge>$（其中，运算"$\vee$"与运算"$\wedge$"表示原有的并运算与交运算，一元运算"$'$"表示求补运算）。

计算机的基本运算方式的全部理论来源就是布尔代数。

对于域 B 的布尔代数 $<B;',\vee,\wedge>$，域 B 中的任意元素 x,y,z 满足以下十条基本性质。

（1）交换律：$x\vee y=y\vee x$，$x\wedge y=y\wedge x$。

（2）结合律：$x\vee(y\vee z)=(x\vee y)\vee z$，$x\wedge(y\wedge z)=(x\wedge y)\wedge z$。

（3）等幂律：$x\vee x=x$，$x\wedge x=x$。

（4）吸收律：$x\vee(x\wedge y)=x$，$x\wedge(x\vee y)=x$。

（5）分配律：$x\vee(y\wedge z)=(x\vee y)\wedge(x\vee z)$，$x\wedge(y\vee z)=(x\wedge y)\vee(x\wedge z)$。

（6）同一律：$x\vee0=x$，$x\wedge1=x$。

（7）零一律：$x\vee1=1$，$x\wedge0=0$。

（8）互补律：$x\vee x'=1$，$x\wedge x'=0$。

（9）对合律：$(x')'=x$。

（10）德·摩根定律：$(x\vee y)'=x'\wedge y'$，$(x\wedge y)'=x'\vee y'$。

需要说明的是，以上这十条性质并不都是独立的。实际上，所有其他的性质都能够由其中的四条性质（即交换律、分配律、同一律和互补律）推导出来。也就是说，如果代数系统 $<B;',\vee,\wedge>$ 的运算满足交换律、分配律、同一律与互补律，那么这个代数系统也必定满足结合律、等幂律、吸收律、零一律、对合律以及德·摩根定律等其余的六条基本性质。

我们首先注意到，交换律、分配律、同一律和互补律这四条基本定律中的每一条都包含

了互为对偶的两个关系式。也就是说,如果在这四条基本定律的每一条中,将第一个关系式中的 $\vee$、$\wedge$、0、1 分别变为 $\wedge$、$\vee$、1、0,那么第一个关系式就变成了第二个关系式。因此,与格完全类似,布尔代数的任意一个由这些基本关系式所导出的关系式的对偶形式,也可以根据这些基本关系式的对偶形式一一导出。在以上的布尔代数的其中五条基本性质,即在结合律、等幂律、吸收律、零一律以及德·摩根定律中,每一条性质都包含了两个互为对偶的关系式,根据对偶原理,只需要证明其中之一就可以了。

根据交换律和同一律可知,0 是运算"$\vee$"的单位元,1 是运算"$\wedge$"的单位元,根据定理 4-2 可知,代数系统 $<B;',\vee,\wedge>$ 中满足同一律的元素 0 和元素 1 是唯一的。

定理 6-17 (零一律) 对于任意的元素 $x\in B$,有:(1) $x\vee 1=1$;(2) $x\wedge 0=0$。

证明 (1)
$$
\begin{aligned}
x\vee 1 &= (x\vee 1)\wedge 1 & \text{(同一律)}\\
&= (x\vee 1)\wedge(x\vee x') & \text{(互补律)}\\
&= x\vee(1\wedge x') & \text{(分配律)}\\
&= x\vee x' & \text{(交换律,同一律)}\\
&= 1 & \text{(互补律)}
\end{aligned}
$$

(2) 根据对偶原理可知,(2) 成立。证毕。

定理 6-18 (吸收律)对于任意的元素 $x,y\in B$,有:(1) $x\vee(x\wedge y)=x$;(2) $x\wedge(x\vee y)=x$。

证明 (1)
$$
\begin{aligned}
x\vee(x\wedge y) &= (x\wedge 1)\vee(x\wedge y) & \text{(同一律)}\\
&= x\wedge(1\vee y) & \text{(分配律)}\\
&= x\wedge 1 & \text{(交换律,定理 6-17)}\\
&= x & \text{(同一律)}
\end{aligned}
$$

(2) 根据对偶原理可知,(2) 成立。证毕。

又由于吸收律成立,重复定理 6-10 中的推导可知,等幂律也成立。为了证明结合律成立,我们需要首先证明下面的引理。

引理 对于任意的元素 $x,y,z\in B$,若 $x\wedge y=x\wedge z$,并且 $x'\wedge y=x'\wedge z$,则 $y=z$。

证明 由于 $(x\wedge y)\vee(x'\wedge y)=(x\vee x')\wedge y=1\wedge y=y$
$(x\wedge z)\vee(x'\wedge z)=(x\vee x')\wedge z=1\wedge z=z$

并且根据已知条件有 $(x\wedge y)\vee(x'\wedge y)=(x\wedge z)\vee(x'\wedge z)$,因此,$y=z$。证毕。

定理 6-19 (结合律) 对于任意的元素 $x,y,z\in B$,有:(1) $x\vee(y\vee z)=(x\vee y)\vee z$;(2) $x\wedge(y\wedge z)=(x\wedge y)\wedge z$。

证明 (1) 不妨令 $P=x\vee(y\vee z)$,$T=(x\vee y)\vee z$,则有:
$$x\wedge P=x\wedge(x\vee(y\vee z))=x \qquad \text{(吸收律)}$$
并且 $\quad x\wedge T=x\wedge((x\vee y)\vee z)=(x\wedge(x\vee y))\vee(x\wedge z)=x\vee(x\wedge z)=x$

由此可得,$x\wedge P=x\wedge T$。又由于:
$$
\begin{aligned}
x'\wedge P &= x'\wedge(x\vee(y\vee z))=(x'\wedge x)\vee(x'\wedge(y\vee z))\\
&= 0\vee(x'\wedge(y\vee z))=x'\wedge(y\vee z)\\
&= (x'\wedge y)\vee(x'\wedge z)
\end{aligned}
$$
并且 $\quad x'\wedge T=x'\wedge((x\vee y)\vee z)=(x'\wedge(x\vee y))\vee(x'\vee z)$

$$= ((x' \wedge x) \vee (x' \wedge y)) \vee (x' \vee z)$$
$$= (0 \vee (x' \wedge y)) \vee (x' \vee z)$$
$$= (x' \wedge y) \vee (x' \vee z)$$

由此可得,$x' \wedge P = x' \wedge T$。

于是根据以上的引理可得 $P = T$,这就证明了 $x \vee (y \vee z) = (x \vee y) \vee z$ 成立。

(2) 根据对偶原理可知,(2) 成立。证毕。

根据上面的讨论可知,在布尔代数 $<B; ', \vee, \wedge>$ 中,由于运算"$\vee$"与运算"$\wedge$"的交换律、结合律和吸收律均成立,因此,$<B; ', \vee, \wedge>$ 是一个格。又由于分配律亦成立,因此,格 $<B; ', \vee, \wedge>$ 是一个分配格。又因为同一律和互补律成立,于是格 $<B; ', \vee, \wedge>$ 是一个有补格。所以格 $<B; ', \vee, \wedge>$ 是一个有补分配格。又根据定理 6-14 和定理 6-15,在有补分配格 $<B; ', \vee, \wedge>$ 中的对合律及其德·摩根定律亦成立。

通过以上的分析,可以说明,与格相同,布尔代数 $<B; ', \vee, \wedge>$ 也是一个代数系统,并且这个代数系统可以选取交换律、分配律、同一律和互补律作为前提假设(又称公理)。不难看出,代数系统 $<2^U; ', \cup, \cap>$ 即是一个布尔代数,这是由于 $<2^U; ', \cup, \cap>$ 满足布尔代数的交换律、分配律、同一律和互补律这几个前提假设。因此,为方便起见,通常将代数系统 $<2^U; ', \cup, \cap>$ 称为集合代数。由此可知,对于布尔代数 $<B; ', \vee, \wedge>$ 推导出来的任何一个结论,对于集合代数 $<2^U; ', \cup, \cap>$ 也都是成立的。

下面,我们将通过两个定理阐释一个有趣的现象,那就是布尔代数的子代数以及布尔代数的满同态仍然是布尔代数。

定理 6-20 布尔代数的每一个子代数仍然是一个布尔代数。

证明 不失一般性,不妨设代数系统 $<B^{\sim}; ', \vee, \wedge>$ 是布尔代数 $<B; ', \vee, \wedge>$ 的子代数,则根据子代数的定义可知,交换律和分配律在代数系统 $<B^{\sim}; ', \vee, \wedge>$ 中仍然成立。又假设某元素 $x \in B^{\sim}$,则根据代数系统具有封闭性可知,元素 x 的补元 $x' \in B^{\sim}$,由此可得,$x \vee x' = 1 \in B^{\sim}$,并且 $x \wedge x' = 0 \in B^{\sim}$,于是互补律与同一律在代数系统 $<B^{\sim}; ', \vee, \wedge>$ 上也都成立。因此,代数系统 $<B^{\sim}; ', \vee, \wedge>$ 也是一个布尔代数。证毕。

定理 6-21 一个布尔代数的任何一个满同态像都仍然是布尔代数。

证明 不失一般性,不妨设代数系统 $<B^i; \sim, \cup, \cap>$ 是布尔代数 $<B; ', \vee, \wedge>$ 在满同态 h 下的同态像。则根据定理 4-6 可知,交换律和分配律在代数系统 $<B^i; \sim, \cup, \cap>$ 中仍然成立。又由于布尔代数 $<B; ', \vee, \wedge>$ 满足同一律,可知 $h(0)$ 与 $h(1)$ 分别是代数系统 $<B^i; \sim, \cup, \cap>$ 中的 0 元素和 1 元素。也就是说,代数系统 $<B^i; \sim, \cup, \cap>$ 满足同一律。又由于函数 h 是从集合 B 到集合 B^i 的满射函数,因此,在集合 B^i 中的任何一个元素 x^i 都可以表示成为 $h(x)$ 的形式。在这里,元素 $x \in B$,因此,对于任意一个元素 $x^i \in B^i$,有:

$$h(0) = h(x \wedge x') = h(x) \bigcap h(x') = h(x) \bigcap \sim(h(x)) = x^i \bigcap \sim(x^i)$$
$$h(1) = h(x \vee x') = h(x) \bigcup h(x') = h(x) \bigcup \sim(h(x)) = x^i \bigcup \sim(x^i)$$

也就是说,代数系统 $<B^i; \sim, \cup, \cap>$ 满足互补律。

通过以上的分析可知,代数系统 $<B^i; \sim, \cup, \cap>$ 是一个布尔代数。证毕。

下面,我们通过一个例子来进行说明。

例如,不妨设全集合 $U = \{a, b, c\}$,则布尔代数 $<2^U; ', \cup, \cap>$ 有以下四个子代数,分别是:子代数 $<\{\varnothing, U\}; ', \cup, \cap>$;子代数 $<\{\varnothing, \{a\}, \{b, c\}, U\}; ', \cup, \cap>$;子代数 $<\{\varnothing, \{b\},$

$\{a,c\},U\rangle;',\cup,\cap\rangle$以及子代数$\langle\{\varnothing,\{c\},\{a,b\},U\};',\cup,\cap\rangle$。不难看出,这四个布尔代数$\langle 2^U;',\cup,\cap\rangle$的子代数都是布尔代数。

表 6-1 给出了布尔代数$\langle 2^U;',\cup,\cap\rangle$的子代数$\langle\{\varnothing,U\};',\cup,\cap\rangle$的运算表,表 6-2 给出了布尔代数$\langle 2^U;',\cup,\cap\rangle$的子代数$\langle\{\varnothing,S,T,U\};',\cup,\cap\rangle$的运算表(以后为了叙述方便起见,后面三个子代数的域都用$\{\varnothing,S,T,U\}$来表示)。

表 6-1 $\langle\{\varnothing,U\};',\cup,\cap\rangle$的运算表

x	x'	$\cup$	$\varnothing$	U	$\cap$	$\varnothing$	U
$\varnothing$	U		$\varnothing$	U		$\varnothing$	$\varnothing$
U	$\varnothing$		U	U		$\varnothing$	U

表 6-2 $\langle\{\varnothing,S,T,U\};',\cup,\cap\rangle$的运算表

x	x'	$\cup$	$\varnothing$	S	T	U	$\cap$	$\varnothing$	S	T	U
$\varnothing$	U		$\varnothing$	S	T	U		$\varnothing$	$\varnothing$	$\varnothing$	$\varnothing$
S	T		S	S	U	U		$\varnothing$	S	$\varnothing$	S
T	S		T	U	T	U		$\varnothing$	$\varnothing$	T	T
U	$\varnothing$		U	U	U	U		$\varnothing$	S	T	U

6.6   有限布尔代数的同构

定义 6-11   设代数系统$\langle B;',\vee,\wedge\rangle$是一个布尔代数,如果元素$a\neq 0$,并且对于每一个元素$x\in B$,有$x\wedge a=0$或者$x\wedge a=a$,那么就称元素$a$是原子。

根据原子的定义,如果元素a是一个原子,那么就不存在任何元素c,使得$0<c$,并且$c<a$,也就是说,原子a是一个仅比0元素(最小元素)"大"的一个元素。在集合B上所定义的偏序关系的次序图上,表示原子的结点从结点0出发经过一条向上的边就能够到达的那些结点。

例如,设全集合$U=\{a,b,c\}$,则在布尔代数$\langle 2^U;',\cup,\cap\rangle$中,元素$\{a\}$、元素$\{b\}$以及元素$\{c\}$都是原子,如图 6-8 所示。

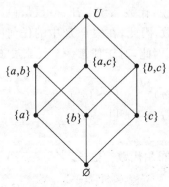

图 6-8 $\langle 2^U;',\cup,\cap\rangle$的次序图

定理 6-22   设代数系统$\langle B;',\vee,\wedge\rangle$是一个有限布尔代数,则对于每一个非零的元素$x\in B$(元素$x$不是最小元素),必定存在一个原子$a$,使得$x\wedge a=a$(或者$a\leqslant x$)。

证明   如果元素x是一个原子,那么定理 6-22 显然成立;如果元素x不是一个原子,那么必定存在某个元素y,使得$y\wedge x\neq x$并且$y\wedge x\neq 0$。不失一般性,不妨设$y\wedge x=x_1$,也就是说,存在非零元素$x_1\neq x$并且满足$x_1\leqslant x$。类似地,要么元素x_1就是一个原子,要么存在一个非零元素$x_2\neq x_1$并且满足$x_2\leqslant x_1$;同样,要么元素x_2就是一个原子,要么存在一个非零元素 $x_3 \neq x_2$ 并且满足 $x_3 \leqslant x_2$ 等。由此可以得到一个序列,即:
$$x \geqslant x_1 \geqslant x_2 \geqslant x_3 \geqslant \cdots$$
又由于 $<B;',\vee,\wedge>$ 是一个有限布尔代数,也就是说,域 B 为有限集,因此,上面的序列必定会终止于"小于或者等于"元素 x 的某个原子 a。证毕。

定理 6-23 如果元素 a_1 和元素 a_2 都是布尔代数 $<B;',\vee,\wedge>$ 的原子,并且 $a_1 \wedge a_2 \neq 0$,则有 $a_1 = a_2$。

证明 由于 $a_1 \wedge a_2 \neq 0$,于是根据定义 6-11,有 $a_1 \wedge a_2 = a_1$,并且 $a_1 \wedge a_2 = a_2$,因此,$a_1 = a_2$。证毕。

定理 6-24 设代数系统 $<B;',\vee,\wedge>$ 是一个有限布尔代数,并且元素 x 是域(集合)B 的任意一个非零元素;元素 $a_1,a_2,\cdots,a_n$ 是有限布尔代数 $<B;',\vee,\wedge>$ 中满足 $a_i \leqslant x$ 的所有原子。则域 B 中的元素 $x = a_1 \vee a_2 \vee \cdots \vee a_n$。

证明 不妨设 $y = a_1 \vee a_2 \vee \cdots \vee a_n$,根据式 6-7′可知,$y \leqslant x$,则只需要证明 $x \leqslant y$。根据定理 6-16,只需要证明 $x \wedge y' = 0$。现在不妨假设 $x \wedge y' \neq 0$(反证法),根据定理 6-22 可知,必定存在一个原子 a,使得 $a \leqslant x \wedge y'$。而根据式 6-4 有 $x \wedge y' \leqslant x$ 并且 $x \wedge y' \leqslant y'$。根据偏序关系具有可传递性可得 $a \leqslant x$ 并且 $a \leqslant y'$。同时,由于元素 $a \leqslant x$,因此必定存在着一个元素 $a_k(k=1,2,\cdots,n)$,使得 $a = a_k$。根据式 6-6′可知,$a \leqslant a_1 \vee a_2 \vee \cdots \vee a_n = y$,于是有 $a \leqslant y$ 并且 $a \leqslant y'$。根据式 6-5 可知,$a \leqslant y \wedge y' = 0$,又由于 0 是有限布尔代数 $<B;',\vee,\wedge>$ 的最小元素,因此 $a = 0$。而这个结论与元素 a 是原子相矛盾,因此,必须满足 $x \wedge y' = 0$,也即 $x \leqslant y$。最后,根据偏序关系具有反对称性可知,$x = a_1 \vee a_2 \vee \cdots \vee a_n$。证毕。

定理 6-25 设代数系统 $<B;',\vee,\wedge>$ 是一个有限布尔代数,元素 x 是域(集合)B 的任意一个非零元素,并且元素 $a_1,a_2,\cdots,a_n$ 是有限布尔代数 $<B;',\vee,\wedge>$ 中满足 $a_i \leqslant x$ 的所有原子。则元素 $x = a_1 \vee a_2 \vee \cdots \vee a_n$ 是将元素 x 表示为原子的并的唯一方式。

证明 不妨假设将域 B 中的元素 x 还可以表示为原子的并的另一种表达式为:
$$x = b_1 \vee b_2 \vee \cdots \vee b_m$$
不难看出,由于元素 x 是 $b_1,b_2,\cdots,b_m$ 的最小上界,因此有:
$$b_1 \leqslant x, b_2 \leqslant x, \cdots, b_m \leqslant x,$$
这就意味着有:
$$\{b_1,b_2,\cdots,b_m\} \subseteq \{a_1,a_2,\cdots,a_n\}$$
对于任意一个原子 $a_k(k=1,2,\cdots,n)$,由于 $a_k \leqslant x$,于是有 $a_k \wedge x = a_k$,由此可得:
$$a_k \wedge (b_1 \vee b_2 \vee \cdots \vee b_m) = (a_k \wedge b_1) \vee (a_k \wedge b_2) \vee \cdots \vee (a_k \wedge b_m) = a_k$$
于是,必定存在某一个元素 $b_i(i=1,2,\cdots,m)$,使得 $a_k \wedge b_i \neq 0$,根据定理 6-23 可知,$a_k = b_i$,也就是说,$a_k \in \{b_1,b_2,\cdots,b_m\}$。由此可得:
$$\{a_1,a_2,\cdots,a_n\} \subseteq \{b_1,b_2,\cdots,b_m\}$$
综合以上的分析可知,$x = a_1 \vee a_2 \vee \cdots \vee a_n$ 是将元素 x 表示为原子的并的唯一方式。证毕。

定理 6-25 的结论使得在一个有限布尔代数 $<B;',\vee,\wedge>$ 中的元素与它的所有原子的集合 A 的子集之间建立起了一一对应的关系。我们可以证明这种一一对应的关系实际上是从有限布尔代数 $<B;',\vee,\wedge>$ 到代数系统 $<2^A;\sim,\cup,\cap>$ 的一个同构(其中,一元运算

"～"表示集合的求补运算)。因此可以得出每一个有限的布尔代数必定与某一个集合代数同构这一重要结论。

定理 6-26 设代数系统 $<B;',\vee,\wedge>$ 是一个有限布尔代数,若集合 A 表示此有限布尔代数所有原子的集合,则有限布尔代数 $<B;',\vee,\wedge>$ 与集合代数 $<2^A;\sim,\cup,\cap>$ 彼此同构。

证明 定义函数 $h:B\to 2^A$,其中:

$$h(x)=\begin{cases}\varnothing & x=0 \\ \{a|a\in A,\text{且 } a\leqslant x\} & x\neq 0\end{cases}$$

则根据定理 6-24 和定理 6-25 可知,函数 h 是一个双射函数。

对于任意的非零元素 $x_1,x_2\in B$,不妨设:

$$h(x_1)=A_1=\{a_{11},a_{12},\cdots,a_{1p}\}$$
$$h(x_2)=A_2=\{a_{21},a_{22},\cdots,a_{2q}\}$$

因此,有:

$$x_1=a_{11}\vee a_{12}\vee\cdots\vee a_{1p},x_2=a_{21}\vee a_{22}\vee\cdots\vee a_{2q}$$
$$x_1\vee x_2=a_{11}\vee a_{12}\vee\cdots\vee a_{1p}\vee a_{21}a_{22}\vee\cdots\vee a_{2q}$$

由此可知:

$$\begin{aligned}h(x_1\vee x_2)&=h(a_{11}\vee a_{12}\vee\cdots\vee a_{1p}\vee a_{21}a_{22}\vee\cdots\vee a_{2q})\\&=\{a_{11},a_{12},\cdots,a_{1p},a_{21},a_{22},\cdots,a_{2q}\}\\&=A_1\cup A_2\end{aligned}\tag{6-12}$$

其次,根据分配律可知:

$$\begin{aligned}x_1\wedge x_2&=(a_{11}\vee a_{12}\vee\cdots\vee a_{1p})\wedge(a_{21}\vee a_{22}\vee\cdots\vee a_{2q})\\&=\bigvee_{i=1}^{p}(\bigvee_{j=1}^{q}(a_{1i}\wedge a_{2j}))\end{aligned}$$

根据定理 6-23 可知:

$$a_{1i}\wedge a_{2j}\begin{cases}a_{1i}=a_{2j} & \text{若 } a_{1i}=a_{2j} \\ 0 & \text{若 } a_{1i}\neq a_{2j}\end{cases}$$

由此可得,$x_1\wedge x_2$ 等于所有使得 $a_{1i}=a_{2j}$ 的 a_{1i}(或者 a_{2j})的并。结果可得:

$$h(x_1\wedge x_2)=A_1\cap A_2\tag{6-13}$$

最后,假设 $x_2=x_1{}'$,则有 $x_1\vee x_2=1$,于是有 $h(x_1\vee x_2)=A_1\cup A_2=A$。又由于 $x_1\wedge x_2=0$,于是有 $h(x_1\wedge x_2)=A_1\cap A_2=\varnothing$。由此可得,集合 A_2 是集合 A_1 的补集,即:

$$h(x_1{}')=\sim(h(x_1))\tag{6-14}$$

当去掉了元素 x_1 和元素 x_2 都是非零元素的假设,也就是说,当 $x_1=0$ 并且 $x_2=0$ 时,则有集合 A_1 为空集或者集合 A_2 为空集。于是,式 6-12、式 6-13 和式 6-14 立即可得。由此可知,函数 h 是从有限布尔代数 $<B;',\vee,\wedge>$ 到集合代数 $<2^A;\sim,\cup,\cap>$ 的同构。因此,这两个代数系统是彼此同构的代数系统。证毕。

定理 6-26 具有重大的理论意义,它表明可以使用集合代数 $<2^U;',\cup,\cap>$ 来表示任何一个有限布尔代数 $<B;',\vee,\wedge>$。这个结论的一个直接推论就是集合(域)B 的基数 $\sharp B=2^{\sharp U}$。根据这个推论又可以推导出下面的结论,即如果两个有限的布尔代数 $<B_1;',\vee,\wedge>$ 和 $<B_2;',\vee,\wedge>$ 的域的基数相等,那么它们的原子的集合也一定有相等的基数,即 $\sharp A_1=\sharp A_2$。由此可知,集合代数 $<2^{A_1};',\cup,\cap>$ 与集合代数 $<2^{A_2};',\cup,\cap>$ 彼此同构,因此,上面的两个有限的布尔代数 $<B_1;',\vee,\wedge>$ 和 $<B_2;',\vee,\wedge>$ 也彼此同构。综合以上的分析可以得出下面的定理 6-27。

定理 6-27　任何一个有限的布尔代数的域的基数都是 2 的非负整数次幂,并且域具有相等的基数的有限的布尔代数必定彼此同构。

例如,设集合 $A_1, A_2, \cdots, A_r$ 是全集合 U 的子集,如果集合(族)S 表示由集合 $A_1, A_2, \cdots, A_r$ 所产生的全部集合的集合,那么代数系统 $<S; ', \cup, \cap>$ 就是一个布尔代数。对于集合(族)S 的任何一个元素(全集合 U 的子集)来说,由集合 $A_1, A_2, \cdots, A_r$ 所产生的最小集要么被包含于此元素(全集合 U 的子集)中,要么与此元素的交集为空集。由此可得,由集合 $A_1, A_2, \cdots, A_r$ 所产生的最小集是布尔代数 $<S; ', \cup, \cap>$ 的原子,则根据定理 6-26 可知,布尔代数 $<S; ', \cup, \cap>$ 与 $<2^M; ', \cup, \cap>$ 彼此同构。这里的集合 M 是所有由集合 $A_1, A_2, \cdots, A_r$ 所产生的最小集的集合。

含有 n 个元素的布尔代数可以使用 $W_n = <B_n; ', \vee, \wedge>$ 来表示。根据定理 6-27 可知,整数 n 必定为 2 的非负整数次幂。这样一来,所谓"最小的"布尔代数就是 $W_2 = <B_2; ', \vee, \wedge>$,其域 B_2 为最小元素与最大元素组成的集合,即 $B_2 = \{0, 1\}$。使用同一律、等幂律和零一律可得 W_2 的运算表如表 6-3 所示。在表 6-4 中,我们定义了 $W_4 = <B_4; ', \vee, \wedge>$ 的各种运算,在这里,域 $B_4 = \{0, a, b, 1\}$。请读者自己比较表 6-1、表 6-2 与表 6-3、表 6-4 之间的相同之处和不同之处。

表 6-3　$<\{0, 1\}; ', \vee, \wedge>$ 的运算表

x	x'	$\cup$	0	1	$\cap$	0	1
0	1	0	0	1	0	0	0
1	0	1	1	1	1	0	1

表 6-4　$<\{0, a, b, 1\}; ', \vee, \wedge>$ 的运算表

x	x'	$\cup$	0	a	b	1	$\cap$	0	a	b	1
0	1	0	0	a	b	1	0	0	0	0	0
a	b	a	a	a	1	1	a	0	a	0	a
b	a	b	b	1	b	1	b	0	0	b	b
1	0	1	1	1	1	1	1	0	a	b	1

6.7　布尔表达式与布尔函数

布尔代数 $<B; ', \vee, \wedge>$ 上由 $x_1, x_2, \cdots, x_n$ 所产生的布尔表达式可以归纳地定义如下。

(1) 域 B 的任何元素和任意一个符号 $x_1, x_2, \cdots, x_n$(不能与域 B 中的元素的名称相同)都是布尔代数 $<B; ', \vee, \wedge>$ 上由 $x_1, x_2, \cdots, x_n$ 所产生的布尔表达式。

(2) 如果表达式 e_1 与表达式 e_2 是布尔代数 $<B; ', \vee, \wedge>$ 上由 $x_1, x_2, \cdots, x_n$ 所产生的布尔表达式,那么表达式 $(e_1)'、(e_2)'、(e_1 \vee e_2)、(e_1 \wedge e_2)$ 也是布尔代数 $<B; ', \vee, \wedge>$ 上由 $x_1, x_2, \cdots, x_n$ 所产生的布尔表达式(括号在 $\wedge$ 优先于 $\vee$ 的约定下可以省略)。

例如,$1 \wedge 0'、0 \vee (a \wedge x_1) \vee (x_2' \wedge x_3)$ 以及 $(b' \vee x_1 \vee x_4)' \wedge 1$ 都是布尔代数 $<\{0, a, b, 1\}; ', \vee, \wedge>$ 上由 x_1, x_2, x_3, x_4 所产生的布尔表达式。

如果 $x_1,x_2,\cdots,x_n$ 被解释为只能从域（集合）B 中取值的变量，那么变量 $x_1,x_2,\cdots,x_n$ 的任何一组取值都分别对应着笛卡儿积 B^n 上的一个有序 n 元组，而布尔代数 $<B;',\vee,\wedge>$ 上由变量 $x_1,x_2,\cdots,x_n$ 所产生的布尔表达式可以被认为是表示域（集合）B 中的元素。于是，一个布尔表达式可以被解释成为形如 $f:B^n\rightarrow B$ 的函数。其中，对于每一组特定的自变量 $(x_1,x_2,\cdots,x_n)$，函数值 $f(x_1,x_2,\cdots,x_n)$ 可以根据布尔代数 $<B;',\vee,\wedge>$ 上的运算 "'"、"$\vee$"、"$\wedge$" 的定义所确定。因此，布尔代数 $<B;',\vee,\wedge>$ 上由变量 $x_1,x_2,\cdots,x_n$ 所产生的布尔表达式有时也被称为是布尔代数 $<B;',\vee,\wedge>$ 上的 n 个变量的布尔函数。

下面是布尔代数 $<\{0,a,b,1\};',\vee,\wedge>$ 上由变量 x 与 y 所产生的布尔表达式（或者称为一个具有两个自变量的布尔函数）。

$$f(x,y)=(b\wedge x'\wedge y)\vee(b\wedge x\wedge(x\vee y')')\vee(a\wedge(x\vee(x'\wedge y)))$$

运用运算表 6-4，可计算函数值如下。

$$f(a,0)=(b\wedge b\wedge 0)\vee(b\wedge a\wedge(a\vee 1)')\vee(a\wedge(a\vee(b\wedge 0)))$$
$$=0\vee(b\wedge a\wedge 0)\vee a$$
$$=0\vee 0\vee a=a$$

表 6-5 中列出了对于有序二元组 (x,y)（$(x,y)\in B^2$）的全部可能的取值情况下，函数 $f(x,y)$ 所对应的值。

表 6-5　布尔函数表

x	0	0	0	0	a	a	a	a	b	b	b	b	1	1	1	1
y	0	a	b	1	0	a	b	1	0	a	b	1	0	a	b	1
$f(x,y)$	0	a	b	1	a	a	1	1	0	a	0	a	a	a	a	a

如果有两个含有 n 个自变量的布尔表达式 $f_1(x_1,x_2,\cdots,x_n)$ 与 $f_2(x_1,x_2,\cdots,x_n)$，并且对于 n 个变量的任意一组赋值，都有相等的函数值，那么就称这两个布尔表达式是等价的，通常记作 $f_1(x_1,x_2,\cdots,x_n)=f_2(x_1,x_2,\cdots,x_n)$。

例如，可以验证布尔表达式 $(x_1\wedge x_2)\vee(x_1\wedge x_3')$ 与布尔表达式 $x_1\wedge(x_2\vee x_3')$ 是等价的。由此可知，推导一个布尔表达式或者化简一个布尔表达式，它的意思就是指将当前这个布尔表达式通过推导并且化简成为一个与之等价的布尔表达式的形式。而又由于在布尔表达式中，自变量所取的值是域 B 中的元素，因此，前面的若干节所推导出的关于布尔代数的全部恒等式都能够用于推导并且化简当前的布尔表达式。

例如

$$x_1\wedge x_2=(x_1\wedge x_2)\wedge 1=(x_1\wedge x_2)\wedge(x_3\vee x_3')$$
$$=(x_1\wedge x_2\wedge x_3)\vee(x_1\wedge x_2\wedge x_3')$$

定义 6-12　布尔代数 $<B;',\vee,\wedge>$ 上由变量 $x_1,x_2,\cdots,x_n$ 所产生的形如 $\overline{x_1}\wedge\overline{x_2}\wedge\cdots\wedge\overline{x_n}$ 的布尔表达式称为由变量 $x_1,x_2,\cdots,x_n$ 所产生的最小项。其中，$\overline{x_k}(k=1,2,\cdots,n)$ 要么为 x_k，要么为 x_k'。

例如，$x_1\wedge x_2\wedge x_3\wedge x_4\wedge x_5\wedge x_6\wedge x_7$、$x_1\wedge x_2'\wedge x_3'\wedge x_4\wedge x_5'\wedge x_6\wedge x_7'$、$x_1'\wedge x_2\wedge x_3\wedge x_4\wedge x_5\wedge x_6'\wedge x_7$、$x_1'\wedge x_2'\wedge x_3'\wedge x_4'\wedge x_5'\wedge x_6'\wedge x_7'$ 等皆是由变量 $x_1,x_2,x_3,x_4,x_5,x_6,x_7$ 所产生的最小项。

为表述方便起见，以后我们通常使用 $m_{\delta_1\delta_2\cdots\delta_n}$ 来表示最小项，其中：

$$\delta_i=\begin{cases}1 & \text{若 } \overline{x_i}=x_i\\0 & \text{若 } \overline{x_i}=x_i'\end{cases}$$

例如，上面的 4 个由变量 $x_1,x_2,x_3,x_4,x_5,x_6,x_7$ 所产生的最小项可以分别表示为：$m_{1111111}$、$m_{1001010}$、$m_{0111101}$、$m_{0000000}$。

定义 6-13 布尔代数 $<B;',\vee,\wedge>$ 上由变量 $x_1,x_2,\cdots,x_n$ 所产生的形如 $\overline{x_1}\vee\overline{x_2}\vee\cdots\vee\overline{x_n}$ 的布尔表达式称为由变量 $x_1,x_2,\cdots,x_n$ 所产生的最大项，其中的 $\overline{x_k}(k=1,2,\cdots,n)$ 要么为 x_k，要么为 x_k'。

例如，$x_1\vee x_2\vee x_3\vee x_4\vee x_5\vee x_6\vee x_7$、$x_1\vee x_2'\vee x_3'\vee x_4\vee x_5'\vee x_6\vee x_7'$、$x_1\vee x_2\vee x_3\vee x_4\vee x_5\vee x_6'\vee x_7$、$x_1'\vee x_2'\vee x_3'\vee x_4'\vee x_5'\vee x_6'\vee x_7'$ 等皆是由变量 $x_1,x_2,x_3,x_4,x_5,x_6,x_7$ 所产生的最大项。

为表述方便起见，以后我们通常使用 $M_{\delta_1\delta_2\cdots\delta_n}$ 来表示最大项，其中：

$$\delta_i=\begin{cases}0 & \text{若 } x_i=x_i\\ 1 & \text{若 } x_i=x_i'\end{cases}$$

例如，上面的 4 个由变量 $x_1,x_2,x_3,x_4,x_5,x_6,x_7$ 所产生的最小项可以分别表示为：$M_{0000000}$、$M_{0110101}$、$M_{1000010}$、$M_{1111111}$。

定理 6-28 布尔代数 $<B;',\vee,\wedge>$ 上由变量 $x_1,x_2,\cdots,x_n$ 所产生的每一个布尔表达式都能够表示成为以下的形式：

$$f(x_1,x_2,\cdots,x_n)=\bigvee_{k=00\cdots0}^{11\cdots1}(c_k\wedge m_k)\tag{6-15}$$

$$f(x_1,x_2,\cdots,x_n)=\bigwedge_{k=00\cdots0}^{11\cdots1}(c_k\vee M_k)\tag{6-16}$$

这里的 k 取所有的 2^n 个可能的值 $\delta_1\delta_2\cdots\delta_n(\delta_i\in\{0,1\})$，$c_k=c_{\delta_1\delta_2\cdots\delta_n}=f(\delta_1,\delta_2,\cdots,\delta_n)$。

例如，假设 $f(x_1,x_2,x_3)$ 为布尔代数 $<B;',\vee,\wedge>$ 上由变量 x_1,x_2,x_3,x_4 所产生的一个布尔表达式，则根据式 6-15，它可以表示成为下面的形式。

$f(x_1,x_2,x_3,x_4)=(c_{000}\wedge m_{000})\vee(c_{001}\wedge m_{001})\vee\cdots\vee(c_{110}\wedge m_{110})\vee(c_{111}\wedge m_{111})=(f(0,0,0,0)\wedge x_1'\wedge x_2'\wedge x_3'\wedge x_4')\vee(f(0,0,0,1)\wedge x_1'\wedge x_2'\wedge x_3'\wedge x_4)\vee\cdots\vee(f(1,1,1,0)\wedge x_1\wedge x_2\wedge x_3\wedge x_4')\vee(f(1,1,1,1)\wedge x_1\wedge x_2\wedge x_3\wedge x_4)$

下面给出式 6-15 的证明过程，式 6-16 的证明过程完全类似。

证明 对变量的数目进行归纳。

对于单变量布尔代数 $f(x)=x$，则有：

$$x=(0\wedge x')\vee(1\wedge x)=(f(0)\wedge x')\vee(f(1)\wedge x)$$

即有：

$$f(x)=(f(0)\wedge x')\vee(f(1)\wedge x)$$

如果 $f(x)=k$（不含有变量 x 的式子），那么就可得 $f(0)=f(1)=k$。由此可知：

$$f(x)=(k\wedge x')\vee(k\wedge x)=(f(0)\wedge x')\vee(f(1)\wedge x)$$

其次，如果式 6-15 对于某一个函数 $f(x)$ 成立，那么对其补 $(f(x))'$ 也成立，这是因为由德·摩根定律可知：

$$\begin{aligned}(f(x))'&=((f(0)\wedge x')\vee(f(1)\wedge x))'=(f(0)\wedge x')'\wedge(f(1)\wedge x)'\\&=((f(0))'\vee(x')')\wedge((f(1))'\vee x')\\&=((f(0))'\vee x)\wedge((f(1))'\vee x')=((f(0))'\wedge x')\vee((f(1))'\wedge x)\end{aligned}$$

此外，如果式 6-15 对于函数 $f(x)$、$g(x)$ 都成立，那么对于它们的并和交也成立。这是因为：

$$\begin{aligned}f(x)\vee g(x)&=((f(0)\wedge x')\vee(f(1)\wedge x))\vee((g(0)\wedge x')\vee(g(1)\wedge x))\\&=((f(0)\vee g(0))\wedge x')\vee((f(1)\vee g(1))\wedge x)\end{aligned}$$

$$f(x) \wedge g(x) = ((f(0) \wedge x') \vee (f(1) \wedge x)) \wedge ((g(0) \wedge x') \vee (g(1) \wedge x))$$
$$= ((f(0) \wedge g(0)) \wedge x') \vee ((f(1) \wedge g(1)) \wedge x)$$
$$= (f(0) \wedge g(0) \wedge x') \vee (f(1) \wedge g(1) \wedge x)$$

由于每一个表达式都是由补、并、交运算组成的,因此,对于任何单变量的布尔代数 $f(x)$,式 6-15 成立。

不妨假设式 6-15 对于 m 个变量的布尔函数是成立的,可以按照以下的方法证明它对于 $m+1$ 个变量的布尔函数也成立。

$$f(x_1, x_2, \cdots, x_m, x_{m+1})$$
$$= (f(x_1, x_2, \cdots, x_m, 0) \wedge x_{m+1}') \vee (f(x_1, x_2, \cdots, x_m, 1) \wedge x_{m+1})$$
$$= ((\vee \delta_1 \delta_2 \cdots \delta_m = {}^{11\cdots1}_{00\cdots0} (f(\delta_1, \delta_2, \cdots, \delta_m, 0) \wedge m_{\delta_1 \delta_2 \cdots \delta_m})) \wedge (x_{m+1})') \vee$$
$$((\vee \delta_1 \delta_2 \cdots \delta_m = {}^{11\cdots1}_{00\cdots0} (f(\delta_1, \delta_2, \cdots, \delta_m, 1) \wedge m_{\delta_1 \delta_2 \cdots \delta_m})) \wedge x_{m+1})$$
$$= \vee \delta_1 \delta_2 \cdots \delta_m = {}^{11\cdots1}_{00\cdots0} (f(\delta_1, \delta_2, \cdots, \delta_m, \delta_{m+1}) \wedge m_{\delta_1 \delta_2 \cdots \delta_m \delta_{m+1}})$$
$$= \vee_{k = {}^{11\cdots1}_{00\cdots0}} (c_k \wedge m_k)$$

其中,k 应取 $0 \sim 2^{m+1} - 1$ 的全体十进制数的二进制表示数。证毕。

以上的定理说明布尔代数 $<B; ', \vee, \wedge>$ 上的每一个布尔表达式都能够表示为全部最小项的加权并或者表示为最大项的加权交。此处的“权”指的就是 $c_{\delta_1 \delta_2 \cdots \delta_n}$,也就是说,$f(\delta_1, \delta_2, \cdots, \delta_n)$ 乃是域(集合)B 中的元素,这两种形式分别称为布尔表达式的最小项标准形式和布尔表达式的最大项标准形式。又由于“权”是唯一的,因此最小项标准形式与最大项标准形式亦是唯一的。

例如,对于前面的例子中所提及的布尔表达式,有:
$$f(x, y) = (b \wedge x' \wedge y) \vee (b \wedge x \wedge (x \vee y')') \vee (a \wedge (x \vee (x' \wedge y)))$$

使用表 6-5,可以求得它的最小项标准形式和最大项标准形式如下。
$$f(x, y) = (c_{00} \wedge m_{00}) \vee (c_{01} \wedge m_{01}) \vee (c_{10} \wedge m_{10}) \vee (c_{11} \wedge m_{11})$$
$$= (f(0,0) \wedge x' \wedge y') \vee (f(0,1) \wedge x' \wedge y) \vee (f(1,0) \wedge x \wedge y') \vee (f(1,1) \wedge x \wedge y)$$
$$= (0 \wedge x' \wedge y') \vee (1 \wedge x' \wedge y) \vee (a \wedge x \wedge y') \vee (a \wedge x \wedge y)$$

（最小项标准形式）

$$f(x, y) = (c_{00} \vee M_{00}) \wedge (c_{01} \vee M_{01}) \wedge (c_{10} \vee M_{10}) \wedge (c_{11} \vee M_{11})$$
$$= (f(0,0) \vee x \vee y) \wedge (f(0,1) \vee x \vee y') \wedge (f(1,0) \vee x' \vee y) \wedge (f(1,1) \vee x' \vee y')$$
$$= (0 \vee x \vee y) \wedge (1 \vee x \vee y') \wedge (a \vee x' \vee y) \wedge (a \vee x' \vee y')$$

（最大项标准形式）

显然,由全集合 U 的子集 $A_1, A_2, \cdots, A_r$ 所产生的集合(见 1.4 节)可以看成在布尔代数 $<\{\varnothing, U\}; ', \cup, \cap>$ 上由集合 $A_1, A_2, \cdots, A_r$ 所产生的布尔表达式。在 1.8 节中导出的关于它们的最小集标准形式和最大集标准形式只不过是定理 6-28 中“权”为空集 $\varnothing$ 或者全集合 U 的特殊情况。

布尔表达式的标准形式还可以运用布尔代数的十条基本性质而得到。下面,我们通过举例的方式进行说明。

例如,布尔表达式 $f(x, y) = (b \wedge x' \wedge y) \vee (b \wedge x \wedge (x \vee y')') \vee (a \wedge (x \vee (x' \wedge y)))$ 的最小项标准形式和最大项标准形式可以通过如下的方式求得。

$$f(x, y) = (b \wedge x' \wedge y) \vee (b \wedge x \wedge (x \vee y')') \vee (a \wedge (x \vee (x' \wedge y)))$$
$$= (b \wedge x' \wedge y) \vee (b \wedge x \wedge x' \wedge y') \vee (a \wedge x) \vee (a \wedge x' \wedge y)$$
$$= (x' \wedge y) \vee (a \wedge x)$$

$$=(x' \wedge y) \vee (a \wedge x \wedge y) \vee (a \wedge x \wedge y')$$
$$=(0 \wedge x' \wedge y') \vee (1 \wedge x' \wedge y) \vee (a \wedge x \wedge y') \vee (a \wedge x \wedge y)$$

（最小项标准形式）

$$f(x,y)=(b \wedge x' \wedge y) \vee (b \wedge x \wedge (x \vee y')')') \vee (a \wedge (x \vee (x' \wedge y)))$$
$$=(b \wedge x' \wedge y) \vee (b \wedge x \wedge x' \wedge y') \vee (a \wedge x) \vee (a \wedge x' \wedge y)$$
$$=(x' \wedge y) \vee (a \wedge x)$$
$$=(a \vee x') \wedge (a \vee y) \wedge (x \vee y)$$
$$=(a \vee x' \vee y) \wedge (a \vee x' \vee y') \wedge (a \vee x \vee y) \wedge (x \vee y)$$
$$=(0 \vee x \vee y) \wedge (a \vee x' \vee y) \wedge (a \vee x' \vee y')$$
$$=(0 \vee x \vee y) \wedge (1 \vee x \vee y') \wedge (a \vee x' \vee y) \wedge (a \vee x' \vee y')$$

（最大项标准形式）

由于在布尔代数 $<B;',\vee,\wedge>$ 上的布尔函数 $f(x_1,x_2,\cdots,x_n)$ 是由它的 2^n 个"权"唯一确定的，并且每一个"权"都是域（集合）B 中的元素。于是，一方面，在布尔代数 $<B;',\vee,\wedge>$ 上存在着 $(\sharp B)^{2^n}$ 个不同的布尔函数；另一方面，不同的形如 $f:B^n \rightarrow B$ 的函数的个数等于 $(\sharp B)^{(\sharp B)^n}$。因此，当域 B 的基数 $\sharp B>2$ 时，一定存在着不是布尔代数的形如 $f:B^n \rightarrow B$ 的函数。

例如，函数 $f:B^2 \rightarrow B$，其中：

$$B=\{0,a,b,1\}, f(0,0)=0, f(0,1)=1, f(1,0)=f(1,1)=a, f(0,a)=b$$

则该函数 f 不是一个布尔代数。因为如果函数 f 是布尔函数，那么：

$$f(x,y)=(0 \wedge x' \wedge y') \vee (1 \wedge x' \wedge y) \vee (a \wedge x \wedge y') \vee (a \wedge x \wedge y)$$
$$=(x' \wedge y) \vee (a \wedge x \wedge y') \vee (a \wedge x \wedge y)$$

将 $x=0,y=a$ 代入上式可得：

$$f(0,a)=a \vee 0 \vee 0=a \neq b,$$

因此，上面的这个函数 $f:B^2 \rightarrow B$ 不是布尔函数。

6.8 经典例题选编

例 6-4 试证明不存在其域的基数为奇数的布尔代数。

分析 在具有两个或者多个元素的格中，不会存在这样的元素，它以自身为其补元素。这条性质很容易证明，读者可以自己作为练习证明之。根据这条性质，本题的证明就变得十分容易了。

证明 设代数系统 $<B;',\vee,\wedge>$ 是一个布尔代数，则对于任何一个元素 $x \in B$，必定存在该元素 x 的补元 x'，并且 x' 与 x 不能是同一个元素，相对于元素 x，元素 x' 是唯一的，并且元素 x' 与元素 x 是互为补元素的。因此，域（集合）B 中的所有元素根据互补关系可以两两配对。如果域（集合）B 中的元素的数目为奇数，那么必定存在着一个元素 y，只能是 $y'=y$。这就与在具有两个或者多个元素的格中，不会存在这样的元素，它以自身为其补元素的结论相矛盾。因此，原命题得证。证毕。

例 6-5 试证明一个格 $<L;\leqslant>$ 为分配格，当且仅当对于任意的元素 $a,b,c \in L$，有：

$$(a \vee b) \wedge c \leqslant a \vee (b \wedge c)$$

证明 (1) 必要性证明。

不妨设格$<L;\leqslant>$是一个分配格,则根据$a\wedge c\leqslant a$以及格的保序性(定理6-8的推论)可知: $(a\wedge c)\vee(b\wedge c)\leqslant a\vee(b\wedge c)$

所以: $(a\vee b)\wedge c\leqslant a\vee(b\wedge c)$

(2) 充分性证明。

不妨令任意的元素$a,b,c\in L$,有$(a\vee b)\wedge c\leqslant a\vee(b\wedge c)$成立,则有: $(a\vee b)\wedge c=((a\vee b)\wedge c)\wedge c$

又利用格的保序性和已知条件$(a\vee b)\wedge c\leqslant a\vee(b\wedge c)$可知: $((a\vee b)\wedge c)\wedge c\leqslant(a\vee(b\wedge c))\wedge c$

又由于: $(a\vee(b\wedge c))\wedge c=((b\wedge c)\vee a)\wedge c$

因此,根据已知条件$(a\vee b)\wedge c\leqslant a\vee(b\wedge c)$可得: $((b\wedge c)\vee a)\wedge c\leqslant(b\wedge c)\vee(a\wedge c)$

即: $(a\vee(b\wedge c))\wedge c\leqslant(b\wedge c)\vee(a\wedge c)$

根据偏序关系具有可传递性可得: $((a\vee b)\wedge c)\wedge c\leqslant(b\wedge c)\vee(a\wedge c)$

即: $(a\vee b)\wedge c\leqslant(b\wedge c)\vee(a\wedge c)$

另一方面,根据定理6-9(分配不等式)可得: $(b\wedge c)\vee(a\wedge c)\leqslant(a\vee b)\wedge c$

根据偏序关系具有反对称性可得: $(a\vee b)\wedge c=(a\wedge c)\vee(b\wedge c)$

又根据定理6-11可知: $(a\wedge b)\vee c=(a\vee c)\wedge(b\vee c)$

综合以上的分析,同时根据元素a,b,c的任意性可知,格$<L;\leqslant>$是一个分配格。证毕。

例 6-6 设代数系统$<A;\vee,\wedge>$是一个分配格,元素$a,b\in A$并且$a<b$(即$a\leqslant b$,但是$a\neq b$),令集合$B=\{x\mid x\in A$并且$a\leqslant x\leqslant b\}$,对于任意的元素$x\in A$,定义函数关系式$f(x)=(x\vee a)\wedge b$。试证明:

(1) 集合B相对于集合A上的两个运算构成分配格$<A;\vee,\wedge>$的子格;

(2) 函数f是由代数系统$<A;\vee,\wedge>$到代数系统$<B;\vee,\wedge>$的同态。

分析 该题分别根据子格和同态的定义证明即可。

证明 (1) 依题意,对于任意的元素$x,y\in B$,有$a\leqslant x$,并且$a\leqslant y$,于是有$a\leqslant x\wedge y$。又由于$x\wedge y\leqslant x$,并且$x\leqslant b$,根据偏序关系具有可传递性可得,$x\wedge y\leqslant b$。因此有,$a\leqslant x\wedge y\leqslant b$。显然根据已知条件可得,$x\wedge y\in A$,所以,$x\wedge y\in B$。又因为$x,y\in B$,于是有$x\leqslant b$,并且$y\leqslant b$。所以有$x\vee y\leqslant b$。又由于$x\leqslant x\vee y$,并且$a\leqslant x$,根据偏序关系具有可传递性可得,$a\leqslant x\vee y$,因此有,$a\leqslant x\vee y\leqslant b$。显然根据已知条件可得,$x\vee y\in A$,所以,$x\vee y\in B$。

根据以上的分析并且结合子格的定义可知,集合B相对于集合A上的两个运算构成的分配格$<B;\vee,\wedge>$为分配格$<A;\vee,\wedge>$的子格。

(2) 对于任意的元素$x\in A$,不难看出,$(x\vee a)\wedge b\leqslant b$。又由于$a\leqslant x\vee a$,并且$a\leqslant b$,于是有,$a\leqslant(x\vee a)\wedge b$,因此可得,$a\leqslant(x\vee a)\wedge b\leqslant b$。显然根据已知条件可得,$(x\vee a)\wedge b\in A$。因此,对于任意一个给定的元素$x\in A$有,$f(x)\in B$。于是可得,函数$f$是由集合$A$到集

合 B 的函数。

对于任意的元素 $x,y\in A$，由于代数系统 $<A;\vee,\wedge>$ 是一个分配格，因此根据函数 f 的定义可得：

$$f(x\vee y)=((x\vee y)\vee a)\wedge b=((x\vee y)\vee a\vee a)\wedge b$$
$$=((x\vee a)\vee(y\vee a))\wedge b$$
$$=((x\vee a)\wedge b)\vee((y\vee a)\wedge b) \qquad \text{(分配律)}$$
$$=f(x)\vee f(y)$$
$$f(x\wedge y)=((x\wedge y)\vee a)\wedge b$$
$$=((x\vee a)\wedge(y\vee a))\wedge b \qquad \text{(分配律)}$$
$$=((x\vee a)\wedge(y\vee a))\wedge b\wedge b$$
$$=((x\vee a)\wedge b)\wedge((y\vee a)\wedge b)$$
$$=f(x)\wedge f(y)$$

综合以上的分析可得，函数 f 是由代数系统 $<A;\vee,\wedge>$ 到代数系统 $<B;\vee,\wedge>$ 的同态。证毕。

习 题 6

1. 设集合 $L=\{1,2,\cdots,12\}$，并且在集合 L 上定义整除关系"$|$"。

(1) $<L;|>$ 是否是一个偏序集？

(2) 在集合 L 中找 8 与 12 的最大下界和最小上界，4 与 6 的最大下界和最小上界。

(3) 在集合 L 中找最小元素和最大元素。

2. 试证明在格中若有 $a\leqslant b\leqslant c$，则：

(1) $a\vee b=b\wedge c$；

(2) $(a\wedge b)\vee(b\wedge c)=(a\vee b)\wedge(b\vee c)$。

3. 设偏序集 $<L;\leqslant>$ 是一个格，试证明对于任意的元素 $a,b,c\in L$，有 $(a\wedge b)\vee(b\wedge c)\leqslant(a\vee b)\wedge(b\vee c)$。

4. 设偏序集 $<L;\leqslant>$ 是一个格，试证明对于任意的元素 $a,b,c\in L$，有 $a\vee[(a\vee b)\wedge(a\vee c)]=(a\vee b)\wedge(a\vee c)$。

5. 设集合 $B=\{0,1\}$，$B^3=\{(a_1,a_2,a_3)|a_i\in B\}$，试证明代数系统 $<B^3;\vee,\wedge>$ 是一个格。其中，对于任意的有序三元组 $(a_1,a_2,a_3),(b_1,b_2,b_3)\in B^3$，有 $(a_1,a_2,a_3)\vee(b_1,b_2,b_3)=(\max\{a_1,b_1\},\max\{a_2,b_2\},\max\{a_3,b_3\})$；$(a_1,a_2,a_3)\wedge(b_1,b_2,b_3)=(\min\{a_1,b_1\},\min\{a_2,b_2\},\min\{a_3,b_3\})$。

6. 考察代数系统 $<F;',\vee,\wedge>$，其中，集合 $F=\{f|f:N\to\{0,1\}\}$，对于任意的元素 $f_1,f_2\in F$，有：

(1) 当且仅当 $f_1(n)=0$ 时，$(f_1(n))'=1$；

(2) 当且仅当 $f_1(n)=1$ 或者 $f_2(n)=1$ 时，$(f_1\vee f_2)(n)=1$；

(3) 当且仅当 $f_1(n)=1$ 并且 $f_2(n)=1$ 时，$(f_1\wedge f_2)(n)=1$。

试证明代数系统 $<F;',\vee,\wedge>$ 是一个布尔代数。

7. 设代数系统 $<B;',\vee,\wedge>$ 为一个布尔代数，集合 B 的基数 $\sharp B\geqslant 2$，任取一个元素 $a\in B$，并且 $a\neq 0,a\neq 1$，试证明 $<H;',\vee,\wedge>$ 是代数系统 $<B;',\vee,\wedge>$ 的一个子代数，并且是布尔代数。其中，域(集合) $H=\{0,a,a',1\}$。

8. 设集合 $S=\{1,2,3,5,6,10,15,30\}$，在该集合 S 上定义整除关系"$|$"，则偏序集 $<S;$ $|>$ 是一个有补分配格，即偏序集 $<S;|>$ 是一个布尔代数。求此布尔代数的全部原子，以及 $x=10,x=15$ 的原子表达式。

9. 设 $a,b_1,b_2,\cdots,b_r$ 都是有限布尔代数 $<B;',\vee,\wedge>$ 的原子，试证明当且仅当存在 $i(1\leqslant i\leqslant r)$ 使得当 $a=b_i$ 时，有 $a\leqslant b_1\vee b_2\vee\cdots\vee b_r$。

10. 求出满足下列要求的六元素格：(1) 全序；(2) 有补格；(3) 分配格。是否存在六元素的布尔代数？

11. 设 $f(x,y)=(x\wedge(a\vee y))\vee(x'\wedge y')$ 是布尔代数 $<\{0,a,b,1\};',\vee,\wedge>$ 上由 x,y 所产生的一个布尔表达式，求 $f(x,y)$ 的最小项标准形式。

12. 设偏序集 $<L;\leqslant>$ 是一个格，元素 $a,b\in L$，并且 $a<b$（即 $a\leqslant b$，但是 $a\neq b$），令集合 $B=\{x\mid x\in L$ 并且 $a\leqslant x\leqslant b\}$，试证明 $<B;\leqslant>$ 是格 $<L;\leqslant>$ 的一个子格。

13. 试证明在具有两个或者多于两个元素的格中，不会有元素是它自身的补元。

14. 设格 $<L;\leqslant>$ 是一个有界分配格，并且集合 L_1 是集合 L 中所有具有补元的元素构成的集合。试证明 $<L_1;\leqslant>$ 是分配格 $<L;\leqslant>$ 的子格。

15. 设偏序集 $<L;\leqslant>$ 是一个格，试证明对于任意的元素 $a,b,c\in L$，有：
$$[(a\wedge b)\vee(a\wedge c)]\wedge[(a\wedge b)\vee(b\wedge c)]=a\wedge b$$

16. 已知 G 是一个群，并且集合 $S(G)$ 为其子群的全体构成的集合，偏序关系为集合的包含关系 $\subseteq$，试证明偏序集 $<S(G);\subseteq>$ 是一个格。格 $<S(G);\subseteq>$ 是否为格 $<2^G;\subseteq>$ 的子格？

17. 设有集合 A、集合 B 以及由集合 A 到集合 B 的函数 $f:A\rightarrow B$，并且将集合 $S(S\subseteq 2^B)$ 定义为 $S=\{y\mid y=f(x),x\in 2^A\}$，试证明集合 S 关于集合的求并运算"$\cup$"和求交运算 "$\cap$"构成格 $<2^B;\cup,\cap>$ 的子格。

18. 试证明：在布尔代数 $<B;',\vee,\wedge>$ 中，对于任意的元素 $a,b,c\in B$，有 $(a\vee b)\wedge(c\vee b')=(a\wedge b')\vee(c\wedge b)$。

19. 试证明：当且仅当对于任意的元素 $a,b,c\in L$，有 $(a\wedge b)\vee(b\wedge c)\vee(c\wedge a)=(a\vee b)\wedge(b\vee c)\wedge(c\vee a)$ 时，格 $<L;\leqslant>$ 是一个分配格。

20. 设代数系统 $<B;',\vee,\wedge>$ 是一个布尔代数，试证明：$<B;\oplus>$ 是一个交换群。其中，运算"$\oplus$"定义为：$a\oplus b=(a\wedge b')\vee(a'\wedge b)$。

第3部分

Part 3
TULUN
图论

第7章　图　　论

【内容提要】

本章进入到了离散数学这门课程的第三部分——图论。在第 2 章讨论关系图时,已经提到过图论中的一些基本概念。不过在第 2 章中,我们只是将图作为表达在一个集合上的二元关系的一种手段。在本章中,我们将把图的概念进行更加一般化地描述。

图论是建立和处理离散数学模型的一个重要工具,它是一门应用性很强的学科。例如,图论在社会科学、经济学、博弈论、语言学、计算机科学、物理学、化学、运筹学、信息论、控制论等诸多学科领域都有着广泛的应用。尤其是在计算机科学的诸多领域中,如在组合逻辑设计和时序逻辑设计、数据结构、形式语言与自动机、操作系统、数据库原理、编译原理以及信息的组织与检索中,图论以及与图论相关的算法起着至关重要的作用。

本章是将图论这门学科中最精华的一部分内容整理出来,试图对初学者起到引导的作用。本章首先介绍图论的一些基本概念与基本性质,然后从计算思维的角度介绍几种在实际应用中有着重要意义的特殊图。

7.1　图的基本概念

在现实生活中,图是我们最熟悉不过的。例如,当程序员在开发一个应用程序前,首先需要绘制该程序流程图;当建筑师在建造房屋前,必须首先绘制该房屋的建设方案图和施工方案图等。

在数学上,我们通常将这些现实生活中形形色色的图的共同本质特征提取出来,单独进行研究和讨论,而不考虑这些图的具体应用背景,这种方法就是一种数学意义上的抽象的描述。这些图的共同特征就是这些图都是由若干个顶点和若干条边组成的。因此,在图论中讨论的图的两个最基本的要素就是图的顶点和图的边。下面,我们在此基础上对图论中的最基本的概念——图进行定义。

定义 7-1　　一个图 G 是一个有序二元组 (V,E),记作 $G=(V,E)$,其中:

(1) 集合 $V=\{v_1,v_2,\cdots,v_n\}$ 是一个有限非空集合,集合 V 中的元素称为图 G 的顶点(或称为结点),并且集合 V 称为图 G 的顶点集(或称为结点集);

(2) 集合 E 是顶点集 V 中不同元素的非有序对偶(即形如 $\{v_i,v_j\}$,其中 $v_i \neq v_j$)的集合,这些对偶称为图 G 的边(或称为弧),并且将集合 E 称为图 G 的边集。

为了表示方便起见,通常可以使用平面上的一个图解来表示一个图,用平面上的一些点来表示图的顶点,图的边通常用连接相应的顶点且不经过其他结点的直线段(或者曲线段)来表示。由于结点的位置可以任意选取以及边的形状具有任意性,因此,一个图可以有各种在外形上看起来差别很大的图解。今后为了表述方便起见,我们通常将图的一个图解就看成是这个图。

例如,以顶点集 $V=\{v_1,v_2,v_3,v_4,v_5\}$,边集 $E=\{\{v_1,v_2\},\{v_1,v_3\},\{v_2,v_3\},\{v_2,v_4\},\{v_3,v_5\},\{v_4,v_5\}\}$,图 $G=(V,E)$ 的图解可以分别画成为如图 7-1 所示的样式。

为方便起见，我们通常将具有 n 个顶点和 m 条边的图称为 (n,m) 图。特别地，将具有 n 个顶点，但没有边的 $(n,0)$ 图称为 n 阶零图；将 $(1,0)$ 图称为 1 阶零图，又称其为平凡图。

如果边 $e=\{v_i,v_j\}$ 是图 G 的边，那么就称顶点 v_i 与顶点 v_j 是邻接的，边 e 和顶点 v_i 以及边 e 和顶点 v_j 均被称为是关联的。没有边与其关联的顶点称为孤立点，关联于同一个顶点的相异边称为是邻接的。不与其他任何边相邻接的边称为孤立边。例如，在图 7-1 中，顶点 v_1 与顶点 v_3、顶点 v_4 与顶点 v_5、顶点 v_2 与顶点 v_4 分别是相互邻接的顶点。又由于边 $\{v_1,v_2\}$ 关联于顶点 v_2，并且边 $\{v_2,v_3\}$、边 $\{v_2,v_4\}$ 也关联于顶点 v_2，因此，边 $\{v_1,v_2\}$、边 $\{v_2,v_3\}$ 以及边 $\{v_2,v_4\}$ 是相互邻接的。如果组成边的对偶 $\{v_i,v_j\}$ 是有序的，那么就称该边是有向边，每一条边都是有向边的图称为有向图；如果组成边的对偶 $\{v_i,v_j\}$ 是无序的，那么就称该边是无向边，每一条边都是无向边的图称为无向图。

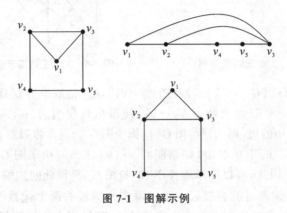

图 7-1 图解示例

定义 7-2 在图 $G=(V,E)$ 中，如果任意两个不同的顶点都是邻接的，那么就称该图 G 是完全图。

今后为了叙述方便起见，通常将具有 n 个顶点的完全图记作 K_n。例如，图 7-2 所示就是一个具有 5 个顶点的完全图。

在一个完全的 (n,m) 图中，$m=C_n^2=n\cdot(n-1)/2$。

定义 7-3 图 $G=(V,E)$ 的补图是由图 G 的全部顶点和为了使得图 G 成为完全图所需要添加的那些边组成的图。

为了方便起见，通常用 G' 表示图 $G=(V,E)$ 的补图。例如，图 7-3 即是图 7-1 的补图。不难看出，如果图 G' 是图 G 的补图，那么图 G 即是图 G' 的补图。也就是说，图 G 与图 G' 互为补图。特别地，n 阶零图的补图是完全图 K_n，完全图 K_n 的补图为 n 阶零图。

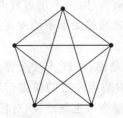

图 7-2 K_5 完全图

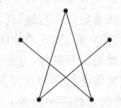

图 7-3 补图

定义 7-4 一个结点 v 所关联的边的总数称为该结点的度，用 $\deg(v)$ 表示。

例如，图 7-1 中的顶点 v_1、v_2、v_3、v_4 和 v_5 的度分别为 2，3，3，2 和 2。又由于每条边都关联于两个顶点，因此图 $G=(V,E)$ 的所有顶点的度的总和为边数的 2 倍。于是，若图 $G=$

(V,E) 为具有顶点集 $\{v_1,v_2,\cdots,v_n\}$ 的 (n,m) 图,则有 $\sum\limits_{i=1}^{n} \deg(v_i) = 2 \cdot m$。

定义 7-5 如果图 $G=(V,E)$ 的全部顶点具有相等的度 d,那么就称该图 G 为一个 d 次正则图。

例如,图 7-4 和图 7-5 表示的都是 3 次正则图。这样一来,我们自然而然地会提出一个问题,那就是这两个图解是否是同一个图的两个等价的图解呢?为了回答这个问题,我们首先必需介绍一个重要的概念——图的同构。

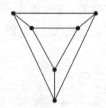 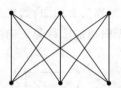

图 7-4　3 次正则图示例一　　　　图 7-5　3 次正则图示例二

定义 7-6 设图 $G_1=(V_1,E_1)$ 和图 $G_2=(V_2,E_2)$ 是两个分别具有顶点集 V_1 和顶点集 V_2 的图,如果存在一个双射函数 $h:V_1 \rightarrow V_2$,使得当且仅当边 $\{v_i,v_j\}$ 是图 G_1 中的边时,$\{h(v_i),h(v_j)\}$ 是图 G_2 中的边,那么就称图 G_2 同构于图 G_1。通常将双射函数 h 称为同构函数。

根据以上的定义 7-6,不难看出,如果图 $G_1=(V_1,E_1)$ 同构于图 $G_2=(V_2,E_2)$,那么图 G_2 一定同构于图 G_1。因此,可以简单地称图 G_1 与图 G_2 是彼此同构的图。

提起同构的概念,读者可能会想起在第 4 章中介绍过的两个代数系统之间彼此同构的概念。同构的实质是指尽管这两个代数系统的域不相同,相应的运算规则也不相同,但是这两个代数系统的本质是相同,也就是说,可以将这两个代数系统看成同一个代数系统。与此相似,在定义 7-6(即对图的同构的定义)中,不难看出,如果两个图是彼此同构的,那么就表明,这两个图从本质上来说是一样的,也就是说,可以将两个彼此同构的图看成同一个图的两个等价的图解,即同构的图除了它们的顶点标记以及边的形状(如一个图中的边用直线段表示,另一个图的边用曲线段表示)可能不相同以外,其他的性质是完全相同的。由此可知,对于图 G 成立的任何结论,对于同构于该图 G 的图也是成立的。

因此,我们可以归纳出判断两个图彼此同构的三个必要条件如下。

① 顶点数相同,边数相同。

② 各个顶点的"度"应能够对应相等。

③ 改变一个图的结点和边的位置与形状(例如,将直线段改成曲线段,或者反过来,将曲线段改为直线段,或者将图进行平移,或者将图进行旋转,但是不论怎样改动,图中的任意一对顶点与顶点、任意的顶点与边、任意的一对边与边之间的关系不能发生改变),若其可以变得与另一个图完全一样,则这两个图同构。

其中,条件③既是必要条件,也是充分条件。也就是说,条件③是充要条件。今后为了叙述方便起见,通常将条件③的这种关于改变一个图的结点和边的位置与形状可以变得与另一个图完全一样的这样一种改变方式称为图的拓扑变换。也就是说,对任意的一个图 $G=(V,E)$ 进行拓扑变换,不会改变这个图的实质(或本质)。或者反过来说,如果对一个图进行某种变换以后,仍然不会改变该图的实质,那么这种变换即是拓扑变换。

关于如何判断两个图是否同构,下面我们通过两个例子进行说明。

例 7-1 判断下面两图(如图 7-6 所示)是否是彼此同构的?并说明理由。

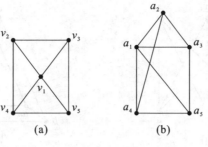

图 7-6 例 7-1 图

解 通过分析,不难得出以下的结论。

① 两个图的顶点数相同,边数也相同。

② 图 7-6(a)中的顶点中有四个顶点的度为 3,一个顶点的度为 4;图 7-6(b)也一样,即有四个顶点的度为 3,一个顶点的度为 4。

③ 因此,图 7-6(a)与图 7-6(b)可能同构。

④ 首先取它们中"度"都为 4 的结点对应,即(v_1,a_1);其他结点分别按下标对应:(v_2,a_2),(v_3,a_3),(v_4,a_4),(v_5,a_5)。这样,在图 7-6(a)与图 7-6(b)的两个顶点集之间可以构造一个双射函数(同构函数)。也就是说,可以通过拓扑变换将图 7-6(b)完全可以转换为图 7-6(a)。

综合以上的分析结果可知,图 7-6(a)与图 7-6(b)是彼此同构的。

例 7-2 判断下面的图 7-7(a)与图 7-7(b)是否是彼此同构的?并说明理由。

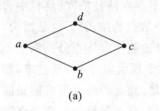 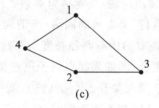

图 7-7 例 7-2 图

解 通过分析,不难得出以下的结论。

① 图 7-7(a)与图 7-7(b)都是具有 4 个顶点的 2 次正则图。

② 因此,它们可能同构。

③ 现在将图 7-7(b)进行拓扑变换,即将图 7-7(b)的顶点 4 拉到左边,即可成为如图 7-7(c)所示的图。

④ 显然图 7-7(a)与图 7-7(c)在形状上完全一样。

综合以上的分析结果可知,图 7-7(a)与图 7-7(b)是彼此同构的。

例 7-3 判断下面的图 7-8(a)与图 7-8(b)是否是彼此同构的?并说明理由。

解 通过分析,不难得出以下的结论。

① 图 7-8(a)与图 7-8(b)都是具有 6 个顶点的 3 次正则图。

② 所以图 7-8(a)与图 7-8(b)可能彼此同构。

但是,如果进一步分析,就会发现,图 7-8(a)有一个非常显著的特点,即可以将该图中的顶点集一分为二,即编号为 1、编号为 2、编号为 3 的顶点构成一个集合,记为集合 S_1;编号为 4、编号为 5、编号为 6 的顶点构成另一个集合,记为顶点集 S_2。顶点集合 S_1 中的任意两

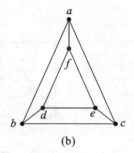

图 7-8　例 7-3 图

个顶点之间没有边相连接,因此互不相邻;同样的,顶点集合 S_2 中的任意两个顶点之间也没有边相连接,因此亦互不相邻。但是,顶点集合 S_1 中的任意一个顶点与顶点集合 S_2 中的任何一个顶点都是相邻的;同样的,顶点集合 S_2 中的任意一个顶点与顶点集合 S_1 中的任何一个顶点都是相邻的。这样一来,从这两个顶点集合(顶点集合 S_1 与顶点集合 S_2)中的任意一个顶点集合(如顶点集合 S_1)中的某个顶点出发(如将编号为 1 的顶点作为起点),经过一段路径,到达同一个顶点集合中的另一个顶点(如将编号为 2 的顶点作为终点)所经过的路径(如 1,6,3,4,2)长度必为偶数,这是因为在图 7-8(a)中的任何一条边所关联的顶点分别属于不同的顶点集合。同理可知,从这两个顶点集合(顶点集合 S_1 与顶点集合 S_2)中的任意一个顶点集合(如顶点集合 S_1)中的某个顶点出发(如将编号为 1 的顶点作为起点),经过一段路径,到达另一个顶点集合中的另一个顶点(如将编号为 4 的顶点作为终点)所经过的路径(如 1,6,3,4,2)长度必为奇数。由此可知,在图 7-8(a)中,不存在路径长度(路径中包含的边的数目)为奇数的回路(所谓回路,指起点与终点为同一个结点的路径)。这是因为,如果在图 7-8(a)中有路径长度为奇数的回路,那么说明这段路径的起点和终点分别属于不同的顶点集合,即如果起点属于顶点集合 S_1,那么终点就一定属于顶点集合 S_2,反过来,如果起点属于顶点集合 S_2,那么终点就一定属于顶点集合 S_1。于是,起点和终点不可能是同一个顶点,这样就不能构成回路,与前提相矛盾。而在图 7-8(b)中,存在着路径长度为奇数的回路,例如,回路 abca 就是路径长度为 3(奇数)的回路。

　　通过以上的分析,不难看出,图 7-8(a)与图 7-8(b)的本质结构不同。因此,图 7-8(a)与图 7-8(b)不同构。

> **注意:**如果证明两个图是彼此同构的,通常的方法是将其中的一个图进行适当的拓扑变换,使之成为与另一个图形状完全一样的图;如果要证明两个图不同构,则不能按照拓扑变换的思路来完成证明。这是因为从理论上来说,可以对一个图进行无穷多种拓扑变换。为了严格证明两个图不同构,必须说明这两个图在本质结构上是不同的。也就是说,如果找到了两个图在本质结构上的差异,那么就可以下结论说这两个图是不同构的。

　　图 $G=(V,E)$ 中 k 条边的序列 $\langle v_0,v_1\rangle$、$\langle v_1,v_2\rangle$、$\cdots$、$\langle v_{k-1},v_k\rangle$ 称为由顶点 v_0 到顶点 v_k 的路,形成一条路的边的总条数称为该路的长度。如果在一个图 $G=(V,E)$ 中的两个顶点之间存在着一条"路",那么就称这两个结点是连接的。将一个图 $G=(V,E)$ 中的两个顶点之间的各条路径中的长度最短的路径称为这两个顶点之间的短程,通常将一个图 $G=(V,E)$ 中的两个顶点之间的短程的长度称为这两个顶点之间的距离。在"路"的序列中,如果起点与终点不是同一个顶点,那么就称该路为开路。在"路"的序列中,如果起点与终点是同一个顶点,那么就称该路为回路。在"路"的序列中,如果所有的顶点都各不相同,那么就称该"路"为真路。在"回路"的序列中,如果除了起点和终点以外,其余的顶点都各不相同,并且所有的边也互不相同,那么就称该"回路"为环。

例如,回路 $v_4\,v_3\,v_4$ 不能称为环,这是因为在这个回路中存在着重复边 $\{v_4,v_3\}$。又例如,回路(边) $\{v_5,v_5\}$ 是环,这是因为在这个回路中,除了起点与终点以外,没有中间顶点,并且这个环只有唯一的一条边 $\{v_5,v_5\}$。在图 7-9(a)中,路 $v_1\,v_3\,v_5\,v_4\,v_2\,v_1\,v_3$ 是一条长度为 6 的开路,但不是一条真路;而路 $v_1\,v_3\,v_5\,v_4\,v_2$ 不仅是一条长度为 4 的开路,而且是一条长度为 4 的真路;路 $v_1\,v_3\,v_2\,v_4\,v_5\,v_3\,v_1$ 是一条长度为 6 的回路,但不是环;而路 $v_1\,v_3\,v_5\,v_4\,v_2\,v_1$ 不仅是一条长度为 5 的回路,而且是一条长度为 5 的环。

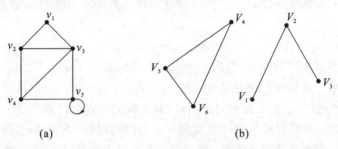

图 7-9 路的示例

定义 7-7 如果图 $G=(V,E)$ 的顶点集和边集都分别是图 $G^{\sim}=(V^{\sim},E^{\sim})$ 的顶点集和边集的子集,那么就称图 G 是图 $G^{\sim}$ 的子图,也称图 G 包含于图 $G^{\sim}$,记作 $G\subseteq G^{\sim}$。如果图 G 包含于图 $G^{\sim}$,并且它们的边集不相等,那么就称图 G 是图 $G^{\sim}$ 的真子图,也称图 G 真包含于图 $G^{\sim}$。如果图 G 包含于图 $G^{\sim}$,并且它们的顶点集相等,那么就称图 G 是图 $G^{\sim}$ 的生成子图。

不难看出,任意一个图 $G=(V,E)$ 都是自身的子图。例如,图 7-3 是图 7-2 的子图;又例如,图 7-10(b)既是图 7-10(a)的生成子图,也是图 7-10(a)的子图,还是图 7-10(a)的真子图。

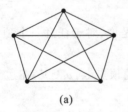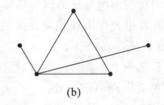

图 7-10 生成子图

定义 7-8 如果在一个图 $G=(V,E)$ 中,任意两个顶点均是连接的,那么就称该图 G 是连通图,否则称该图 G 为非连通图。

例如,图 7-9(a)是连通图,但是图 7-9(b)是非连通图。特别地,我们可以将图 $G=(V,E)$ 中的顶点与顶点之间的连接关系看成是在该图 G 的顶点集合 V 上的一个二元关系。不难看出,这个二元关系就是该顶点集合 V 上的一个等价关系。于是,它的所有等价类构成了该顶点集合 V 的一个等价分划。

对于该顶点集合 V 中的任意两个顶点 v_i 与 v_j,如果它们属于同一个等价类,那么就表明它们之间有路相连接,反之,则没有任何路径连接它们。于是,与一个等价类中的顶点相关联的边,就绝不会与另一个等价类中的顶点相互关联。这样一来,我们可以将每一个等价类中的顶点以及与这些顶点相关联的边所组成的图 $G=(V,E)$ 的子图称为该图 G 的分图。因此,如果图 H 是图 G 的一个分图,那么,图 H 一定是图 G 的一个连通子图,并且相异于图 H 的任何一个图 $G^\sim$;如果图 H 是图 $G^\sim$ 的子图,并且图 $G^\sim$ 是图 G 的子图,那么就说明图 $G^\sim$ 为非连通图。不难看出,如果图 $G=(V,E)$ 是一个连通图,那么该图 G 有且只有唯一的一个分图,即它自身。换句话说,对于任意一个图 $G=(V,E)$ 来说,当且仅当图 G 只有一个分图时其为连通图。

定理 7-1　设图 $G=(V,E)$ 是一个具有顶点集 $V=\{v_0,v_1,\cdots,v_n\}$ 的图,则对于任意两个相连接的顶点 $v_i,v_j\in V(v_i\neq v_j)$,其短程是一条长度不大于 $n-1$ 的真路。

证明　不妨设路径 d 为任意一条连接在顶点集 V 中的两个顶点 v_i 到 v_j 的路,并且有:

$$d=v_i v_{i1} v_{i2}\cdots v_{i(p-1)} v_j$$

如果路径 d 中有相同的顶点,设为 $v_{ir}=v_{ik}(r<k)$,那么子路 $v_{i(r+1)}v_{i(r+2)}\cdots v_{ik}$ 可以从路径 d 中删去而形成一条较短的路径 $d_1=v_i v_{i1} v_{i2}\cdots v_{ir} v_{i(k+1)}\cdots v_{i(p-1)} v_j$,其可以用于连接起点 v_i 与终点 v_j。如果路径 d_1 中还有相同的顶点,那么我们可以继续重复以上的过程可以形成一条更短的路径。这样的过程可以一直重复下去,直到得到一条真路,它连接起点 v_i 与终点 v_j,并且该真路的长度小于前面的任意一条路径的长度。由此可知,只有真路才有可能是短程。然而,在任意一条长度为 p 的真路 $v_i v_{i1} v_{i2}\cdots v_{i(p-1)} v_j$ 中,其顶点 $v_i,v_{i1},v_{i2},\cdots,v_{i(p-1)},v_j$ 是各不相同的顶点,这就意味着 $p+1\leq n$,也就是说,路径长度 $p\leq n-1$。即定理 7-1 得证。证毕。

定理 7-1 有如下推论。

推论 7-1　设图 $G=(V,E)$ 是一个具有 n 个顶点的图,则该图 G 中的任意一个环的长度不大于 n。

图的概念还可以从以下多个方面进行推广。

设有一个图 $G=(V,E)$,并且顶点集合 V 是一个有限非空的集合,如果边集 E 是顶点集 V 中任意元素的非有序对偶的多重集合,那么就称该图 G 是一个伪图。

伪图与我们在前面所定义的图的具体区别如下。

(1) 在边集 E 中允许出现相同元素的对偶。也就是说,对于任意一个顶点集中的顶点 $v\in V$,可能存在有环 $\{v,v\}\in E$。

(2) 边集 E 是一个多重集合,也就是说,对于任意的顶点 $v_i,v_j\in V$,在边集 E 中的无序对偶 (v_i,v_j) 可能会出现 $r(r>1)$ 次。

例如,设图 $G=(V,E)$ 的顶点集合 $V=\{v_1,v_2,v_3,v_4\}$,边集 $E=\{\{v_1,v_2\},\{v_1,v_2\},\{v_1,v_3\},\{v_2,v_3\},\{v_3,v_3\},\{v_4,v_4\}\}$,则该图 G 就是一个伪图。伪图也可以使用平面上的图解的方法来表示,如果无序对偶 (v_i,v_j) 在边集 E 中出现了 $r(r>1)$ 次,那么就表明在顶点 v_i 与顶点 v_j 之间连接有 r 条直线段(或者曲线段);如果在边集 E 中有对偶 (v_i,v_i) 出现,那么就绕顶点 v_i 画一条长度为 1 的环。如图 7-11(a)所示就是该例子中所描述的伪图的图解表示。通常将没有长度为 1 的环的伪图称为多重图。如图 7-11(b)所示为一个多重图的示例。相对于伪图来说,我们通常将本节中最开始定义的图称为简单图。在简单图中,既没有多重边,也没有长度为 1 的环。

设图 $G=(V,E)$,如果顶点集合 V 是一个有限非空集合,并且边集 E 是顶点集合 V 中的不同元素的有序对偶的集合,那么就称图 G 是一个有向图。在有向图中,对于任意一对不相同的顶点,不妨设 $v_i\neq v_j(v_i,v_j\in V)$,则边 (v_i,v_j) 与边 (v_j,v_i) 表示两条不同的边,因此,在有向图中,为了表述方便起见,通常用一对圆括号表示一条有向边,如上面所示。在有向图的图解中,通常用一个从顶点 v_i 指向顶点 v_j 的箭头表示有向边 (v_i,v_j),用从顶点 v_j 指向顶点 v_i 的箭头表示有向边 (v_j,v_i)。

相对于有向图来说,我们称前面所定义的图分别为无向图、无向伪图以及多重无向图。使用与上述定义方法相类似的方法也可以定义有向伪图以及多重有向图。对于多重图来说,也可以使用在边上附加数字的方法表示边的相重次数的方法来表示。每一条边的相重次数可以看作是该边的权值。从更一般的意义上讲,权值可以不一定是整数,如果给有向图 $G=(V,E)$ 中的每一条边都指定了权值,那么就称该有向图 G 为有向带权图。如图 7-12 所示的有向图就是一个有向带权图。

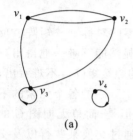

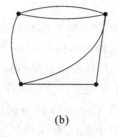

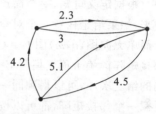

图 7-11　伪图与多重图　　　　　　　　　　　　　图 7-12　有向带权图

当将一个物理状态模拟成为一个抽象图时,在许多场合,都希望将附加的信息放在图的边上。例如,在一个表示一个国家的城市之间的公路(或者铁路)连接的图中,可以给每一条边指定一个权值(正数),用于表示用该边连接的两个城市的距离。又例如,在表示输油管系统的图中,所指定的权值可以用于表示在单位时间之内流过该输油管的油量。为了表述方便起见,通常可以将有向带权图定义为一个有序三元组 (V,E,f)。其中,集合 V 表示顶点集合,集合 E 表示边集,f 用来表示一个函数,这个函数的定义域是边集 E,并且通过此函数 f 将权值分配给该有向图的每一条有向边。由于本章后面的内容主要涉及的是关于无向图的讨论,因此,在本章后续内容的叙述过程中,如果不作特别声明,所说的"图"均指简单无向图。

7.2　图的矩阵表示

在上一小节中,我们给出了图的图解的表示,它对于分析给定图的某些特征有时是很有用的,可是当一个图中的顶点数目和边的数目可以非常大时,通过图解来理解一个图或者对一个图进行变换和处理的效率比较低。这时,可以考虑使用计算机来对图进行存储、变换和处理。于是,产生了另一种表示图 $G=(V,E)$ 的方法,那就是将图变换成为相应的矩阵形式。这种表示图的方法有诸多优点,它使得图的相关信息可以通过矩阵的形式在计算机中存储起来并且加以变换和处理,甚至利用矩阵还可以进一步挖掘得到图的一些具有一定隐藏性的相关性质(不能直观地反映在图解上的相关性质)。然而,我们也必须看到,图的一些有着比较强烈的直观背景的性质,很难通过使用相应的矩阵准确地进行描述。例如,关于图的平面性的问题就是如此。值得一提的是,使用图的矩阵的方法对图进行存储、变换和处理并不是通过计算机对于图的处理的唯一方法,至于通过计算机对于图的处理的其他方法还有哪些,读者需要进一步地学习"离散数学"的后续课程——"数据结构"。

 定义 7-9　设有简单无向 (n,m) 图 $G=(V,E)$,其中,顶点集合 $V=\{v_1,v_2,\cdots,$

$v_n\}$，则通常将 n 阶方阵 $A=(a_{ij})$ 称为 (n,m) 图 G 的邻接矩阵，其中元素为：

$$a_{ij}=\begin{cases}1 & \text{若}\{v_i,v_j\}\in E \\ 0 & \text{否则}\end{cases}$$

例如，图 7-1 的邻接矩阵为：

$$A=\begin{array}{c} \\ v_1 \\ v_2 \\ v_3 \\ v_4 \\ v_5 \end{array}\begin{array}{c}\begin{array}{ccccc}v_1 & v_2 & v_3 & v_4 & v_5\end{array}\\ \begin{bmatrix}0 & 1 & 1 & 0 & 0 \\ 1 & 0 & 1 & 1 & 0 \\ 1 & 1 & 0 & 0 & 1 \\ 0 & 1 & 0 & 0 & 1 \\ 0 & 0 & 1 & 1 & 0\end{bmatrix}\end{array}$$

根据定义可知，一个简单无向图的邻接矩阵是对角线元素均为零的对称 0-1 矩阵。反过来，如果给定任意一个对角线元素均为零的对称 0-1 矩阵 A，那么显然能够唯一地得出一个简单无向图 (n,m) 图 $G=(V,E)$，并且该图就是以矩阵 A 作为它的邻接矩阵。不难看出，邻接矩阵依赖于顶点集合 V 中的各个元素的给定次序，对于顶点集合 V 中的各个元素的不同的给定次序，可以得到同一个简单无向图 G 的不同的邻接矩阵。但是，简单无向图 G 的任意一个邻接矩阵，都可以按照该简单无向图 G 的另一个邻接矩阵通过交换某些行以及交换某些相应的列而得到。因此，为了说明问题方便起见，下面将不考虑这种由于顶点集合 V 中的元素的给定次序而引起的邻接矩阵的任意性，并且选取给定的简单无向图 G 的任意一个邻接矩阵作为该简单无向图 G 的邻接矩阵。实际上，如果两个简单无向图具有这样的邻接矩阵，使得其中的任意一个邻接矩阵可以通过另一个邻接矩阵交换某些行以及交换某些相应的列而得到，那么就表明这两个简单无向图是彼此同构的。

不难看出，(n,m) 图 G 的邻接矩阵 A 的第 i 行（或者第 j 列）出现的"1"的数目即为顶点 v_i 的度。同时，(n,m) 图 $G=(V,E)$ 的邻接矩阵 A 的 (i,j) 项元素 a_{ij} 实际上给出了从顶点 v_i 到顶点 v_j 的长度为 1 的路的数目。这个事实是下面的定理的一种特殊的情形。

定理 7-2　如果 (n,m) 图 G 是具有顶点集合 $V=\{v_1,v_2,\cdots,v_n\}$ 和邻接矩阵 A 的图，那么 $A^p(p=1,2,3,\cdots)$ 的第 i 行、第 j 列的元素（记为 $a_{ij}^{(p)}$）是连接顶点 v_i 到顶点 v_j 的长度为 p 的路径的总数目。

证明　对 p 进行归纳。当 $p=1$ 时，有 $A^1=A$，则由邻接矩阵 A 的定义可知，定理 7-2 显然成立。不妨设 $a_{ij}^{(p)}$ 表示 A^p 的 (i,j) 项，并且假设定理 7-2 对于 p 是成立的，由于 $A^{p+1}=A^p\cdot A$，因此有 $a_{ij}^{(p+1)}=\sum_{k=1}^{n}a_{ik}^{(p)}a_{kj}$。根据归纳假设可知，$a_{ik}^{(p)}a_{kj}$ 是以顶点 v_k 作为倒数第二个顶点连接顶点 v_i 到顶点 v_j 的长度为 $p+1$ 的路径的数目。如果对于所有的 k 求和，那么就可以得出以下结论：即 $a_{ij}^{(p+1)}$ 是以 (n,m) 图 G 中的任意一个顶点作为倒数第二个顶点连接顶点 v_i 到顶点 v_j 的长度为 $p+1$ 的路径的总数目。因此，该定理 7-2 对于 $p+1$ 亦成立，因此，该定理 7-2 得证。证毕。

根据定理 7-1 和定理 7-2，可以得出如下的结论。

(1) 如果对于 $p=1,2,\cdots,n-1$，A^p 的 (i,j) 项元素 $(i\neq j)$ 都为 0，那么顶点 v_i 与顶点 v_j 之间没有任何的路径相连接（因此，顶点 v_i 与顶点 v_j 必然属于简单无向图 G 的不同的分图）。

(2) 顶点 v_i 与顶点 v_j $(i\neq j)$ 之间的距离 $d(v_i,v_j)$ 是使得 A^p 的 (i,j) 项元素 $(i\neq j)$ 不等于零的最小正整数 p。

具有顶点集合 $\{v_1,v_2,v_3,v_4,v_5,v_6\}$ 的简单无向图 G（如图 7-9(b) 所示）的邻接矩阵是：

$$A = \begin{bmatrix} 0 & 1 & 0 & 0 & 0 & 0 \\ 1 & 0 & 1 & 0 & 0 & 0 \\ 0 & 1 & 0 & 0 & 0 & 0 \\ 0 & 0 & 0 & 0 & 1 & 1 \\ 0 & 0 & 0 & 1 & 0 & 1 \\ 0 & 0 & 0 & 1 & 1 & 0 \end{bmatrix}$$

根据矩阵的乘法运算,可以得出:

$$A^2 = \begin{bmatrix} 1 & 0 & 1 & 0 & 0 & 0 \\ 0 & 2 & 0 & 0 & 0 & 0 \\ 1 & 0 & 1 & 0 & 0 & 0 \\ 0 & 0 & 0 & 2 & 1 & 1 \\ 0 & 0 & 0 & 1 & 2 & 1 \\ 0 & 0 & 0 & 1 & 1 & 2 \end{bmatrix}, \quad A^3 = \begin{bmatrix} 0 & 2 & 0 & 0 & 0 & 0 \\ 2 & 0 & 2 & 0 & 0 & 0 \\ 0 & 2 & 0 & 0 & 0 & 0 \\ 0 & 0 & 0 & 2 & 3 & 3 \\ 0 & 0 & 0 & 3 & 2 & 3 \\ 0 & 0 & 0 & 3 & 3 & 2 \end{bmatrix},$$

$$A^4 = \begin{bmatrix} 2 & 0 & 2 & 0 & 0 & 0 \\ 0 & 4 & 0 & 0 & 0 & 0 \\ 2 & 0 & 2 & 0 & 0 & 0 \\ 0 & 0 & 0 & 6 & 5 & 5 \\ 0 & 0 & 0 & 5 & 6 & 5 \\ 0 & 0 & 0 & 5 & 5 & 6 \end{bmatrix}, \quad A^5 = \begin{bmatrix} 0 & 4 & 0 & 0 & 0 & 0 \\ 4 & 0 & 4 & 0 & 0 & 0 \\ 0 & 4 & 0 & 0 & 0 & 0 \\ 0 & 0 & 0 & 10 & 11 & 11 \\ 0 & 0 & 0 & 11 & 10 & 11 \\ 0 & 0 & 0 & 11 & 11 & 10 \end{bmatrix}$$

根据这些矩阵的结果可以看出:顶点 v_1 到顶点 v_2 有两条长度为 3 的路径相连接;顶点 v_3 与顶点 v_1 之间没有长度小于等于 5 的路径相连接,因此,顶点 v_3 与顶点 v_4 属于 (n,m) 图 G 的两个不同的分图;顶点 v_4 到顶点 v_4 有两条长度为 3 的回路;顶点 v_1 到顶点 v_3 的距离为 2。

如果我们直接观察图 7-9(b),则上面的结论均可以得到证实。然而,从另一个方面来说,邻接矩阵仅仅只能用来表示简单无向图。对于多重无向图来说,邻接矩阵的表示形式就显得无能为力了,这是因为在邻接矩阵中,对于两个顶点之间如果有边相连接,那么就在其所对应的邻接矩阵的相应行与相应的列的交叉点上标记为 1,但是在两个顶点之间若存在有不止一条边相连接,在这种情况出现时,如果仍然使用邻接矩阵,就会出现对于同一个邻接矩阵有不同的图解相对应的局面(既可以对应简单无向图,又可以对应多重无向图)。然而,这种情况是不应当出现的。那么,用怎样的矩阵表示方法来描述具有更一般意义的图呢?

我们需要引入另一种类型的矩阵——关联矩阵。

定义 7-10 设有图 $G=(V,E)$,图 G 具有的 n 个顶点分别是 $v_1,v_2,\cdots,v_n$,图 G 具有的 m 条边分别为 $e_1,e_2,\cdots,e_m$,则图 G 的关联矩阵 $I=(b_{ij})$ 是一个 $n \times m$ 的矩阵,其中的元素为:

$$b_{ij} = \begin{cases} 1 & \text{若顶点 } v_i \text{ 与顶点 } v_j \text{ 是关联的} \\ 0 & \text{否则} \end{cases}$$

例如,对于图 7-13 所示的无向图 G 来说,如果将它的边分别标记为 $e_1,e_2,\cdots,e_7$,那么它的关联矩阵即可表示成为右边的关联矩阵 A。

$$A = \begin{matrix} & \begin{matrix} e_1 & e_2 & e_3 & e_4 & e_5 & e_6 & e_7 \end{matrix} \\ \begin{matrix} v_1 \\ v_2 \\ v_3 \\ v_4 \\ v_5 \end{matrix} & \begin{bmatrix} 1 & 1 & 0 & 0 & 0 & 1 & 0 \\ 1 & 0 & 1 & 0 & 1 & 0 & 1 \\ 0 & 0 & 0 & 1 & 0 & 0 & 1 \\ 0 & 0 & 0 & 0 & 1 & 1 & 0 \\ 0 & 1 & 1 & 1 & 0 & 0 & 0 \end{bmatrix} \end{matrix}$$

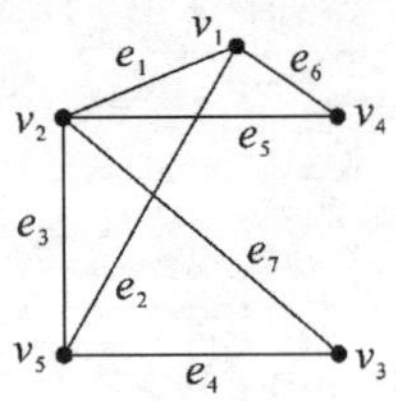

图 7-13　无向图 G

在关联矩阵 A 中的每一列都恰好包含两个 1,并且任意的两个列的 0-1 值均不相同。

该关联矩阵 A 的第 i 行中的"1"的数目即为顶点 v_i 的度,在对于各种包含环的图 G 的问题处理时,关联矩阵是适用的,但是由于关联矩阵既需要直接提供顶点的信息,又需要直接提供边的信息,因此,关联矩阵需要数量较多的存储单元。这样一来,在一定程度上会过多地占用计算机的内存空间。

除了能够借助计算机对由顶点集与边集构成的图进行处理以外,人们还可以借助计算机对图形进行处理。其中一种处理方式就是对于多边形所围成的区域进行填充,这种区域填充的方法首先需要对多边形的每一条边进行逐边扫描,然后对扫描区域完成填充。如何能够对多边形的每一条边进行高效地扫描呢?我们首先需要使用一种新的矩阵表示该多边形,这种矩阵就是下面将要介绍的邻接向量矩阵。

所谓邻接向量矩阵就是一个 n 行($\sharp V=n$)的矩阵,这 n 行分别与简单无向图 G 的 n 个顶点一一对应,第 i 行的元素是与顶点 v_i 邻接的所有顶点($i=1,2,\cdots,n$),为了方便起见,通常将这个行向量称为邻接向量。在这个邻接向量中,元素的次序通常是按照边的顺序决定的。邻接向量矩阵的列数等于该简单无向图中的各个顶点的度的最大值。

例如,对于图 7-13 所示的简单无向图 G,按照图 7-13 中所标明的边的顺序,该简单无向图 G 的邻接向量矩阵为:

$$B=\begin{array}{c}v_1\\v_2\\v_3\\v_4\\v_5\end{array}\begin{bmatrix}2 & 5 & 4 & 0\\1 & 5 & 4 & 3\\5 & 2 & 0 & 0\\2 & 1 & 0 & 0\\1 & 2 & 3 & 0\end{bmatrix}$$

在对一个简单无向图(如多边形)的边进行逐边扫描的过程中,特别是应用改进的有效边表的算法对多边形扫描区域进行填充时,由于每次进行逐边扫描时,涉及有效边(active edges,也可以称为活性边)的数目不是特别大,因此,使用邻接向量矩阵是表达该简单无向图的一个特别好的工具。与此同时,所需要的存储空间开销也不是十分巨大,使得计算机能够高效地完成对多边形扫描区域进行填充的工作。

对于简单无向图 $G=(V,E)$ 中的任意两个顶点 v_i 与 v_j,根据该简单无向图 G 的邻接矩阵 A 可以确定这个简单无向图 G 中是否存在一条连接由顶点 v_i 到顶点 v_j 的边,并且根据矩阵 A^p 可以确定这个简单无向图 G 中是否存在有连接顶点 v_i 到顶点 v_j 的长度为 p 的路径以及这样的路径的总数目。但是,当我们需要知道当前的简单无向图 $G=(V,E)$ 是否为连通图时,无论是邻接矩阵 A 还是矩阵 A^p 都无法提供答案。这时,可以使用下面的方法计算出矩阵 B_n($\sharp V=n$),即 $B_n=A+A^2+A^3+\cdots+A^n$。

矩阵 B_n 的 (i,j) 项元素 b_{ij} 给出了连接顶点 v_i 与顶点 v_j 的长度小于或者等于 n 的路径的总数目。如果这个元素(b_{ij})不等于零,那么就表明顶点 v_i 与顶点 v_j 是连接的;如果这个元素等于零,那么就表明顶点 v_i 与顶点 v_j 不是连接的。如果矩阵 B_n 中的每一个元素都不为零,那么就说明原简单无向图 G 是一个连通图;否则该图 G 就是不连通的图(或称其为非连通图)。

通过以上的分析,不难看出,矩阵 B_n 的计算是相当麻烦的,或者说,对于计算机来说,计算 B_n 的运算量是相当大的,这样一来,如果采用这种计算矩阵 B_n 的方式来判断一个简单无向图 G 是否为一个连通图的计算效率比较低。有没有比该方法更好的方法来判断图 G 的连通性呢？当然有。为了确定简单无向图 $G=(V,E)$ 是否为一个连通图，仅仅只需要知道由顶点 v_i 至顶点 v_j 是否存在路而无须关心由顶点 v_i 至顶点 v_j 的长度小于等于 n 的路径的总数目。因此，为了能够更加方便地判断简单无向图 G 是否为连通图，我们可以通过定义下面的简单无向图 G 的连接矩阵来判断。

定义 7-11 设有简单无向图 $G=(V,E)$，其中，顶点集合 $V=\{v_1,v_2,\cdots,v_n\}$，n 阶方阵 $C=(c_{ij})$ 称为该简单无向图 G 的连接矩阵，其中的元素为：

$$b_{ij}=\begin{cases}1 & \text{若从顶点 } v_i \text{ 到顶点 } v_j \text{ 存在一条路}\\ 0 & \text{否则}\end{cases}$$

根据定义 7-11 所给出的连接矩阵的定义，不难看出，当且仅当 n 阶方阵 $C=(c_{ij})$ 中的所有元素均为 1 时，原简单无向图 G 是一个连通图。

尽管我们可以根据矩阵 B_n 来确定连接矩阵 C，但是正如前面所叙述的那样，矩阵 B_n 的计算过于复杂，故利用计算机来判定一个图是否是连通的效率较低。正因如此，我们寻求另外一种通过简单无向图 G 的邻接矩阵 A 求得连接矩阵 C 的较为简便的方法（计算效率较高的方法）。

如果一个矩阵的所有元素均为 0 或者 1，那么就称这种矩阵为逻辑矩阵。对于逻辑矩阵来说，如果逻辑矩阵运算中的元素的相加运算和相乘运算分别规定为逻辑加法运算和逻辑乘法运算，那么就将这种矩阵运算称为逻辑矩阵运算。为了表述方便起见，在逻辑矩阵运算下，通常用 $A^{(k)}$ 表示求矩阵 A 的 k 次幂运算，用 $[+]$ 和 $[\cdot]$ 表示逻辑矩阵的逻辑加法运算和逻辑乘法运算。

根据逻辑矩阵运算的定义，对于邻接矩阵 A，矩阵 $A^{(2)}$ 的第 i 行、第 j 列的元素（(i,j) 项元素）$a_{ij}^{(2)}=\sum_{k=1}^{n}a_{ik}a_{kj}$，其中的加法运算和乘法运算分别是逻辑加法运算和逻辑乘法运算。因此，当且仅当存在某个正整数 k $(k=1,2,\cdots,n)$ 使得当 $a_{ik}=1$，并且 $a_{kj}=1$ 时，有 $a_{ij}^{(2)}$ 的 (i,j) 项元素 $a_{ij}^{(2)}$ 为 1。类似地，对于任意的正整数 p，当且仅当存在有连接顶点 v_i 与顶点 v_j 的长度为 p 的路径时，$A^{(p)}$ 的 (i,j) 项元素 $a_{ij}^{(p)}$ 亦为 1。由此可见，连接矩阵可以按照以下的方法求出。

$$\text{连接矩阵 } C = A[+]A^{(2)}[+]\cdots[+]A^{(n)}$$

例如，根据图 7-9(b) 的邻接矩阵 A 可以求得：

$$A^{(2)}=\begin{bmatrix}1&0&1&0&0&0\\0&1&0&0&0&0\\1&0&1&0&0&0\\0&0&0&1&1&1\\0&0&0&1&1&1\\0&0&0&1&1&1\end{bmatrix},\quad A^{(3)}=\begin{bmatrix}0&1&0&0&0&0\\1&0&1&0&0&0\\0&1&0&0&0&0\\0&0&0&1&1&1\\0&0&0&1&1&1\\0&0&0&1&1&1\end{bmatrix},$$

$$A^{(4)}=\begin{bmatrix}1&0&1&0&0&0\\0&1&0&0&0&0\\1&0&1&0&0&0\\0&0&0&1&1&1\\0&0&0&1&1&1\\0&0&0&1&1&1\end{bmatrix},\quad A^{(5)}=\begin{bmatrix}0&1&0&0&0&0\\1&0&1&0&0&0\\0&1&0&0&0&0\\0&0&0&1&1&1\\0&0&0&1&1&1\\0&0&0&1&1&1\end{bmatrix},$$

$$A^{(6)} = \begin{bmatrix} 1 & 0 & 1 & 0 & 0 & 0 \\ 0 & 1 & 0 & 0 & 0 & 0 \\ 1 & 0 & 1 & 0 & 0 & 0 \\ 0 & 0 & 0 & 1 & 1 & 1 \\ 0 & 0 & 0 & 1 & 1 & 1 \\ 0 & 0 & 0 & 1 & 1 & 1 \end{bmatrix}$$

由此可得：

连接矩阵　　$C = A[+]A^{(2)}[+]\cdots[+]A^{(n)} = \begin{bmatrix} 1 & 1 & 1 & 0 & 0 & 0 \\ 1 & 1 & 1 & 0 & 0 & 0 \\ 1 & 1 & 1 & 0 & 0 & 0 \\ 0 & 0 & 0 & 1 & 1 & 1 \\ 0 & 0 & 0 & 1 & 1 & 1 \\ 0 & 0 & 0 & 1 & 1 & 1 \end{bmatrix}$

由于在连接矩阵 C 中仍有为 0 的元素，因此表明图 7-9(b)所示的简单无向图 G 是非连通图。直接观察图 7-9(b)亦可以得出相同的结论。这说明了判断一个简单无向图 G 是否为连通图完全可以借助计算机实现。事实证明，计算机进行逻辑运算的效率是极高的。因此，使用连接矩阵判断一个简单无向图是否为连通图用计算机来处理是极为高效的方法，可以大大节省时间。

以上我们介绍了表示一个图 G 的四种矩阵表示方法，不难看出，这四种矩阵表示方法分别有各自的优点以及各自的不足之处，今后对于图论中的具体问题，需要依照这个问题自身的特点对这以上这四种矩阵表示方法加以正确的选择，以期借助于计算机使得这些问题的解决能够既高效、又准确。

7.3　图的连通性

图 $G=(V,E)$ 的连通性是图论中的最重要的概念之一。研究图的连通性具有重大的理论意义和现实价值。这是由于图 G 的许多性质都跟图的连通性有着十分密切的联系。图的连通性尤其在计算机网络、电力网络、通信网络等许多方面都有着十分重要的应用。本节引进图的点连通度（亦可称其为图的连通度）与边连通度的概念，用来作为衡量图 G 的连通程度的两个最重要的参数。

定义 7-12　如果在图 $G=(V,E)$ 中删去边 $\{v_i,v_j\}$ 以后，使得原图 G 的分图数目增加，那么就称边 $\{v_i,v_j\}$ 为图 G 的割边。

定义 7-13　如果在图 $G=(V,E)$ 中删去顶点 v_i 以及与其相关联的全部边之后，使得原图 G 的分图数目增加了，那么就称该顶点 v_i 为图 G 的割点。

例如，图 7-14 所示的图 G 中的边 $\{v_3,v_5\}$、边 $\{v_5,v_6\}$ 以及边 $\{v_5,v_7\}$ 都是割边，这是因为分别将这些边删除以后，原图 G 的分图数目分别增加 1 个、1 个和 1 个。根据定义 7-12，读者可以考察图 G 中的其余几条边是否也是割边。根据定义 7.13，不难看出，顶点 v_3、顶点 v_5 都是如图 7-14 所示的图 G 的割点，这是因为将顶点 v_3、顶点 v_5 以及与这两个顶点相关联

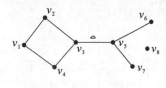

图 7-14　(8,7)图 G

的边删除以后,原图 G 的分图数目分别增加 1 个和 2 个。在这里,特别值得一提的是如图 7-14 所示的图 G 的顶点 v_8,通过分析,不难看出,如果将该顶点 v_8 以及与其相关联的边删除以后(由于顶点 v_8 作为孤立点,没有与之相关联的边,因此,仅仅只能将该顶点删除),那么原图 G 的分图数目会由 2 个减少为 1 个,因此,顶点 v_8 不是原图 G 的割点。读者亦可以考察图 G 中的其余几个顶点是否也是割点。

从上面的例子可以看出,当从图 G 中删除一条割边 e 时,必定能够将包含此割边 e 的分图一分为二分成两个分图。也就是说,在删除一条割边 e 之后,原图 G 的分图数目增加了 1。但是当从图 G 中删除一个割点以及与其相关联的全部边以后,有可能会使得原图 G 的分图的数目的增量大于 1。例如,当从如图 7-14 所示的图 G 中删除割点 v_5 时,必须同时删除与割点 v_5 相关联的三条边,即删除边 $\{v_3,v_5\}$、边 $\{v_5,v_6\}$ 以及边 $\{v_5,v_7\}$,这时,原图 G 就由原先的两个分图变成了四个分图。

定理 7-3 在图 $G=(V,E)$ 中,边 $\{v_i,v_j\}$ 能够成为割边的充要条件是边 $\{v_i,v_j\}$ 不在图 G 的任何一个环中出现。

证明 (1)必要性证明。不妨设图 $G=(V,E)$ 中的某一条边 $e=\{v_i,v_j\}$ 是图 G 中的一条割边,则从该图 G 中删除割边 e 之后,得到的新图记作 $G-e$。由于图 $G-e$ 的分图数目大于原图 G 的分图数目,因此,在图 G 中必定存在两个顶点,不妨设其为顶点 u 和顶点 w,并且它们在原图 G 中是连接的,但是在新图 $G-e$ 中却不连接。为了叙述方便起见,不妨设 $t=uu_1u_2\cdots u_{p-1}w$ 是图 G 中连接顶点 u 与顶点 w 的一条路,则割边 e 必定在此路中出现。不失一般性,设该路 t 中的某一条边 $\{u_k,u_{k+1}\}=\{v_i,v_j\}(k=0,1,2,\cdots,p-1)$,并且记 $u=u_0,w=u_p$,如果割边 e 出现在图 G 中的某一个环 $v_iv_{i1}v_{i2}\cdots v_{ir}v_jv_i$ 中(反证法),那么在新图 $G-e$ 中有路 $uu_1u_2\cdots u_{k-1}v_iv_{i1}v_{i2}\cdots v_{ir}v_ju_{k+2}u_{k+3}\cdots u_{p-1}w$ 连接顶点 u 和顶点 w,由此可知,顶点 u 和顶点 w 在新图 $G-e$ 中是连接的。这与前提假设相矛盾。因此,割边 e 不可能出现在原图 G 的任何一个环中。

(2)充分性证明。反过来,设图 $G=(V,E)$ 中的某一条边 $e=\{v_i,v_j\}$ 不是该图 G 的割边,则原图 G 和新图 $G-e$ 的分图数目相等。由于在原图 G 中的顶点 v_i 与顶点 v_j 出现在同一个分图中,因此,在新图 $G-e$ 中,顶点 v_i 与顶点 v_j 也必定出现在同一个分图中,于是,在新图 $G-e$ 中有路 $v_iv_{i1}v_{i2}\cdots v_{ir}v_j$ 连接顶点 v_i 与顶点 v_j。这样一来,在原图 G 中就存在着一个环 $v_iv_{i1}v_{i2}\cdots v_{ir}v_jv_i$,因此,边 $e=\{v_i,v_j\}$ 必定在原图 G 的某一个环中出现。证毕。

定理 7-4 在图 $G=(V,E)$ 中,顶点 v 是割点的充要条件是存在两个顶点 u 和 w(顶点 u、顶点 v 以及顶点 w 是互不相同的顶点),使得连接顶点 u 和顶点 w 的全部路径中都会出现顶点 v。

证明 (1)必要性证明。不妨设顶点 v 是图 $G=(V,E)$ 中的一个割点,则由于图 $G-v$(图 $G-v$ 表示在图 G 中删除顶点 v 以及与其相关联的所有边之后剩下的图,为了以后的叙述方便起见,以后简称为删除顶点 v)的分图数目大于图 G 的分图数目,因此,在原图 G 中必定存在两个顶点 u 和顶点 w,它们尽管在原图 G 中是连接的,但是在新图 $G-v$ 中却不是连接的。设 $t=uu_1u_2\cdots u_pw$ 是原图 G 中连接顶点 u 和顶点 w 的一条路,并且顶点 v 不出现在路径 t 中,则根据路的表示方法可知,与顶点 v 相关联的全部边都不出现在路径 t 中,也就是说,顶点 u 和顶点 w 在新图 $G-v$ 中也是连接的,于是与前提假设相矛盾。因此,连接顶点 u 和顶点 w 的所有路径中必定出现顶点 v。

(2)充分性证明。反过来,不失一般性,不妨设顶点 v 不是图 $G=(V,E)$ 的割点,则新图

$G-v$ 的分图数目与原图 G 的分图数目相等。因此,对于图 G 中的任意两个顶点 u 和顶点 w,如果在原图 G 中,它们是连接的,那么这两个顶点 u 和顶点 w 在新图 $G-v$ 中也是连接的。这就意味着,在原图 G 中存在着一条路 $t=uu_1u_2\cdots u_pw$,连接着顶点 u 和顶点 w,但是顶点 v 却并不会出现在路径 t 中。证毕。

并不是所有的图 $G=(V,E)$ 都有割边或者割点。例如,图 7-9(a)所示的简单无向图既没有割边,也没有割点。没有割边和割点的连通图,需要删除若干条边(多于 1 条边)或者若干个顶点(多于 1 个顶点),图 G 才会变成非连通图。那么在一个没有割边或者没有割点的连通图中,至少需要删除几条边或者几个顶点,该连通图才可以变成非连通图呢?或者说,最多删除几条边或者几个顶点,才能够保持原有连通图的连通性呢?要想回答这两个问题,我们首先需要引入有关图的边连通度和点连通度的基本概念。

为了叙述问题方便起见,我们通常将本小节后面所讨论的图均假设为连通图。

定义 7-14 设图 $G=(V,E)$ 是一个连通图,如果有边集 E 的子集 S,使得在图 G 中删去了集合 S 中的全部边之后,得到的子图 $G-S$ 变成了具有两个分图的非连通图,然而在图 G 中删去了集合 S 的任意一个真子集之后,得到的子图仍然是连通图,那么就称集合 S 为图 G 的边割集。

不难看出,割边是边割集的一个特例。

根据边割集的定义,如果集合 S 是图 $G=(V,E)$ 的一个边割集,那么删去集合 S 中的全部边以后,就可以得到两个分图,不妨设其为 $G_1=(V_1,E_1)$ 和 $G_2=(V_1',E_2)$,其中,顶点集 V_1' 表示顶点集合 V_1 相对于顶点集合 V 的补集,也就是说,$V_1\bigcup V_1'=V$,$V_1\bigcap V_1'=\varnothing$。对于边割集 S 中的任意一条边来说,它的两个端点必定是一个端点在顶点集合 V_1 中,另一个端点在顶点集合 V_1 的补集 V_1' 中,然而,图 G 中的其余的边(不属于边割集 S 中的边)则不具有上述性质。并且,顶点集合 V_1 中的任意两个顶点之间存在一条不包含顶点集合 V_1 的补集 V_1' 中的任何顶点的路;同样,顶点集合 V_1' 中的任意两个顶点之间存在一条不包含顶点集合 V_1' 的补集 V_1 中的任何顶点的路。因此,对于一个给定的图 $G=(V,E)$,如果能够将顶点集合 V 分成两个互补的顶点子集 V_1 与 V_1',使得在同一个顶点子集中的任意两个顶点之间,至少存在着一条不包含另一个顶点子集中的任何顶点的路,那么,图 G 中的端点应分别在顶点集合 V_1 以及顶点集合 V_1 的补集 V_1' 中的边组成图 G 的一个边割集。

如果将图 $G=(V,E)$ 的顶点集合 V 分成两个互补的顶点子集 V_1 和 V_1',那么,集合 S 是端点分别在 V_1 与 V_1' 中的边的集合。如果 V_1(或者 V_1')中有两个顶点,使得连接它们的全部的路径均要经过 V_1'(或者 V_1)中的顶点,那么在去掉集合 S 中的边之后,得到的图具有 3 个甚至 3 个以上的分图,在这种情形下,集合 S 就不是图 G 的边割集。一般来说,如果顶点集 V_1 是图 $G=(V,E)$ 的顶点集合 V 的一个子集,那么端点分别属于顶点集 V_1 和顶点集 V_1' 的所有边的集合,要么是边割集,要么是某些边割集的不相交的并集。

定义 7-15 设图 $G=(V,E)$ 是一个连通图,并且顶点集 V_1 是图 G 的顶点集合 V 的子集,图 G 中的端点分别属于顶点集 V_1 和顶点集 V_1' 的所有边的集合,称为图 G 的断集。

根据该定义,不难看出,边割集可以看成断集的一种特殊情况。

定义 7-16 设图 $G=(V,E)$ 是一个连通图,如果顶点集合 V 的子集 V_1 使得在图 G 中删除了 V_1 中的所有顶点之后,所得到的原图 G 的子图 $G-V_1$ 为非连通图或者为平凡图((1,0)图),那么就称顶点集 V_1 为图 G 的一个点割集。

根据该定义,不难看出,割点可以看成是点割集的一种特殊情况。

定义 7-17 设顶点 v 是图 $G=(V,E)$ 中的一个顶点,则与顶点 v 相关联的所有边的集合称为顶点 v 的关联集合,记为 $S(v)$。

对于图 $G=(V,E)$ 中的任意一个顶点来说,如果它不是割点,那么它的关联集合 $S(v)$ 即是一个边割集,这是因为去掉顶点 v 的关联集合 $S(v)$ 中的所有的边之后,图 G 就变成了有一个孤立的顶点 v 和另一个分图构成的非连通图。但是,如果删去顶点 v 的关联集合 $S(v)$ 的任意一个真子集,图 G 仍然具有连通性。如果顶点 v 是图 G 的割点,那么顶点 v 的关联集合 $S(v)$ 即是一个断集,这是因为当删去了顶点 v 的关联集合 $S(v)$ 以后,图 G 就变成了有一个孤立的顶点 v 和有若干个分图构成的非连通图。

图 $G=(V,E)$ 的连通程度与图的点割集与断集中所含有的元素的数目有着十分密切的联系。

定义 7-18 设图 $G=(V,E)$ 是一个连通图,则 $K(G)=\min\{\sharp V_i \mid V_i$ 是图 G 的点割集$\}$ 称为图 G 的点连通度(或者简称为连通度);$\lambda(G)=\min\{\sharp S \mid S$ 是图 G 的断集$\}$ 称为图 G 的边连通度。

根据定义 7-18 可知,图 $G=(V,E)$ 的点连通度是为了使图 G 成为一个非连通图,需要删除的顶点的最少数目;图 $G=(V,E)$ 的边连通度则是为了使图 G 成为一个非连通图所需要删除的边的最少数目。

不难看出,如果图 G 是一个平凡图(仅仅只有一个孤立顶点的图),则点连通度 $K(G)=0$,边连通度 $\lambda(G)=0$。如果图 $G=(V,E)$ 是一个具有 n 个顶点的完全图,并且删除其中任意的 $p(p<n-1)$ 个顶点,那么该图 G 仍然为连通图。只有在删去其中任意的 $n-1$ 个顶点之后,原图 G 就变成了一个平凡图(仅仅只有一个孤立顶点的图),由此可知,具有 n 个顶点的完全图 $G=(V,E)$ 的点连通度 $K(G)=n-1$,边连通度 $\lambda(G)=n-1$。

下面的定理 7-5 给出了一个图 $G=(V,E)$ 的点连通度、边连通度以及该图 G 中的顶点的最小度 $\delta(G)$ 之间的关系。

定理 7-5 对于任意的连通图 $G=(V,E)$,有:
$$K(G)\leqslant\lambda(G)\leqslant\delta(G) \tag{7-1}$$

证明 如果图 G 是平凡图($(1,0)$图),那么显然有 $K(G)=\lambda(G)=0$,不难看出,式 7-1 成立;如果图 G 是非平凡图的连通图,不失一般性,不妨设顶点 v 是该图 G 中度最小的顶点,也就是说,$\deg(v)=\delta(G)$。不难看出,顶点 v 的关联集合 $S(v)$ 是图 G 的一个断集,由此可得,$\lambda(G)\leqslant\sharp S(v)$,在这种情况下,$\lambda(G)\leqslant\delta(G)$。

下面,我们来证明 $K(G)\leqslant\lambda(G)$。

如果边连通度 $\lambda(G)=1$,那么就说明在图 $G=(V,E)$ 中存在一条割边,不妨设其为 $e=\{u,v\}$。不难看出,此时,顶点 u 与顶点 v 均为图 G 的割点,于是应有 $K(G)=\lambda(G)=1$;如果边连通度 $\lambda(G)\geqslant 2$,那么在图 G 中必定存在一个断集 S,使得 $\sharp S=\lambda(G)$ 并且 $G-S$ 为非连通图。可是如果从图 G 中删除断集 S 中的任意 $\lambda(G)-1$ 条边,那么图 G 仍然是连通图。在图 G 的断集 S 中任意取出一条边 e,并且令边 $e=\{u,v\}$,则边 e 即为图 $G-(S-\{e\})$ 的一条割边。在图 G 中,如果对于 $S-\{e\}$ 的每一条边选取一个不同于顶点 u 和顶点 v 的端点,并且将这 $\lambda(G)-1$ 个顶点从图 G 中删去,那么此时至少删除了 $S-\{e\}$ 中的所有边。如果剩下的图为非连通图,那么就应有 $K(G)\leqslant\lambda(G)-1<\lambda(G)$;如果剩下的图为连通图,则由于边 $e=\{u,v\}$ 为该剩下的图的割边,此时如果再删除顶点 u 或者删除顶点 v,那么就必将会得到一个非连通图。因此,在这种情况下,也有 $K(G)\leqslant\lambda(G)$。综上所述,对于任意的连通图 G,有 $K(G)\leqslant\lambda(G)\leqslant\delta(G)$ 成立。证毕。

定义 7-19 设有图 $G=(V,E)$，如果该图 G 的点连通度 $K(G) \geqslant h$，那么就称该图 G 是 h-连通的；如果该图 G 的边连通度 $\lambda(G) \geqslant h$，那么就称该图 G 是 h-边连通的。

根据定义 7-19，如果有 $h_1 > h_2$，并且图 $G=(V,E)$ 是 h_1-点连通的，那么该图 G 也是 h_2-连通的；如果有 $h_1 > h_2$，那么图 $G=(V,E)$ 是 h_1-边连通的，并且该图 G 也是 h_2-边连通的。根据定理 7-5 可知，如果一个连通图 $G=(V,E)$ 是 h-连通的，那么它也必定是 h-边连通的。

任意一个非平凡的连通图都是 1-连通的以及 1-边连通的。n 个顶点的完全图是 $(n-1)$-连通的以及 $(n-1)$-边连通的。对于任意一个具有 n 个顶点的连通图 $G=(V,E)$，不难看出，当且仅当它没有割点时，它是 2-连通的；当且仅当它没有割边时，它是 2-边连通的。

通过以上我们的分析与讨论，不难得出以下的结论：当一个图 $G=(V,E)$ 的连通度越大时，这个图 G 的连通性也就越好。

7.4 欧拉图与汉密尔顿图

在上一小节里，我们讨论了有关于一般的连通图的基本性质。在本节，我们将主要讨论两种特殊的连通图及其它们的性质与判定条件。这两种特殊的连通图是欧拉图和汉密尔顿图。这两个图都是在人们需要对两个不同的实际应用问题求解时所建立的数学模型。由于这两个数学模型（图）的建立者分别是瑞士数学家欧拉以及爱尔兰数学家汉密尔顿，因此，后人为了纪念这两位数学家，将这两个数学模型分别称为欧拉图和汉密尔顿图。

1. 欧拉图

图论在对于实际的具体应用中通常出现的一个问题就是，给定一个图 $G=(V,E)$，是否能够找到一条回路，使得这条回路通过此图 G 的每一条边一次并且只能通过一次？通常将这样的回路称为欧拉回路。具有欧拉回路的图称为欧拉图。

欧拉图的概念是欧拉（Leonhard Euler，1707—1783，瑞士数学家）在 1736 年提出的，他运用一条非常简单的准则解决了哥尼斯堡（Königsberg）（德国古典哲学家康德的故乡，原东普鲁士首府，现为俄罗斯的加里宁格勒州的首府加里宁格勒）七桥问题。哥尼斯堡这座城市是一个非常有特点的城市，这座城市位于普雷格尔（Pregel）河的两岸以及普雷格尔河中的两个岛屿上。该城市的各个部分由如图 7-15(a) 所示的七座桥相连接，当时哥尼斯堡城中的居民热衷于这样一个问题，即游人从四块陆地所在的区域其中的任意一块出发，怎样走才能够做到恰好通过这七座桥的每一座桥一次并且仅仅只能通过一次而返回到原来的出发区域。这个问题看起来似乎挺简单，可是在欧拉生活的时代谁都解决不了。于是人们将这个问题求助于当时的大数学家欧拉。为了解决这一问题，欧拉首先将这个具体问题进行抽象化地描述，也就是说，欧拉将这四块陆地所在区域的每一块陆地区域用一个顶点表示，每一座桥用连接相应的两个顶点的一条边来表示，于是得到了一个无向多重图，如图 7-15(b) 所示。因此，这个著名的哥尼斯堡七桥问题就变成了一个图论中的问题（当时的数学还没有图论这个领域，事实上，作为现代数学一个重要分支的图论就是由欧拉本人创立的，正是由于欧拉成功地引入了后来命名为欧拉图的数学模型成功地解决了所谓哥尼斯堡七桥问题，因此，图论这个新的数学分支领域才得以创建），即在图 7-15(b) 所示的多重图中是否存在着一条欧拉回路？欧拉证明了以下的定理 7-6，从而对于哥尼斯堡七桥问题给予了否定的回答，即图 7-15(a) 中的七座桥不能按照上述的要求走遍每一座桥（经过一次并且仅仅只经过一次然后回到出发点)。

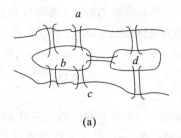 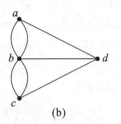

(a)   (b)

图 7-15 哥尼斯堡七桥问题图示

不难看出,一个欧拉图是一个特殊的连通图,图 7-2 所示的是欧拉图的一个例子,这是由于在图 7-2 所示的图 G 中,能够找出欧拉回路,但是图 7-1 却不是欧拉图,这一结论可以根据欧拉给出的下面的定理 7-6 来证实。

定理 7-6 一个连通图 $G=(V,E)$ 为欧拉图的充要条件是该图 G 中的任何一个顶点的度均为偶数。

证明 (1)必要性证明。设连通图 $G=(V,E)$ 是欧拉图,并且不妨设路径 t 是该图 G 中的一条欧拉回路。每当路径 t 通过图 G 的一个顶点时,路径 t 必然通过关联于这个顶点的两条边,并且这两条边是路径 t 以前未曾经过的。由此可知,如果路径 t 经过图 G 中的某一个顶点 k 次,那么就意味着通过关联于该顶点的 $2k$ 条边。由于在路径 t 中,图 G 中的每一条边均出现一次并且仅仅只出现一次,因此,图 G 中的任何一个顶点的度必定是 2 的倍数,也就是说,图 G 中的任何一个顶点的度均为偶数。

(2)充分性证明。反过来,设在图 G 中的任何一个顶点的度均为偶数,为了证明连通图 G 是一个欧拉图,下面利用对于图 G 的边数 m 进行归纳的方法来证明。

① 当边数 $m=0$ 时,由于图 G 是平凡图(仅有一个孤立顶点的图),我们认定该图 G 是一个欧拉图,因此在这种情况下,结论成立。

② 当边数 $m=2$ 时,当图 G 中的任何一个顶点的度均为偶数时,不难看出,此时的连通图 G 中应有两个顶点,并且每一个顶点的度均为 2。

> 注:当边数 $m=1$ 时,在连通图 G 中必有两个顶点,每个顶点的度均为 1(奇数,并非偶数)。

③ 当边数 $m=3$ 时,当图 G 中的任何一个顶点的度均为偶数时,不难看出,此时的连通图 G 中的每个顶点的度数均为 2(偶数),则该图 G 显然应有欧拉回路,因此,该图 G 是欧拉图。

④ 不失一般性,不妨设对于 $k=3,4,\cdots,m$,任何具有 k 条边的连通图 G,结论均成立(该图 G 为欧拉图),并且设图 G 是一个具有 $m+1$ 条边并且每一个顶点的度数均为偶数的连通图。从该图 G 中的任何一个顶点 a 出发,沿着图 G 中的任意一条边前进,但却绝不在任何一条边上行走两次,就可以确定一条路。当到达图 G 中的任何一个顶点 v(顶点 v 与顶点 a 不是同一个顶点)时,由于它仅仅只使用过顶点 v 的奇数条边,它将仍然能够沿着图 G 中的某一条边前进。当它无法再前进时,它必定是到达了顶点 a。这样一来,就构成了一条回路 t。如果在此时,图 G 中的所有的边恰好全部被使用完毕,那么,当前的回路 t 即为一条欧拉回路;如果在此时,图 G 中的所有的边还没有被使用完毕,可以令图 G 的剩下的部分组成的图为 $G^\sim$(即由图 G 中删去回路 t 之后剩下的边以及剩下的边所关联的顶点所组成),并且设图

$H_1,H_2,\cdots,H_k$ 是图 $\tilde{G}$ 的 k 个分图,由于图 $\tilde{G}$ 的全部顶点的度数均为偶数,因此,图 $\tilde{G}$ 的任何一个分图 $H_i(i=1,2,\cdots,k)$ 的边数不等于 1。根据归纳假设,这些部分各自都有相应的欧拉回路,不妨将其设为 $u_1,u_2,\cdots,u_k$,又由于图 G 是连通图,并且路径 t 必定与所有的图 $\tilde{G}$ 的所有的分图 $H_i(i=1,2,\cdots,k)$ 有公共的顶点,分别令其为 $v_1,v_2,\cdots,v_k$,因此,回路 $t[a,v_1]+u_1+t[v_1,v_2]+u_2+\cdots+t[v_{k-1},v_k]+u_k+t[v_k,a]$ 即是一条欧拉回路。

综上所述,结论成立。证毕。

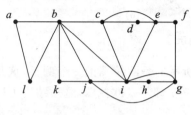

图 7-16 欧拉图 G

例如,如图 7-16 所示的图 G 是一个欧拉图,这是因为该图 G 中的任何一个顶点的度数均为偶数。从顶点 a 出发,沿着边 $\{a,b\}$ 可以构造一条欧拉回路为 $a\,b\,c\,d\,e\,f\,g\,h\,i\,e\,c\,i\,g\,j\,b\,i\,j\,k\,b\,l\,a$。欧拉回路可以有许多条,从原则上来说,可以以欧拉图 $G=(V,E)$ 中的任意一个顶点作为起始点和终止点构造一条欧拉回路。运用同样的方法可以证明,定理 7-6 对于多重图也是成立的。

在哥尼斯堡七桥问题的求解过程中,我们首先建立一个数学模型,即如图 7-15(b)所示的多重图 $G=(V,E)$,由于该多重图 G 中的任何一个顶点的度均为奇数(非偶数),因此,答案是否定的。也就是说,不能按照哥尼斯堡城的人们所提出的要求走遍每一座桥(经过一次并且仅仅只经过一次然后回到他们的出发点)。

通过图 $G=(V,E)$ 中的每一条边一次并且仅仅只通过一次的开路称为该图 G 的欧拉路。

定理 7-7　在连通图 $G=(V,E)$ 中具有一条连接该图 G 中的顶点 v_i 与顶点 v_j 的欧拉路的充要条件是,顶点 v_i 与顶点 v_j 是图 G 中的仅有的顶点度数为奇数的顶点。

证明　不妨将边 $\{v_i,v_j\}$ 加入原图 $G=(V,E)$ 中去,令其所得到的新图为 $G*=(V,E*)$(图 $G*$ 可能为多重图)。那么当且仅当图 $G*$ 中有一条欧拉回路时,在图 $G*$ 中有连接顶点 v_i 与顶点 v_j 的一条欧拉路。也就是说,当且仅当图 $G*$ 中的全部顶点的度数均为偶数时,或者说,当且仅当在原图 G 中的全部顶点中,除了顶点 v_i 的度数与顶点 v_j 的度数为奇数以外,原图 G 中的其余顶点的度数均为偶数时,在原图 G 中存在着一条连接顶点 v_i 与顶点 v_j 的一条欧拉路。证毕。

根据以上的定理 7-7 的叙述,具有欧拉路的图中有且仅有只有两个顶点的度为奇数,其余顶点的度均为偶数。由此不难得出以下的结论:在欧拉图中只有欧拉回路,而没有欧拉路;反过来,具有欧拉路的图一定不是欧拉图。在具有欧拉路的图 $G=(V,E)$ 中,怎样找到一条欧拉路呢?根据以上的定理 7-7,不难看出,这条欧拉路的起始点与终止点分别应是该图 G 中的作为度数为奇数的两个顶点。

例如,在图 7-17 所示的图 G 中,由于顶点 1 与顶点 8 的度均为 3(奇数),并且该图 G 的其余顶点的度数均为偶数,因此,在图 7-17 所示的图 G 中必定存在欧拉路,并且这条欧拉路必定是以该图 G 中的两个度数为奇数的顶点分别作为起始点和终止点的一条路径。对于图 7-17 所示的图 G 来说,起始点与终止点应分别为顶点 1 与顶点 8,即如果顶点 1 作为欧拉路的起始点,那么顶点 8 就必定是欧拉路的终止点;或者反过来,如果顶点 8 作为欧拉路的起始点,那么顶点 1 就必定是欧拉路的终止点。按照这样的方法,我们不难给出图 7-17 所示的图 G 的一条欧拉路为 1 2 3 4 6 5 3 6 7 2 8 7 1 8。

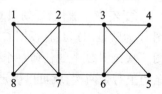

图 7-17　具有欧拉路的图 G

2. 汉密尔顿图

任意给定一个图 $G=(V,E)$，是否能够找到一个环，使得这个环通过该图 G 的任何一个顶点一次并且仅仅只通过一次？为了叙述方便起见，人们通常将这样的环称为汉密尔顿环，具有汉密尔顿环的图 $G=(V,E)$ 称为汉密尔顿图。类似于欧拉路的定义，通常将通过图 $G=(V,E)$ 的任何一个顶点一次并且仅仅只通过一次的开路称为汉密尔顿路。

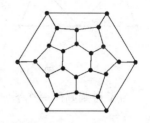

汉密尔顿图的概念是由汉密尔顿（William Hamilton，1805—1865，爱尔兰数学家）在 1859 年提出的。他提出了一个问题：能不能在图 7-18 所示的十二面体中找到一个环，它通过图 G 中的任何一个顶点一次并且仅仅只通过一次。他将这个图 G 中的任何一个顶点均看成一个城市，连接两个顶点的边可以看成连接两个城市之间的交通线。因此他的问题可以表述为：能不能找到一条旅行路线，沿着交通线经过任何一个城市一

图 7-18　十二面体示例图 G

次并且仅仅只通过一次，再回到原来的出发地？他把这个问题称为环游世界问题。根据图 7-18 所示的十二面体，可以看出这样的一个环（即汉密尔顿环）是存在的。

由此不难得出以下的结论：任何一个汉密尔顿图都是连通图。图 7-1、图 7-2、图 7-4 以及图 7-5 都是汉密尔顿图，这四个图中的任何一个图中的汉密尔顿环是显而易见的。

虽然确定汉密尔顿环（或者汉密尔顿路）的存在性问题与确定欧拉回路（或者欧拉路）的存在性问题具有同样的意义，但是只到目前为止，还没有找到一个简明的条件来作为一个连通图 $G=(V,E)$ 成为汉密尔顿图的充分必要条件。那么究竟有没有判定一个连通图 G 是一个汉密尔顿图的充分必要条件呢？这个问题到目前为止还没有定论。也就是说，这个问题到目前为止仍然是一个开放的问题（open question）。读者如果对这个问题感兴趣，以后可以致力于对这个问题的解决。下面，我们给出一个连通图 G 为汉密尔顿图的若干个必要非充分条件以及充分非必要条件，并且假定在本节中所讨论的图均是连通图。

定理 7-8　如果连通图 $G=(V,E)$ 是一个汉密尔顿图，那么对于该连通图 G 中的顶点集合 V 的任何一个非空子集 S，有：

$$W(G-S) \leqslant \sharp S \tag{7-2}$$

在这里，$G-S$ 表示连通图 G 中除去顶点集合 V 的非空子集 S 的所有顶点以及与它们相关联的边后所得的子集，$W(G-S)$ 表示该子集 $G-S$ 中分图的数目。

证明　不失一般性，不妨设路径 $t=v_i v_{i1} v_{i2} \cdots v_{i(n-1)} v_i$ 是连通图 G 的一个汉密尔顿环，并且在路径 t 中删去顶点集合 V 的非空子集 S 中的任意一个顶点 u_1，则路径 $t-u_1$ 即为一条开路，于是有 $W(t-u_1)=1$；如果接着删去顶点集合 V 的非空子集 S 中的下一个顶点 u_2，那么，$W(t-\{u_1,u_2\}) \leqslant 2$ …… 当删去顶点集合 V 的非空子集 S 中的 p 个顶点时，$W(t-\{u_1,u_2,\cdots,u_p\}) \leqslant p$，因此，当删去顶点集合 V 的非空子集 S 中的全部顶点之后，$W(t-S) \leqslant \sharp S$，并且又由于图 $t-S$ 是图 $G-S$ 的一个生成子图，因此必有 $W(G-S) \leqslant W(t-S)$，由此可知，$W(G-S) \leqslant \sharp S$ 成立。证毕。

定理 7-8 给出了连通图 $G=(V,E)$ 是汉密尔顿图的必要非充分条件，因此，如果一个连通图 G 不满足该定理的条件，那么就可以判定这个连通图不是汉密尔顿图。

例如，不难看出，如图 7-19 所示的这两个连通图都不是汉密尔顿图，这是因为这两个连通图均不满足定理 7-8 所给出的判断一个图是否是汉密尔顿图的必要条件。

但是,一个非汉密尔顿图却可以满足定理 7-8 的条件,例如,尽管图 7-20 所示的不是汉密尔顿图,但是这个图却满足定理 7-8 所给出的判断一个图是否是汉密尔顿图的必要条件,即满足式 7-2。

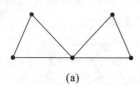

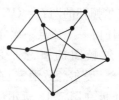

图 7-19 两个(5,6)图   图 7-20 满足式 7-2 的非汉密尔顿图

为了得到判断一个图是否是汉密尔顿图的充分非必要条件,我们可以首先证明以下的定理 7-9。

定理 7-9 若连通图 $G=(V,E)$ 是 (n,m) 图,并且有顶点 u 和顶点 v 为不相邻接的顶点,但是 $\deg(u)+\deg(v)\geqslant n$,则当且仅当连通图 $G+\{u,v\}$ 是汉密尔顿图时,连通图 G 是汉密尔顿图。

证明 (1) 充分性证明。如果连通图 $G=(V,E)$ 是汉密尔顿图,那么显然应有连通图 $G+\{u,v\}$ 也是汉密尔顿图。

(2) 必要性证明。设连通图 $G+\{u,v\}$ 是汉密尔顿图,并且令路径 t 为该连通图 $G+\{u,v\}$ 的一个汉密尔顿环。果边 $\{u,v\}$ 没有出现在汉密尔顿环·t 中,那么不难看出,该连通图 $G+\{u,v\}$ 中的汉密尔顿环 t 也应是连通图 G 中的汉密尔顿环。如果边 $\{u,v\}$ 不在汉密尔顿环 t 中,不失一般性,不妨设 $t=v_{i1}v_{i2}\cdots v_{in}v_{i1}$(其中,顶点 v_{i1} 即是顶点 u,顶点 v_{i2} 即是顶点 v),并且将顶点 u 与顶点 v 在连通图 $G+\{u,v\}$ 中的度数分别记作 $d(u)$ 和 $d(v)$,则有:

$$d(u)=\deg(u)+1;\quad d(v)=\deg(v)+1 \qquad (7-3)$$

下面分两种情形进行讨论。

(1) 如果存在 $j(3\leqslant j\leqslant n-1)$,使得顶点 u 与顶点 v_{ij} 相互邻接,并且顶点 v 与顶点 v_{ij+1} 相互邻接(在这里,j 应取值为 5),那么连通图 G 中必定存在着汉密尔顿环,即:

$$p=u\,v_{ij}v_{ij-1}\cdots v_{i3}v\,v_{ij+1}v_{ij+2}\cdots v_{in}u$$

(2) 如果不存在这样的 j,那么由于 $v_{i3}v_{i4}\cdots v_{i(n-1)}$ 中有 $d(u)-2$ 个顶点与顶点 u 相互邻接,因此在 $v_{i4}v_{i5}\cdots v_{in}$ 中至少有 $d(u)-2$ 个顶点不与顶点 v 相互邻接,于是应有:

$$d(v)\leqslant n-1-(d(u)-2)=n-(d(u)-1)$$

也就是说,$d(v)\leqslant n-\deg(u)$。

但是,根据式 7-3 可知,$d(v)>\deg(v)\geqslant n-\deg(u)$,即 $d(v)>n-\deg(u)$,这样一来,就与以上的结论 $d(v)\leqslant n-\deg(u)$ 相矛盾。证毕。

根据以上的定理 7-9 的叙述,不难看出,定理 7-9 给出了判断一个图是否是汉密尔顿图的充分非必要条件,也就是说,如果一个连通图 $G=(V,E)$ 满足了定理 7-9 所给出的判断一个图 G 是否是汉密尔顿图的条件,那么该连通图 G 就是汉密尔顿图;如果一个连通图 $G=(V,E)$ 不满足定理 7-9 所给出的判断一个图 G 是否是汉密尔顿图的条件(即在连通图 G 中,对于任意两个不相邻的顶点(顶点 u 与顶点 v),若顶点 u 的度数与顶点 v 的度数之和小于图 G 的顶点集合 V 的基数 n),那么该图 G 不一定完全不可能是汉密尔顿图。

图 7-21 汉密尔顿图 G

例如,不难看出,图 7-21 所示的连通图 G 是汉密尔顿图。虽然图

7-21 所示的连通图 G 不满足定理 7-9 所给出的判断一个连通图是否是汉密尔顿图的条件，即在图 7-21 所示的连通图 G 中，任意两个不相邻接的顶点的度数之和为 4，小于该图 G 的顶点总数 6，但是，该连通图 G 仍然是汉密尔顿图。

根据定理 7-9，我们可以得出下面的一些相关概念。

定义 7-20 设图 $G=(V,E)$ 是具有 n 个顶点的图，如果对于 $\deg(u)+\deg(v)\geqslant n$ 的每一对顶点 u 与顶点 v，均有顶点 u 与顶点 v 相邻接，那么就称该图 G 为闭图。

定义 7-21 设图 $G_1=(V,E_1)$ 与图 $G_2=(V,E_2)$ 是两个具有相同顶点集合 V 的图，则称图 $H_1=(V,E_1\bigcup E_2)$，$H_2=(V,E_1\bigcap E_2)$ 分别为图 $G_1=(V,E_1)$ 与图 $G_2=(V,E_2)$ 的并和交，并且分别记作 $G_1\bigcup G_2$ 与 $G_1\bigcap G_2$。

例如，图 7-22 给出了两个具有相同顶点集合 V 的图 $G_1=(V,E_1)$ 与图 $G_2=(V,E_2)$ 的并和交。

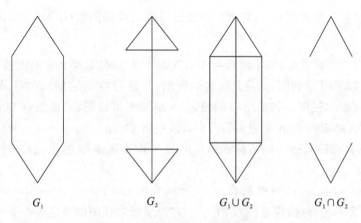

G_1 G_2 $G_1\bigcup G_2$ $G_1\bigcap G_2$

图 7-22 图 G_1、图 G_2 及其并和交

定理 7-10 如果图 $G_1=(V,E_1)$ 与图 $G_2=(V,E_2)$ 是两个具有相同顶点集合 V 的闭图，那么图 $G=G_1\bigcap G_2$ 亦是闭图。

证明 由于对于任意一个顶点 $v\in V$，有：
$$\deg_G(v)\leqslant\deg_{G_1}(v)$$
并且有：
$$\deg_G(v)\leqslant\deg_{G_2}(v)$$
因此，如果有：
$$\deg_G(u)+\deg_G(v)\geqslant n$$

则有 $\deg_{G_1}(u)+\deg_{G_1}(v)\geqslant n$，并且有 $\deg_{G_2}(u)+\deg_{G_2}(v)\geqslant n$。又因为图 $G_1=(V,E_1)$ 与图 $G_2=(V,E_2)$ 都是闭图，并且顶点 u 与顶点 v 在图 $G_1=(V,E_1)$ 与图 $G_2=(V,E_2)$ 中都是邻接的，因此，这两个顶点 u 与顶点 v 在图 G 中也是邻接的，因而图 $G=G_1\bigcap G_2$ 亦是闭图。证毕。

但是当图 $G_1=(V,E_1)$ 与图 $G_2=(V,E_2)$ 均为闭图时，并不能推出这两个图的并 $G_1\bigcup G_2$ 亦是闭图。这一结论通过图 7-22 所给出的图例中很容易看出。

定义 7-22 图 $G=(V,E)$ 的闭包是一个与该图 G 具有相同顶点集合的闭图，通常用 G_C 表示图 G 的闭包。使得 $G\subseteq G_C$，并且相异于图 G 的闭包 G_C 的任何图 H，如果有 $G\subseteq H\subseteq G_C$，那么图 H 就不是闭图。

定理 7-11 图 $G=(V,E)$ 的闭包是唯一的。

证明 不妨设图 G_1 与图 G_2 是图 G 的两个闭包，则 $G\subseteq G_1$，$G\subseteq G_2$，于是有 $G\subseteq$

$G_1 \bigcap G_2$。由此可知，$G \subseteq G_1 \bigcap G_2 \subseteq G_1$，$G \subseteq G_1 \bigcap G_2 \subseteq G_2$，但是，$G_1 \bigcap G_2$ 是闭图，故由闭包的定义有 $G_1 \subseteq G_1 \bigcap G_2 \subseteq G_2$。证毕。

我们可以通过以下的算法，由图 $G = (V, E)$ 来构造出它的闭包 G_C。

算法 7-1　给出图 $G = (V, E)$，构造它的闭包 G_C。

(1) 令图 $G = G_1$，并置 i 为 1。

(2) 如果 G_i 是一个闭图，那么 $G_C = G_i$；否则进入第三步。

(3) 在图 G_i 中找出满足以下两个条件的顶点 u 和顶点 v：

① $\deg(u) + \deg(v) \geqslant n$；

② 顶点 u 与顶点 v 不相邻接。

将边 $\{u, v\}$ 加入到图 G_i 中，并且令 $G_{i+1} = G_i + \{u, v\}$。

(4) i 增加 1，并且返回到第 (2) 步。

定理 7-12　设有图 $G = (V, E)$，当且仅当该图 G 的闭包 G_C 为汉密尔顿图时，原图 G 是汉密尔顿图。

证明　不难看出，如果图 $G = (V, E)$ 是汉密尔顿图，那么它的闭包 G_C 也是汉密尔顿图。反过来，如果图 G 的闭包 G_C 是汉密尔顿图，并且图 G 与它的闭包 G_C 是同一个图，那么原图 G 亦为汉密尔顿图。如果图 G 的闭包 G_C 是汉密尔顿图，但是图 G 与它的闭包 G_C 不是同一个图，那么必定存在 p 条边 $e_1, e_2, \cdots, e_p$，使得 $G + e_1 + e_2 + \cdots + e_p = G_C$。其中，$e_k \notin G (k = 1, 2, \cdots, p)$。其中，边 e_k 的下标表示是由图 G 构造该图 G 的闭包 G_C 时的边加上去的次序。

不妨令边 $e_p = \{u_p, v_p\}$，则根据算法 7-1 有，在图 $G + e_1 + e_2 + \cdots + e_{p-1}$ 中，$\deg(u_p) + \deg(v_p) \geqslant n$，并且不相邻接，根据图 G 的闭包 G_C 为汉密尔顿图以及定理 7-9 可知，原图 G 是汉密尔顿图。证毕。

根据定理 7-12，我们可以推导出许多判断一个图 G 是否为汉密尔顿图的充分（非必要）条件。我们注意到，当 $n \geqslant 3$ 时，完全图 K_n 均是汉密尔顿图，于是可以得出以下的 3 个推论。

推论 7-2　如果图 G 的闭包 $G_C = K_n$，并且 $n \geqslant 3$，那么图 G 是一个汉密尔顿图。

推论 7-3　设图 $G = (V, E)$，并且顶点集合 V 的基数 $\sharp V \geqslant 3$，如果对于图 G 中的任意的顶点 $v \in V$，均有 $\deg(v) \geqslant n/2$，那么就称该图 G 为汉密尔顿图。

推论 7-4　设图 $G = (V, E)$，并且顶点集合 V 的基数 $\sharp V \geqslant 3$，如果对于图 G 中的任意的两个不相邻的顶点 u 和顶点 v，均有 $\deg(u) + \deg(v) \geqslant n$，那么图 G 就是一个汉密尔顿图。

类似于确定汉密尔顿环的一个问题是流动售货员的问题（或者旅行商问题，又被称为 TSP 问题）。设有一个流动的售货员要从其所在的公司（超市）出发到附近的所有城镇去销售商品，然后返回其公司所在地，那么这个售货员应怎样安排他的路线，使得其旅行的总行程最短？

为了解决这个问题，首先需要对这个具有实际应用背景的问题建立相应的数学模型。不难看出，可以将这个问题转换为图论中的问题如下：我们可以使用图 G 中的顶点表示公司所在地及其该售货员销售商品的各个城镇，用图 G 中的边表示公司与城镇、城镇与城镇之间的公路，并且标识出相应公路的长度（假定任意两个城镇之间都有公路相互连接）。这样一来，流动售货员问题就简化为在一个完全图上找出一条经过该图 G 中的任何一个顶点一次且仅仅只经过一次并且使得总行程为最短的汉密尔顿环来。同样，对于这个问题到目前为止也并没有完美的解决方法。下面,我们给出一个"最邻近方法",它为解决这个问题给出了一个比较理想的结果。

（1）从任意选择的顶点开始,找出一个与起始顶点最近的顶点,形成一条边的初始路径。

（2）设 x 表示最新加到这条路上的顶点,从不在这条路径上的所有顶点中间选择一个与顶点 x 最接近的顶点,然后将连接顶点 x 与距离顶点 x 最接近的顶点所组成的边添加到这条路径上,然后重复这一步,直到图 G 中的全部顶点都包含在这条路径上为止。

（3）将连接起始顶点与最后加入到这条路径（汉密尔顿路）中的顶点之间的边加入到这条路上,就得到一个汉密尔顿环。

例如,对于图 7-23(a)所示的图 G,从顶点 a 开始,根据最邻近方法一步一步地构造一个汉密尔顿环,其过程如图 7-23(b)至图 7-23(e)所示。按照这样的方法构造的汉密尔顿环的总行程是 40。但是,图 7-23(f)给出了图 7-23(a)所示的图 G 中的最小汉密尔顿环的总行程是 37。这就说明了最邻近方法一般不能得到旅行商问题（TSP 问题）的最优解,只能得到次优解。这个方法所体现的思想是贪心策略（贪心方法）,在"算法分析与设计"课程中,将会重点讨论这种算法,由于这个算法的更为详细的讨论已经超出了本书的范围,我们在此就不再进一步分析与讨论了。

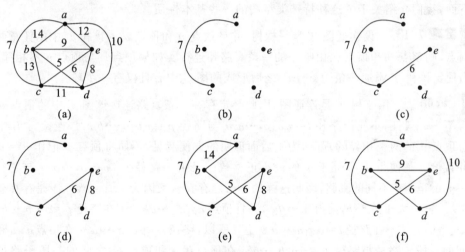

图 7-23 旅行商问题求解过程图解

7.5 树

树是一种用于反映图 G 中的顶点与顶点之间的层次关系的一种图。在"数据结构"课程中,将会详细讨论树这种十分重要的数据结构。在本节和下一小节中,我们将会对树这一概念进行一般意义的介绍,其目的在于对计算机专业的后续课程——"数据结构"打下良好的基础。

在前面的章节中,我们讨论了各种各样类型的图。在这些图中,有一类十分特殊,并且具有非常广泛应用背景,它就是我们通常称之为树的图。下面,我们来定义这种被称为树的图。

定义 7-23 不包含环的连通图称为树,不包含环的非连通图（也即该图的每一个分图都是树的图,并且这个图至少有两个分图）称为森林。

图 7-24 中给出了 7 个图。根据定义 7-23，不难看出，图 G_1、图 G_2、图 G_3、图 G_5 以及图 G_6 均为树，图 G_4 与图 G_7 均是森林。

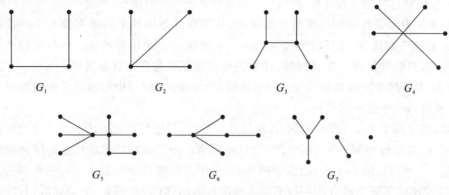

图 7-24 树与森林

每一棵树都至少有一个顶点，特别地，只有一个孤立的顶点而没有边的图（平凡图）也是一棵树。

下面，我们介绍关于树这种特殊类型图的一些基本性质。

定理 7-13 设连通图 T 是一棵树，并且顶点 v_i 和顶点 v_j 为该树 T 中的任意两个相异的顶点，则顶点 v_i 和顶点 v_j 由唯一的一条真路相连接。如果顶点 v_i 与顶点 v_j 不相邻接，那么应当使给该树 T 添加一条边 $\{v_i, v_j\}$ 之后形成的图 G 中有且仅有一个环。

证明 由于树 T 是连通图，因此必定存在一条真路连接该图 T 中的顶点 v_i 与顶点 v_j。不失一般性，不妨设路径 $t = v_i a_1 a_2 \cdots a_r v_j$ 与路径 $p = v_i b_1 b_2 \cdots b_s v_j$ 是连接树 T 中的顶点 v_i 与顶点 v_j 的两条相异的真路，为了后面证明的方便起见，不妨将顶点 v_j 记作 $v_j = a_{r+1} = b_{s+1}$，并且设 k 是使得 a_k 不等于 b_k 的最小正整数。又由于路径 $t = v_i a_1 a_2 \cdots a_r v_j$ 与路径 $p = v_i b_1 b_2 \cdots b_s v_j$ 是两条不同的真路，因此这样的 k 必定存在。又因为 $a_{r+1} = b_{s+1}$，于是存在着两个正整数 h_1 与 h_2 大于等于 k，使得 $a_{h1} = b_{h2}$，并且顶点 $a_k a_{k+1} \cdots a_{h1-1}$ 不在路径 $p = v_i b_1 b_2 \cdots b_s v_j$ 上，顶点 $b_k b_{k+1} \cdots b_{h2-1}$ 不在路径 $t = v_i a_1 a_2 \cdots a_r v_j$ 上。所以，路径 $t = v_i a_1 a_2 \cdots a_r v_j$ 在顶点 a_{k-1} 和顶点 a_{h1} 之间的一段子路径与路径 $p = v_i b_1 b_2 \cdots b_s v_j$ 在顶点 b_{k-1} 和顶点 b_{h2} 之间的一段子路径合在一起构成了一个环，这就与前提 T 是一棵树相矛盾，从而可以得出以下的结论：即树 T 中连接任意两个顶点 v_i 与顶点 v_j 的真路是唯一的。

如果树 T 中的顶点 v_i 与顶点 v_j 不相邻接，那么将边 $\{v_i, v_j\}$ 添加到该树 T 之后，连接该树中的顶点 v_i 与顶点 v_j 的唯一的真路 t 与边 $\{v_i, v_j\}$ 一起构成了在新图 $T + \{v_i, v_j\}$ 中的一个环，又由于树 T 中不存在除了真路 t 以外连接顶点 v_i 与顶点 v_j 的其他真路，因此，边 $\{v_i, v_j\}$ 不能与其他任何一条真路构成一个环。证毕。

定理 7-14 若 (n, m) 图 G 为一棵树，则 $m = n-1$。

证明 对图 G 中的顶点数目 n 进行数学归纳，当 (n, m) 图 G 中的顶点数 $n = 1$ 或者 $n = 2$ 时，定理 7-14 显然成立。

设对于顶点数小于 n 的所有树，该定理 7-14 均成立，而又由于 (n, m) 图 G 是一棵树 T，并且根据树的定义，该树 T 中不包含任何的环。因此，若从该树 T 中移去任何一条边，则都将把该树 T 变为一个具有两个分图的非连通图。这两个分图中的任意一个分图也必定是树，不失一般性，不妨设它们分别为 (n_1, m_1) 图 G_1 和 (n_2, m_2) 图 G_2，根据归纳假设可知，$m_1 =$

$n_1-1, m_2=n_2-1$, 又由于 $n=n_1+n_2, m=m_1+m_2+1$, 于是有, $m=(n_1-1)+(n_2-1)+1=n_1+n_2-1$, 因此有 $m=n-1$。证毕。

如果 (n, m) 图 G 是由 r 棵树构成的一个森林, 那么以上的定理 7-14 很容易推广而得到如下的关系式: $m=n-r$。特别地, 如果 (n, m) 图 G 是一棵树, 那么我们通常将该树中的度为 1 的顶点称为树叶。于是, 我们可以得到下面的定理 7-15。

定理 7-15 具有两个顶点或者多于两个顶点的树至少有两片树叶。

证明 不失一般性, 不妨设树 T 是一棵 (n, m) 树, 其中, 该树 T 中的顶点数 $n \geqslant 2$。不难看出, 树 T 中的全部顶点的度数之和 $S=2 \cdot m$。又根据定理 7-14 可知, $S=2 \cdot m=2 \cdot (n-1)=2 \cdot n-2$。使用反证法。假设树 T 中的树叶的数目小于 2, 则该树 T 中至少有 $n-1$ 个顶点的度数不小于 2, 另一个顶点的度数不小于 1(如若不然, 则该图就至少具有一个孤立顶点, 则 T 就是一个非连通图, 也就是说, T 就不是一棵树了)。这样一来, 该树 T 中的全部顶点的度数之和 $S>2 \cdot n-2$, 这与刚才推出的结论 $S=2 \cdot n-2$ 相矛盾, 因此, 树 T 至少应有两片树叶。证毕。

树有许多特征与性质, 其中有些特征可以直接用来作为树的定义。下面, 我们仅仅只列出树的其中三个特征, 要证明这些定义与定义 7-23 的等价性并不困难, 我们留给读者自己作为练习。

(1) 任意两个顶点之间由唯一的真路相连接的图即是树。

(2) 边数比顶点数少 1 的连通图即是树。

(3) 边数比顶点数少 1 并且没有环的图即是树。

如果连通图 $G=(V, E)$ 的一个生成子图 T 是一棵树, 那么就称该树 T 为图 G 的生成树。不难看出, 任何一个连通图都有生成树。而且一般说来, 它的生成树不是唯一的。

例如, 图 7-25(b) 与图 7-25(c) 均为图 7-25(a) 的生成树。

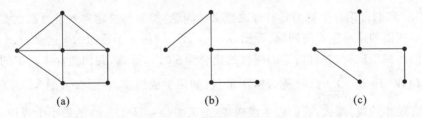

| (a) | (b) | (c) |

图 7-25 图 G 与其生成树

根据生成树的定义可以看出, 一个图 $G=(V, E)$ 与它的生成树的区别在于虽然前者可能包含有环, 但是后者却不包含有任何环。因此, 我们可以通过使用去掉原图 G 中的环并且不破坏原图 G 的连通性的方法由原图 $G=(V, E)$ 来构造它的生成树(或称为破坏构造生成树法)。

构造一个连通图 G 的生成树的算法如算法 7-2 所示。

算法 7-2 给出连通图 $G=(V, E)$, 构造其生成树 T_G, 具体步骤如下。

(1) 令图 G 为 G_1, 将计数器 k 置为 1。

(2) 如果在图 G_k 中没有环, 那么该图 G_k 的生成树就是它自身; 否则, 进入第(3)步。

(3) 在图 G_k 中找出任意一个环 c_k, 并且从该环 c_k 中删除任意一条边 e_k, 称这剩余的图为 G_{k+1}。又由于边 e_k 是图 G_k 中的一个环中的边, 因此剩余的图 G_{k+1} 包含了原图 G_k 中的全部顶点, 并且如果原图 G_k 为连通图, 那么删除一条边 e_k 之后的剩余的图 G_{k+1} 亦是连通图。

(4) 计数器 k 增加 1，并且返回到第（2）步。

在以上的循环过程中，每一次循环都有原图 G 的当前一个环被破坏。由于原图 G 中的环的数目是有限的，因此对于计数器 k 的某个值（特定的值）来说，最后能够得到一个图 G_k，并且使得这个图 G_k 包含了原图 G 中的全部顶点但是却并没有任何一个环。于是，根据定义 7-23 给出的树的定义，此时的图 G_k 即是一棵原图 G 的生成树，记作 T_G。不难看出，根据以上的构造图 G 的生成树的算法 7-2 构造出的生成树 T_G 并不具有唯一的形式，这是因为在算法 7-2 的每一次循环中，环 c_k 与边 e_k 并不一定总是具有唯一的选择性。

如果图 G 是一个具有 n 个顶点、m 条边的连通图，那么根据定理 7-14，它的生成树是一个具有 n 个顶点、$n-1$ 条边的树 T_G。由此可得，在构造出这棵生成树 T_G 之前，必须删除的边的总数目必定为 $m-(n-1)$。为了叙述方便起见，我们通常将该数目称为图 G 的环秩。不难看出，图 G 的环秩是为了破坏该图 G 中的全部环而必须从该图 G 中删去的边的最小数目。这些被删去的图 G 中的每一条边称为相应的生成树 T_G 的弦，而在生成树 T_G 中的边称为该生成树 T_G 的枝。

例如，在图 7-26 中以一个具有 5 个顶点、8 条边的连通图 G 的两个生成树（如图 7-26(b) 所示的生成树 T_{G1} 与图 7-26(c) 所示的生成树 T_{G2}）。对于这两棵相异的生成树来说，它们均有 $5-1=4$ 条边，并且图 G 的环秩为 $m-(n-1)=8-4=4$。

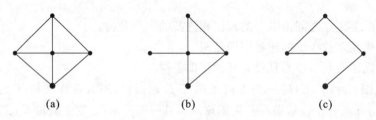

图 7-26 图 G 及其生成树

接下来，我们讨论一个更为具有普遍意义的问题，即如何决定每一条边都以实数值赋权值的无向带权图的最小生成树问题。设图 $G=(V,E,f)$ 是一个连通的无向带权图，如果树 T 是该图 G 的一棵生成树，并且树 T 的树枝的集合为 $E(T)$，那么，我们通常将树 T 的所有树枝的权值之和 $W(T)=\sum_{e\in E(T)}f(e)$ 称为树 T 的权。如果生成树 T_0 在图 $G=(V,E,f)$ 的全部生成树中具有最小的权，那么，我们称生成树 T_0 是该图 $G=(V,E,f)$ 的最小生成树。这个问题也同样具有明显的实际应用背景。例如，设图 G 中的顶点表示一些城市，图 G 中的边表示任意两个相邻城市之间的公路，每一条边上的权值表示两个城市之间公路的里程。在这种情况下，如果用通信线路将这些城市联系起来，并且要求这些通信线路沿着道路架设，那么在架设通信线路时，怎样使得所需要的架设成本最少呢？如果我们稍加分析，就不难看出，要想使得所需要的架设成本最少，就必须要求架设所需要使用的通信线路最短。显然，这个问题实质上即是要求图 G 的最小生成树的问题。又例如，水渠的设置问题、交通线路的规划设计问题、互联网信息流的分配问题等都与这个求解最小生成树的问题有着直接或者间接的关系。

下面，我们介绍一种求图 G 的最小生成树的算法 7-3。

算法 7-3 克鲁斯卡尔(Kruskal)算法。

设图 $G=(V,E,f)$ 是一个具有 n 个顶点的无向带权连通图，构造该图 G 的最小生成树。

(1) 选取图 G 中的一条边 e_1，使得边 e_1 在图 $G=(V,E,f)$ 的全部边中具有最小的权值。并且令 $G_1=(V,S_1)$，$S_1=\{e_1\}$，设置计数器 k 的初始值为 1。

（2）如果已经选好了边集 $S_k = \{e_1, e_2, \cdots, e_k\}$，那么就从 $E - S_k$ 中选择一条边 e_{k+1} 并且使其满足下面的两个条件。

① $S_k \bigcup \{e_{k+1}\}$ 中不含有环。

② 在 $E - S_k$ 的满足条件①的所有的边中，边 e_{k+1} 具有最小的权值。

如果不存在满足上面的条件的边 e_{k+1}，那么，图 $G_k = (V, S_k)$ 即是图 $G = (V, E, f)$ 的最小生成树。否则，令 $S_{k+1} = S_k \bigcup \{e_{k+1}\}$，$G_{k+1} = (V, S_{k+1})$。

（3）将计数器 k 的值加 1，并且返回到第（2）步。

例如，在图 7-27(a) 所给出的无向带权连通图 $G = (V, E, f)$ 中，依次取权值为 3.5 的边、权值为 4 的边、权值为 5 的边、权值为 6 的边、权值为 7.5 的边（不能取权值为 6.5 的边也不能取权值为 7 的边，这是因为，如果取了这两条边的话，会出现环）、权值为 10.5 的边（不能取不能取权值为 8 的边，这是因为，如果取了这条边的话，会出现环）以及权值为 11 的边，构成了如图 7-27(b) 所示的原无向带权连通图 $G = (V, E, f)$ 的最小生成树。

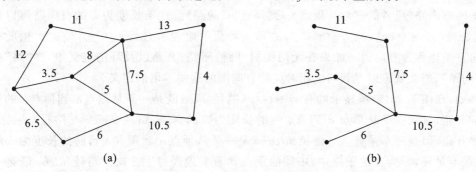

图 7-27　Kruskal 算法最小生成树

定理 7-16　算法 7-13 所给出的图 $G_k = (V, S_k = \{e_1, e_2, \cdots, e_k\})$ 是原无向带权连通图 $G = (V, E, f)$ 的最小生成树。

证明　根据算法的停机条件可知，图 G_k 是无向带权连通图 $G = (V, E, f)$ 的一棵生成树，并且另设生成树 $T_0 = (V, E(T_0))$ 是无向带权连通图 G 的一棵最小生成树，下面将要证明生成树 G_k 与生成树 T_0 是具有相等的权的生成树。

由于图 $G = (V, E, f)$ 是具有 n 个顶点的无向带权连通图，所以，图 $G = (V, E, f)$ 的生成树 G_k 与生成树 T_0 均有 $n-1$ 条边。如果 $S_k = E(T_0)$，那么，图 $G = (V, E, f)$ 的生成树 G_k 显然应是图 G 的最小生成树；如果 S_k 不等于 $E(T_0)$，那么必定存在一条边 $e_k \in S_k$，使得边 e_k 不属于 $E(T_0)$。但是由于边 $e_1, e_2, \cdots, e_{k-1}$ 都在 $E(T_0)$ 中，如果将边 e_k 添加到 T_0 中之后，根据定理 7-13，必定会产生一个唯一的环 C。又由于图 G_k 是一棵树，因此，环 C 中至少存在着一条边 $e*$ 不在 S_k 中，在树 T_0 中添加一条边 e_k，与此同时，删去另一条边 $e*$，并且令得到的新树为 $T*$，则有：

$$W(T*) = W(T_0) + f(e_k) - f(e*)$$

又由于树 T_0 是图 $G = (V, E, f)$ 的最小生成树，因此有 $W(T*) \geqslant W(T_0)$，因而有 $f(e_k) - f(e*) \geqslant 0$，也就是说，$f(e_k) \geqslant f(e*)$。又由于边 $e_1, e_2, \cdots, e_{k-1}$ 都在 $E(T_0)$ 中，并且它们与边 $e*$ 不构成环，因此，如果 $f(e_k) > f(e*)$，那么就将与边 e_k 的选择方式相矛盾，于是应有 $f(e_k) = f(e*)$，由此可知，新树 $T*$ 也是无向带权连通图 $G = (V, E, f)$ 的一棵最小生成树。反复使用上面的这种转换方式，直到可以将树 T_0 转换成为图 G_k 并且图的权没有任何增加，这样一来，图 G_k 即是无向带权连通图 $G = (V, E, f)$ 的一棵最小生成树。证毕。

值得一提的是,对于任何一个无向带权连通图 $G=(V,E,f)$ 来说,虽然它的最小生成树的权是唯一的,但是图 $G=(V,E,f)$ 最小生成树的形状可以不完全相同。

7.6 有向树

在前面的几个小节中,我们重点讨论了关于无向图(或者无向树)的一些基本概念以及基本性质,无向图中的这些概念与性质只需要略加修改就可以推广到有向图中去。关于这些内容,我们将在 7.9 节再作较为详细的讨论。在本小节中,我们将首先介绍有向树的基本概念。之所以要讨论本节的内容,其主要目的是帮助读者在学习"离散数学"的后续课程——"数据结构"中的树这种结构打下坚实的基础。

首先,类似于无向图中定义的路的概念,我们可以定义有向图中的路。在有向图 G 中的 k 条边的序列 $(v_{i0},v_{i1}),(v_{i1},v_{i2}),(v_{i2},v_{i3}),\cdots,(v_{i(k-1)},v_{ik})$ 称为连接顶点 v_{i0} 到顶点 v_{ik} 的长度为 k 的有向路(或者简称为从顶点 v_{i0} 到顶点 v_{ik} 的路)。这条长度为 k 的有向路可以表示为 $(v_{i0},v_{i1})(v_{i1},v_{i2})(v_{i2},v_{i3})\cdots(v_{i(k-1)},v_{ik})$,或者简单地表示为 $v_{i0}v_{i1}\cdots v_{i(k-1)}v_{ik}$。构成有向路的每一条边称为有向边。如果在无向图的开路、回路、真路以及环的定义中,将"路"更名为"有向路",那么就可以得到与之相对应的有向图的这些术语的定义。

例如,在图 7-28(a)所显示的有向图 G 中,路径 $adcb$ 既是一条从顶点 a 到顶点 b 的长度为 3 的开路,又是一条从顶点 a 到顶点 b 的长度为 3 的真路,路径 $dbadc$ 与路径 $adcadb$ 虽然均是开路,但是都不是真路。路径 $adcdba$ 是一条从顶点 a 到顶点 a 自身的长度为 5 的回路,但是不是环,因为在这条路中,中间的顶点 d 重复地经过了 2 次。路径 $adcba$ 既是一条从顶点 a 到顶点 a 自身的长度为 4 的回路,又是一条从顶点 a 到顶点 a 自身的长度为 4 的环。

在有向图中,顶点 v_i 与顶点 v_j 分别称为有向边 (v_i,v_j) 的起始点与终止点。对于有向图中的任意一个顶点 v 来说,以该顶点 v 作为起始点的有向边的条数称为顶点 v 的出度;以该顶点 v 作为终止点的有向边的条数称为顶点 v 的入度。顶点 v 的入度与出度之和称为该顶点 v 的度数,通常用 $\deg(v)$ 表示。例如,在图 7-28(a)所显示的有向图 G 中,顶点 c 的出度为 3,入度为 1,因此,该顶点 c 的度数为 $3+1=4$;顶点 a 的出度为 1,入度为 2,因此,该顶点 a 的度数为 $1+2=3$。

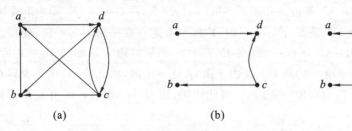

(a)　　　　　　　　(b)　　　　　　　　(c)

图 7-28　有向图

定义 7-24　对于一个不包含有环的有向图 G 来说,如果它有且仅有一个顶点 v_0 的入度为 0,并且所有其余顶点的入度均为 1,那么就称该有向图 G 为有向树,入度为 0 的顶点 v_0 称为该有向树的树根。

每一棵有向树至少有一个顶点。特别地,一个孤立的顶点也是一棵有向树。在有向树中出度为 0 的顶点称为终点或者树叶,在有向树 T 中,不是树叶的其余所有顶点都称为分枝顶点。不难证明,在有向树中,对于任意一个顶点 $v_i \in V$,必定存在并且只存在唯一的一条从树根 v_0 到该顶点 v_i 的真路,从树根 v_0 到顶点 v_i 的距离称为该顶点 v_i 的级数。不难看出,有向树的树根 v_0 的级数为 0。

当使用图解法表示一棵有向树时,由于有向树的树根 v_0 的入度为 0,因此,没有有向边进入树根 v_0,并且与树根 v_0 相关联的有向边都是从树根 v_0 发出的。这些从树根 v_0 发出的有向边分别进入到级数为 1 的顶点,又由于级数为 1 的顶点的入度为 1,因此它们不可能再从其他的顶点进入新的有向边。由此可知,如果还有有向边与级数为 1 的顶点相关联,必定是从这些级数为 1 的顶点发出的。级数为 1 的顶点发出的有向边分别进入到级数为 2 的顶点中去。如此下去,可以形成的有向树必定为如图 7-29(a)所示的样子。

为了表示方便起见,通常将有向树的树根画在有向树的上部,树叶画在有向树的下部。这是文献中普遍使用的方法,而不用树的自然生长表示法(树根在下部,树叶在上部)。又由于所有的有向边的箭头都是朝下的,因此常常省略有向边的箭头。例如,如图 7-29(a)所示的有向树可以简化地表示为如图 7-29(b)所示的方式。

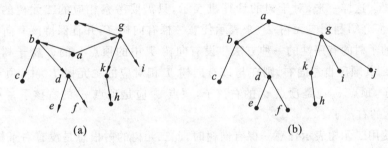

图 7-29 有向树 G 的表示法

在一棵有向树中,如果从顶点 v_i 到顶点 v_j 之间存在一条有向边,这条有向边箭头指向顶点 v_j,并且箭尾指向顶点 v_i,那么,我们通常称顶点 v_j 为顶点 v_i 的孩子,或者称顶点 v_i 为顶点 v_j 的父亲。如果顶点 v_j 与顶点 v_k 都是同一个顶点的孩子,那么就称顶点 v_j 与顶点 v_k 是兄弟。如果从顶点 v_i 到顶点 v_j 之间存在一条有向路,那么就称顶点 v_j 为顶点 v_i 的子孙,或者称顶点 v_i 为顶点 v_j 的祖先。这就表明,通常的家族成员之间的关系可以用一棵有向树来表示,如家谱就可以用一棵有向树来表示。

在有向树 T 中,由顶点 v 与它的所有的子孙所组成的顶点子集 V^* 以及从顶点 v 出发的全部有向路中的有向边所构成的有向边集 E^* 组成有向树 T 的子图 $T^* = (V^*, E^*)$,称为以顶点 v 为树根的子树。并且顶点 v 的子树是以顶点 v 的孩子作为树根形成的子树。例如,图 7-29(b)中的树根 a 有两棵子树,它们的顶点集合分别是 $\{b, c, d, e, f\}$ 以及 $\{g, i, j, k, h\}$。这两棵子树的树根分别是顶点 b 和顶点 g,并且顶点 g 有三棵子树,它们的树根分别是顶点 i,顶点 j,以及顶点 k;顶点 b 有两棵子树,它们的树根分别是顶点 c 与顶点 d。一棵树中的顶点的最大级数称为该树的高度。例如,图 7-29(b)所示的有向树是一棵高度为 3 的有向树。

定义 7-25 在一棵有向树中,如果每一个顶点的出度都小于或者等于 k,那么就称这棵树为 k 元树。如果每一个顶点的出度都等于 k 或者 0,那么就称这棵树为完全 k 元树。

特别地,当 k 等于 2 时,就能够得到二元树和完全二元树,如图 7-30 所示。二元树的任何一个顶点 v 至多有两棵子树,分别称为顶点 v 的左子树和顶点 v 的右子树。如果顶点 v 仅仅只有一棵子树,那么我们可以将这棵子树称为顶点 v 的左子树或者顶点 v 的右子树。在图解中,顶点 v 的左子树画在顶点 v 的左下方,顶点 v 的右子树画在顶点 v 的右下方。

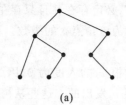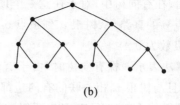

(a)   (b)

图 7-30　二元树与完全二元树

不难看出，一棵二元树的第 i 级的顶点的最大数目是 2^i，高度为 h 的二元树的顶点的最大数目为 $2^{h+1}-1$。

在一棵完全二元树中，如果所有的树叶顶点都是同一级的顶点，那么就称这棵完全二元树为满二元树。不难看出，对于相同的高度 h，只有满二元树的顶点数目才可能达到最大值。

在计算机科学中，具有广泛用途的有向树即是以上所述的二元树，可以使用二元树唯一地表示一棵树。这样一来，对于树的计算机表示，只需要考察相应的二元树的表示就可以了。下面，我们介绍利用二元树 T^* 来表示任意一棵有向树 T，并且保持该有向树 T 中的任何一个顶点的子树的有序性的一种方法。设有向树 T 中的顶点 v_i 的 p 棵子树分别有树根 $v_{i1}, v_{i2}, \cdots, v_{ip}$，其顺序自左向右，则在与该有向树 T 相对应的二元树 T^* 中，顶点 v_{i1} 应是顶点 v_i 的左孩子，顶点 v_{i2} 应是顶点 v_{i1} 的右孩子，顶点 v_{i3} 应是顶点 v_{i2} 的右孩子，$\cdots$，顶点 v_{ip} 应是顶点 $v_{i(p-1)}$ 的右孩子。

注意到使用二元树表示任意一棵有向树时，此二元树的树根总是没有右子树，于是将这种表示方法稍加推广就可以将任意一个森林也表示成一棵二元树。具体表示方法如下。

首先，运用以上的方法将第一棵有向树转换成为二元树 T^*，然后，将第二棵有向树的树根作为第一棵有向树的树根的右孩子，添加到已经转换好了的二元树 T^* 中，接着将第三棵有向树的树根作为第二棵有向树的树根的右孩子，添加到已经转换好了的二元树 T^* 中去，重复上述的方法分别将第二棵有向树、第三棵有向树等分别转换成为相应的二元树，最后得到二元树 T^{**}。

在计算机的应用中，通常遇到的一个问题就是，如何有顺序地通过一棵二元树，使得该二元树的任何一个顶点都被访问过并且恰好被访问过一次。这个问题在"数据结构"这门课程中通常被称为二元树（或者称为二叉树）的遍历问题。下面，我们给出解决这一问题的几种最为常见的算法（所有的算法均使用递归的方式描述）。

1. 先根遍历

（1）访问树根。

（2）在树根的左子树上执行先根通过。

（3）在树根的右子树上执行先根通过。

2. 中根遍历

（1）在树根的左子树上执行中根通过。

（2）访问树根。

（3）在树根的右子树上执行中根通过。

3. 后根遍历

（1）在树根的左子树上执行后根通过。

（2）在树根的右子树上执行后根通过。

（3）访问树根。

例如,使用以上这三种对二元树遍历的方法通过图7-31所示

的二元树的顶点的顺序分别如下。

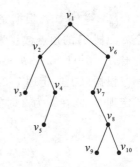

先根遍历顶点序列:$v_1 v_2 v_3 v_4 v_5 v_6 v_7 v_8 v_9 v_{10}$。

中根遍历顶点序列:$v_3 v_2 v_5 v_4 v_1 v_7 v_9 v_8 v_{10} v_6$。

后根遍历顶点序列:$v_3 v_5 v_4 v_2 v_9 v_{10} v_8 v_7 v_6 v_1$。

在计算机科学研究中,经常涉及有向树中的一些数量关系。

在有向树中,通常将表示树叶的顶点称为外部顶点,将分枝顶

点称为内部顶点,由有向树的树根到该有向树的所有外部顶点的

图 7-31 二元树的遍历

距离之和称为外部路径长度;由有向树的树根到该有向树的所有

内部顶点的距离之和称为内部路径长度;由有向树的树根到该有向树的所有顶点距离之和

称为有向树的路径长度。它们之间的关系通过以下的定理7-17给出。

定理 7-17 设有向树 T 是一棵完全二元树(此二元树 T 为非孤立顶点),有 m 个内

部顶点,若内部路径长度为 I,外部路径长度为 E,则 $E=I+2 \cdot m$。

证明 不妨设二元树的树根到 m 个内部顶点的距离分别为 $d_1, d_2, \cdots, d_m$,则内

部路径长度 $I=d_1+d_2+\cdots+d_m$。根据完全二元树的定义,每一个内部顶点都有左孩子和

右孩子这两个孩子。并且在有向树 T 中,除了树根以外,任何一个顶点都必定为某个内部顶

点的孩子。由此可知,有向树 T 的路径长度为:

$$W=2(d_1+1)+2(d_2+1)+\cdots+2(d_m+1)$$

因此,外部路径长度为:

$$E=W-I=2(d_1+1)+2(d_2+1)+\cdots+2(d_m+1)-(d_1+d_2+\cdots+d_m)$$
$$=(d_1+d_2+\cdots+d_m)+2m=I+2m$$

证毕。

在有向树 T 中,有向边的数目(m)与顶点的数目(n)之间的关系 $n=m+1$ 仍然是成立

的。这是因为,在有向树 T 中,除了树根的入度为 0 以外,其余顶点的入度均为 1,因此,顶

点的数目 n 恰好比有向边的数目 m 多1。

定理 7-18 设有向树 T 是一棵二元树,该树 T 有 n_0 个树叶,并且有 n_2 个出度为 2

的顶点,则 $n_2=n_0-1$。

证明 不妨设有向树 T 的顶点数目为 n,出度为 1 的顶点数目为 n_1,则有:

$$n=n_0+n_1+n_2$$

又由于有向边的数目 $m=n-1=n_0+n_1+n_2-1$,并且有向边的数目 $m=2n_2+n_1$,

于是,$n_0+n_1+n_2-1=2n_2+n_1$,因此,$n_2=n_0-1$。证毕。

定理 7-19 设有向树 T 是一棵完全二元树,该树的顶点数目为 n,树叶的数目为

n_0,则 $n=2n_0-1$。

证明 不妨设有向树 T 的出度为 2 的顶点数目为 n_2,于是有,$n=n_0+n_2$,又根据

定理 7-18 可知,$n_2=n_0-1$,因此有,$n=n_0+n_2=n_0+(n_0-1)=2n_0-1$。证毕。

根据定理 7-19,不难看出,完全二元树 T 具有奇数个顶点。

定理 7-20 设有向树 T 是一棵完全 k 元树,该树的树叶数目为 n_0,分枝顶点的数

目为 b,则 $(k-1) \cdot b = n_0 - 1$。

证明 　　根据完全 k 元树的定义,完全 k 元树 T 的有向边的数目为 $k \cdot b$,并且完全 k 元树 T 的顶点数目为 $n_0 + b$,又由于完全 k 元树 T 的顶点数目比有向边的数目多 1,因此有,$k \cdot b + 1 = n_0 + b$,整理得,$(k-1) \cdot b = n_0 - 1$。

根据以上的定理 7-20,不难看出,定理 7-20 是定理 7-18 的推广形式,定理 7-18 可以看成定理 7-20 在 k 为 2 时的特例。

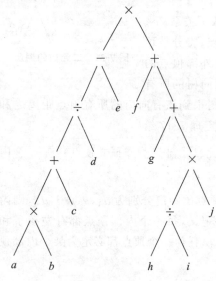

图 7-32　算术表达式的二元树表示

下面,我们介绍关于二元树的一些比较典型的应用。首先,我们讨论一下怎样将一个算术表达式存储在计算机中。可以使用二元树将任何一个算术表达式存储到计算机中去。例如,我们可以将算术表达式 $((a \times b + c) / d - e) \times (f + g + h / i \times j)$ 按照图 7-32 所示的方式用二元树存储到计算机中,当然,这棵二元树不能直接存放到计算机中去,必须使用特定的方式(特定的数据存储结构)才能够存储到计算机中去。至于使用怎样的特定方式才可以将算术表达式存储到计算机中去这个问题已经超出了本书的范围。如果读者需要进一步了解,可以进一步地学习"离散数学"的后续课程——"数据结构"。根据图 7-32,不难看出,算术表达式中的所有操作数都出现在了这棵二元树的树叶位置上,运算符(或者称为操作符)均出现在分枝顶点的位置上。这样一来,当用一棵二元树来表示一个算术表达式时,就可以不再需要算术表达式中的一对括号(左括号和右括号)了。

二元树除了能够为算术表达式确定在计算机内的存储形式以外,还可以解决一些在通信过程中的数值处理问题。例如,在远距离通信中,人们通常会使用数字 0 和数字 1 组成的序列来表示英文字母。又由于在英文字母表中的 26 个英文字母(大写英文字母或者小写英文字母)必须使用不同的序列进行表示,因此,需要使用长度至少为 5 的序列来表示英文字母表中的任意一个字母(因为 $2^4 < 26 < 2^5$)。但是,在实际的通信领域中,英文字母表中的英文字母出现的频率并不是均衡的,人们经过长期的观察和研究,发现英文字母 e 和英文字母 t 出现的频率是最高的,但是,英文字母 q、英文字母 x 以及英文字母 z 出现的频率较低或者说这三个英文字母用得十分稀少。于是,人们希望使用较为简短的数字 0 和数字 1 组成的序列来表示使用得较为频繁的英文字母,而使用比较长的数字 0 和数字 1 组成的序列来表示使用得较为稀少的英文字母,以便于缩短传输信息的序列(由数字 0 和数字 1 组成的序列)的总长度。但是,这会产生一个问题,也就是说,当发送信息的这一方(以下简称发送者)使用不同长度的由数字 0 和数字 1 组成的序列来表示不同的英文字母来发送信息时,接收信息的另一方(以下简称接收者)如何能将一长串的由数字 0 和数字 1 组成的序列准确无误地分割成与每一个英文字母相对应的序列呢? 例如,如果我们用 00 表示字母 e,用 01 表示字母 t,而用 0001 表示字母 q,那么,当接收者收到发送者发出的信息 0001 时,接收者就无法判定传送的内容是 et 还是 q。针对这个通信过程中可能出现的问题,我们完全可以运用完全二元树加以解决。在介绍具体解决方法之前,需要首先引入以下的关于"前缀码"的定义。

定义 7-26 在一个由数字 0 和数字 1 组成的序列的集合中，如果没有一个序列是另一个序列的前缀，那么就称该序列的集合为前缀编码，或者将其简称为前缀码。

例如，集合 {0000,0001,011,100,11} 是前缀码，但是集合 {1,00,01,000,0001} 就不是前缀码，这是因为由数字 0 和数字 1 组成的序列 000 是序列 0001 的前缀，序列 00 是序列 000 和序列 0001 的前缀。

如果使用前缀码中的由数字 0 和数字 1 组成的序列来表示英文字母表中的字母，那么就可以将接收到的信息串（由数字 0 和数字 1 组成的数字串）准确无误地分割成原始信息中的英文字母序列。

设有向树 T 是一棵完全二元树，从该二元树的任何一个分枝顶点引出两条边，将左侧的边标记为 0，将右侧的边标记为 1，将从完全二元树的树根到该二元树的任何一个顶点的有向路上所经过的每一条边按照以上的方式作标记。如果根据这些顶点在某条有向路上出现的先后顺序组成的序列作为树叶的标记，那么，在任意一棵二元树中，树叶的标记所组成的集合就必定是一个前缀码。这是因为，从树根到树叶的有向路径上所经过的任何一个顶点的标记组成了当前这个树叶的标记的全部前缀，并且这条有向路径上所经过的顶点都是分枝顶点。因此，任何一个树叶的标记（编码）一定不会是其余树叶的标记的前缀。

例如，在图 7-33 中，所有树叶的标记集合 {000,001, 01,10,11} 即为一个前缀码。

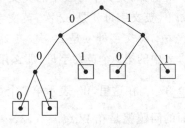

图 7-33 前缀码

反过来，对于任意一个给定的前缀码，必定存在一棵二元树，使得这棵二元树的全部树叶的标记组成这个前缀码。对于给定的前缀码，这棵二元树的构造方法如下。设 h 是这个前缀码中最长序列的长度，构造一棵高度为 h 的满二元树，根据前面所论述的方法，对二元树的有向边和顶点进行标记。不难看出，对于前缀码中的任何一个序列在二元树中都恰好有一个顶点与其对应。不失一般性，不妨设这些顶点分别为 $v_{i1}, v_{i2}, \cdots, v_{ip}$，将二元树中的这些顶点的子孙及其与这些子孙相关联的边删去，删去标记不与前缀码中序列相对应的树叶及其与之相关联的有向边，使剩下的二元树只能以顶点 $v_{i1}, v_{i2}, \cdots, v_{ip}$ 为树叶，由此可知，该二元树中的全部树叶便对应于给定的前缀码。

例如，设有前缀码 {000,001,01,10,11}，为了使用一棵二元树来表示这一前缀码，则应构造一棵高度为 3 的满二元树 T，找出标记分别为 000,001,01,10,11 的顶点，并且删去其他树叶以及与其相关联的有向边，使得剩下的二元树 T^* 中只有上述五个树叶。于是，二元树 T^* 即是一棵与前缀码 {000,001,01,10,11} 相对应的二元树，如图 7-34 所示。

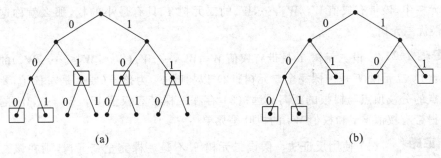

(a)   (b)

图 7-34 前缀码与二元树的对应关系

正是因为前缀码与二元树之间具有一一对应的关系,所以,接收者可以利用二元树对接收到的由数字 0 和数字 1 组成的数字串信息进行译码。

设在某项通信中,所使用的全部字符是 26 个英文字母,当利用数字 0 和数字 1 组成的序列表示这些英文字母时,这些序列的集合形成了一个前缀码。构造出与该前缀码相对应的二元树,于是,当接收者接收到信息时,从这棵二元树的树根开始,根据信息中的数字是 0 或者 1 选择沿着左侧的有向边或者沿着右侧的有向边往下走。每当走到一个分枝顶点时,根据信息中的下一个数字重复上面的过程,在一直走到一片树叶时,前缀码中的一个由数字 0 和数字 1 组成的序列就被检测出来了,然后回到树根,重复以上的过程继续检测下一个由数字 0 和数字 1 组成的序列。

例如,设有二进制序列 $\beta=0001001000111000100011$,则根据图 7-34 中的二元树 T^* 可以将其译为 000 10 01 000 11 10 001 000 11。

使用较短的二进制序列表示使用频率比较高的英文字母,而使用较长的二进制序列表示使用频率比较低的英文字母,这样一来,就可以缩短由数字 0 和数字 1 组成的序列(信息经过二进制编码以后的序列)的总长度。那么,根据每一个英文字母的使用频率,怎样选择相应的二进制序列的长度才能够使所传送的信息的总长度达到最短呢?

例如,英文字母表中的英文字母在每 1000 个英文字母的英文文章中,出现的平均次数如下:英文字母 a 是 82 次,英文字母 b 是 14 次,英文字母 c 是 28 次,…,英文字母 e 是 131 次,…,英文字母 y 是 20 次,英文字母 z 是 1 次。如果用长度为 l_i 的二进制序列表示英文字母表中的第 i 个英文字母,那么用来表示具有 1000 个字母的英文信息序列的平均长度将是 $\sum\limits_{i=1}^{26}W_il_i$。在这里,$W_i$ 表示第 i 个英文字母在每 1000 个英文字母中出现的平均次数,那么,上面的问题就是在 $W_i(i=1,2,\cdots,26)$ 给定的前提下,怎样选取 $l_i(i=1,2,\cdots,26)$ 以使得 $\sum\limits_{i=1}^{26}W_il_i$ 的值最小。

下面将这个问题进行一般化描述,并且利用二元树来对其进行讨论。

给定一组权值 $W_1,W_2,\cdots,W_p$,不失一般性,不妨假设 $W_1\leqslant W_2\leqslant\cdots\leqslant W_p$,如果一棵二元树 T 的 p 片树叶分别带有权值 $W_1,W_2,\cdots,W_p$,那么就称这棵二元树 T 为带有权值 $W_1,W_2,\cdots,W_p$ 的二元树,并且定义这棵二元树 T 的权 $W(T)$ 为

$$W(T)=\sum_{i=1}^{p}W_il(v_{w_i})$$

其中,$l(v_{w_i})$ 是从二元树 T 的树根到带有权值为 W_i 的树叶 v_{w_i} 的有向路的长度。

对于一棵带有权值 $W_1,W_2,\cdots,W_p$ 的二元树 T 来说,如果在所有带有权值 $W_1,W_2,\cdots,W_p$ 的二元树中,该带有权值 $W_1,W_2,\cdots,W_p$ 的二元树 T 具有最小的权,那么就称这棵二元树 T 为最优二元树。

定理 7-21 设二元树 T 是带有权值 $W_1,W_2,\cdots,W_p(W_1\leqslant W_2\leqslant\cdots\leqslant W_p)$ 的最优二元树,则:(1) 二元树 T 是一棵完全二元树;(2) 以树叶 v_{w_1} 为孩子(要么是左孩子,要么是右孩子)顶点的分枝顶点与树根的距离最远;(3) 存在一棵带有权值 $W_1,W_2,\cdots,W_p$ 的最优二元树,使得带有权值 W_1 和权值 W_2 的树叶是兄弟。

证明 (1) 使用反证法。假设二元树 T 不是一棵完全二元树,则在该二元树 T 中至少存在一个顶点 v,这个顶点 v 有且仅有一个孩子(要么是左孩子,要么是右孩子)顶点,不妨设其为 v_k。如果顶点 v_k 是带有权值 $W_k(k=1,2\cdots,p)$ 的树叶,那么就可以在二元树 T

中删去该顶点 v_k，从而使得顶点 v 成为带有权值 W_k 的树叶，从而可以得到一棵具有更小的权的二元树，这显然与二元树 T 是带有权值 $W_1,W_2,\cdots,W_p(W_1\leqslant W_2\leqslant\cdots\leqslant W_p)$ 的最优二元树这一前提相矛盾。如果顶点 v_k 为分枝顶点，那么，在顶点 v_k 的子孙中，必定有一个是树叶，不妨设其为顶点 $v_j(j=1,2,\cdots,p)$，其所带有的权值为 W_j，则可以在二元树 T 中将顶点 v_j 删去，并且添加顶点 v_j 成为顶点 v 的另一个孩子顶点，并且进而可以得到一棵具有更小的权的二元树，这显然亦与二元树 T 是带有权值 $W_1,W_2,\cdots,W_p(W_1\leqslant W_2\leqslant\cdots\leqslant W_p)$ 的最优二元树这一前提相矛盾。综合以上的分析可知，二元树 T 必定是一棵完全二元树。

（2）不妨设顶点 v 为二元树 T 中与树根距离最远的分枝顶点，并且其孩子顶点的权值分别为 W_x 与 W_y。如果 $W_x=W_1$ 或者 $W_y=W_1$，那么原结论显然成立。如果 $l(v_{w_x})=l(v_{w_1})$，那么原结论显然亦成立。如果 $W_x>W_1$，并且 $W_y>W_1$，而且 $l(v_{w_x})>l(v_{w_1})$，在二元树 T 中将权值 W_x 与权值 W_1 进行交换以后，假设得到的二元树为 T^*，那么有：

$$W(T^*)-W(T)=(W_1\cdot l(v_{w_x}))+(W_x\cdot l(v_{w_1}))-(W_1\cdot l(v_{w_1}))+(W_x\cdot l(v_{w_x}))$$
$$=W_1\cdot(l(v_{w_x})-l(v_{w_1}))+W_x\cdot(l(v_{w_1})-l(v_{w_x}))$$
$$=(W_x-W_1)\cdot(l(v_{w_1})-l(v_{w_x}))<0$$

也就是说，$W(T)>W(T^*)$，这却与二元树 T 是最优二元树相矛盾，于是应有：

$$l(v_{w_x})=l(v_{w_1})$$

（3）如果二元树 T 中具有权值 W_1 的顶点 v_{w_1} 的兄弟顶点 v_{w_y} 所具有的权值 $W_y=W_2$，那么原结论显然成立。否则，如果 W_y 不等于 W_2，那么必定有 $W_y>W_2$，并且，如果 $l(v_{w_y})>l(v_{w_2})$，若将权值 W_y 与权值 W_2 交换，则必定将得到一棵权更小的二元树，而这与二元树 T 是最优二元树相矛盾。于是有，$l(v_{w_y})=l(v_{w_2})$，如果将权值 W_y 与权值 W_2 交换，并且假设所得到的二元树为 T^*，那么必定有二元树 T 的权与二元树 T^* 的权相等，即 $W(T)=W(T^*)$，也就是说，二元树 T^* 也是一棵最优二元树，并且使得顶点 v_{w_1} 与顶点 v_{w_2} 互为兄弟。证毕。

定理 7-22　设二元树 T 是带有权值 $W_1,W_2,\cdots,W_p(W_1\leqslant W_2\leqslant\cdots\leqslant W_p)$ 的最优二元树，并且具有权值 W_x 与权值 W_y 的两片树叶 v_{w_x} 与树叶 v_{w_y} 互为兄弟。在该二元树 T 中如果用一片树叶代替由树叶 v_{w_x} 与树叶 v_{w_y} 以及它们的父亲顶点所组成的子图，并且对这片树叶赋予权值 W_x+W_y 之后，假设得到的二元树为 T^*，那么，二元树 T^* 即是带有权值 $W_{i1},W_{i2},\cdots,W_x+W_y,\cdots,W_{i(p-2)}$ 的最优二元树。其中，$W_{ij}\in\{W_1,W_2,\cdots,W_p\}-\{W_x,W_y\}$，$j=1,2,\cdots,p-2$。

证明　根据前提假设，有 $W(T)=W(T^*)+W_x+W_y$。

使用反证法。不妨假设二元树 T^* 不是最优二元树，则必定存在着另一棵带有权值 $W_{i1},W_{i2},\cdots,W_x+W_y,\cdots,W_{i(p-2)}$ 的最优二元树 T^{**}。如果将此最优二元树 T^{**} 中具有权值 W_x+W_y 的顶点 $v_{w_x+w_y}$ 改为分枝顶点，并且给其两个孩子顶点分别赋予权值 W_x 与权值 W_y，并且假设得到的二元树为 T^{***}，那么，$W(T^{***})=W(T^{**})+W_x+W_y$。又由于二元树 T^* 不是最优二元树，因此，$W(T^*)>W(T^{**})$，又因为 $W(T)=W(T^*)+W_x+W_y$，于是有，$W(T)>W(T^{***})$。这与前提二元树 T 是最优二元树相矛盾。所以，二元树 T^* 即是带有权值 $W_{i1},W_{i2},\cdots,W_x+W_y,\cdots,W_{i(p-2)}$ 的最优二元树。证毕。

根据定理 7-22 可知，画一棵带有 p 个权值的最优二元树可以简化为画一棵带有 $p-1$ 个权值的最优二元树，而这个问题又可以简化为画一棵带有 $p-2$ 个权值的最优二元树，$\cdots$，依此类推，最后简化为画一棵带有 2 个权值的最优二元树。下面，我们通过一个例子进行说明。

例 7-4 试构造一棵带有权值为 $2,3,5,7,9$ 和 13 的最优二元树。

解 设所需要构造的最优二元树为 T,则此二元树 T 的树叶所具有的权值如下。

$$W_1 = 2, W_2 = 3, W_3 = 5, W_4 = 7, W_5 = 9, W_6 = 13$$

根据定理 7-21 可知,可以使得顶点 v_2 与顶点 v_3 这两个顶点互为兄弟,删去顶点 v_2 与顶点 v_3 这两个顶点,并且将其父亲顶点改为具有权值 $2+3=5$ 的树叶,这样,就得到了带有权值分别为 $5,5,7,9,13$ 的最优二元树 T_1,然后对当前的最优二元树 T_1 重复进行刚才的操作,这样,就得到了带有权值分别为 $7,9,10,13$ 的最优二元树 T_2,…,依此类推,最后得到了带有权值 16 与权值 23 的最优二元树 T_4。最优二元树的构造全过程如图 7-35 所示。

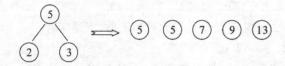

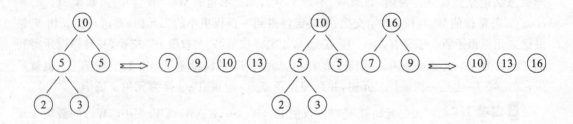

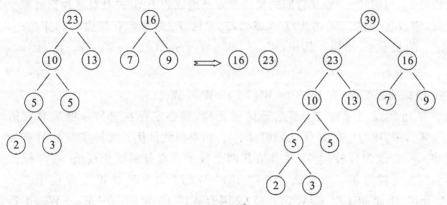

图 7-35 构造一棵最优二元树的全过程

在图 7-35 中,最后一步所得到的二元树即是带有权值 $2,3,5,7,9$ 和 13 的一棵最优二元树。

将 26 个英文字母出现的平均次数 $W_1,W_2,\cdots,W_{26}$ 作为权值,构造出一棵带有权值为 $W_1,W_2,\cdots,W_{26}$ 的最优二元树,就可以解决 26 个英文字母的最优编码问题了。具体的解决过程与例 7-4 类似，在这里就不再进行赘述了。

📐 7.7 二部图

在本节中，我们将讨论另一种具有广泛实际应用的特殊类型的图——二部图。首先，我们给出二部图的定义。

定义 7-27 如果一个图 $G=(V,E)$ 的顶点集合 V 能够分成两个互不相交的子集 V_1 与 V_2，使得 $V_1 \bigcup V_2=V,V_1 \bigcap V_2$ 为空集，并且使得图 G 的任何一条边 $\{v_i,v_j\}$ 的两个端点 $v_i \in V_1,v_j \in V_2$，那么就称图 G 是一个二部图，并且图 G 的顶点集合 V 的两个子集 V_1 与 V_2 称为图 G 的互补顶点子集。

如果顶点集合 V_1 中的任何一个顶点与顶点集合 V_2 中的任何一个顶点都相邻接（有边相连接），那么就称该图 G 为一个完全二部图。如果 V_1 的基数 $\sharp V_1=m$，V_2 的基数 $\sharp V_2=n$，那么，通常为了方便起见，将该完全二部图 G 记作 $K_{m,n}$。

例如，图 7-36 中给出了一个具有 7 个顶点的二部图，它的互补顶点子集为 $V_1=\{v_1,v_2,v_3,v_4\}$ 与 $V_2=\{v_5,v_6,v_7\}$。

定理 7-23 无向图 $G=(V,E)$ 为二部图的充分必要条件是它的所有回路的长度均为偶数。

证明 （1）必要性证明。不妨设图 $G=(V,E)$ 是一个二部图，则图 G 的顶点集合 V 能够分为两个互不相交的顶点子集 V_1 与 V_2，并且如果 $\{v_i,v_j\}$ 为其边，那么这两个顶点 v_i 与顶点 v_j 分别各自属于 V_1 与 V_2 的其中一个顶点集合。不失一般性，不妨设顶点 $v_i \in V_1$，顶点 $v_j \in V_2$，并且令 $v_{i0}v_{i1}v_{i2}\cdots v_{i(p-1)}v_{i0}$ 为图 G 中任何一条长度为 p 的回路。不失一般性，不妨设顶点 $v_{i0} \in V_1$，于是应有顶点 $v_{i2},v_{i4},v_{i6},\cdots \in V_1$，并且顶点 $v_{i1},v_{i3},v_{i5},\cdots \in V_2$，由此可知，$p-1$ 必定为一个奇数，也就是说，p 必定为一个偶数。即回路 $v_{i0}v_{i1}v_{i2}\cdots v_{i(p-1)}v_{i0}$ 为图 $G=(V,E)$ 中的一条长度为偶数的回路。

（2）充分性证明。反过来，设图 $G=(V,E)$ 中的任意一条回路的长度均为偶数，下面分两种情况讨论。

① 第一种情况，假设图 G 为连通图。于是可以定义该图 G 的顶点集合 V 的子集 $V_1=\{v_i|$ 顶点 v_i 与图 G 中的某一个固定顶点 v 之间的距离为偶数$\}$，图 G 的顶点集合 V 的另一个子集 $V_2=V-V_1$。

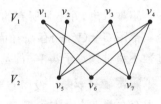

图 7-36 二部图

假设图 G 中存在着一条边 $\{v_i,v_j\}$，它的顶点 $v_i,v_j \in V_1$，则根据前提条件可知，顶点 v_i 与顶点 v 之间的短程（长度为偶数），然而边 $\{v_i,v_j\}$ 以及顶点 v_j 与顶点 v 之间的短程（长度为偶数）所组成的回路的长度必定为奇数，于是得出了与前提条件相矛盾的结论。由此可得，图 G 中不存在有任何边具有这样的形式，即图 G 中存在着一条边 $\{v_i,v_j\}$，它的顶点 $v_i,v_j \in V_1$。

其次，假定图 G 中存在着一条边 $\{v_i,v_j\}$，它的顶点 $v_i,v_j \in V_2$，则根据前提条件可知，顶点 v_i 与顶点 v 之间的短程（长度为偶数），然而边 $\{v_i,v_j\}$ 以及顶点 v_j 与顶点 v 之间的短程（长度为偶数）所组成的回路的长度必定为奇数，于是又得出了与前提条件相矛盾的结论。这样一来，图 $G=(V,E)$ 中的任何一条边必定具有如下的形式：图 G 中的任何一条边 $\{v_i,v_j\}$，这两个顶点 v_i 与顶点 v_j 分别各自属于 V_1 与 V_2 的其中一个顶点集合，不失一般性，不妨设顶点 $v_i \in$

V_1,顶点 $v_j \in V_2$。也就是说,图 $G=(V,E)$ 是具有互补顶点子集 V_1 与 V_2 的一个二部图。

② 第二种情况,假设图 $G=(V,E)$ 为非连通图,并且图 G 中的任何一条回路的长度均为偶数,那么可以对该图 $G=(V,E)$ 的任何一个分图重复以上的证明,最后可以得出相同的结论,也就是说,在这种情况下,即如果图 G 为非连通图,并且图 G 中的任何一条回路的长度均为偶数,那么该图 $G=(V,E)$ 也是具有互补顶点子集 V_1 与 V_2 的一个二部图。证毕。

定义 7-28　设无向图 $G=(V,E)$ 是具有互补顶点子集 V_1 与 V_2 的二部图,其中,顶点子集 $V_1=\{v_1,v_2,\cdots,v_p\}$。则顶点子集 V_1 对于顶点子集 V_2 的匹配是无向图 $G=(V,E)$ 的一个子图,它由 p 条边 $\{v_1,v_1{}^*\},\{v_2,v_2{}^*\},\cdots,\{v_p,v_p{}^*\}$ 组成,其中,顶点 $v_1{}^*$,$v_2{}^*$,$\cdots$,$v_p{}^*$ 是顶点子集 V_2 中的 p 个相异的顶点。

在现实生活中,有许多实际问题都可以转化为在一个二部图中求匹配的问题(抽象为一类数学模型)。例如,在国内某高校的计算机系中,有若干名计算机专业教师和他们所讲授的计算机专业课程(如程序设计基础、离散数学、数据结构、算法分析与设计、汇编语言程序设计、操作系统原理、数据库系统原理、计算机组成原理、编译原理、人工智能、软件工程、软件测试、计算机网络、信息安全、数值分析、数据挖掘、计算机图形学、游戏开发程序设计等课程)并且每一位教员都仅仅只能讲授其中的一部分课程,每一门课程都需要有一位教员讲授。那么,计算机系主任需要考虑的问题就应当是能不能将以上的课程都分配给每一个可以讲授该课程的教员呢? 这样的教学任务应该怎样安排呢? 这个问题可以进一步地抽象化为如下的一个问题:如果有 n 个人和 m 件工作,并且每个人都仅仅只熟悉 m 件工作中的某几件工作,每一件工作都需要一个人干,那么能不能将这 m 件工作都分配给熟悉它的人干呢? 如果更进一步地抽象,可以将这个问题表述为一个二部图的问题,即在一个二部图 $G=(V,E)$ 中划分出两个互补顶点子集 V_1 与 V_2,其中,顶点子集 V_1 中的任意一个顶点代表一个人,顶点子集 V_2 中的任意一个顶点代表一件工作,当且仅当某个人 $u \in V_1$ 熟悉某件工作 $v \in V_2$ 时,二部图 $G=(V,E)$ 的子图中将具有边 $\{u,v\}$。因此,我们的问题就是问:能不能在这个二部图 $G=(V,E)$ 中找到一个顶点子集 V_2 与顶点子集 V_1 相应地满足以上要求的顶点匹配方式的子图?

不难看出,并不是所有的二部图 $G=(V,E)$ 都存在着满足以上条件的匹配的子图。一个二部图 $G=(V,E)$ 存在着顶点子集 V_2 与顶点子集 V_1 匹配的必要条件是顶点子集 V_1 的基数不超过顶点子集 V_2 的基数。但是,这个匹配条件并不是产生匹配的充分条件。

定理 7-24　设图 $G=(V,E)$ 是具有互补顶点子集 V_1 和 V_2 的一个二部图,则在图 G 中存在着一个顶点子集 V_1 对于顶点子集 V_2 的匹配的充分必要条件是:顶点子集 V_1 中的每 j 个顶点($j=1,2,\cdots,\sharp V_1$)至少与顶点子集 V_2 中的 k 个顶点相连接(通常将该条件称为相异性条件)。

证明　(1) 必要性证明。不失一般性,不妨设顶点子集 V_1 的基数等于 p,如果图 $G=(V,E)$ 中存在着一个顶点子集 V_1 对于顶点子集 V_2 的匹配,那么,顶点子集 V_1 中的 p 个顶点分别与顶点子集 V_2 中的 p 个相异的顶点相连接。由此可知,相异性条件显然成立。

(2) 充分性证明。反过来,设图 $G=(V,E)$ 满足相异性条件,下面,我们将证明(对顶点子集 V_1 中的顶点数目进行归纳),一个顶点子集 V_1 对于顶点子集 V_2 的匹配能够被构造出来。

当顶点子集 V_1 的基数 $\sharp V_1=1$ 或者顶点子集 V_1 的基数 $\sharp V_1=2$ 时,如果相异性条件满足,那么一个顶点子集 V_1 对于顶点子集 V_2 的匹配显然是存在的。

设对于 $\sharp V_1 = 1, 2, \cdots, p-1$，任意具有互补顶点子集 V_1 与 V_2 的二部图，当满足相异性条件时，存在着一个顶点子集 V_1 对于顶点子集 V_2 的匹配，又设图 $G = (V, E)$ 满足相异性条件，并且有顶点子集 V_1 的基数等于 p。

(1) 如果顶点子集 V_1 中的每 j 个顶点（$j = 1, 2, \cdots, p-1$）与顶点子集 V_2 中的多于 j 个顶点相连接，那么一个顶点子集 V_1 对于顶点子集 V_2 的匹配可以按照以下的方法进行构造。在图 $G = (V, E)$ 中任意选定一条边 $\{v_i, v_j\}$（其中，顶点 $v_i \in V_1$，顶点 $v_j \in V_2$）来匹配。不难看出，在具有互补顶点子集 $V_1 - \{v_i\}$ 与 $V_2 - \{v_j\}$ 的二部图中，仍然满足相异性条件。因此，根据归纳假设，一个匹配就可以被构造出来。该匹配与边 $\{v_i, v_j\}$ 一起即为所要寻找的一个顶点子集 V_1 对于顶点子集 V_2 的匹配。

(2) 如果存在着某个正整数 $j_0 \leqslant p-1$，使得具有 j_0 个顶点的一个顶点集合 U_1 真包含于顶点子集 V_1，其中的顶点与真包含于顶点子集 V_2 的顶点集合 U_2 中的恰好 j_0 个顶点相连接。在这个情况下，一个顶点子集 V_1 对于顶点子集 V_2 的匹配可以按照以下的方法进行构造。首先，由于顶点集合 U_1 中的 j_0 个顶点仅仅只与顶点集合 U_2 中的顶点相连接，并且根据已知图 $G = (V, E)$ 满足相异性条件，因此，在具有互补顶点子集 U_1 与 U_2 的二部图中，满足以上的相异性条件。这样一来，根据归纳假设，一个顶点子集 V_1 对于顶点子集 V_2 的匹配能够被构造出来。（使用反证法）现在假设具有互补顶点子集 $U_1^* = V_1 - U_1$（其中，U_1^* 的基数为 $p - j_0$）与 $U_2^* = V_2 - U_2$ 的二部图不满足相异性条件，即存在着某个正整数 $j \leqslant p - j_0$，使得某一个具有 j 个顶点的顶点集合 $U_1^{**} \subseteq U_1^*$，其中的顶点仅仅只与顶点子集 U_2^* 中的 j^*（$j^* < j$）个顶点相连接。这样一来，集合 $U_1 \cup U_1^{**}$ 即是顶点子集 V_1 中具有 $j_0 + j$ 个顶点的一个子集，这些顶点与顶点子集 V_2 中的 $j_0 + j^*$（$j_0 + j^* < j_0 + j$）个顶点相连接，这与已知图 $G = (V, E)$ 满足相异性条件相矛盾。由此可知，具有互补顶点子集 U_1^* 与 U_2^* 的二部图必定亦满足相异性条件。因此，可以构造出一个顶点子集 U_1^* 对于顶点子集 U_2^* 的匹配。又因为顶点子集 $V_1 = U_1 \cup U_1^*$，并且顶点子集 $V_2 = U_2 \cup U_2^*$，这样一来，也就完成了一个顶点子集 V_1 对于顶点子集 V_2 的匹配的构造过程。证毕。

接下来的一个定理给出了一个二部图 $G = (V, E)$ 存在匹配的一个充分条件，但这个条件却不是一个二部图 $G = (V, E)$ 存在匹配的必要条件。但是尽管如此，由于该条件对于任意给出的二部图 $G = (V, E)$ 可以很容易检验其是否存在匹配，因此，在考察较为复杂的相异性条件之前，可以首先考察这个充分条件。也就是说，如果所给出的二部图 $G = (V, E)$ 满足该充分条件，那么这个二部图 G 必定存在着一个顶点子集 V_1 对于顶点子集 V_2 的匹配；如果所给出的二部图 $G = (V, E)$ 不满足该充分条件，那么再利用相异性条件判断该二部图 G 是否存在着一个顶点子集 V_1 对于顶点子集 V_2 的匹配。

定理 7-25　设图 $G = (V, E)$ 是具有互补顶点子集 V_1 和 V_2 的一个二部图，则该图 G 具有一个顶点子集 V_1 对于顶点子集 V_2 的匹配的充分条件是，存在着某一个整数 z（$z > 0$），使得：(1) 对于顶点子集 V_1 中的任何一个顶点，至少有 z 条边与其相关联；(2) 对于顶点子集 V_2 中的任何一个顶点，至多有 z 条边与其相关联。

证明　如果条件 (1) 成立，那么关联于顶点子集 V_1 中的具有 p（$p = 1, 2, \cdots, \sharp V_1$）个顶点的任意子集的边的总数至少应为 $p \cdot z$。根据条件 (2) 可知，这些边至少必须关联于顶点子集 V_2 中的 p 个顶点。于是，顶点子集 V_1 中的每 p（$p = 1, 2, \cdots, \sharp V_1$）个顶点至少与顶点子集 V_2 中的 p 个顶点相连接。根据定理 7-24 可知，在二部图 $G = (V, E)$ 中存在着一个顶点子集 V_1 对于顶点子集 V_2 的匹配。证毕。

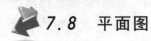

7.8 平面图

人们为了自身认识图 $G=(V,E)$ 的方便起见,通常将图 $G=(V,E)$ 用平面上的一个图解来表示。可以发现,当将图 G 画在平面上时,为了画图方便起见,允许图 G 中的边在顶点以外的其他点(位置)相交,有时甚至是必需的。通常,我们将相交的边称为相互交叉的边。

定义 7-29 如果一个图 $G=(V,E)$ 能够画在(二维)平面上并且其边没有任何交叉,那么就称该图 G 为平面图,否则,称该图 G 为非平面图。

例如,图 7-37(a)即是一个平面图,这是因为它可以画成如图 7-37(b)所示的形式,并且不难看出,图 7-37(b)所示的图中的边没有任何交叉;显然,图 7-37(c)亦是一个平面图,这是因为它可以画成如图 7-37(d)所示的形式,并且不难看出,图 7-37(d)所示的图中的边没有任何交叉。显然,当且仅当一个图 $G=(V,E)$ 的任何一个分图都是平面图时,这个图即是平面图。由此可知,在研究平面图的性质时,只要研究连通的平面图就可以了。因此,我们约定:本节中所讨论的图 G 均为连通图。

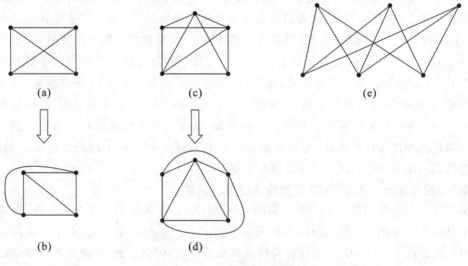

图 7-37 平面图与非平面图

设图 $G=(V,E)$ 是画在平面上的一个图,并且环 $c=v_1v_2v_3v_4v_1$ 是图 G 中的任意一个环。$t_1=v_1v_3$ 和 $t_2=v_2v_4$ 是图 G 中的任意两条没有公共顶点的真路,不难看出,当且仅当真路 t_1 与真路 t_2 两者都同在环 c 的内部或者外部时,真路 t_1 与真路 t_2 中必定存在着相互交叉的边。这样一个简单的事实对于使用观察法来证实一个给出的图 $G=(V,E)$ 是非平面图时是很有帮助的。

例如,某一电子线路的组成如下,它有各包含 3 个顶点的两个顶点集合,其中一个顶点集合中的任何一个顶点将使用导线与另一个顶点集合的所有顶点相连接(如图 7-37(e)所示),问能不能设置这样一种电子线路,使该电路中的导线互不相交? 不难看出,这个问题等价于判断图 7-37(e)所示的图是否为一个平面图。我们可以使用以上的方法很容易地判断图 7-37(e)所示的图为一个非平面图,由此可知,无论对这个图所对应的电子线路进行怎样的设置,都不可能使得该电路中的导线互不相交。

避免导线交叉对于印制板电路的设计是具有重大现实意义的,这是因为如果导线交叉,那么就会引起短路,这样一来,就会因为局部电流过大而将电子线路中的某段烧毁,从而导致整个电路的功能丧失。正因如此,在进行印制板电路的设计时,通常需要考虑的首要问题就是如何才能使得印制板电路的设计能够最大限度地避免导线交叉。但是在设计印制板电路时,由于存在大量的导线、众多的电子元件以及复杂的电路结构(特别是在计算机显示器的显示电路、计算机的主板电路等),不可能完全避免导线交叉的情况(如图7-37(e)所示),这时,可以采用分层的方法避免导线交叉,也就是说,将在同一层上不可避免出现交叉的两根导线设置在不同的层。

设图 $G=(V,E)$ 是一个平面图,并且如果在由该平面图 G 中的边所包围的一个区域,其内部既不含有图 G 的任何顶点,又不含有该图 G 中的任何一条边,那么我们就称这样的区域为平面图 G 的一个面。可以看出,平面图 G 的面的边界就是图 G 的面的每一条边所构成的回路。如果平面图 G 的某个面的面积是有限的(或者某个面是封闭的),那么就称这个面为有限面,如果平面图 G 的某个面的面积是有限的(或者某个面是不封闭的),那么就称这个面为无限面。对于任意一个平面图来说,都有且仅有一个无限面。如果平面图 G 的两个面的边界至少有一条公共边,那么就称平面图 G 的这两个面互为相邻平面,否则就称这两个面为不相邻平面。

例如,在图 7-38 中,容易看出,面 F_1、面 F_2、面 F_3、面 F_5 皆为有限面,面 F_6 为无限面。面 F_4 究竟是有限面还是无限面呢?我们可以通过拓扑变换将从表面看在面 F_4 里的边放置在该面 F_4 的外边,也就是说,面 F_4 的边界是由四条边(并不是由五条边)组成,因此,面 F_4 也是一个有限面。组成无限面 F_6 的边界的边并不是只有 12 条,而是由 13 条边(其中的一条边即是图 7-38 所示的图的有限面 F_4 中的边)组成了无限面 F_6 的边界。

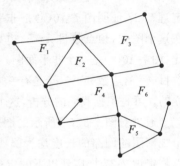

图 7-38　平面图的有限面与无限面

定理 7-26　(欧拉定理)设图 $G=(V,E)$ 是一个连通的平面图,则有:

$$n-m+k=2 \tag{7-4}$$

其中,n、m 和 k 分别为连通的平面图 G 的顶点数、边数与面数(包括若干个有限面与一个无限面)。通常将欧拉定理中的公式 7-3 称为关于平面图的欧拉公式。

证明　针对平面图的面的数目 k 进行归纳。

当 $k=1$ 时,可以看出,连通的平面图 G 中不具有环,因此,这时的平面图 G 为一棵树。根据定理 7-14 可知,$m=n-1$,于是有,$n-m+k=n-(n-1)+1=2$。因此,定理成立。

假设定理 7-26(欧拉定理)对于具有 $k-1(k>2)$ 个面的所有连通的平面图均成立,并且平面图 G 是具有 k 个面的一个连通的平面图,因此,在当前的这个平面图 G 中至少存在着一个环。如果删去图 $G=(V,E)$ 中的一个环上的一条边 e,那么剩下的图 $G^*=(V,E-\{e\})$ 仍然是连通图,但是由于破了一个环,因此,图 $G^*=(V,E-\{e\})$ 只存在有 $k-1$ 个面,$m-1$ 条边。根据前面的归纳假设,可以得出:$n-(m-1)+(k-1)=2$,也就是说,$n-m+k=2$ 成立,由此可知,平面图的欧拉公式成立。

综上所述,定理 7-26(即欧拉定理)成立。证毕。

定理 7-27　在具有两条边或者具有更多条边的任意连通的简单平面图 $G=(V,E)$ 中,有 $m \leqslant 3n-6$(其中,m 与 n 分别为连通的平面图 G 的边数和顶点数)。

证明 当 $m=2$ 时,由于平面图 G 是简单图,因此,在这种情况下,必定没有环,于是,此时的平面图 G 为一棵树,所以,顶点数 $n=3$,并且 $2 \leqslant 3 \times 3-6$。定理成立。

当 $m>2$ 时,计算连通的简单平面图 G 的每一个面的边界中的边数,然后计算简单平面图 G 的各个面的边界的边数的总和。又由于平面图 G 是简单图,因此,显而易见,该图的每一个面(无论是有限面还是无限面)至少应由三条边围成。根据这个事实进行计算,一方面,任意连通的简单平面图 G 的各个面的总边数应大于或者等于 $3k$(假设任意连通的简单平面图的总面数为 k);另一方面,由于简单平面图 $G=(V,E)$ 中的任意一条边至多在两个面的边界中,因此,以上计算的总边数应小于或者等于 $2m$,于是有,$3k \leqslant 2m$。也就是说,$k \leqslant 2m/3$。根据欧拉定理有:

$$n-m+2m/3 \geqslant 2 \tag{7-5}$$

整理得:

$$m \leqslant 3n-6 \tag{7-6}$$

证毕。

值得一提的是,定理 7-26 与定理 7-27 是平面图的两个最基本的性质。其中,定理 7-27 是用于判断一个连通的简单图 $G=(V,E)$ 是否为平面图的必要非充分条件。因此,可以用定理 7-27 证明图 7-10(a)是非平面图。这是由于图 7-10(a)是一个 5 阶完全图。可以看出,在这个图中,顶点数目 $n=5$,边数 $m=10$,由于 $10>3 \times 5-6$,于是有,$m \leqslant 3n-6$ 不成立。因此,图 7-10(a)是一个非平面图。可是对于图 7-37(e)所示的图来说,不难看出,这个图的顶点数目 $n=6$,边数 $m=9$,于是有 $9 \leqslant 3 \times 6-6$,由此可知,$m \leqslant 3n-6$ 对于图 7-37(e)所示的图是成立的。可是根据我们的分析,这个图(如图 7-37(e)所示)却不是平面图,而是非平面图。

通过对图 7-37(e)所示的图进行仔细分析,不难发现,这个图是一个二部图,由于任何一个二部图的回路的长度均为偶数,因此,二部图中的环的长度至少为 4。这样一来,我们就可以将定理 7-27 推广到以下的定理 7-28。

定理 7-28 在每个面至少由 4 条以上的边组成的连通的简单平面图 $G=(V,E)$ 中,有 $m \leqslant 2n-4$。

证明 由于连通的简单平面图 $G=(V,E)$ 中的每个面(有限面或者无限面)均由至少 4 条以上的边组成,一方面,该图的各个面的总边数应大于或者等于 $4k$(假设任意连通的简单平面图的总面数为 k);另一方面,由于简单平面图 $G=(V,E)$ 中的任何一条边至多在两个面的边界中。因此,以上计算的总边数应小于或者等于 $2m$,于是有,$4k \leqslant 2m$。也就是说,$m \geqslant 2k$,即 $k \leqslant m/2$。根据欧拉定理有,$n-m+m/2 \geqslant 2$。整理该式得:

$$m \leqslant 2n-4 \tag{7-7}$$

证毕。

定理 7-28 是用于判断一个连通的二部图 $G=(V,E)$ 是否为平面图的必要非充分条件。可以看出,如果一个图 $G=(V,E)$ 是一个二部图,那么就可以通过定理 7-28 来判定该二部图是非平面图。例如,对于图 7-37(e)所示的二部图来说,由于该图的顶点数目 $n=6$,边数 $m=9$,于是有 $9>2 \times 6-4$,因此,不满足连通的二部图 G 所需要满足的必要条件(式 7-7),所以,图 7-37(e)所示的二部图即为非平面图。但是,我们并不能利用定理 7-28 来判定一个二部图 $G=(V,E)$ 是否为一个平面图。也就是说,如果一个二部图的顶点数目和边数满足式 7-6,那么仍然不能判定这个二部图是否是一个平面图。

尽管欧拉公式(式 7-4)有时可以用来判断某一个连通图 $G=(V,E)$ 为非平面图,但是在欧拉公式的这种应用中,对于包含比较多的顶点以及包含比较多的边的连通图 G 来说,这个判断某一个连通图 $G=(V,E)$ 为非平面图的证明过程将变得非常复杂。那么,究竟有没有判断一个连通图 $G=(V,E)$ 是否为平面图的充分必要条件呢?各国的数学家对于这个问题探索研究了许多年之后,终于在 1930 年交出了一份满意的答卷。这份答卷的作者是波兰数学家库拉托夫斯基(Kuratowski)。他提出了现在被称为库拉托夫斯基定理(Kuratowski Theorem),用于判定一个连通图 $G=(V,E)$ 是平面图的充分必要条件(简称充要条件)。在介绍库拉托夫斯基定理之前,我们需要首先引入一个新的概念。

如图 7-39(a)所示,在该图的边上插入一个新的度为 2 的顶点,使一条边分为两条边,或者对于两条关联于一个度数为 2 的顶点的边,删去这个度数为 2 的顶点,将这两条边合并为一条边,则原图的平面性显然没有受到任何影响。根据这一事实,我们可以给出以下的定义,即如果两个图 $G_1=(V_1,E_1)$ 与 $G_2=(V_2,E_2)$ 是彼此同构的图,或者通过反复插入或删去度数为 2 的顶点,这两个图 G_1 与图 G_2 能够变成彼此同构的图,那么就称这两个图 G_1 与图 G_2 为在度数为 2 的顶点内同构的图。例如,图 7-39(b)所示的两个图即是在度数为 2 的顶点内同构的图。

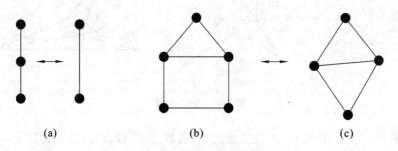

图 7-39　度数为 2 的顶点内的同构

为了后面讨论问题方便起见,我们通常将如图 7-40(a)所示的二部图($K_{3,3}$)以及如图 7-40(b)所示的 5 阶完全图(K_5)称为库拉托夫斯基图。于是我们可以给出判断一个图 G 是否为平面图的充分必要条件(见定理 7-29)。

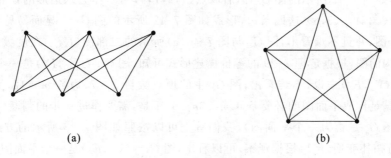

图 7-40　库拉托夫斯基图

定理 7-29　　库拉托夫斯基定理(Kuratowski Theorem):一个图 $G=(V,E)$ 是平面图的充分必要条件是,它不具有任何在度数为 2 的顶点内与库拉托夫斯基图同构的子图。

这个定理 7-29 的证明虽然是基本的,但是由于很复杂,因此,将其证明过程省略了。

值得一提的是,定理 7-29(库拉托夫斯基定理)虽然提供了判断一个图 G 是否为平面图的充分必要条件,但是,我们通常使用定理 7-29 来判断图 G 是否为一个非平面图。因此,定理 7-29 有一个等价的描述方式,即一个图 $G=(V,E)$ 是非平面图的充分必要条件是该图 G

存在着某个子图与库拉托夫斯基图在度数为 2 的顶点内是彼此同构的图。

综上所述,我们可以给出判定一个给定的图 $G=(V,E)$ 是否是平面图的一般步骤如下。

(1) 检查图 $G=(V,E)$ 中的顶点数目与边数是否满足 $m\leqslant 3n-6$,如果若不满足,那么就说明该图 G 一定不是平面图(若满足 $m\leqslant 3n-6$,则此时还不能断定该图 G 一定是平面图)。

(2) 检查图 $G=(V,E)$ 是否为一个二部图,如果为二部图,那么就检查该图 G 中的顶点数目与边数是否满足 $m\leqslant 2n-4$,如果若不满足,那么就说明该图 G 一定不是平面图(若满足 $m\leqslant 2n-4$,则此时还不能断定该图 G 一定是平面图)。

(3) 尝试一下能否在图 $G=(V,E)$ 中取一个子图,使其与库拉托夫斯基图在度数为 2 的顶点内同构,则它是非平面图。

(4) 否则,尝试一下能否把该图 $G=(V,E)$ 通过拓扑变换成为一个平面图。

下面,我们通过一个例子来说明。

例 7-5　判断图 7-41 所示的三个图 G 是否为平面图,并证明你的结论。

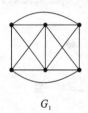 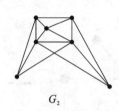 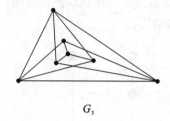

G_1 　　　　　G_2 　　　　　G_3

图 7-41　例 7-5 图

解　对于图 $G_1=(V_1,E_1)$ 来说,不难看出,图 G_1 中的顶点数目 $n=6$,边数 $m=13$,又由于 $13>3\times 6-6$,即不满足构成平面图的必要条件 $m\leqslant 3n-6$,因此,图 $G_1=(V_1,E_1)$ 是一个非平面图;对于图 $G_2=(V_2,E_2)$ 来说,不难看出,图 G_2 中的顶点数目 $n=7$,边数 $m=14$,又由于 $14<3\times 7-6$,即满足构成平面图的必要条件 $m\leqslant 3n-6$,于是,需要作进一步的判断(因为这时还无法判断该图 G_2 是否为一个平面图),我们不妨首先对图 $G_2=(V_2,E_2)$ 中的顶点进行编号,如图 7-42 所示的图 G_2,然后取点 $(1,2,7,4,5,3)$ 作为六边形的顶点,接着删去 $(1,5)$、$(2,4)$、$(3,4)$、$(3,6)$ 这四条边,形成如图 7-42 所示的图 G_{21}。显而易见,图 G_{21} 即是原图 G_2 的子图,并且不难看出,图 G_{21} 与图 7-40(a)所示的二部图 $(K_{3,3})$ 在度数为 2 的顶点内是彼此同构的图,根据定理 7-29 的等价描述形式可知,图 $G_2=(V_2,E_2)$ 是一个非平面图。对于图 $G_3=(V_3,E_3)$ 来说,不难看出,图 G_3 中的顶点数目 $n=7$,边数 $m=12$,又由于 $12<3\times 7-6$,即满足构成平面图的必要条件 $m\leqslant 3n-6$,于是,需要作进一步的判断(因为这时还无法判断该图 G_3 是否为一个平面图),我们首先可以按照如图 7-43 所示的方式对图 $G_3=(V_3,E_3)$ 进行拓扑变换,然后根据观察,可以看出,图 $G_3=(V_3,E_3)$ 是一个平面图。

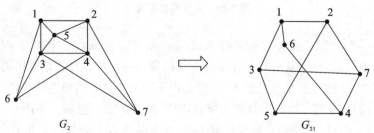

G_2 　　　　　　　　　　　　G_{21}

图 7-42　图 G_2 与其子图 G_{21}

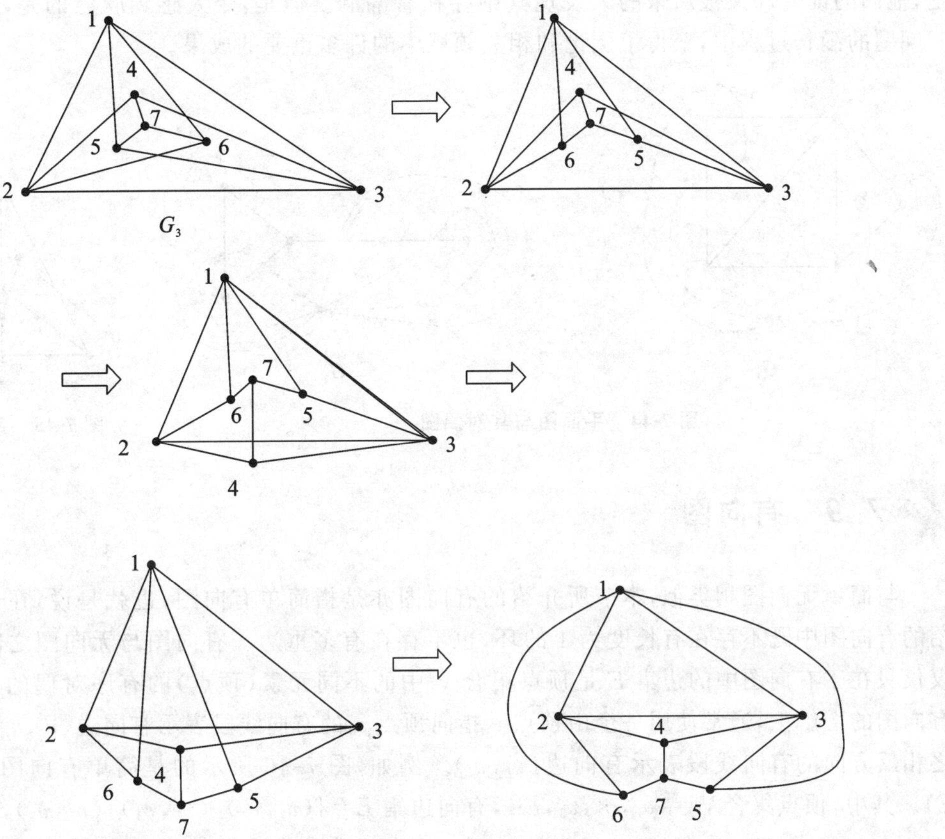

图 7-43　图 G_3 与其拓扑变换

下面,我们介绍与平面图 $G=(V,E)$ 有关一个图——平面图 G 的对偶图。

对于一个平面图 $G=(V,E)$ 通过以下过程所得到的图 $G^* = (V^*,E^*)$ 称为对偶图。

(1) 在平面图 $G=(V,E)$ 的每一个面 F_i 内部给出一个点 f_i。

(2) 对于平面图 G 的面 F_i、F_j 的所有公共边都用一条边连接点 f_i 和点 f_j 与它们相交。

(3) 若平面图 $G=(V,E)$ 中存在着不属于任何环的边 e,都要从无限面 F_k 内部的点 f_k 出发,作一个长度为 1 的环与边 e 相交。

(4) 根据以上的规则给出的全部顶点以及连出的边(包括长度为 1 的环)组成的图 G^* 称为原平面图 G 的对偶图。

例如,在图 7-44 所示的两个平面图 $G_1 = (V_1,E_1)$ 与平面图 $G_2 = (V_2,E_2)$(用实线表示其边的两个平面图)的对偶图分别为用虚线表示其边所形成的图 $G_1^* = (V_1^*,E_1^*)$ 与图 $G_2^* = (V_2^*,E_2^*)$。根据平面图的对偶图的构造过程,可以看出,任何一个平面图的 $G=(V,E)$ 对偶图 $G^* = (V^*,E^*)$ 与该平面图的边数应相等。

对于一个平面图 $G=(V,E)$ 来说,如果它的对偶图 $G^* = (V^*,E^*)$ 与该图 G 是彼此同构的,那么就称该平面图 $G=(V,E)$ 为自对偶图。例如,图 7-45 所示的平面图(用实线表示其边的图)即是一个自对偶图。

与平面图的对偶图相关联的一个世界著名的数学难题是"四色猜想"问题。这个问题是在 19 世纪中期提出来的,曾经一度困扰着许多数学家。经过数学家们长达百余年时间的努力,终于在 1976 年由肯尔斯·阿佩尔和沃尔夫冈·哈肯借助计算机的帮助得到了证明。可是,他们的证明却又被后来的人发现其中存在着漏洞。但是,令人感到欣慰的是,在探索这一问题的漫长过程中,获得了图论和相关领域中的许多重要的成果。

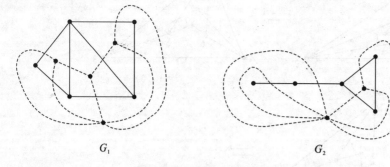

图 7-44 平面图与其对偶图

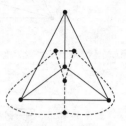

图 7-45 自对偶图

7.9 有向图

与简单无向图相类似,本节所介绍的有向图亦是指简单有向图,也就是说,在本节所介绍的有向图中既不存在有长度为 1 的环,也不存在有多重边。有向图与无向图之间的区别仅仅只在于有向图中的边集 E 是顶点集合 V 中的不同元素(顶点)的有序对偶的集合。在有向图的图解上,通常使用一个由顶点 v_i 指向顶点 v_j 的有向线段表示有向边 (v_i,v_j),而用与之相反方向的有向线段表示有向边 (v_j,v_i)。例如,图 7-46 所示的是简单有向图 $G=(V,E)$。其中,顶点集合 $V=\{v_1,v_2,v_3,v_4\}$,有向边集 $E=\{(v_1,v_2),(v_1,v_3),(v_1,v_4),(v_2,v_3),(v_4,v_3)\}$。

与简单无向图相类似,简单有向图也可以使用相应的邻接矩阵 $A=[a_{ij}]_{n*n}$ 来表示。其中:

$$a_{ij}=\begin{cases}1, & 若(v_i,v_j)\in E\\0, & 否则\end{cases}$$

但是,简单有向图所对应的邻接矩阵 A 不一定关于主对角线对称,也就是说,有向图的邻接矩阵不一定是对称矩阵。例如,图 7-46 所示的有向图 G 的邻接矩阵为:

$$A=\begin{array}{c}\\v_1\\v_2\\v_3\\v_4\end{array}\begin{array}{c}\begin{array}{cccc}v_1 & v_2 & v_3 & v_4\end{array}\\\begin{bmatrix}0 & 1 & 1 & 1\\0 & 0 & 1 & 0\\0 & 0 & 0 & 0\\0 & 0 & 1 & 0\end{bmatrix}\end{array}$$

如果在有向图 $G=(V,E)$ 的图解中,允许有长度为 1 的环出现,也就是说,如果允许有向边集 E 中有相同元素的有序对偶出现,那么,该有向图 $G=(V,E)$ 的图解表示的实际上就是定义在顶点集合 V 上的二元关系为 E 的关系图,并且该有向图 $G=(V,E)$ 的邻接矩阵即是顶点集合 V 上的二元关系 E 的关系矩阵。

设有向图 G 与有向图 G^* 是两个分别具有顶点集合 V 与顶点集合 V^* 的有向图,如果存在着一个双射函数 $h:V\to V^*$,当且仅当有向边 (v_i,v_j) 是有向图 $G=(V,E)$ 的一条有向边时,有向边 $(h(v_i),h(v_j))$ 也是有向图 G^* 的一条有向边,则称有向图 G^* 与有向图 G 是

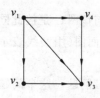

图 7-46 简单有向图 G

彼此同构的有向图。与无向图类似,彼此同构的有向图除了图中的顶点的标记可能不相同以外,其余的性质是完全相同的。

有向图中的子图、真子图以及生成子图与无向图中的相应术语具有完全相同的含义。例如,在 7.6 节中所指出的那样,如果在无向图的开路、回路、真路以及环的定义中,使用"有向路"这一术语来代替无向图中的"路"这一术语,那么就能够得到在有向图中的这些相应术语的定义。

在有向图 $G=(V,E)$ 中,如果存在着一条从顶点 v_i 到顶点 v_j 的有向路,那么就称从顶点 v_i 到顶点 v_j 是可达的。如果从顶点 v_i 到顶点 v_j 是可达的,那么从顶点 v_i 到顶点 v_j 的路中必定存在着一条最短的路,通常将这条路称为从顶点 v_i 到顶点 v_j 的短程。为了方便起见,通常将顶点 v_i 到顶点 v_j 的短程的长度称为从顶点 v_i 到顶点 v_j 的距离,记为 $d(v_i,v_j)$。值得注意的是,对于有向图 $G=(V,E)$ 来说,从顶点 v_i 到顶点 v_j 是可达的,并不意味着反过来从顶点 v_j 到顶点 v_i 是可达的,即使从顶点 v_i 到顶点 v_j 是相互可达的,从顶点 v_i 到顶点 v_j 的短程(距离)与从顶点 v_j 到顶点 v_i 的短程(距离)也不一定相等。也就是说,即使在 $d(v_i,v_j)$ 与 $d(v_j,v_i)$ 都存在的前提下,$d(v_i,v_j)$ 也不一定等于 $d(v_j,v_i)$。

在一个有向图 $G=(V,E)$ 中,如果略去有向边的方向,也就是说当将该有向图 G 看成一个无向图时,如果它具有连通性,那么就称这个有向图 $G=(V,E)$ 为弱连通图。如果在一个有向图 $G=(V,E)$ 中的任意两个顶点 v_i 与顶点 v_j 中至少有一个顶点是可以从另一个顶点出发可达的,也就是说,顶点 v_i 到顶点 v_j 是可达的,或者反过来说,顶点 v_j 到顶点 v_i 是可达的,那么就称这个有向图 $G=(V,E)$ 为单向连通图;如果在一个有向图 $G=(V,E)$ 中的任意两个顶点 v_i 与顶点 v_j 都是相互可达的,也就是说,顶点 v_i 到顶点 v_j 是可达的,并且顶点 v_j 到顶点 v_i 也是可达的,那么就称这个有向图 $G=(V,E)$ 为强连通图。不难看出,具有强连通性的有向图 G 一定是单向连通图,具有单向连通性的有向图一定是弱连通图。今后为了叙述方便起见,通常将具有弱连通性的有向图(弱连通图)简称为是连通的。

根据弱连通图、单向连通图以及强连通图的基本概念,可以看出,图 7-47(a)所示的有向图为弱连通图,图 7-47(b)所示的有向图为单向连通图,图 7-47(c)所示的有向图为强连通图。

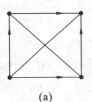 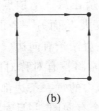 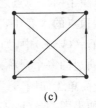

(a)　　　　　　　　(b)　　　　　　　　(c)

图 7-47　有向连通图

根据连通性的不同的定义,对于任意一个有向图 $G=(V,E)$ 来说,它可以具有三种类型的分图,即弱分图、单向分图以及强分图。它们分别是有向图 $G=(V,E)$ 中的极大弱连通子图、极大单向连通子图以及极大强连通子图。可以看出,对于任意一个有向图 $G=(V,E)$ 来说,它的任意一个顶点与任意一条边都恰好处于该有向图的其中一个弱分图(极大弱连通子图)中。但是对于单向分图和强分图来说,情况就比较复杂了。一个有向图 $G=(V,E)$ 的两个单向分图(极大单向连通子图)可能存在公共的顶点,或者还有可能存在公共的边,而每一个顶点和每一条边至少属于一个单向分图。

例如,不难看出,图 7-46 所示的有向图 $G=(V,E)$ 有两个单向分图(极大单向连通子图），它们的顶点集合分别为 $\{v_1,v_2,v_3\}$ 与 $\{v_1,v_3,v_4\}$。

与之相反，一个有向图 $G=(V,E)$ 的两个强分图（极大强连通子图）是不可能存在公共顶点的，这个具有两个强分图的有向图中的任意一个顶点均属于一个强分图，但是，可能存在着有向边不属于任何一个强分图（极大强连通子图）。

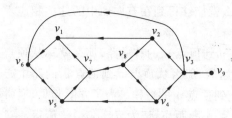

图 7-48　具有 3 个强分图的有向图

例如，不难看出，图 7-46 所示的有向图 $G=(V,E)$ 有 4 个强分图，由于每个强分图（极大强连通子图）都仅仅只有一个顶点，因此，该有向图中的任意一条有向边都不属于任何一个强分图。图 7-48 的有向图 $G=(V,E)$ 有三个强分图（极大强连通子图），它们的顶点集合分别为 $\{v_1,v_6,v_5,v_7\}$、$\{v_2,v_3,v_4,v_8\}$ 与 $\{v_9\}$。

对定理 7-1 和定理 7-2 的证明略作修改就可以推广到有向图。

定理 7-30　设有向图 G 是具有顶点集合 $V=\{v_1,v_2,\cdots,v_n\}$ 的有向图，如果从顶点 v_i 到顶点 v_j 是可达的（顶点 v_i 与顶点 v_j 是两个相异的顶点），那么其短程是一条长度不大于 $n-1$ 的真路。

推论　如果有向图 $G=(V,E)$ 是一个具有 n 个顶点的有向图，那么该有向图 G 中的任意一个环的长度不大于 n。

定理 7-31　设有向图 $G=(V,E)$ 是一个具有顶点集合 $V=\{v_1,v_2,\cdots,v_n\}$ 和邻接矩阵 A 的有向图，则 $A^p(p=1,2,\cdots)$ 的 (i,j) 项元素 $a_{ij}^{(p)}$ 即是从顶点 v_i 到顶点 v_j 的长度为 p 的有向路的总条数。

同理，判定无向连通图是否为欧拉图以及判定无向连通图中是否具有欧拉路的判定定理（即定理 7-6 与定理 7-7）也可以推广到有向图中来。

定理 7-32　一个连通的有向图 $G=(V,E)$ 具有欧拉回路的充分必要条件是：有向图 G 中的任意一个顶点的入度与出度相等；一个连通的有向图 $G=(V,E)$ 具有欧拉路的充分必要条件是，除了两个顶点之外，其余任意一个顶点的入度与出度相等，而对于这两个顶点，其中有一个顶点的入度比它的出度大 1，而另一个顶点的入度却比出度小 1。

在有向图 $G=(V,E)$ 中，如果存在着两条有向边 (v_i,v_j) 与有向边 (v_j,v_i)，通常将这两条有向边称为有向边的一个对称对。通常将没有对称对的有向图 $G=(V,E)$ 称为定向图。例如，如果将一个简单无向图 $G=(V,E)$ 中的每一条边都任意取定一个方向，那么就可以构成一个定向图。如果图 $G=(V,E)$ 是一个有向图，并且对于该图 G 中任意两个相异的顶点 v_i，$v_j\in V$，有向边 (v_i,v_j) 与有向边 (v_j,v_i) 中恰好只有一条有向边在该有向图 G 中，那么就称该有向图 $G=(V,E)$ 为一个竞赛图。可以看出，如果将一个无向完全图 $G=(V,E)$ 中的每一条边都任意取定一个方向，那么就可以构成一个定向图 $G^*=(V^*,E^*)$，并且此时的这个定向图 G^* 即为一个竞赛图。一个有向图 $G=(V,E)$ 的真生成路即是指通过该有向图 G 的每一个顶点一次并且仅仅只通过一次的一条有向路。不难看出，图 7-49 所示的图 G 即是一个竞赛图，并且该竞赛图 G 中显然存在真生成路。

定理 7-33　在任意一个竞赛图 $G=(V,E)$ 中都存在着至少一条真生成路。

图 7-49　竞赛图

证明 对顶点集合 V 的基数进行归纳。

当竞赛图 $G=(V,E)$ 的顶点集合 V 的基数为 1 或者顶点集合 V 的基数为 2 时,定理 7-33 显然成立。

假设定理 7-33 对于具有 m 个顶点的竞赛图都成立,并且假设有向图 G 是一个具有顶点集合 $V=\{v_1,v_2,\cdots,v_{m+1}\}$ 的竞赛图,不妨设有向图 G_m 表示具有顶点集合 $V-\{v_{m+1}\}$ 的竞赛图 G 的子图。根据归纳假设,在有向图 G_m 中存在着一条真生成路,不失一般性,不妨将这一真生成路设为 $v_{i1}\,v_{i2}\cdots v_{im}\,(v_{i1},v_{i2},\cdots,v_{im}\in V-\{v_{m+1}\})$,那么,在竞赛图 G 中或者包含有边 (v_{m+1},v_{i1}),或者包含有边 (v_{i1},v_{m+1})。如果是前一种情况,也就是说,如果竞赛图 G 中包含有边 (v_{m+1},v_{i1}),那么 $v_{m+1}v_{i1}v_{i2}\cdots v_{im}$ 即为竞赛图 G 的一条真生成路。如果是后一种情况,也就是说,如果竞赛图 G 中包含有边 (v_{i1},v_{m+1}),不妨令正整数 d 为使得有向边 (v_{m+1},v_{id}) 可以成为竞赛图 G 的一条有向边的最小正整数,那么,$v_{i1}v_{i2}\cdots v_{i(d-1)}v_{m+1}v_{id}\cdots v_{im}$ 为竞赛图 G 的一条真生成路,如图 7-50 所示。如果不存在这样的正整数 d,那么,路 $v_{i1}v_{i2}\cdots v_{im}v_{m+1}$ 是竞赛图 G 的一条真生成路。综上所述,在所有的情况下,竞赛图 G 都存在着至少一条真生成路。证毕。

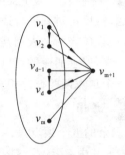

图 7-50 竞赛图 G 的真正成路

与前面介绍的图类似,竞赛图也拥有许多实际应用背景。具有 n 个顶点的竞赛图,可以看成有 n 个参赛选手,他们中的任意一个选手依次与其余的每一个选手进行某项比赛(如国际象棋比赛)。选手 v_i(顶点 v_i)与选手 v_j(顶点 v_j)之间进行一场比赛(较量),如果选手 v_i 是胜利者,那么通过从顶点 v_i 到顶点 v_j 的有向边 (v_i,v_j) 表示(在这种表示方法中,不允许出现平局的情况,也就是说,选手 v_i 与选手 v_j 之间进行的比赛必须要分出胜负)。在这种背景下,竞赛图中的一条真生成路意味着有可能依照某种次序列出参加一项比赛(如国际象棋比赛)的所有参赛选手(不妨设为 n 个参赛选手)的最终名次(排名)。

7.10 经典例题选编

例 7-6 试证明:在由两个人或者两个以上的人组成的人群中,存在着两个人,他们具有的朋友数目是相等的。

分析 为了证明上面的这个命题,我们首先应将这个待证的命题转化为图论中的命题,然后再对其进行证明。可以用图中的顶点表示人,如果两个人是朋友,那么就在所对应的两个顶点之间用一条边进行连接。这样一来,以上的命题可以用图论中的命题描述如下。

即需要证明在具有两个顶点或者两个以上的顶点的简单无向图 $G=(V,E)$ 中,至少有两个顶点的度数是相等的。

证明 不失一般性,不妨设简单无向图 $G=(V,E)$ 中的顶点的数目为 n,则这 n 个顶点的度数可能的取值为:$0,1,2,\cdots,n-1$。但是在简单图 G 中度数为 0 的顶点与度数为 $n-1$ 的顶点不可能同时出现,这是因为如果出现度数为 0 的顶点,那么说明简单无向图 G 为非连通图;如果出现度数为 $n-1$ 的顶点,那么就表明这个具有度数为 $n-1$ 的顶点与其余的 $n-1$ 个顶点均各有一条边相连接,这样一来,这个简单无向图 G 必定是连通图,然而,对于任何一个简单无向图 G 来说,连通性与不连通性是不可能共存于同一个图中的。由此可知,该简单无向图 G 中的顶点的度数要么为:$0,1,2,\cdots,n-2$,要么为:$1,2,3,\cdots,n-1$。因此,根据鸽笼原理,简单无向图 G 中必定至少存在有两个顶点的度数是相等的。即原命题得证。证毕。

例 7-7 试证明:在任意的由六个人组成的人群中,要么有三个人相互认识,要么有三个人彼此陌生(相互不认识)。

分析 为了证明上面的这个命题,我们首先应将这个待证的命题转化为图论中的命题,然后再对其进行证明。如果用图中的顶点表示人,那么可以用六个顶点分别表示六个人,当且仅当两个人相互认识时,在这两个人所对应的两个顶点之间用一条边连接起来。这样一来,以上的命题可以用图论中的命题描述如下:在一个具有六个顶点的图中,要么存在有三个顶点两两彼此相互邻接,要么存在有三个顶点两两彼此相互不邻接。

证明 不失一般性,不妨在具有六个顶点的图 $G=(V,E)$ 中任意取出一个顶点 v_i,则剩余的五个顶点只存在以下两种可能的情况。

(1) 其中有 $d(d\geqslant 3)$ 个顶点与顶点 v_i 相邻接。

(2) 只有 $p(p<3)$ 个顶点与顶点 v_i 相邻接,则必定有 $d(d\geqslant 3)$ 个顶点与顶点 v_i 不相邻接。

对于可能的情况(1)来说,不失一般性,不妨设有三个顶点 v_1、顶点 v_2、顶点 v_3 均与顶点 v_i 相邻接。如果这三个与顶点 v_i 相邻接的顶点中有两个顶点相互邻接,不妨设顶点 v_1 与顶点 v_2 相互邻接,那么具有六个顶点的图 G 中的顶点 v_i、顶点 v_1 与顶点 v_2 即为三个两两彼此相互邻接的顶点,否则,顶点 v_1、顶点 v_2、顶点 v_3 即为三个两两彼此相互不邻接的顶点。

对于可能的情况(2)来说,不失一般性,不妨设有三个顶点 v_1、顶点 v_2、顶点 v_3 均与顶点 v_i 不相邻接,如果这三个顶点中存在两个顶点相互不邻接,不妨设顶点 v_1 与顶点 v_2 不相邻接,那么具有六个顶点的图 G 中的顶点 v_i、顶点 v_1 与顶点 v_2 即为三个两两彼此相互不邻接的顶点,否则,顶点 v_1、顶点 v_2、顶点 v_3 即为三个两两彼此相互邻接的顶点。即原命题得证。证毕。

值得一提的是,可以将例 7-7 推广为一个求拉姆齐数(Ramsey number)的问题。这个问题最早是由英国剑桥学者 F. P. Ramsey 于 1924 年在《论形式逻辑中的一个问题》一文中首次提出的。也就是说,对于常数 m 和常数 n 来说,存在着一个与之对应的常数 R,使得在 R 个人中要么有 m 个人彼此相互认识,要么有 n 个人相互之间都不认识。为了方便起见,通常,将常数 R 的最小值表示成为 $R(m,n)$,$R(m,n)$ 即为拉姆齐数(Ramsey number)。到目前为止,人们发现的拉姆齐数比较少。例如,$R(3,3)=6$,$R(3,4)=9$,$R(3,5)=14$,$R(3,6)=18$,$R(3,7)=23$,$R(3,8)=28$,$R(3,9)=36$,$R(4,4)=18$ 等。不难看出,拉姆齐数有一个非常重要的性质,即 $R(m,n)=R(n,m)$。

例 7-8 设图 $G=(V,E)$ 中的任何一个顶点的度数均为 2,试证明图 G 中的任何一个分图均将包含一个环。

分析 由于题设条件给出图 $G=(V,E)$ 中的任何一个顶点的度数均为 2,因此表明图 G 中的任意一个顶点的度数为偶数,这一条件与欧拉图的概念有关;另外,由于要求证明的结论是图 G 中的任意一个分图都包含有一个环,因此说明,图 G 中的任意一个分图都不可能为树。这样一来,该命题的证明可以利用欧拉图或者树的概念和性质来进行推理。

证法一 不失一般性,不妨设图 G^* 是图 G 的任意一个分图,于是可知,分图 G^* 是连通图,并且又由于图 G 中的任意一个顶点的度数均为偶数(度数为 2),因此,在分图 G^* 中存在着欧拉回路。又由于图 $G=(V,E)$ 中的任意一个顶点的度数均为 2,因此,在这个欧拉回路上经过任意一个中间顶点(不包括起始点和终止点)一次并且仅仅只能经过一次。这样一来,这个欧拉回路就是一个环(这个回路的中间顶点都没有重复经过)。又由于分图 G^* 的任意一条边均在环上,因此,图 G 的分图 G^* 就是一个环。证毕。

证法二 反证法。

设分图 G^* 是图 G 的任何一个分图,包含有 n 个顶点 $v_1, v_2, \cdots, v_n$ 和 m 条边。由于图 G 的分图 G^* 中的任意一个顶点的度数均为 2,因此有:

$$\sum_{i=1}^{n} \deg(v_i) = 2m = 2n$$

由此可知,$m = n$。假设图 G 的分图 G^* 中不包含有环,又由于分图 G^* 为连通图,因此,图 G^* 是一棵树,于是应有 $m = n - 1$。但是这一结论与刚才的结论 $m = n$ 之间相互矛盾。所以,图 G 的任意一个分图 G^* 中必定包含有环。证毕。

例 7-9 设图 $G=(V,E)$ 是一个少于 30 条边的连通的平面图。试证明图 G 中至少有一个顶点的度数小于 4 或者等于 4。

证明 如果图 $G=(V,E)$ 是少于两条边的连通的平面图,原结论显然成立。

使用反证法,设图 G 是一个不少于 2 条边但是少于 30 条边的连通的平面图,并且假设图 G 中的任何一个顶点的度数均大于 5 或者等于 5,于是有:

$$2m = \sum_{i=1}^{n} \deg(v_i) \geqslant 5n$$

于是,有: $\qquad\qquad n \leqslant 2/5m$

又由于图 G 是平面图,因此有: $\qquad m \leqslant 3n - 6$

于是有: $\qquad\qquad m \leqslant 3 \times 2/5m - 6$

整理得,$1/5m \geqslant 6$,即 $m \geqslant 30$。

这与题设图 G 是少于 30 条边的连通的平面图相矛盾,因此,图 G 中至少有一个顶点的度数小于 4 或者等于 4。证毕。

习　题　7

1. 判断图 7-51 所示的两个图 G_1 与图 G_2 是否彼此同构? 并且证明你的回答。

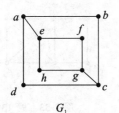
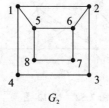

图 7-51　题 1 图

2. 试证明在任何图中度数为奇数的顶点的数目均为偶数。

3. 设图 $G=(V,E)$ 是具有 4 个顶点的完全图,试问:

(1) 图 $G=(V,E)$ 有多少个子图?

(2) 图 $G=(V,E)$ 有多少个生成子图?

(3) 如果没有任何两个子图是彼此同构的,那么图 $G=(V,E)$ 的子图的数目是多少?请将这些子图全部构造出来。

4. 无向图 $G=(V,E)$ 由邻接矩阵

$$A=\begin{bmatrix} 0 & 0 & 1 & 1 & 0 & 0 \\ 0 & 0 & 0 & 0 & 1 & 1 \\ 1 & 0 & 0 & 0 & 0 & 0 \\ 1 & 0 & 0 & 0 & 0 & 0 \\ 0 & 1 & 0 & 0 & 0 & 1 \\ 0 & 1 & 0 & 0 & 1 & 0 \end{bmatrix}$$

给出,判断该无向图 $G=(V,E)$ 是否为连通图?

5. 试证明图 $G=(V,E)$ 的任意一棵生成树与任何一个边割集至少存在一条公共边。

6. 试证明在图 $G=(V,E)$ 中的任何一个环与任何一个边割集的公共边数为偶数。

7. 试求一个连通图 $G=(V,E)$,使其满足以下等式:$K(G)=\lambda(G)=\delta(G)$。

8. 设图 $G=(V,E)$ 中的任何一个顶点的度数均为 3,并且顶点数目 n 与边数 m 之间具有如下的关系:$m=2n-3$。试回答下面的问题:

(1) 图 $G=(V,E)$ 中的顶点数目 n 与边数 m 分别各为多少?

(2) 在彼此同构的意义下,图 $G=(V,E)$ 具有唯一性吗?为什么?

9. 如果图 $G=(V,E)$ 的补图同构于该图 G,那么就称该图 G 为自补图。根据这一定义,在 5 阶完全图的子图中是否存在着自补图?并且证明你的结论。

10. 设矩阵 A 为具有 n 个顶点的图 $G=(V,E)$ 的邻接矩阵。试证明:如果在图 $G=(V,E)$ 中具有汉密尔顿环,那么 A^n 的主对角线上的元素不全为零。试证明该命题的逆命题并不成立。

11. 已知关于人员 A,B,C,D,E,F 和 G,有以下的事实:A 说英语;B 说英语和西班牙语;C 说英语、意大利语和俄语;D 说日语和西班牙语;E 说德语和意大利语;F 说法语、日语和俄语;G 说德语和法语。

试回答:上述 7 个人是否任何两个人都能够进行交谈(在两个人进行交谈时,如果需要,可以由其余的五个人中组成的译员链帮忙)?

12. 试从图 7-52 所示的图 G 中找出一条欧拉路。

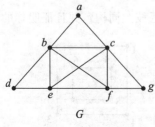

图 7-52 题 12 图

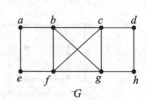

图 7-53 题 13 图

13. 对于图 7-53 所示的图 G,是欧拉图吗?是汉密尔顿图吗?并且在各种适当的情况下指出欧拉回路和汉密尔顿环。

14. 具有 5 个顶点的树有多少棵是互不同构的？试将它们构造出来。

15. 试证明当且仅当图 $G=(V,E)$ 中的每一条边均为割边时,该图 G 是森林。

16. 设图 $G=(V,E)$ 是一个连通图,其中,边 e 关联于顶点 v。试证明:如果顶点 v 的度数等于 1,那么,图 G 的任意一棵生成树均包含边 e。

17. 试证明在连通图 $G=(V,E)$ 中的任意一条边都是图 G 的某一个生成树的枝。

18. 试证明或者反驳下面的结论:连通图 $G=(V,E)$ 中的任何一条边为图 G 的某一棵生成树的弦。

19. 试证明具有 m 条边的连通图最多具有 $m+1$ 个顶点。

20. 具有 n 个顶点的完全图的环秩为多少？请写出解答过程。

21. 设树 T_1 与树 T_2 分别是连通图 $G=(V,E)$ 的两棵生成树,并且边 a 是在树 T_1 中但却不在树 T_2 中的一条边。试证明:存在着另一条边 b,它在树 T_2 中,但是却不在树 T_1 中,使得图 $(T_1-\{a\})\bigcup\{b\}$ 与图 $(T_2-\{b\})\bigcup\{a\}$ 都是图 $G=(V,E)$ 的生成树。

22. 一棵树 T 具有 5 个度数为 2 的顶点,3 个度数为 3 的顶点,4 个度数为 4 的顶点,2 个度数为 5 的顶点,其余的顶点的度数均为 1,试回答:该树 T 具有多少个度数为 1 的顶点？请写出解答过程。

23. 试证明,如果图 $G=(V,E)$ 是一个非连通图,那么这个图 G 的补图一定是一个连通图。

24. 设图 $G=(V,E)$ 是一个简单无向图,该图 G 具有 n 个顶点与 m 条边,并且 $1/2(n-1)(n-2)<m$。试证明该图 G 为一个连通图。请给出一个具有 n 个顶点的简单无向非连通图,使得这个非连通图的边数恰好等于 $1/2(n-1)(n-2)$。

25. 设 T 是一棵树,并且 $\Delta(T)\geqslant K$,其中,$\Delta(T)$ 表示树 T 中的顶点的最大度数。试证明该树 T 中至少具有 K 个树叶。

26. 试证明:任何一棵树均为一个二部图。

27. 设二部图 $G=(V,E)$ 是一棵树,顶点子集 V_1 与顶点子集 V_2 是其两个互补顶点子集。试证明:如果 $\#V_1\geqslant\#V_2$,那么在顶点子集 V_1 中至少存在着一个度数等于 1 的顶点。

28. 试证明:图 $G=(V,E)$ 是一个连通图的充分必要条件是,对于顶点集合 V 的任意一个二度分划 (V_1,V_2) 恒存在一条边,它的两个端点分别属于顶点子集 V_1 与顶点子集 V_2。所谓顶点集合 V 的二度分划 (V_1,V_2) 是指,将顶点集合 V 分成两个顶点子集 V_1 与顶点子集 V_2,使得 $V_1\bigcup V_2=V$,并且 $V_1\bigcap V_2$ 为空集。

29. 试举例说明:仅仅只有一个顶点的入度为 0,而其余的所有顶点的入度均为 1 的有向图不一定是有向树。

30. 根据有向图 $G=(V,E)$ 的邻接矩阵,如何确定它是否为一棵有向树？如果有向图 G 为一棵有向树,怎样确定这棵有向树的树根以及终止顶点？

31. 已知关于人员 A,B,C,D,E 和 F 有下述事实:A 说汉语、法语和日语;B 说德语、日语和俄语;C 说英语和法语;D 说汉语和西班牙语;E 说德语和英语;F 说西班牙语和俄语。

试回答:能否将这六个人分为两组,使得同一组中没有两个人能够相互交谈(给出分析过程)？

32. 试证明:在具有 6 个顶点、12 条边的连通的平面图中,每一个面(包括有限面和无限面)均由 3 条边围成,并且画出这样的平面图。

33. 设图 $G=(V,E)$ 是一个连通的平面图,试证明:在该图 G 中必定存在着一个顶点 v,并且这个顶点的度数不大于 5。

34. 试画出具有 6 个顶点的全部非平面图,使得没有任意两个图是彼此同构的。

35. 设图 $G=(V,E)$ 是一个连通的平面图,顶点数目为 n,面数为 k。试证明:

(1) 如果 $n \geq 3$,那么 $n \leq 2k-4$。

(2) 如果图 $G=(V,E)$ 中具有最小度数的顶点的度数为 4,那么该图 G 中至少应存在有 6 个顶点,它们的度数均小于或者等于 5。

36. 试证明:如果一个具有 n 个顶点、m 条边的图是自对偶图,那么顶点数目 n 与边数 m 满足以下的关系,即 $m=2(n-1)$。

Part 4
SHULI
LUOJI

第4部分
数理逻辑

第8章 命题逻辑

【内容提要】

本章进入到了离散数学这门课程的第四部分——数理逻辑相关内容的学习。数理逻辑是用数学的方法研究人类思维规律的一门学科。由于数理逻辑在形式上使用了一套符号系统，简洁地表达出了隐藏在各种正确推理背后的逻辑关系，因此，数理逻辑一般又可称为符号逻辑。它既是数学的一个分支，又是逻辑学的一个分支。数理逻辑是借助于数学方法研究逻辑或者形式逻辑的学科。数理逻辑与计算机的诸多领域的发展有着十分密切的联系。它为机器定理证明（数学机械化）、自动程序设计、人工智能等计算机理论研究和应用提供必要的理论基础。特别值得一提的是，数理逻辑也已经成为21世纪公认为的四大前沿科技领域的认知科学的理论基础之一。

因此，从本章开始，我们将用两章的篇幅系统地介绍数理逻辑最基本的内容：命题逻辑与谓词逻辑。

8.1 命题与命题联结词

数理逻辑的奠基人是莱布尼茨（Gottfried Wilhelm Leibniz，1646—1716，被誉为十七世纪的亚里士多德），他同时也是二进制的发明者，莱布尼茨是世界上第一台计算机的发明者，虽然这台计算机的功能十分有限（只能进行加、减、乘、除、以及开方运算）。莱布尼茨是第一个为计算机的设计，系统地提出了二进制的运算法则的人，为现代计算机的诞生及其发展奠定了坚实的理论基础。

数理逻辑是数学与哲学的交叉学科，是用数学方法研究人类思维规律（逻辑或者形式逻辑）的一门学科。笛卡儿曾说过：语言是思想的外壳。也就是说，语言反映了某种思想，即语言是思想的载体。因此，在语言中体现出了逻辑，在语言中反映了人类的思维规律。下面，我们通过对语言的分析找出其中具有逻辑意义的层面，并进而引入一套符号系统揭示这些语言（语句）背后所隐藏的逻辑或者形式逻辑。

语言的单位是句子。不论是哪个国家的语言，都是由句子组成的。一般说来，句子的句式有疑问句、祈使句、感叹句以及陈述句。其中，有且仅有陈述句能够分辨真假，而其余的几种句式（如疑问句、祈使句、感叹句等）都无所谓真假。因此，在数理逻辑中，为了叙述方便起见，通常将每一个能够分辨真假的陈述句称为一个命题。即如果一个陈述句要么为真，要么为假（即真假值必居其一），那么这个陈述句一定就是一个命题。值得一提的是，这里所说的能够分辨真假的陈述句指的是这个陈述句从客观上讲是能够分辨真假的。比如说，"任何一个不小于4的偶数都可以分解为两个素数的和"（著名的哥德巴赫猜想）即是一个命题。众所周知，哥德巴赫猜想是一个到目前为止尚未解决的世界级的数学难题，该问题也是著名的希尔伯特（David Hilbert，1862—1943）23个问题中的第8个问题。这个问题被誉为数学皇冠上的明珠。我国著名的数学家陈景润（1933—1996）终其一生致力于解决这个问题，虽然他对这个问题给出了目前世界公认的最好结果，但是无奈最终还是无法解决这一世界数学难题。尽管如此，由于哥德巴赫猜想本身在客观上能够分辨真假，也就是说，要么这个陈述句为真(即主观判断与客观实在相符合),要么这个陈述句为假(即主观判断与客观实在不相符合),因此,"任何一个不小于 4 的偶数都可以分解为两个素数的和"是一个命题。通过这个例子可以说明,命题的一条重要的性质在于它在客观上能够分辨真假,为了以后讨论问题方便起见,通常可以将这条性质归结为命题的客观性。命题的客观性表明了一个命题的真假与我们人类主观对于这个命题的认知能力与认识水平无关。命题的另一条性质就是它的真值是唯一的,即要么为真命题,要么为假命题。对于任意一个命题来说,其真值为真与真值为假这二者必居其一。

为了描述方便起见,通常用真值来描述一个命题是真或者是假。如果一个命题是真的,那么就说它的真值为真,用"1"表示,通常将真值为真的命题称为真命题;如果一个命题是假的,那么就说它的真值为假,用"0"表示,通常将真值为假的命题称为假命题。

例 8-1 判断下列语句是否为命题,并说明理由。

(1) 所有的小孩都喜欢孙悟空。

(2) 圆有无数条对称轴。

(3) 你喜欢琼瑶的小说吗?

(4) 3+5<7。

(5) 曹雪芹是清朝人。

(6) 2+y=5。

(7) 你快起来跟我走吧。

(8) 上帝保佑!

(9) 我正在说谎。

解 (1)、(2)、(4)、(5)是命题。其中,命题(2)与命题(5)的真值为真,也就是说,命题(2)与命题(5)皆为真命题,命题(1)与命题(4)的真值为假,也就是说,命题(1)与命题(4)皆为假命题。(3)、(7)、(8)都不是陈述句,所以它们都不是命题。(6)虽然是陈述句,但是它的真值随着 y 的取值而不断改变,于是这个陈述句从客观上讲没有恒定的真值,因此从客观上来说,是不能分辨真假的,故(6)不是命题。(9)虽然也是陈述句,但它也不是命题。这是因为一个命题从客观上来说,它的真值是唯一的,即要么为真,要么为假。假设(9)是一个真命题,则表明我正在说的这句话是谎话,即与"我正在说谎"这个客观事实相悖,因此可以逻辑地推出,(9)是一个假命题,这样就与前提假设相矛盾;反过来,假设(9)是一个假命题,则从客观实在性上,表明我正在说的这句话是真话,即与"我正在说谎"中所隐藏的客观事实相符合,因此可以逻辑地推出,(9)是一个真命题,这样就又与前提假设相矛盾。于是,(9)从逻辑上讲是悖论,它的真值也不具有唯一性,因此,(9)不是命题。

在数理逻辑中,今后为了表示命题方便起见,通常将某个命题用大写的英文字母 A、B、$\cdots$、P、Q、$\cdots$ 来表示,或者用带有下标的大写英文字母来表示。

例 8-1 中所列举的四个命题都是最简单的命题。在语言学中,它们都是简单句。在数理逻辑中,为了叙述方便起见,通常将它们称为原子命题(或者原始命题)。另外,还存在有一些命题,它们是由几个简单句通过连接词构成一个复合句表达出来的。这种操作方法与由两个数通过加、减、乘、除等二元运算而构造出一个新数,以及与两个集合通过求并运算、求交运算、求差运算等二元运算而构造出一个新的集合一样,在构造新的复合句时所使用的运算就是语法中的连接词。例如:

A:他既会唱歌,又会跳舞。

B：如果明天下雨，那么我就不上街。

C：我看电视或者睡觉。

D：n^2 为偶数当且仅当 m 为偶数。

它们都是一些用复合句表述的命题，这是因为在表述的过程中使用了以下的连接词：

既……又……

如果……那么……

或者……或者……

……当且仅当……

在语言学中，当我们要判定某个复合句究竟是一个怎样的句式（如并列复合句，条件复合句等）时，通常需要对组成一个复合句的各个简单句之间的关系进行研究，而当我们判定各个简单句之间的关系时，通常需要通过对连接这些简单句的连接词的性质进行判断。这就是我们所说的语法分析。但是在数理逻辑中，我们是通过使用逻辑分析的方法对诸如上面所列举的由复合句表示的命题进行讨论的。与语法分析相类似，对由复合句表示的命题进行逻辑分析的工具也是一些联结词。

若干个原子命题通过"否定"、"合取"、"析取"、"蕴含"、"等值"这五种联结词以及它们的任意组合可以形成新的命题，通常将这个新的命题称为复合命题。通常将以上的这五种联结词称为命题联结词（或者称为命题的五种运算）。读者需要特别注意的是，命题联结词与上面所列举的语言学中的连接词是迥然不同的，因为它们属于不同的范畴。命题联结词是在数理逻辑（命题逻辑）中对复合命题进行逻辑分析时所使用的工具，而连接词是在语言学中对复合句进行语法分析时所使用的工具。读者应将这二者严格地区分开来。下面，我们分别对这五种命题联结词的含义、使用方法以及怎样通过它们判断一个复合命题是真命题还是假命题逐一进行介绍。

1. 否定联结词"￢"

定义 8-1 设 P 是一个命题，利用否定联结词"￢"和命题 P 组成的复合命题称为命题 P 的否命题，记作"￢P"（读作"非 P"）。当且仅当命题 P 的真值为假时命题￢P 的真值为真。

否命题￢P 的取值情况可以通过表 8-1 来定义。这种表称为否命题￢P 的"真值表"（真值表的构造类似于集合成员表的构造）。否命题￢P 的真值表中的"1"和"0"分别表示标记该列的命题的真值为真和假。否定联结词"￢"相当于自然语言中的"非"、"不"或者"没有"等否定词。例如，如果命题 P 表示"今天上午打雷了"这一命题，那么，命题 P 的否命题￢P 可以表示为"今天上午没有打雷"或者"今天上午打雷这件事不成立"等。但是，否定联结词"￢"主要用于数理逻辑中的逻辑演绎推理，而并不是像通常语言中使用的"非"、"不"或者"没有"等否定词对于复合句进行语法分析。之所以要寻找这种对应关系主要是为了方便将一个用自然语言描述的否命题转化为使用符号表示的形式（符号化过程）。

表 8-1 　￢P 的真值表

P	￢P
0	1
1	0

2. 合取联结词"∧"

■ **定义 8-2**　设 P 和 Q 是两个命题,则由命题 P 与命题 Q 利用"∧"组成的复合命题,记为"$P \wedge Q$"(读作"P 且 Q"),并将 $P \wedge Q$ 称为合取式复合命题。当且仅当命题 P 与命题 Q 的真值均为真时,$P \wedge Q$ 的真值才为真。$P \wedge Q$ 的真值表如表 8-2 所示。

表 8-2　$P \wedge Q$ 的真值表

P	Q	$P \wedge Q$
0	0	0
0	1	0
1	0	0
1	1	1

合取联结词"∧"相当于自然语言中的"并且","既……又……","和","以及","不仅……而且……","虽然……但是……","尽管……仍然……"等表示并列关系、递进关系、让步关系的连接词。例如,如果用 P 和 Q 分别表示命题"张新性格很好"和命题"张新成绩很好",那么,$P \wedge Q$ 即表示合取式复合命题"张新不仅性格很好,而且成绩也很好"。又例如,如果用 P 和 Q 分别表示命题"这张桌子是黄色的"和命题"火星上有生命",那么,$P \wedge Q$ 即表示合取式复合命题"这张桌子是黄色的并且火星上有生命"。

在这里需要提醒读者注意的是,在自然语言中,用连接词连接的两个陈述句在内容上总是存在着某种联系的。也就是说,整个语句总是有意义的。然而在数理逻辑中,我们关心的始终都是复合命题与构成复合命题的各个原子命题之间的真值关系,即仅仅只通过逻辑来判断复合命题的真值情况,而并不是从语法和语义的角度关心各个语句的具体内容。因此,尽管从内容上看是毫无联系的两个命题也能组成为具有确定真值的复合命题。如上例所给出的合取式复合命题"这张桌子是黄色的并且火星上有生命"就是具有确定真值的命题。

3. 析取联结词"∨"

■ **定义 8-3**　设 P 和 Q 是两个命题,则由命题 P 与命题 Q 利用"∨"组成的复合命题,记为"$P \vee Q$"(读作"P 或 Q"),并将 $P \vee Q$ 称为析取式复合命题。当且仅当命题 P 与命题 Q 的真值至少有一个为真时,$P \vee Q$ 的真值就为真。$P \vee Q$ 的真值表如表 8-3 所示。

表 8-3　$P \vee Q$ 的真值表

P	Q	$P \vee Q$
0	0	0
0	1	1
1	0	1
1	1	1

例如,如果用 P 和 Q 分别表示命题"这餐饭吃鱼"和"这餐饭吃菠菜",那么 $P \vee Q$ 即表示析取式复合命题"这餐饭吃鱼或者吃菠菜"。在我们日常的自然语言中的"或者"一词具有"不可得兼"的意思。例如,"我到北京去出差或者到上海去度假"表示的是二者只能居其一,

不能同时成立。按照析取联结词"∨"的定义,当命题 P 的真值与命题 Q 的真值都为真时,析取式复合命题 $P \lor Q$ 的真值也为真。因此,析取联结词"∨"所表示的"或"是"相容或"。如果要正确地将上面的这个命题"我到北京去出差或者到上海去度假"进行符号化表示,设 P 和 Q 分别表示命题"我到北京去出差"以及"我到上海去度假",那么,命题"我到北京去出差或者到上海去度假"应符号化为 $(P \land \to Q) \lor (\to P \land Q)$,而不能符号化为 $P \lor Q$。

4. 蕴含联结词"→"

定义 8-4　设 P 和 Q 是两个命题,则由命题 P 与命题 Q 利用"→"组成的复合命题,记为"$P \to Q$"(读作"如果 P,那么 Q"),并将 $P \to Q$ 称为蕴含式复合命题。其中,将 $P \to Q$ 中的 P 称为蕴含式的前件;将 $P \to Q$ 中的 Q 称为蕴含式的后件。当且仅当前件 P 的真值为真,并且后件 Q 的真值为假时,蕴含式复合命题 $P \to Q$ 的真值为假;而在其余的情况下,蕴含式复合命题 $P \to Q$ 的真值皆为真。$P \to Q$ 的真值表如表 8-4 所示。

表 8-4　$P \to Q$ 的真值表

P	Q	$P \to Q$
0	0	1
0	1	1
1	0	0
1	1	1

蕴含联结词"→"相当于自然语言中的"如果……必须……","必须……以便于……","如果……那么……","若……则……"等表示条件关系的连接词。例如,如果用 P 和 Q 分别表示命题"我放了假"和"我到巴黎去",那么 $P \to Q$ 即表示蕴含式复合命题"如果我放了假,那么我就到巴黎去"。

当前件 P 的真值为真,并且后件 Q 的真值亦为真时,根据真值表 8-4,蕴含式复合命题 $P \to Q$ 的真值也为真,这一点在自然语言的意义下无疑是正确的,也就是说,由前提条件 P(将前提条件自然而然地看作是真命题)可以推出结论 Q 成立;当前件 P 的真值为真,而后件 Q 的真值为假时,根据真值表 8-4,蕴含式复合命题 $P \to Q$ 的真值为假,这一点在自然语言的意义下无疑也是正确的,它表明由前提条件 P(P 的真值为真)不能推出结论 Q 成立。根据真值表 8-4,可以看出,在 $P \to Q$ 中,当前件 P 的真值为假时,不论后件 Q 的真值为真还是为假,蕴含式复合命题 $P \to Q$ 的真值皆为真。这样的定义方式与客观实际的情况是完全吻合的。例如,如果要证明命题"如果 $x+4<17$,那么 $x<13$"是正确的,我们通常所使用的证明方法是在假设不等式 $x+4<17$ 成立的条件下,根据不等式的性质得出 $x<13$ 这个结论的,因此判定该命题是正确的。而对于 $x+4 \geq 17$ 这种情况完全不予考虑,这无异于是承认当前提条件 $x+4<17$ 不成立时,该命题"如果 $x+4<17$,那么 $x<13$"的真值为真。

5. 等值联结词"↔"

定义 8-5　设 P 和 Q 是两个命题,则由命题 P 与命题 Q 利用"↔"组成的复合命题,记为"$P \leftrightarrow Q$"(读作"P 当且仅当 Q"),并将 $P \leftrightarrow Q$ 称为等值式复合命题。当且仅当命题 P 与命题 Q 的真值相同时,等值式复合命题 $P \leftrightarrow Q$ 的真值为真;如果命题 P 与命题 Q 的真值不相同,那么等值式复合命题 $P \leftrightarrow Q$ 的真值为假。$P \leftrightarrow Q$ 的真值表如表 8-5 所示。

表 8-5　$P \leftrightarrow Q$ 的真值表

P	Q	$P \leftrightarrow Q$
0	0	1
0	1	0
1	0	0
1	1	1

等值联结词"$\leftrightarrow$"相当于自然语言中的"当且仅当","相当于","……与……相当","……和……一样","……与……等价"等连接词。例如,如果用 P 和 Q 分别表示命题"n^2 为奇数"和"n 为奇数",那么等值式复合命题 $P \leftrightarrow Q$ 即是"n^2 为奇数当且仅当 n 为奇数"。

利用以上介绍的五种逻辑联结词可以将许多用自然语言描述的复合命题进行符号化的描述。在将复合命题进行符号化描述之前,首先需要分析这个复合命题由哪些原子命题组成,然后需要分析这些原子命题相互之间的关系。下面,我们通过几个例子进行说明。

例 8-2　将以下的复合命题符号化。

(1) 如果你走路时看书,那么你一定会成为近视眼。

(2) 除非他以书面或者口头的方式通知我,否则我不参加明天的会议。

(3) 他虽然有理论知识,但是却没有实际经验。

(4) 张平是计算机系的学生,他住在南三舍 308 室或 309 室。

(5) 一个角是直角的三角形是直角三角形。

解　(1) 通过分析可以看出,这个复合命题是由三个原子命题组成的。

于是,令 P:你走路;Q:你看书;R:你是近视眼。

因此,该命题可以符号化为 $(P \wedge Q) \rightarrow R$。

(2) 通过分析可以看出,这个复合命题是由三个原子命题组成的。

于是,令 P:他书面通知我;Q:他口头通知我;R:我参加明天的会议。

因此,该命题可以符号化为 $(P \vee Q) \leftrightarrow R$。

(3) 通过分析可以看出,这个复合命题是由两个原子命题组成的。

于是,令 P:他有理论知识;Q:他有实践经验。

因此,该命题可以符号化为 $P \wedge \neg Q$。

(4) 通过分析可以看出,这个复合命题是由三个原子命题组成的。

于是,令 P:张平是计算机系的学生;Q:张平住在南三舍 308 室;R:张平住在南三舍 309 室。

因此,该命题可以符号化为 $P \wedge ((Q \wedge \neg R) \vee (\neg Q \wedge R))$。

(5) 通过分析可以看出,这个复合命题是由两个原子命题组成的。

于是,令 P:三角形的一个角是直角;Q:三角形是直角三角形。

因此,该命题可以符号化为 $P \leftrightarrow Q$。

例 8-3　设 P、Q 和 R 的意义如下。

P:苹果是甜的;Q:苹果是红的;R:我买苹果。

试用自然语言描述下列的复合命题。

(1) $(P \wedge Q) \rightarrow R$。

(2) $(\neg P \wedge \neg Q) \rightarrow \neg R$。

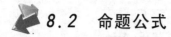 (1) 如果苹果既甜又红,那么我就买。

(2) 我没买苹果,因为苹果既不红又不甜。

8.2　命题公式

数理逻辑最主要的特征就在于它是通过运用一套符号系统来进行推理,因此,又可将这种推理称为形式化的推理。运用这种形式化的推理可以模拟我们在日常生活中的许多逻辑思维过程,在本节以及后面的若干小节里,我们将逐步为读者展现这种形式化的推理方法。怎样才能进行形式化的推理呢? 首先需要将我们的逻辑思维活动从一个一个具体的情景当中抽象出来。于是,我们联想到了物理学,在物理学中,许多的物理规律就是运用数学公式来表述的,也就是说,可以利用数学公式来体现大千世界各类物体的运动规律。同样的道理,人类的逻辑思维活动也可以使用类似于数学公式的公式来体现,本节所介绍的命题公式就是能够体现出人类日常的一些最简单的逻辑思维活动的公式。

我们知道,一个数学公式通常是由变量、常量以及运算符按照正确的组合方式构成的。命题公式在构成上与数学公式是类似的,即命题公式是由命题常元(类似于数学公式中的常量)、命题变元(类似于数学公式中的变量)以及联结词(类似于数学公式中的运算符)按照正确的组合方式构成的。

在上一节中指出一个大写字母可以用来表示一个给定的命题。由于它具有确定的真值,即要么该命题的真值为真,要么该命题的真值为假,因此称它为命题常元。命题常元通常用“1”或者“0”表示。其中,“1”用来表示真值为真的命题,而“0”用来表示真值为假的命题,在这里需要提醒读者注意的是,命题常元并不是指某个确定的命题,而是指命题的真值已经确定了。例如,命题常元“1”可以用来表示如“2 是偶数”,“朱元璋是明朝的皇帝”等所有真值为真的命题;命题常元“0”可以用来表示如“3 是合数”,“北冰洋是地球上面积最大的海洋”等所有真值为假的命题。通常将一个任意的并且真值不确定的命题称为命题变元,在这里需要提醒读者注意的是,真值不确定的命题并不是指对于一个用自然语言描述的命题,它的真值不确定,是指一个命题变元既可以表示真值为真的命题(用符号表示的命题),也可以表示真值为假的命题(用符号表示的命题)。为了表述方便起见,我们仍然采用大写字母表示命题变元。

命题变元虽然没有确定的真值,但是当我们进行解释,也就是说,当我们用一个具体的命题代入时,它的真值就可以得到确定。由于任何一个命题的真值都只有“真”、“假”两种取值的可能性,因此为了简单起见,往往在对一个命题变元进行代入时,就直接以“真”或者“假”的值代入,而没有必要代入具体的命题。

总体来说,组成命题公式的命题常元与命题变元都是针对命题的真值情况来讨论的,而与具体的命题无关。即如果命题的真值情况是确定的,那么就是命题常元(用“0”或者“1”表示);如果命题的真值情况是不确定的,那么就是命题变元(用大写字母表示)。

由命题常元、命题变元、命题联结词以及圆括号所组成的字符串可以构成一个命题公式,但并不是由这四类符号所组成的任何一个符号串都能够成为一个命题公式。下面,我们给出命题公式(或者简称为公式)的递归定义。

■ **定义 8-6** 递归定义命题公式(或者简称为公式),具体如下。

(1) 0、1 是命题公式。

(2) 命题变元是命题公式。

(3) 如果 A 是命题公式,那么 $\neg A$ 是命题公式。

(4) 如果 A 和 B 是命题公式,那么 $(A \lor B)$、$(A \land B)$、$(A \to B)$、$(A \leftrightarrow B)$ 也是命题公式。

(5) 只有有限次地利用上述(1)、(2)、(3) 和(4) 而产生的符号串才是命题公式。

按照上述定义,下面的符号串 $1 \lor 0$,$(A \land B) \to (\neg (P \to Q))$,$((A \lor B) \land R) \leftrightarrow (P \to Q)$,$(P \lor Q) \to (\neg (R \land S))$,$\neg (P \lor R)$,$((R \lor Q) \land P) \leftrightarrow (Q \lor P)$ 等都是命题公式。但是下面的符号串 $(A \land B) \to PQ$,$\lor B \to Q$,$\lor R \to Q$,$P \to (R \to Q$ 却不是命题公式。

为了简单起见,通常省去命题公式中最外层的括号。如果对于五个命题联结词,规定它们结合的强弱次序为 $\neg$、$\land$、$\lor$、$\to$、$\leftrightarrow$,那么也可以省掉命题公式中的某些括号。但是,在通常情况下,我们一般不这样做。

可以看出,如果把命题公式中的命题变元变换成为原子命题或者复合命题,那么该命题公式即是一个复合命题。由此可知,对于任何一个复合命题的研究都可以转化为对于相应的命题公式的研究。因此,为了研究方便起见,以后将以命题公式作为主要的研究对象进行分析和讨论。

命题公式不一定是命题,如果命题公式中只有命题常元出现时,那么这个命题公式的真值能够被确定下来,这个命题公式就成为一个命题;如果命题公式中具有命题变元时,只有当每一个命题变元都被赋予确定的真值时,命题公式的真值才被确定,成为一个命题。

■ **定义 8-7** 设 F 为具有命题变元 $P_1, P_2, \cdots, P_n$ 的命题公式,如果依次给这 n 个命题变元 $P_1, P_2, \cdots, P_n$ 一组确定的真值,那么就将这组真值称为命题公式 F 关于这 n 个命题变元 $P_1, P_2, \cdots, P_n$ 的一组真值指派。

容易看出,具有 n 个命题变元的命题公式有 2^n 组不同的真值指派,对于其中的任何一组真值指派,命题公式都有一个确定的真值。命题公式与其命题变元之间的真值关系可以使用真值表的方法表示出来(其构造方法与集合的成员表的构造相类似)。下面,我们通过两个例子进行说明。

命题公式 $F_1 = (P \to Q) \leftrightarrow (\neg P \lor Q)$ 的真值表如表 8-6 所示。

表 8-6 命题公式 F_1 的真值表

P	Q	$\neg P$	$\neg P \lor Q$	$P \to Q$	$(P \to Q) \leftrightarrow (\neg P \lor Q)$
0	0	1	1	1	1
0	1	1	1	1	1
1	0	0	0	0	1
1	1	0	1	1	1

命题公式 $F_2 = (P \leftrightarrow Q) \land (\neg Q \to R)$ 的真值表如表 8-7 所示。

表 8-7　命题公式 F_2 的真值表

P Q R	$P{\leftrightarrow}Q$	$\neg Q$	$\neg Q{\rightarrow}R$	$(P{\leftrightarrow}Q)\wedge(\neg Q{\rightarrow}R)$
0　0　0	1	1	0	0
0　0　1	1	1	1	1
0　1　0	0	0	1	0
0　1　1	0	0	1	0
1　0　0	0	1	0	0
1　0　1	0	1	1	0
1　1　0	1	0	1	1
1　1　1	1	0	1	1

定义 8-8　对于任意一个命题公式 F，如果对于它所包含的命题变元的任意一组真值指派，取值恒为真，那么就称命题公式 F 为重言式，或者称其为永真公式，通常用"1"表示；反过来，如果对于它所包含的命题变元的任何一组真值指派，取值恒为假，那么就称命题公式 F 为矛盾式，或者称其为永假公式，通常用"0"表示；如果至少有一组真值指派使得命题公式 F 的取值为真，那么就称命题公式 F 为可满足的公式。

例如，以上的命题公式 F_1 为重言式（永真公式），命题公式 F_2 为可满足的公式。

直接利用以上的定义 8-8 可以证明下面的定理 8-1。

定理 8-1　如果命题公式 A 与命题公式 B 均为重言式（永真公式），那么命题公式 $A\wedge B$ 和命题公式 $A\vee B$ 仍然是重言式（永真公式）。

怎样判定一个命题公式是否为重言式（永真公式）或者矛盾式（永假公式）呢？当然可以像前面所举的例子那样列出这个命题公式的真值表，并且观察对于该命题公式所包含的命题变元的任何一组真值指派的取值是否恒为 1 或者恒为 0。但是，当命题公式很复杂或者所包含的命题变元数量很多的时候，用列真值表的方法工作量太大，这时可以考虑借助于计算机来进行求解。因为利用计算机求解数据量较大的问题往往具有很高的效率与正确性（相对于人工求解来说）。

8.3　命题公式的等值关系与蕴含关系

两个命题公式之间通常存在着一些基本的关系，通过这些关系可以反映了命题公式所代表的命题之间的逻辑关联。比较基本的两种关系分别是命题公式之间的等值关系和命题公式之间的蕴含关系。

定义 8-9　设 A 和 B 是两个命题公式，如果命题公式 $A{\leftrightarrow}B$ 为重言式（永真公式），那么就称命题公式 A 与命题公式 B 是等值的公式，记为 $A\Leftrightarrow B$。

"$A\Leftrightarrow B$"的实质是命题公式 A 与命题公式 B 从逻辑上来说是完全等价的。不难看出，当且仅当命题公式 A 与命题公式 B 的真值表完全相同时，命题公式 A 和命题公式 B 即为等值的公式。

例如，上一节（8.2 节）中表 8-6 的例子中的命题公式 $P{\rightarrow}Q$ 和命题公式 $\neg P\vee Q$ 是等值的公式；同理可知，命题公式 $P \wedge P$ 与命题公式 P 也是等值的公式。

注意：符号"$\Leftrightarrow$"和符号"$\leftrightarrow$"是两个含义完全不同的符号。符号"$\Leftrightarrow$"不是命题联结词而是用来表示命题公式之间关系的符号，$A \Leftrightarrow B$ 并不能表示一个命题公式，也就是说，$A \Leftrightarrow B$ 不能表示一个命题，$A \Leftrightarrow B$ 表示的是命题公式 A 与命题公式 B 之间具有等值关系；但是符号"$\leftrightarrow$"是命题联结词，$A \leftrightarrow B$ 表示一个命题公式，可以用 $A \leftrightarrow B$ 来表示某个用自然语言描述的命题。然而这两者之间却存在着密切的联系，也就是说，$A \Leftrightarrow B$ 的充分必要条件(简称充要条件)是命题公式 $A \leftrightarrow B$ 为重言式(永真公式)。

不难看出，命题公式之间的等值关系是一个等价关系，即满足如下三条性质。

(1) 自反性：对于任意的命题公式 A，有 $A \Leftrightarrow A$。

(2) 对称性：对于任意的命题公式 A、B，若有 $A \Leftrightarrow B$，则有 $B \Leftrightarrow A$。

(3) 可传递性：对于任意的命题公式 A、B、C，若有 $A \Leftrightarrow B$，并且 $B \Leftrightarrow C$，则有 $A \Leftrightarrow C$。

为了今后的逻辑推理方便起见，我们列出了一些最重要、最基本的等值关系式，如表 8-8 所示，这些等值关系式中的前 19 个通常也被称为定律。

表 8-8　基本等值关系式表

$E_1: P \vee Q \Leftrightarrow Q \vee P$	$E_1': P \wedge Q \Leftrightarrow Q \wedge P$	交换律
$E_2: (P \vee Q) \vee R \Leftrightarrow P \vee (Q \vee R)$	$E_2': (P \wedge Q) \wedge R \Leftrightarrow P \wedge (Q \wedge R)$	结合律
$E_3: P \wedge (Q \vee R) \Leftrightarrow (P \wedge Q) \vee (P \wedge R)$	$E_3': P \vee (Q \wedge R) \Leftrightarrow (P \vee Q) \wedge (P \vee R)$	分配律
$E_4: P \wedge 1 \Leftrightarrow P$	$E_4': P \vee 0 \Leftrightarrow P$	同一律
$E_5: P \vee \neg P \Leftrightarrow 1$	$E_5': P \wedge \neg P \Leftrightarrow 0$	互否律
$E_6, E_6': \neg(\neg P) \Leftrightarrow P$		双重否定律
$E_7: P \wedge P \Leftrightarrow P$	$E_7': P \vee P \Leftrightarrow P$	等幂律
$E_8: P \wedge 0 \Leftrightarrow 0$	$E_8': P \vee 1 \Leftrightarrow 1$	零一律
$E_9: P \wedge (P \vee Q) \Leftrightarrow P$	$E_9': P \vee (P \wedge Q) \Leftrightarrow P$	吸收律
$E_{10}: \neg(P \vee Q) \Leftrightarrow \neg P \wedge \neg Q$	$E_{10}': \neg(P \wedge Q) \Leftrightarrow \neg P \vee \neg Q$	德·摩根定律
$E_{11}: P \rightarrow Q \Leftrightarrow \neg P \vee Q$		
$E_{12}: P \leftrightarrow Q \Leftrightarrow (P \wedge Q) \vee (\neg P \wedge \neg Q)$		
$E_{13}: P \rightarrow (Q \rightarrow R) \Leftrightarrow (P \wedge Q) \rightarrow R$		
$E_{14}: P \leftrightarrow Q \Leftrightarrow (P \rightarrow Q) \wedge (Q \rightarrow P)$		
$E_{15}: \neg(P \rightarrow Q) \Leftrightarrow P \wedge \neg Q$		
$E_{16}: P \rightarrow Q \Leftrightarrow \neg Q \rightarrow \neg P$		
$E_{17}: \neg(P \leftrightarrow Q) \Leftrightarrow P \leftrightarrow \neg Q$		

在这 26 个等值关系式中，前 19 个等值关系式与集合恒等式的基本公式非常相似。这里的析取联结词"$\vee$"相当于集合与集合之间的求并运算符"$\bigcup$"；合取联结词"$\wedge$"相当于集合与集合之间的求并运算符"$\bigcap$"；否定联结词"$\neg$"相当于集合的求补运算符"$'$"。在这 26 个等值关系式的后 7 个等值关系式表明，所有的命题公式都可以用析取联结词"$\vee$"、合取联结词"$\wedge$"和否定联结词"$\neg$"表示。以上这 26 个等值关系式的正确性均可以使用真值表加

以证明。下面,我们通过一个例子进行说明。

例 8-4 证明德·摩根定律 $\neg(P \vee Q) \Leftrightarrow \neg P \wedge \neg Q$。

证明 列出命题公式 $\neg(P \vee Q)$ 和命题公式 $\neg P \wedge \neg Q$ 的真值表如表 8-9 所示。由于在真值表 8-9 中,命题公式 $\neg(P \vee Q)$ 与命题公式 $\neg P \wedge \neg Q$ 所标记的值列完全相同,因此有 $\neg(P \vee Q) \Leftrightarrow \neg P \wedge \neg Q$ 成立。证毕。

表 8-9 证明德·摩根定律的真值表

P	Q	$P \vee Q$	$\neg P$	$\neg Q$	$\neg P \wedge \neg Q$	$\neg(P \vee Q)$
0	0	0	1	1	1	1
0	1	1	1	0	0	0
1	0	1	0	1	0	0
1	1	1	0	0	0	0

定义 8-10 设 A 是一个命题公式,并且 $P_1, P_2, \cdots, P_n$ 是其中出现的全部命题变元。

(1) 用某些命题公式代换命题公式 A 中的某些命题变元。

(2) 若用命题公式 Q_k 代换命题变元 P_k,则必须用命题公式 Q_k 代换命题公式 A 中全部的命题变元 P_k。那么,由此而得到的新的命题公式 B 称为命题公式 A 的一个代换实例。

例如,设在命题公式 $A_1 = P \rightarrow (R \wedge P)$ 中,如果用命题公式 $Q \leftrightarrow S$ 代换其中的命题变元 P,那么就可以得到新的命题公式 $B_1 = (Q \leftrightarrow S) \rightarrow (R \wedge (Q \leftrightarrow S))$,这样一来,命题公式 B_1 即是命题公式 A_1 的一个代换实例。设命题公式 $A_2 = P \rightarrow \neg Q$,若用命题公式 $P \vee Q$ 代换其中的(命题公式 A_2 中的)命题变元 P 以及用 R 代换其中的 Q 的代换实例为 $B_2 = (P \vee Q) \rightarrow \neg R$。

> **注意**:当用命题公式 Q_k 代换命题变元 P_k 时,必须代换命题公式 A 中的全部命题变元 P_k;如果对命题公式 A 中的多个命题变元进行代换,那么这种代换必须同时进行。
>
> 例如,命题公式 $B_3 = (Q \leftrightarrow S) \rightarrow (R \wedge P)$ 不是命题公式 A_1 的代换实例。
>
> 又例如,如果首先用命题公式 $P \vee Q$ 代换命题公式 A_2 中的命题变元 P,那么就可以得到命题公式 $B_4 = (P \vee Q) \rightarrow \neg Q$,然后再用 R 代换命题公式 B_4 中的命题变元 Q,得到命题公式 $B_5 = (P \vee R) \rightarrow \neg R$,不难看出,这个命题公式 B_5 显然不是命题公式 A_2 所要求的代换实例。

可以看出,重言式(永真公式)的代换实例仍然是一个重言式(永真公式)。由于重言式(永真公式)的真值与重言式(永真公式)中的各个命题变元的真值指派无关,也就是说,对于命题变元的任意一组真值指派,重言式(永真公式)的真值取值恒为 1,即重言式(永真公式)的真值不依赖于重言式(永真公式)中的各个命题变元的真值的变化而改变。因此,对于重言式(永真公式)中的各个命题变元以任何相应的命题公式代入以后,得到的命题公式仍然是重言式(永真公式)。根据这一结论,可以立即得到下面的一个重要的定理 8-2。

定理 8-2 代入规则 对于重言式(永真公式)中的任意一个命题变元出现的每一处均用同一个命题公式代入,得到的命题公式仍然是重言式(永真公式)。

根据以上的定理 8-2,不难看出,如果对于等值关系式中的任意一个命题变元出现的每一处均用同一个命题公式代入,那么所得到的仍然是等值关系式。由此可得,表 8-8 中所列出的 26 个等值关系式,不仅仅只对于任意的命题变元 P、Q、R 是成立的,而且当 P、Q、R 分别为某些相应的命题公式时,这些等值关系式也仍然是成立的。因此,也可以将表 8-8 看成 26 个等值模式(等值模型)。

例如,对于分配律 $E_3{}':P \lor (Q \land R) \Leftrightarrow (P \lor Q) \land (P \lor R)$ 来说,如果将命题变元 Q 用命题公式 $X \to Y$ 来进行代换,那么就可以得到下面形式的分配律,即

$$P \lor ((X \to Y) \land R) \Leftrightarrow (P \lor (X \to Y)) \land (P \lor R)$$

定义 8-11　如果 C 是命题公式 A 的一部分(即 C 是命题公式 A 中的连续若干个符号),并且 C 本身也是一个命题公式,那么就称 C 是命题公式 A 的子公式。

例如,设命题公式 $A = (P \lor Q) \to (Q \lor (R \land P))$,那么,$(P \lor Q)$、$(R \land P)$、$(Q \lor (R \land P))$ 等都是命题公式 A 的子公式,特别地,根据以上的定义 8-11,命题公式 A 本身也是 A 的子公式。但是,下面的这些符号串 $(P \lor Q) \to$、$(R \land P))$、$Q \lor$ 等都不是命题公式 A 的子公式,这是因为尽管这些符号串都是由命题公式 A 中的连续符号组成的,但是这些符号串都不能表示命题公式。下面的这些符号串 $P \lor (R \land P)$、$Q \to (R \land P)$ 等也都不是命题公式 A 的子公式,这是因为尽管这些符号串都可以用于表示命题公式,但是这些符号串中的符号在原命题公式 A 中是不连续的。

定理 8-3　置换规则　设 C 是命题公式 A 的一个子公式,并且 $C \Leftrightarrow D$。如果将命题公式 A 中的子公式置换成公式 D 之后,得到的命题公式是 B,那么 $A \Leftrightarrow B$。

证明　不失一般性,不妨设 $P_1, P_2, \cdots, P_n$ 是在命题公式 A 与命题公式 B 中出现的所有的命题变元。由于 C 和 D 分别是命题公式 A 和命题公式 B 的子公式,因此,在 C 和 D 中所出现的任意一个命题变元都包含在命题变元 $P_1, P_2, \cdots, P_n$ 中。又由于 $C \Leftrightarrow D$,因此,对于命题变元 $P_1, P_2, \cdots, P_n$ 的任意一组真值指派来说,C 与 D 的真值取值情况均相同,由此可知,命题公式 A 和命题公式 B 的真值取值情况也必定相同。根据命题公式之间等值关系的定义,必有 $A \Leftrightarrow B$。证毕。

由于命题公式之间的等值关系是等价关系,因此,这种命题公式之间的等值关系具有可传递性。也就是说,命题公式 A 可以按照置换规则进行任意多次置换之后,所得到的公式仍然与原命题公式 A 之间是等值的。

一旦有了置换规则和代入规则,便可以利用已知的一些命题公式之间的等值关系式(如表 8-8 中所列举的 26 个等值关系式)推导出其他的一些更加复杂的命题公式之间的等值关系式。

例 8-5　试证明等值关系式 $(P \land (Q \land S)) \lor (\neg P \land (Q \land S)) \Leftrightarrow Q \land S$。

证明
$$(P \land (Q \land S)) \lor (\neg P \land (Q \land S))$$
$$\Leftrightarrow (P \lor \neg P) \land (Q \land S) \qquad\qquad (\text{分配律,代入规则})$$
$$\Leftrightarrow 1 \land (Q \land S) \qquad\qquad (\text{互否律,置换规则})$$
$$\Leftrightarrow Q \land S \qquad\qquad (\text{零一律,代入规则})$$

证毕。

例 8-6　试证明 $Q \lor \neg ((\neg P \lor Q) \land P)$ 是一个重言式(永真公式)。

证明　$Q \lor \neg ((\neg P \lor Q) \land P) \Leftrightarrow Q \lor (\neg(\neg P \lor Q) \lor \neg P) \qquad (\text{德·摩根定律})$

$$\Leftrightarrow Q \vee ((P \wedge \neg Q) \vee \neg P) \qquad\qquad$$
$$\text{(德·摩根定律,双重否定律)}$$
$$\Leftrightarrow Q \vee ((P \vee \neg P) \wedge (\neg Q \vee \neg P))$$
$$\text{(交换律,分配律)}$$
$$\Leftrightarrow Q \vee (1 \wedge (\neg Q \vee \neg P)) \qquad \text{(互否律)}$$
$$\Leftrightarrow Q \vee (\neg Q \vee \neg P) \qquad \text{(交换律,同一律)}$$
$$\Leftrightarrow (Q \vee \neg Q) \vee \neg P \qquad\qquad \text{(结合律)}$$
$$\Leftrightarrow 1 \vee \neg P \qquad\qquad\qquad \text{(互否律)}$$
$$\Leftrightarrow 1 \qquad\qquad\qquad\qquad \text{(交换律,零一律)}$$

证毕。

由于命题公式 $Q \vee \neg ((\neg P \vee Q) \wedge P)$ 与重言式(永真公式)是等值的,因此,命题公式 $Q \vee \neg ((\neg P \vee Q) \wedge P)$ 即是一个重言式(永真公式)。

上面所列举的两个例子是运用表 8-8 所示的前 19 个等值关系式以及相应的代换规则与置换规则证明的一些新的等值关系式。事实上,运用表 8-8 中所列举的等值关系式 E_{11} 与等值关系式 E_{12} 能够证明任何包含有蕴含联结词"→"和等值联结词"↔"的命题公式的等值关系式。下面,我们运用表 8-8 中所列举的等值关系式 E_{11} 与等值关系式 E_{12} 证明等值关系式 E_{13} 与等值关系式 E_{14}。

例 8-7 试证明 $\qquad P \to (Q \to R) \Leftrightarrow (P \wedge Q) \to R \qquad\qquad (E_{13})$

证明 $\qquad\qquad P \to (Q \to R) \Leftrightarrow \neg P \vee (Q \to R) \qquad\qquad (E_{11})$
$$\Leftrightarrow \neg P \vee (\neg Q \vee R) \qquad\qquad (E_{11})$$
$$\Leftrightarrow (\neg P \vee \neg Q) \vee R \qquad\qquad \text{(结合律)}$$
$$\Leftrightarrow \neg (P \wedge Q) \vee R \qquad\qquad \text{(德·摩根定律)}$$
$$\Leftrightarrow (P \wedge Q) \to R \qquad\qquad (E_{11})$$

例 8-8 试证明 $\qquad P \leftrightarrow Q \Leftrightarrow (P \to Q) \wedge (Q \to P) \qquad\qquad (E_{14})$

证明 $(P \to Q) \wedge (Q \to P) \Leftrightarrow (\neg P \vee Q) \wedge (\neg Q \vee P) \qquad\qquad (E_{11})$
$$\Leftrightarrow (\neg P \wedge (\neg Q \vee P)) \vee (Q \wedge (\neg Q \vee P)) \qquad \text{(分配律)}$$
$$\Leftrightarrow (\neg P \wedge \neg Q) \vee (\neg P \wedge P)) \vee (Q \wedge \neg Q) \vee (Q \wedge P)$$
$$\text{(分配律)}$$
$$\Leftrightarrow (\neg P \wedge \neg Q) \vee 0 \vee 0 \vee (Q \wedge P) \qquad \text{(互否律)}$$
$$\Leftrightarrow (\neg P \wedge \neg Q) \vee (Q \wedge P) \qquad\qquad \text{(零一律)}$$
$$\Leftrightarrow P \leftrightarrow Q \qquad\qquad\qquad (E_{12})$$

证毕。

例 8-9 用等值演算法判断下列命题公式的类型。

(1) $\neg (P \to (P \vee Q)) \wedge R$

(2) $(\neg P \wedge (\neg Q \wedge R)) \vee (Q \wedge R) \vee (P \wedge R)$

解 $\qquad (1) \qquad \neg (P \to (P \vee Q)) \wedge R \Leftrightarrow \neg (\neg P \vee (P \vee Q)) \wedge R \qquad (E_{11})$
$$\Leftrightarrow \neg ((\neg P \vee P) \vee Q) \wedge R \qquad \text{(结合律)}$$
$$\Leftrightarrow \neg (1 \vee Q) \wedge R \qquad\qquad \text{(互否律)}$$
$$\Leftrightarrow 0 \wedge R \qquad\qquad \text{(零一律,德·摩根定律)}$$

$$\Leftrightarrow 0 \qquad\qquad\qquad (零一律)$$

由此可得,命题公式(1)为矛盾式(永假公式)。

(2) $(\rightarrow P \wedge (\rightarrow Q \wedge R)) \vee (Q \wedge R) \vee (P \wedge R)$

$$\Leftrightarrow ((\rightarrow P \wedge \rightarrow Q) \wedge R) \vee ((Q \vee P) \wedge R) \qquad (结合律,分配律)$$
$$\Leftrightarrow (\rightarrow(P \vee Q) \wedge R) \vee ((P \vee Q) \wedge R) \qquad (交换律,德·摩根定律)$$
$$\Leftrightarrow (\rightarrow(P \vee Q) \vee (P \vee Q)) \wedge R \qquad (分配律)$$
$$\Leftrightarrow 1 \wedge R \qquad\qquad\qquad (互否律)$$
$$\Leftrightarrow R \qquad\qquad\qquad\qquad (同一律)$$

由此可得,命题公式(2)是一个可满足公式。即当$(P,Q,R)=(0,0,1)$时,命题公式(2)的真值为真;而当$(P,Q,R)=(0,0,0)$时,命题公式(2)的真值为假。

从例8-9可知,用等值演算法判断命题公式的类型不太方便,尤其是不仅命题公式中的命题变元的数目比较多,而且所判断的命题公式为非重言式的可满足公式,如果仅仅通过人工运用等值演算法来判断就显得更不方便了。这时,我们可以采取的一个方法就是利用计算机进行判断。此时的计算机就并非一台普通计算机了,而是具有一定自动推理功能的机器。例如,我们可以首先将表8-8中所列出的26个等值关系式以及代入规则和置换规则这两个基本的推理规则作为基本知识存入到知识库中,然后将这些知识通过存入到计算机中的代入规则和置换规则自动完成推理过程。从原则上讲,只要将推理的过程设计得比较恰当,计算机将会以很高的效率来完成整个等值演算过程。这是因为,从本质上讲,相对于人来说,计算机对于大规模数据的处理能力要强大得多。

等值演算法不仅能够帮助我们解决(处理)数学上或逻辑学上需要论证的一些命题,而且还可以帮助我们解决在日常工作和生活中遇到的一些逻辑推理问题。下面,我们通过一个例子进行说明。

例8-10 某勘探队有3名队员,有一天采得一块样矿,3人的判断如下。

甲说:此矿既不是铁矿,也不是铜矿。

乙说:此矿不是铁矿,而是锡矿。

丙说:此矿不是锡矿,而是铁矿。

经过实验室对这块样矿的最终鉴定以后发现,其中有一个人两个判断都正确,有一个人判断正确了一半,而另一个人的判断全错。请根据以上的情况判断此样矿的类型。

解 设命题P:矿样为铁;命题Q:矿样为铜;命题R:矿样为锡。

P、Q、R中必有一个为真命题,两个为假命题,下面通过等值演算法找出来。设:

$$甲:\rightarrow P \wedge \rightarrow Q; \qquad 乙:\rightarrow P \wedge R; \qquad 丙:P \wedge \rightarrow R$$

如果甲的判断全对,则有: $A_1 = \rightarrow P \wedge \rightarrow Q$

如果甲的判断只对了一半,则有: $A_2 = (P \wedge \rightarrow Q) \vee (\rightarrow P \wedge Q)$

如果甲的判断全错,则有: $A_3 = P \wedge Q$

如果乙的判断全对,则有: $B_1 = \rightarrow P \wedge R$

如果乙的判断只对了一半,则有: $B_2 = (P \wedge R) \vee (\rightarrow P \wedge \rightarrow R)$

如果乙的判断全错,则有: $B_3 = P \wedge \rightarrow R$

如果丙的判断全对,则有: $C_1 = P \wedge \rightarrow R$

如果丙的判断只对了一半,则有: $C_2 = (P \wedge R) \vee (\rightarrow P \wedge \rightarrow R)$

如果丙的判断全错,则有: $C_3 = \rightarrow P \wedge R$

根据实验室的鉴定之后得知,

$F \Leftrightarrow (A_1 \wedge B_2 \wedge C_3) \vee (A_1 \wedge B_3 \wedge C_2) \vee (A_2 \wedge B_1 \wedge C_3) \vee (A_2 \wedge B_3 \wedge C_1) \vee (A_3 \wedge B_1 \wedge C_2) \vee (A_3 \wedge B_2 \wedge C_1)$

而(甲全对)∧(乙对一半)∧(丙全错)$\Leftrightarrow A_1 \wedge B_2 \wedge C_3$

$\qquad \Leftrightarrow (\neg P \wedge \neg Q) \wedge ((P \wedge R) \vee (\neg P \wedge \neg R)) \wedge (\neg P \wedge R)$

$\qquad \Leftrightarrow (\neg P \wedge \neg Q \wedge \neg R) \wedge (\neg P \wedge R) \Leftrightarrow 0$

(甲全对)∧(乙全错)∧(丙对一半)$\Leftrightarrow A_1 \wedge B_3 \wedge C_2$

$\Leftrightarrow (\neg P \wedge \neg Q) \wedge (P \wedge \neg R) \wedge ((P \wedge R) \vee (\neg P \wedge \neg R)) \Leftrightarrow 0$

(甲对一半)∧(乙全对)∧(丙全错)$\Leftrightarrow A_2 \wedge B_1 \wedge C_3$

$\Leftrightarrow ((P \wedge \neg Q) \vee (\neg P \wedge Q)) \wedge (\neg P \wedge R) \wedge (\neg P \wedge R) \Leftrightarrow (\neg P \wedge Q \wedge R)$

同理可得:

(甲对一半)∧(乙全错)∧(丙全对)$\Leftrightarrow A_2 \wedge B_3 \wedge C_1$

$\Leftrightarrow ((P \wedge \neg Q) \vee (\neg P \wedge Q)) \wedge (P \wedge \neg R) \wedge (P \wedge \neg R)$

$\Leftrightarrow (P \wedge \neg Q \wedge \neg R)$

(甲全错)∧(乙全对)∧(丙对一半)$\Leftrightarrow A_3 \wedge B_1 \wedge C_2$

$\Leftrightarrow (P \wedge Q) \wedge (\neg P \wedge R) \wedge ((P \wedge R) \vee (\neg P \wedge \neg R)) \Leftrightarrow 0$

(甲全错)∧(乙对一半)∧(丙全对)$\Leftrightarrow A_3 \wedge B_2 \wedge C_1$

$\Leftrightarrow (P \wedge Q) \wedge ((P \wedge R) \vee (\neg P \wedge \neg R)) \wedge (P \wedge \neg R)$

$\Leftrightarrow (P \wedge Q \wedge \neg R) \wedge ((P \wedge R) \vee (\neg P \wedge \neg R)) \Leftrightarrow 0$

于是,根据同一律可以得到:$F \Leftrightarrow (\neg P \wedge Q \wedge R) \vee (P \wedge \neg Q \wedge \neg R) \Leftrightarrow 1$,又由于矿样不可能既是铜矿,又是锡矿,于是有$(\neg P \wedge Q \wedge R) \Leftrightarrow 0$,

因此,$P \wedge \neg Q \wedge \neg R \Leftrightarrow 1$,也就是说,矿样为铁矿。这样一来,丙的判断完全正确,甲的判断对了一半,而乙的判断全错。

需要提醒读者注意的是,类似于例8-10这样的例子中,当命题数目比较多时,用人工的等值演算法推理出正确的结果,效率较低,这时,应借助于计算机进行推理,效率较高。

以上我们介绍了关于命题公式之间的等值关系,下面,我们介绍命题公式之间的另一种重要的关系——蕴含关系。

定义8-12 设A、B是两个命题公式,如果命题公式$A \to B$是重言式(永真公式),即$A \to B \Leftrightarrow 1$,那么就称命题公式$A$蕴含命题公式$B$,记为$A \Rightarrow B$。

注意:符号"$\Rightarrow$"和符号"$\to$"是两个完全不相同的符号,它们的区别和联系与符号"$\Leftrightarrow$"和符号"$\leftrightarrow$"的区别和联系是完全类似的。

蕴含关系并不是等价关系,"$A \Rightarrow B$"的实质即是由命题公式A(前提或假设)可以推导出命题公式B(结论)。但是由命题公式B不一定能推出命题公式A。由此可以看出,蕴含关系不满足对称性,也就是说若$A \Rightarrow B$,则不一定有$B \Rightarrow A$成立。但是蕴含关系是偏序关系,即它满足自反性、反对称性和可传递性。

(1)自反性:对于任意的命题公式A,有$A \Rightarrow A$。

(2)反对称性:对于任意的命题公式A和命题公式B,若有$A \Rightarrow B$并且$B \Rightarrow A$,则$A \Leftrightarrow B$。

(3)可传递性:对于任意的命题公式A、B和C,若有$A \Rightarrow B$并且$B \Rightarrow C$,则$A \Rightarrow C$。

定理8-4 设A、B为两个命题公式,$A \Leftrightarrow B$的充分必要条件是,$A \Rightarrow B$并且$B \Rightarrow A$。

证明 (1) 证明必要性。设 $A \Leftrightarrow B$,则 $A \leftrightarrow B$ 是重言式（永真公式），也就是说，$A \leftrightarrow B \Leftrightarrow 1$。根据等值关系式 $P \leftrightarrow Q \Leftrightarrow (P \rightarrow Q) \wedge (Q \rightarrow P)$ 可知，$A \leftrightarrow B \Leftrightarrow (A \rightarrow B) \wedge (B \rightarrow A)$，所以，命题公式 $A \rightarrow B$ 与 $B \rightarrow A$ 都是重言式（永真公式），即 $A \Rightarrow B$ 并且 $B \Rightarrow A$。

(2) 证明充分性。反过来，设 $A \Rightarrow B$ 并且 $B \Rightarrow A$，则命题公式 $A \rightarrow B$ 与 $B \rightarrow A$ 均为重言式（永真公式），因此，$A \leftrightarrow B$ 是重言式（永真公式），也即 $A \Leftrightarrow B$。证毕。

通过对定理 8-4 的证明过程，可以看出，上述定理的充分性，实际上也就是蕴含关系的反对称性。

定理 8-5 设 A、B、C 皆为命题公式，若 $A \Rightarrow B$ 并且 $B \Rightarrow C$，则 $A \Rightarrow C$。

证明 由于 $A \Rightarrow B$ 并且 $B \Rightarrow C$，于是根据蕴含关系的定义可知，命题公式 $A \rightarrow B$ 与 $B \rightarrow A$ 均为重言式（永真公式），而又由于 $A \rightarrow B \Leftrightarrow \neg A \vee B, B \rightarrow C \Leftrightarrow \neg B \vee C$，则有：

$$\neg A \vee B \Leftrightarrow \neg B \vee C \Leftrightarrow 1$$

于是有

$$
\begin{aligned}
A \rightarrow C &\Leftrightarrow \neg A \vee C \Leftrightarrow (\neg A \vee C) \vee 0 \\
&\Leftrightarrow (\neg A \vee C) \vee (\neg B \wedge B) \\
&\Leftrightarrow (\neg A \vee C \vee \neg B) \wedge (\neg A \vee C \vee B) \\
&\Leftrightarrow (\neg A \vee 1) \wedge (1 \vee C) \\
&\Leftrightarrow 1 \wedge 1 \\
&\Leftrightarrow 1
\end{aligned}
$$

由此可知，命题公式 $A \rightarrow C$ 为重言式（永真公式），因此有 $A \Rightarrow C$。证毕。

表 8-10 列出了一些重要的蕴含关系。这些蕴含关系均可以按照蕴含关系的定义直接进行证明，下面以蕴含关系式 I_{12} 为例给出其证明。

表 8-10 基本蕴含关系式表

I_1	$P \wedge Q \Rightarrow P$
I_2	$P \wedge Q \Rightarrow Q$
I_3	$P \Rightarrow P \vee Q$
I_4	$Q \Rightarrow P \vee Q$
I_5	$\neg P \Rightarrow P \rightarrow Q$
I_6	$Q \Rightarrow P \rightarrow Q$
I_7	$\neg(P \rightarrow Q) \Rightarrow P$
I_8	$\neg(P \rightarrow Q) \Rightarrow \neg Q$
I_9	$P \wedge (P \rightarrow Q) \Rightarrow Q$
I_{10}	$\neg Q \wedge (P \rightarrow Q) \Rightarrow \neg P$
I_{11}	$\neg P \wedge (P \vee Q) \Rightarrow Q$
I_{12}	$(P \rightarrow Q) \wedge (Q \rightarrow R) \Rightarrow P \rightarrow R$
I_{13}	$(P \vee Q) \wedge (P \rightarrow R) \wedge (Q \rightarrow R) \Rightarrow R$
I_{14}	$P \rightarrow Q \Rightarrow (P \vee R) \rightarrow (Q \vee R)$
I_{15}	$P \rightarrow Q \Rightarrow (P \wedge R) \rightarrow (Q \wedge R)$

由于
$$((P \rightarrow Q) \wedge (Q \rightarrow R)) \rightarrow (P \rightarrow R)$$
$$\Leftrightarrow ((\neg P \vee Q) \wedge (\neg Q \vee R)) \rightarrow (\neg P \vee R)$$
$$\Leftrightarrow \neg ((\neg P \vee Q) \wedge (\neg Q \vee R)) \vee (\neg P \vee R)$$
$$\Leftrightarrow (\neg(\neg P \vee Q) \vee \neg(\neg Q \vee R)) \vee (\neg P \vee R)$$
$$\Leftrightarrow ((P \wedge \neg Q) \vee (Q \wedge \neg R)) \vee (\neg P \vee R)$$
$$\Leftrightarrow (P \wedge \neg Q) \vee ((Q \vee \neg P \vee R) \wedge (\neg R \vee \neg P \vee R))$$
$$\Leftrightarrow (P \wedge \neg Q) \vee ((Q \vee \neg P \vee R) \wedge 1)$$
$$\Leftrightarrow (P \wedge \neg Q) \vee (Q \vee \neg P \vee R)$$
$$\Leftrightarrow (P \vee Q \vee \neg P \vee R) \wedge (\neg Q \vee Q \vee \neg P \vee R)$$
$$\Leftrightarrow 1 \wedge 1$$
$$\Leftrightarrow 1$$

因此，$((P \rightarrow Q) \wedge (Q \rightarrow R)) \rightarrow (P \rightarrow R)$ 为重言式（永真公式），即 $(P \rightarrow Q) \wedge (Q \rightarrow R) \Rightarrow P \rightarrow R$ 成立。

给定 A、B 两个命题公式，为了判定 $A \Rightarrow B$ 是否成立，根据蕴含关系的定义，上面的问题可以转化为判定 $A \rightarrow B$ 是否为一个重言式（永真公式）。根据联结词"$\rightarrow$"的真值表可知，只需要判定真值表中的第三行的情况是否发生即可。这样，我们就可以得到下面的两种判定方法。

（1）假定前件 A 的真值为真，检查在这种情况下，其后件 B 的真值是否亦为真。如果后件的真值亦为真，那么就说明该蕴含式命题公式 $A \rightarrow B$ 为重言式（永真公式），由此可知，$A \Rightarrow B$ 成立。否则，该蕴含关系不成立。

（2）假定后件 B 的真值为假，检查在这种情况下，其前件 A 的真值是否有可能为真。如果前件的真值不可能为真，那么就说明该蕴含式命题公式 $A \rightarrow B$ 为重言式（永真公式），由此可知，$A \Rightarrow B$ 成立。否则，该蕴含关系不成立。

下面，我们通过两个例子加以说明。

例 8-11 试推证 $\neg P \wedge (P \vee Q) \Rightarrow Q$。

证明 （1）证法一：假定 $\neg P \wedge (P \vee Q)$ 的真值为真，则根据基本蕴含关系式表不难看出，$\neg P$ 与 $P \vee Q$ 的真值皆为真，于是，P 的真值必为假，从而 Q 的真值必为真。由此可知，$\neg P \wedge (P \vee Q) \Rightarrow Q$。证毕。

（2）证法二：假定 Q 的真值为假，若 P 的真值为真，则 $\neg P$ 的真值必为假，因此，$\neg P \wedge (P \vee Q)$ 的真值亦为假；若 P 的真值为假，则 $P \vee Q$ 的真值亦为假，因此，$\neg P \wedge (P \vee Q)$ 的真值必为假。也就是说，不论 P 的真值为真还是为假，只要 Q 的真值为假，那么 $\neg P \wedge (P \vee Q)$ 的真值必为假，因此，$\neg P \wedge (P \vee Q) \Rightarrow Q$ 成立。证毕。

例 8-12 试推证：$\neg Q \wedge (P \rightarrow Q) \Rightarrow \neg P$。

证明 （1）证法一：假定 $\neg Q \wedge (P \rightarrow Q)$ 的真值为真，则 $\neg Q$ 与 $P \rightarrow Q$ 的真值皆为真，从而可以得出，Q 的真值为假，P 的真值亦为假，因此，$\neg P$ 的真值为真，所以，$\neg Q \wedge (P \rightarrow Q) \Rightarrow \neg P$。证毕。

（2）证法二：假定 $\neg P$ 的真值为假，则 P 的真值为真。若 Q 的真值为真，则 $\neg Q$ 的真值为假，于是有，$\neg Q \wedge (P \rightarrow Q)$ 的真值亦为假；若 Q 的真值为假，则 $P \rightarrow Q$ 的真值亦为假，从而，$\neg Q \wedge (P \rightarrow Q)$ 的真值亦为假。也就是说，当 $\neg P$ 的真值为假时，不论 Q 的真值为真还是为假，$\neg Q \wedge (P \rightarrow Q)$ 的真值均为假，因此，$\neg Q \wedge (P \rightarrow Q) \Rightarrow \neg P$ 成立。证毕。

对于这两个例子来说，我们还可以通过构造前件与后件的真值表的方法来证明。现以例 8-12 为例进行说明。

构造例 8-12 的前件与后件的真值表如表 8-11 所示。

表 8-11　真值表

P	Q	$\neg Q \wedge (P \to Q)$	$\neg P$
0	0	1	1
0	1	0	1
1	0	0	0
1	1	0	0

从表 8-11 所示的真值表不难看出，$\neg Q \wedge (P \to Q)$ 取真值为"1"的那些命题变元的真值指派，也使 $\neg P$ 的真值取为"1"，因此，$\neg Q \wedge (P \to Q) \Rightarrow \neg P$；或者使得 $\neg P$ 的真值取为"0"的那些命题变元的真值指派，也使得 $\neg Q \wedge (P \to Q)$ 的真值取为"0"。因此，$\neg Q \wedge (P \to Q) \Rightarrow \neg P$ 成立。

定理 8-6　设 A、B、C 是命题公式，若 $A \Rightarrow B$ 并且 $A \Rightarrow C$，则 $A \Rightarrow (B \wedge C)$。

证明　根据前提假设可知，$A \to B$ 与 $A \to C$ 均为重言式（永真公式）。因此，如果 A 的真值为真，则 B 的真值和 C 的真值皆应为真，所以 $B \wedge C$ 的真值为真，于是有，$A \to (B \wedge C)$ 为重言式（永真公式），因此，$A \Rightarrow (B \wedge C)$ 成立。证毕。

定理 8-7　设 A、B 为命题公式，若有 $A \Rightarrow B$ 并且 A 是重言式（永真公式），则 B 也一定是重言式（永真公式）。

证明　根据前提假设可知，$A \to B$ 是重言式（永真公式）。若 A 的真值为真，则 B 的真值也必定为真。又已知 A 是重言式（永真公式），也就是说，A 的真值恒为真（不论 A 中的命题变元取怎样的真值指派），因此，B 的真值也总为真。因此，B 也是重言式（永真公式）。证毕。

通过前面介绍的内容可知，如果一个命题公式包含有命题联结词"$\to$"和"$\leftrightarrow$"，那么就可以利用前面的等值关系式 E_{11} 和 E_{12} 经过置换规则转化成为一个与之等值的命题公式 B，然而，由于在命题公式 B 中，仅仅只包含有三种基本的命题联结词"$\to$"、"$\wedge$"和"$\vee$"。因此，在下面有关对偶原理的讨论中，可以假定，在每个命题公式中只出现"$\to$"、"$\wedge$"和"$\vee$"这三种命题联结词。

定义 8-13　在给定的命题公式 A 中，若用联结词"$\wedge$"代换联结词"$\vee$"，用联结词"$\vee$"代换联结词"$\wedge$"，用 0 代换 1，用 1 代换 0，则所得到的命题公式称为原命题公式 A 的对偶，记作 A^D。

不难看出，命题公式 A 与命题公式 A^D 互为对偶。又例如，命题公式 $((P \vee \neg Q) \wedge R) \vee (S \wedge 1)$ 与命题公式 $((P \wedge \neg Q) \vee R) \wedge (S \vee 0)$ 互为对偶。

定理 8-8　设命题公式 A 和命题公式 A^D 是互为对偶的两个命题公式，$P_1, P_2, \cdots, P_n$ 为其命题变元，则 $\neg A(P_1, P_2, \cdots, P_n) \Leftrightarrow A^D(\neg P_1, \neg P_2, \cdots, \neg P_n)$。

定理 8-9　对偶原理　设 $A(P_1, P_2, \cdots, P_n)$ 和 $B(P_1, P_2, \cdots, P_n)$ 是两个命题公式，若 $A \Leftrightarrow B$，则 $A^D \Leftrightarrow B^D$。

证明

由于 $A(P_1, P_2, \cdots, P_n) \Leftrightarrow B(P_1, P_2, \cdots, P_n)$，因此，$\neg A(P_1, P_2, \cdots, P_n) \Leftrightarrow \neg B(P_1, P_2, \cdots, P_n)$。

根据定理 8-8 可知，$\neg A(P_1, P_2, \cdots, P_n) \Leftrightarrow A^D(\neg P_1, \neg P_2, \cdots, \neg P_n)$

$$\neg B(P_1, P_2, \cdots, P_n) \Leftrightarrow B^D(\neg P_1, \neg P_2, \cdots, \neg P_n)$$

从而有：　　　　$A^D(\neg P_1, \neg P_2, \cdots, \neg P_n) \Leftrightarrow B^D(\neg P_1, \neg P_2, \cdots, \neg P_n)$

因此：　　　　　$A^D(P_1, P_2, \cdots, P_n) \Leftrightarrow B^D(P_1, P_2, \cdots, P_n)$

证毕。

根据定义 8-13 可以看出，表 8-8 中的任意两个等值关系式 E_i 和 E_i' 都是互为对偶的。因此，根据对偶原理，只需要证明其中的一个即可。

现在我们可以考虑由全部命题组成的一个集合 S。可以看出，前面所定义的三种运算"$\neg$"、"$\wedge$"和"$\vee$"分别可以看成这个集合 S 上的一个一元运算和两个二元运算。因此，这个集合 S 和这三个运算构成了一个代数系统 $<S; \neg, \vee, \wedge>$。又由于这些运算满足交换律、分配律、同一律和互否律，因此，与集合代数 $<2^U; ', \cup, \cap>$ 相类似，代数系统 $<S; \neg, \vee, \wedge>$ 也是一个布尔代数，通常将其称为命题代数。

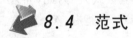 8.4　范式

判断一个命题公式是否为重言式（永真公式），或者矛盾式（永假公式），或者是可满足的公式，这样的问题通常被称为是一个判定问题。在命题逻辑中，对于含有有限个命题变元的命题公式来说，用真值表的方法，总是可以在有限的步骤内确定它的真值。由此可知，判定问题总是可解的。但是，正如前面曾经讨论过的，这种方法并不理想。这是因为，当命题变元的数目较多时，运算的次数会很多，即每增加一个命题变元，相应的真值表的行数就会增加一倍。因此，在本节中，我们给出对于命题公式进行判定的另一种方法。为此，我们首先需要引入几个最基本的概念。

定义 8-14　一个由命题变元或者命题变元的否定形式所组成的合取公式称为质合取式。

定义 8-15　一个由命题变元或者命题变元的否定形式所组成的析取公式称为质析取式。

例如，设 P 和 Q 是两个命题变元，那么 P、$P \wedge \neg Q$、$\neg Q \wedge P \wedge Q$ 等皆为质合取式，然而 Q、$\neg P \vee Q$、$P \vee Q$、$P \vee \neg Q \vee \neg P$ 等都是质析取式。

定理 8-10　(1) 一个质合取式为矛盾式（永假公式）的充分必要条件是，它同时包含某个命题变元 P 及其否定形式 $\neg P$。

(2) 一个质析取式为重言式（永真公式）的充分必要条件是，它同时包含某个命题变元 P 及其否定形式 $\neg P$。

证明　(1) 证明必要性。假设一个质合取式为矛盾式（永假公式），但是该式中并不同时包含任意一个命题变元及其否定形式，那么，若对于该合取式中出现在否定联结词后面的命题变元指派值为 0，而对于不出现在否定联结词后面的命题变元指派值为 1，则整

个合取式的取值必定为1,这与前提假设相矛盾。

证明充分性。对于任何命题变元 P,有 $P \wedge \rightarrow P$ 为矛盾式(永假公式),因此,若有 $P \wedge \rightarrow P$ 在质合取式中出现,则这个质合取式必定为矛盾式。

(2) 的证明方法与(1) 相同。

定义 8-16　一个由质合取式的析取组成的命题公式,称为析取公式,亦即该命题公式具有 $A_1 \vee A_2 \vee \cdots \vee A_n(n \geqslant 1)$ 的形式,其中,$A_1,A_2,\cdots,A_n$ 皆为质合取式。

定义 8-17　一个由质析取式的合取组成的命题公式,称为合取公式,亦即该命题公式具有 $A_1 \wedge A_2 \wedge \cdots \wedge A_n(n \geqslant 1)$ 的形式,其中,$A_1,A_2,\cdots,A_n$ 皆为质析取式。

例如,$(\rightarrow P \wedge \rightarrow Q) \vee (P \wedge Q) \vee (P \wedge R \wedge \rightarrow Q)$,$(P \wedge \rightarrow Q \wedge Q) \vee (P \wedge R \wedge S)$ 等皆为析取范式。又例如,$(\rightarrow P \vee \rightarrow Q) \wedge (P \vee Q) \wedge (P \vee R \vee \rightarrow Q)$,$(P \vee \rightarrow Q \vee Q) \wedge (P \vee R \vee S)$ 等皆为合取范式。

任意一个命题公式都可以变换成为与其等值的析取范式和合取范式的形式,其转换步骤如下。

(1) 消去命题公式中的运算符"$\rightarrow$"和"$\leftrightarrow$"(蕴含联结词和等值联结词):利用等值关系式 E_{11} 与 E_{12} 将命题公式中出现的 $P \rightarrow Q$ 置换成为 $\rightarrow P \vee$;将命题公式中出现的 $P \leftrightarrow Q$ 置换成为 $(P \wedge Q) \vee (\rightarrow P \wedge \rightarrow Q)$ 或者 $(\rightarrow P \vee Q) \wedge (P \vee \rightarrow Q)$。

(2) 将否定联结词"$\rightarrow$"向内深入,使其仅仅只作用于命题变元:利用德·摩根定律将命题公式中出现的 $\rightarrow(P \vee Q)$ 置换成为 $\rightarrow P \wedge \rightarrow Q$;将命题公式中出现的 $\rightarrow(P \wedge Q)$ 置换成为 $\rightarrow P \vee \rightarrow Q$。

(3) 利用双重否定律将 $\rightarrow(\rightarrow P)$ 置换成为 P。

(4) 利用分配律将命题公式变为所需要的范式(合取范式或者析取范式),即:

① 将 $P \wedge (Q \vee R)$ 置换成为 $(P \wedge Q) \vee (P \wedge R)$ 可以得到析取范式;

② 将 $P \vee (Q \wedge R)$ 置换成为 $(P \vee Q) \wedge (P \vee R)$ 可以得到合取范式。

由于任意一个命题公式都是有限长的符号序列,因此,经过有限次的置换以后,一定能够得到与原公式等值的范式。

下面,我们通过两个例子来说明。

例 8-13　求命题公式 $P \leftrightarrow (P \wedge Q)$ 的析取范式。

解法一

$$P \leftrightarrow (P \wedge Q) \Leftrightarrow (P \rightarrow (P \wedge Q)) \wedge ((P \wedge Q) \rightarrow P)$$
$$\Leftrightarrow (\rightarrow P \vee (P \wedge Q)) \wedge (\rightarrow (P \wedge Q) \vee P)$$
$$\Leftrightarrow (\rightarrow P \vee (P \wedge Q)) \wedge (\rightarrow P \vee \rightarrow Q \vee P)$$
$$\Leftrightarrow ((\rightarrow P \vee (P \wedge Q)) \wedge \rightarrow P) \vee ((\rightarrow P \vee (P \wedge Q)) \wedge \rightarrow Q) \vee ((\rightarrow P \vee (P \wedge Q)) \wedge P)$$
$$\Leftrightarrow (\rightarrow P \wedge \rightarrow P) \vee (P \wedge Q \wedge \rightarrow P) \vee (\rightarrow P \wedge \rightarrow Q) \vee (P \wedge Q \wedge \rightarrow Q) \vee (\rightarrow P \wedge P) \vee (P \wedge Q \wedge P)$$

解法二　$P \leftrightarrow (P \wedge Q) \Leftrightarrow (P \wedge P \wedge Q) \vee (\rightarrow P \wedge \rightarrow (P \wedge Q))$
$$\Leftrightarrow (P \wedge P \wedge Q) \vee (\rightarrow P \wedge (\rightarrow P \vee \rightarrow Q))$$
$$\Leftrightarrow (P \wedge P \wedge Q) \vee (\rightarrow P \wedge \rightarrow P) \vee (\rightarrow P \wedge \rightarrow Q)$$

通过这个例子,可以看出,尽管一个命题公式的析取范式不是唯一的,但是同一个命题公式的不同形式的析取范式是等值的。

例8-14 求命题公式 $P \wedge (P \rightarrow Q)$ 的合取范式。

解
$$P \wedge (P \rightarrow Q) \Leftrightarrow P \wedge (\rightarrow P \vee Q)$$

并且有：
$$P \wedge (\rightarrow P \vee Q) \Leftrightarrow (P \wedge \rightarrow P) \vee (P \wedge Q)$$
$$\Leftrightarrow (P \vee (P \wedge Q)) \wedge (\rightarrow P \vee (P \wedge Q))$$
$$\Leftrightarrow (P \vee P) \wedge (P \vee Q) \wedge (\rightarrow P \vee P) \wedge (\rightarrow P \vee Q)$$

通过这个例子，可以看出，尽管一个命题公式的合取范式不是唯一的，但是同一个命题公式的不同形式的合取范式也是等值的。

定理8-11 （1）命题公式 A 为重言式（永真公式）的充分必要条件是，公式 A 的合取范式中的任意一个质析取式至少包含一对互为否定的析取项；（2）命题公式 A 为矛盾式（永假公式）的充分必要条件是，公式 A 的析取范式中的任意一个质合取式至少包含一对互为否定的合取项。

证明 （1）不失一般性，不妨设命题公式 A 的任何一个合取范式为 $A_1 \wedge A_2 \wedge \cdots \wedge A_n (n \geqslant 1)$，其中，$A_k (k=1,2,\cdots,n)$ 为质析取式。

证明必要性。根据已知条件可知，任意一个 $A_k (k=1,2,\cdots,n)$ 中含有 $P \vee \rightarrow P$ 析取项，其中，P 为命题变元。于是，根据定理8-10可知，任意一个 $A_k (k=1,2,\cdots,n)$ 皆为重言式（永真公式），因此，$A_1 \wedge A_2 \wedge \cdots \wedge A_n (n \geqslant 1)$ 必为重言式（永真公式），也就是说，命题公式 A 为重言式（永真公式）。

证明充分性（反证法）。假设在某个 $A_k (k=1,2,\cdots,n)$ 中没有包含一对互为否定的析取项，于是，则根据定理8-10可知，A_k 不为重言式（永真公式）。设命题公式 A 包含的全部命题变元为 $P_1, P_2, \cdots, P_n$，可以看出，在 A_k 中包含的命题变元一定在 $P_1, P_2, \cdots, P_n$ 中，于是，存在一组真值指派使得 A_k 的真值为假。这样一来，对于同一组真值指派，命题公式 A 的取值也必定为假，这与命题公式 A 是重言式（永真公式）相矛盾。这说明前面的假设不成立，定理得证。

（2）的证明作为练习留给读者完成。

例8-15 判断命题公式 $\rightarrow (P \vee R) \vee \rightarrow (Q \wedge \rightarrow R) \vee P$ 是否为重言式（永真公式）或者矛盾式（永假公式）。

解 不妨令 $A = \rightarrow (P \vee R) \vee \rightarrow (Q \wedge \rightarrow R) \vee P$，求 A 的析取范式为：
$$\rightarrow (P \vee R) \vee \rightarrow (Q \wedge \rightarrow R) \vee P \Leftrightarrow (\rightarrow P \wedge \rightarrow R) \vee (\rightarrow Q \vee R) \vee P$$
$$\Leftrightarrow (\rightarrow P \wedge \rightarrow R) \vee \rightarrow Q \vee R \vee P$$

可以看出，在命题公式 A 的析取范式中，一共有4个析取项，但是在这些析取项中的任何一项中，均没有同一命题变元及其否定同时出现。因此，根据定理8-11可知，原命题公式不是矛盾式（永假公式）。

应用"$\vee$"对"$\wedge$"的分配律，将命题公式 A 转化为与其等值的合取范式如下：
$$(\rightarrow P \wedge \rightarrow R) \vee \rightarrow Q \vee R \vee P \Leftrightarrow (\rightarrow P \vee \rightarrow Q \vee R \vee P) \wedge (\rightarrow R \vee \rightarrow Q \vee R \vee P)$$

不难看出，在原命题公式的合取范式中，有两个质析取式。在第一个质析取式中，同时包含有 $\rightarrow P$ 与 P 这对互为否定的析取项，在第二个质析取式中，同时包含有 $\rightarrow R$ 与 R 这对互为否定的析取项。因此，根据定理8-11可知，原命题公式为重言式（永真公式）。

例 8-16 判断命题公式$(P \rightarrow Q) \rightarrow P$ 是否为重言式（永真公式）或者矛盾式（永假公式）。

解 首先求命题公式$(P \rightarrow Q) \rightarrow P$ 的析取范式为：
$$(P \rightarrow Q) \rightarrow P \Leftrightarrow (\neg P \vee Q) \rightarrow P$$
$$\Leftrightarrow \neg(\neg P \vee Q) \vee P$$
$$\Leftrightarrow (P \wedge \neg Q) \vee P$$

可以看出，在命题公式$(P \rightarrow Q) \rightarrow P$ 的析取范式中，共有 2 个析取项，但是在这些析取项中的任何一项中，均没有同一命题变元及其否定同时出现。因此，根据定理 8-11 可知，原命题公式不是矛盾式（永假公式）。

然后再求命题公式$(P \rightarrow Q) \rightarrow P$ 的合取范式为：
$$(P \rightarrow Q) \rightarrow P \Leftrightarrow (P \wedge \neg Q) \vee P$$
$$\Leftrightarrow (P \vee P) \wedge (\neg Q \vee P)$$

可以看出，在命题公式$(P \rightarrow Q) \rightarrow P$ 的合取范式中，共有 2 个合取项，但是在这些合取项中的任何一项中，均没有同一命题变元及其否定同时出现。因此，根据定理 8-11 可知，原命题公式不是重言式（永真公式）。

综上所述，原命题公式是既不是一个重言式（永真公式），又不是一个矛盾式（永假公式），而是一个可满足的公式。

利用析取范式与合取范式虽然可以比较容易地判断一个命题公式是否为重言式（永真公式）或者矛盾式（永假公式），但是它们皆有不足之处，那就是一个命题公式的析取范式与合取范式皆不唯一。这对于希望通过范式来判断两个命题公式之间是否存在着等值关系这一问题带来了极大的困难和不便。为了使得这个问题变得比较容易求解，我们必须使一个命题公式的析取范式或者合取范式在形式上都具有唯一性。因此，我们在接下来的内容中将进一步介绍主范式的概念。

定义 8-18 设有命题变元$P_1, P_2, \cdots, P_n$，形如$\bigwedge\limits_{k=1}^{n} P_k{}^*$ 的命题公式称为由命题变元$P_1, P_2, \cdots, P_n$ 所产生的最小项；而形如$\bigvee\limits_{k=1}^{n} P_k{}^*$ 的命题公式称为由命题变元$P_1, P_2, \cdots, P_n$ 所产生的最大项。其中，任何一个$P_k{}^*$ 要么为命题变元P_k，要么为其否定形式$\neg P_k$。

根据以上的定义，可以看出，最小项和最大项分别是一些特殊的质合取式和质析取式，并且由命题变元$P_1, P_2, \cdots, P_n$ 所产生的不同的最小项和不同的最大项分别有2^n 个。如果将集合$A_1, A_2, \cdots, A_n$ 分别换成命题变元$P_1, P_2, \cdots, P_n$，$A_k{}'$ 换成$\neg P_k$，"$\cup$"换成"$\vee$"，"$\cap$"换成"$\wedge$"，进行类似于 1.8 节的讨论，那么就能够得到与集合代数中完全类似的结论。这是因为命题代数与集合代数从本质上来说是一样的。

例如，如果一个命题公式中的全部命题变元为P_1, P_2 和P_3，那么$\neg P_1 \wedge \neg P_2 \wedge P_3$，$P_1 \wedge \neg P_2 \wedge \neg P_3$，$P_1 \wedge \neg P_2 \wedge P_3$，$P_1 \wedge P_2 \wedge P_3$ 等均是由命题变元P_1, P_2 和P_3 所产生的最小项；$P_1 \vee P_2 \vee \neg P_3$，$\neg P_1 \vee \neg P_2 \vee \neg P_3$，$\neg P_1 \vee P_2 \vee \neg P_3$，$P_1 \vee P_2 \vee P_3$ 等均是由命题变元P_1, P_2 和P_3 所产生的最大项。

根据以上的定义 8-18，我们就可以给出主析取范式与主合取范式的概念了。

定义 8-19 由不同的最小项所组成的析取范式，称为主析取范式。

定义 8-20 由不同的最大项所组成的合取范式，称为主合取范式。

例如，列出三个命题变元P_1, P_2 和P_3 所产生的一些最小项的真值表，如表 8-12 所示。

表 8-12   最小项的真值表

P_1 P_2 P_3	$\neg P_1 \wedge \neg P_2 \wedge P_3$	$P_1 \wedge \neg P_2 \wedge \neg P_3$	$P_1 \wedge \neg P_2 \wedge P_3$	$P_1 \wedge P_2 \wedge P_3$
0 0 0	0	0	0	0
0 0 1	1	0	0	0
0 1 0	0	0	0	0
0 1 1	0	0	0	0
1 0 0	0	1	0	0
1 0 1	0	0	1	0
1 1 0	0	0	0	0
1 1 1	0	0	0	1

由上表 8-12 可以看出,对于任意一个最小项 $\overset{n}{\underset{k=1}{\wedge}} P_k^{\ *}$ 来说,仅仅只有表中的一行能够使其值为 1,该行就是 $P_1^{\ *}, P_2^{\ *}, \cdots, P_n^{\ *}$ 所标记的列分别为 1 的行,也就是命题变元 P_1, $P_2, \cdots, P_n$ 所标记的各列分别为 $\delta_1, \delta_2, \cdots, \delta_n$ 的行。其中:

$$\delta_i = \begin{cases} 0, & P_k^* = \neg P_k \\ 1, & P_k^* = P_k \end{cases}$$

于是,不同的最小项的取值为 1 的行各不相同,而每一行都必有一个最小项在该行的取值为 1。因此,对于任意一个给定的命题公式 A,列出它的真值表,并且根据它在真值表中取值为 1 的数目以及 1 所在的行,即可以得出一个与命题公式 A 等值的并且由若干个不同的最小项的析取所构成的命题公式。该命题公式中不同的最小项的数目等于命题公式 A 在真值表中 1 的数目,并且这些最小项在真值表中取值为 1 的行分别对应着命题公式 A 的取值为 1 的不同的行。由此,可以得到定理 8-12。

定理 8-12   任意一个不为矛盾式(永假公式)的命题公式 $A(P_1, P_2, \cdots, P_n)$ 必与一个由命题变元 $P_1, P_2, \cdots, P_n$ 所产生的主析取范式等值。

任意一个不为矛盾式(永假公式)的命题公式都有一个与之等值的主析取范式。对于矛盾式(永假公式)$A(P_1, P_2, \cdots, P_n)$,由于在它的主析取范式中不能包含 2^n 个最小项中的任何一个最小项,因此我们可以说,矛盾式(永假公式)的主析取范式是一个空公式,通常将这一空公式定义为 0。如果命题公式 $A(P_1, P_2, \cdots, P_n)$ 是重言式(永真公式),那么全部的 2^n 个最小项都会出现在它的主析取范式中。因此,利用一个命题公式的主析取范式可以判定这个命题公式是否为重言式(永真公式)或者矛盾式(永假公式)。

类似地,对于任何一个最大项 $\overset{n}{\underset{k=1}{\vee}} P_k^{\ *}$,仅仅只有真值表中的一行使其真值为 0。该行即为命题变元 $P_1, P_2, \cdots, P_n$ 所标记的各列分别为 $\delta_1, \delta_2, \cdots, \delta_n$ 的行,其中:

$$\delta_i = \begin{cases} 0, & P_k^* = P_k \\ 1, & P_k^* = \neg P_k \end{cases}$$

于是,不同的最大项的取值为 0 的行各不相同,而每一行都必有一个最大项在该行的取值为 0。因此,对于任意一个给定的命题公式 A,列出它的真值表,并且根据它在真值表中取值为 0 的数目以及 0 所在的行,即可以得出一个与命题公式 A 等值的并且由若干个不同的最大项的合取所构成的命题公式。该命题公式中不同的最大项的数目等于命题公式 A 在真值表中 0 的数目,并且这些最大项在真值表中取值为 0 的行分别对应着命题公式 A 的取值为 0 的不同的行。由此,可以得到定理 8-13。

定理 8-13 任何一个不为重言式(永真公式)的命题公式 $A(P_1, P_2, \cdots, P_n)$ 必与一个由命题变元 $P_1, P_2, \cdots, P_n$ 所产生的主合取范式等值。

任何一个不为重言式(永真公式)的命题公式都有一个与之等值的主合取范式。对于重言式(永真公式)$A(P_1, P_2, \cdots, P_n)$,由于在它的主合取范式中不能包含 2^n 个最大项中的任何一个最大项,因此我们可以说,重言式(永真公式)的主合取范式是一个空公式,通常将这一空公式定义为 1。如果命题公式 $A(P_1, P_2, \cdots, P_n)$ 是矛盾式(永假公式),那么全部的 2^n 个最大项都会出现在它的主合取范式中。因此,利用一个命题公式的主合取范式亦可以判定这个命题公式是否为重言式(永真公式)或者矛盾式(永假公式)。

求一个任意给定的命题公式的主析取范式或者主合取范式不一定要借助于真值表,用类似于求析取范式或者合取范式的方法亦可以求出给定的命题公式的主析取范式或者主合取范式。不过,在求给定的命题公式的主析取范式或者主合取范式时,除了使用求析取范式或者合取范式时的四个步骤(1)~(4)以外,还要进行以下的三项置换。

(1)利用同一律消去矛盾的质合取式(重言的质析取式)。

(2)利用等幂律消去相同的质合取式(质析取式),并且消去质合取式(质析取式)中相同的合取项(析取项)。

(3)利用同一律、分配律将不包含某一个命题变元的质合取式(质析取式)置换成为包含有这一命题变元的质合取式(质析取式)。

例如,将 $(P \wedge Q)$ 置换成为 $(P \wedge Q) \wedge (R \vee \neg R)$,再将其置换成为 $(P \wedge Q \wedge R) \vee (P \wedge Q \wedge \neg R)$;将 $(P \vee Q)$ 置换成为 $(P \vee Q) \vee (R \wedge \neg R)$,再将其置换成为 $(P \vee Q \vee R) \wedge (P \vee Q \vee \neg R)$。

例 8-17 给定命题公式 $(P \wedge (P \rightarrow Q)) \rightarrow Q$,求其主析取范式(或主合取范式),并对该命题公式是否为重言式(永真公式)或者矛盾式(永假公式)进行判定。

解 求命题公式 $(P \wedge (P \rightarrow Q)) \rightarrow Q$ 的主析取范式:

$$
\begin{aligned}
(P \wedge (P \rightarrow Q)) \rightarrow Q &\Leftrightarrow \neg(P \wedge (P \rightarrow Q)) \vee Q \\
&\Leftrightarrow \neg(P \wedge (\neg P \vee Q)) \vee Q \\
&\Leftrightarrow (\neg P \vee \neg(\neg P \vee Q)) \vee Q \\
&\Leftrightarrow (\neg P \vee (P \wedge \neg Q)) \vee Q \\
&\Leftrightarrow (\neg P \wedge (Q \vee \neg Q)) \vee (P \wedge \neg Q) \vee (Q \wedge (P \vee \neg P)) \\
&\Leftrightarrow (\neg P \wedge Q) \vee (\neg P \wedge \neg Q) \vee (P \wedge \neg Q) \vee (Q \wedge P) \vee (Q \wedge \neg P) \\
&\Leftrightarrow (\neg P \wedge Q) \vee (\neg P \wedge \neg Q) \vee (P \wedge \neg Q) \vee (P \wedge Q)
\end{aligned}
$$

由于命题公式的主析取范式包含了全部的最小项,因此,原命题公式为重言式(永真公式)。

原命题公式为重言式(永真公式)的结论也可以通过求其主合取范式而得到,即:

$$
\begin{aligned}
(P \wedge (P \rightarrow Q)) \rightarrow Q &\Leftrightarrow (\neg P \vee (P \wedge \neg Q)) \vee Q \\
&\Leftrightarrow ((\neg P \vee P) \wedge (\neg P \vee \neg Q)) \vee Q \\
&\Leftrightarrow (1 \wedge (\neg P \vee \neg Q)) \vee Q \\
&\Leftrightarrow (\neg P \vee \neg Q) \vee Q \\
&\Leftrightarrow \neg P \vee \neg Q \vee Q \\
&\Leftrightarrow 1
\end{aligned}
$$

由于仅有的质析取式是一个重言式(永真公式),消去后所得到的主合取范式是一个空公式,因此,原命题公式即是一个重言式(永真公式)。

例 8-18 求命题公式$(\neg P \to R) \wedge (P \leftrightarrow Q)$的主合取范式和主析取范式。

解 不妨将命题公式$(\neg P \to R) \wedge (P \leftrightarrow Q)$简记为$T$,于是有:

$$T \Leftrightarrow (P \vee R) \wedge (P \to Q) \wedge (Q \to P)$$

$$\Leftrightarrow (P \vee R) \wedge (\neg P \vee Q) \wedge (\neg Q \vee P)$$

$$\Leftrightarrow (P \vee R \vee (Q \wedge \neg Q)) \wedge (\neg P \vee Q \vee (R \wedge \neg R)) \wedge (\neg Q \vee P \vee (R \wedge \neg R))$$

$$\Leftrightarrow (P \vee R \vee Q) \wedge (P \vee R \vee \neg Q) \wedge (\neg P \vee Q \vee R) \wedge (\neg P \vee Q \vee \neg R) \wedge (\neg Q \vee P \vee R)$$
$$\wedge (\neg Q \vee P \vee \neg R)$$

$$\Leftrightarrow (P \vee R \vee Q) \wedge (P \vee R \vee \neg Q) \wedge (\neg P \vee Q \vee R) \wedge (\neg P \vee Q \vee \neg R) \wedge (\neg Q \vee P \vee \neg R)$$

此即原命题公式$(\neg P \to R) \wedge (P \leftrightarrow Q)$的主合取范式。

不难看出,剩余的最大项的合取式为原命题公式的否定$\neg T$的主合取范式,即:

$$\neg T \Leftrightarrow (P \vee \neg R \vee Q) \wedge (\neg P \vee \neg Q \vee R) \wedge (\neg P \vee \neg Q \vee \neg R)$$

再对命题公式$\neg T$求否定,并且运用定理 8-8 可知,原命题公式$(\neg P \to R) \wedge (P \leftrightarrow Q)$的主析取范式为:

$$\neg(\neg T) \Leftrightarrow T \Leftrightarrow (\neg P \wedge R \wedge \neg Q) \vee (P \wedge Q \wedge \neg R) \vee (P \wedge Q \wedge R)$$

通过以上的求解过程,可以看出,命题公式$(\neg P \to R) \wedge (P \leftrightarrow Q)$既不是重言式(永真公式),又不是矛盾式(永假公式),因此,它是一个可满足的公式。

于是,我们可以给出以下的定理 8-14。

定理 8-14 设A是包含命题变元$P_1, P_2, \cdots, P_n$的命题公式,如果不考虑其中的最小项(或者最大项)的排列顺序,那么命题公式A的主析取范式(或者主合取范式)就是唯一的。

利用命题公式的真值表,我们可以很容易地得出这个结论。

于是,两个命题公式具有等值关系的充分必要条件是这两个公式的主析取范式(或者主合取范式)完全相同。

例如,下面的两个命题公式:

$$(\neg P \vee Q) \wedge (\neg Q \vee R) \wedge (\neg R \vee P) \text{与} (\neg Q \vee P) \wedge (\neg R \vee Q) \wedge (\neg P \vee R)$$

虽然它们是不同的合取范式,但是它们具有相同的主合取范式,即:

$$(P \vee Q \vee \neg R) \wedge (P \vee \neg Q \vee R) \wedge (\neg P \vee Q \vee R) \wedge$$

$$(P \vee \neg Q \vee \neg R) \wedge (\neg P \vee Q \vee \neg R) \wedge (\neg P \vee \neg Q \vee R)$$

因此,这两个命题公式是等值的。

主合取范式与主析取范式不仅可以方便地用于判定命题公式的类型以及两个命题公式是否具有等值关系,而且还可以分析和解决许多实际问题。下面,我们通过一个实际例子进行说明。

例 8-19 设计一个简单的表决器,在每个表决者的座位旁边都放有一个按钮。如果同意某项决策,那么就按下按钮,否则就不按按钮。当表决结果超过半数时,会场的电铃就会响,否则,就不会响铃。试以表决人数为 3 人的情况设计表决器电路的逻辑关系。

解 不失一般性,不妨设三个表决者的按钮分别与命题符号A、B、C相对应。当按下按钮时,令其真值为 1;而当不按按钮时,其真值为 0。并且假设F对应表决器的电铃的状态,当电铃响时,F 的真值为 1;而当电铃不响时,F 的真值为 0,它是按钮命题符号的命题公式。则根据题意,电铃与按钮之间的关系如下表 8-13 所示。

表 8-13　表决器真值表

A	B	C	F
0	0	0	0
0	0	1	0
0	1	0	0
0	1	1	1
1	0	0	0
1	0	1	1
1	1	0	1
1	1	1	1

通过表 8-13 可以看出,使得 F 为 1 的真值指派有 $(A,B,C)=(0,1,1)$,$(A,B,C)=(1,0,1)$,$(A,B,C)=(1,1,0)$,$(A,B,C)=(1,1,1)$。共有四组,分别对应最小项为 $\neg A \wedge B \wedge C$,$A \wedge \neg B \wedge C$,$A \wedge B \wedge \neg C$,$A \wedge B \wedge C$。

因此,F 可以通过主析取范式的形式表示,即有:
$$F \Leftrightarrow (\neg A \wedge B \wedge C) \vee (A \wedge \neg B \wedge C) \vee (A \wedge B \wedge \neg C) \vee (A \wedge B \wedge C)$$

这就是表决器电路的逻辑关系式。利用这一关系式可以设计出与之相应的逻辑电路图。一般根据需要,还可以应用等值演算将主析取范式尽量简化,以便于在具体实施时简单、快捷和高效。

8.5　命题演算的推理理论

推理是由已知的命题通过一些正确的推理规则得到新命题的思维过程。任意一个推理都是由前提和结论两个部分组成。前提是推理所依据的已知的命题,结论是由前提通过一些正确的推理规则而获得的新命题。

定义 8-21　设 A、B 是两个命题公式,如果 $A \Rightarrow B$,即如果命题公式 $A \rightarrow B$ 为重言式(永真公式),那么就称 B 是前提 A 的结论或者说从前提 A 推出结论 B。一般说来,设 $H_1, H_2, \cdots, H_n$ 和 C 是一些命题公式,如果 $H_1 \wedge H_2 \wedge \cdots \wedge H_n \Rightarrow C$,那么就称从前提 $H_1, H_2, \cdots, H_n$ 推出结论 C,有时也记为 $H_1, H_2, \cdots, H_n \Rightarrow C$,并且将集合 $\{H_1, H_2, \cdots, H_n\}$ 称为结论 C 的前提集合。

由一组已知的前提是否可以推出某个结论,可以根据以上的定义 8-21 来进行判断。下面,我们通过一个具体的例子进行说明。

例 8-20　试确定结论 C 是否可以从前提 H_1 以及 H_2 推出。

(1) $H_1: P \rightarrow Q, H_2: P, C: Q$。

(2) $H_1: P \rightarrow Q, H_2: Q, C: P$。

解 构造上述命题公式的真值表如表 8-14 所示。

表 8-14 例 8-20 表

P	Q	$P{\rightarrow}Q$	$(P{\rightarrow}Q)\wedge P$	$(P{\rightarrow}Q)\wedge Q$
0	0	1	0	0
0	1	1	0	1
1	0	0	0	0
1	1	1	1	1

对于(1),不难看出,上表 8-14 的第四行是两个前提的真值都取 1 的唯一的行,在这一行的结论 Q 亦具有为 1 的真值。由此可知,C 即为前提 H_1 与前提 H_2 的结论。对于(2),不难看出,上表 8-14 的第二行和第四行是两个前提的真值都取 1 的行,但是对于第二行来说,结论 P 的真值为 0。由此可得,$(H_1 \wedge H_2){\rightarrow}C$ 并非重言式(永真公式)。根据以上的定义 8-21 可知,(2)中的两个前提不能推出结论 C。

例如,如果将某些具体的命题代入命题变元 P 和 Q,那么根据(1)就可以得出下面的两个断言。

(1) 如果今天天气晴朗,那么他就会进城。

今天天气晴朗。

所以他进城了。

(2) 如果狗有翅膀,那么狗就会飞上天。

狗有翅膀。

所以狗飞上天了。

(3) 如果 m 为素数,那么 m 就一定是整数。

m 是整数。

所以 m 为素数。

不难看出,(1)的推理是正确的;(2)的推理过程看起来似乎非常荒谬,但是,由于数理逻辑主要是从抽象的逻辑关系上来研究推理(思维)过程的,因此,在(2)中,虽然前件的真值与后件的真值皆为假,但是这种推理过程从形式上来看确是正确的;(3)的推理过程显然是错误的,并不符合人们正常的逻辑思维。错误在于命题公式 $((P{\rightarrow}Q) \wedge Q){\rightarrow}P$ 不是重言式(永真公式)。这也就是数学中通常说到的"当乙是甲的必要条件时,乙不一定是甲的充分条件。"

判定 $(H_1 \wedge H_2 \wedge \cdots \wedge H_n){\rightarrow}C$ 是否为重言式(永真公式),还可以模仿 8.3 节中所提供的方法,利用已知的一些等值关系式来推导出等值关系式 $(H_1 \wedge H_2 \wedge \cdots \wedge H_n){\rightarrow}C \Leftrightarrow 1$,从而证明 C 是前提 $H_1,H_2,\cdots,H_n$ 的结论。

例 8-21 试证明 $C:{\rightarrow}P$ 是前提 $H_1:P{\rightarrow}Q$ 和前提 $H_2:{\rightarrow}(P \wedge Q)$ 的结论。

证明
$$(H_1 \wedge H_2){\rightarrow}C \Leftrightarrow ((P{\rightarrow}Q) \wedge {\rightarrow}(P \wedge Q)){\rightarrow}{\rightarrow}P$$
$$\Leftrightarrow ((\neg P \vee Q) \wedge (\neg P \vee {\rightarrow} Q)){\rightarrow}{\rightarrow}P$$
$$\Leftrightarrow (\neg P \vee (Q \wedge {\rightarrow} Q)){\rightarrow}{\rightarrow}P$$
$$\Leftrightarrow (\neg P \vee 0){\rightarrow}{\rightarrow}P$$
$$\Leftrightarrow {\rightarrow}P{\rightarrow}{\rightarrow}P$$

$$\Leftrightarrow P \vee \to P$$
$$\Leftrightarrow 1$$

根据定义 8-21 可知,C 是前提 H_1 和前提 H_2 的结论。证毕。

上面所举的两个例子中,不难看出,当前提和结论不仅是由一些比较简单的命题公式组成的,而且前提和结论中所包含的命题变元的数量比较少时,通常可以根据定义 8-21 来进行证明,其效率比较高。但是,当前提和结论都是比较复杂的命题公式或者在前提和结论中所包含的命题变元的数量非常大时,直接根据定义 8-21 进行推导将是十分困难的(效率较低,推导过程比较冗长,准确性也比较差),因此,需要寻求更为有效的推理方法。这种推理方法最好能借助计算机完成,也就是说,如果可以将这种推理过程通过某种机械化的形式来进行模拟,那么这样就可以期待通过计算机来完成这样复杂的推理。这种方法存在吗? 幸运的是,答案是肯定的。这就是我们即将要介绍的形式证明。首先,我们给出形式证明的基本定义如下。

定义 8-22 一个描述推理过程的命题序列,其中的任意一个命题或者是已知的命题(前提或者附加前提),或者是根据某些前提所得出的结论(中间结论),命题序列中的最后一个命题就是所要求的结论,这样的一个命题序列称为形式证明。

在这里,需要提醒读者注意的是,所有列入命题序列中的每一个命题的真值皆为真,也就是说,从逻辑上讲,假命题是不可能作为一个命题列入命题序列中的。根据以上的定义 8-22,在这个形式证明的过程中,前提或者附加前提将自动地被看成真命题列在命题序列中。也就是说,在形式证明的过程中,不需要讨论前提(附加前提)本身的真假,一律将前提看成真命题。可以看出,对于任意形式证明来说,前提(附加前提)是一切形式证明的出发点。这也符合我们的日常思维习惯。我们可以回顾一下,在做数学证明题时,通常都是直接使用已知条件,通过一步一步正确地逻辑推理,完成证明。而之所以能够"直接使用已知条件",其依据就在于这些已知条件作为已知的前提(不论这个前提本身是否正确)是不再需要证明的。

为了完成形式证明,除了使用这些前提(真命题)之外,还需要进行正确的推理(与正常的逻辑推理相一致),这就必须使用一些基本的推理规则。

下面的几个推理规则是人们在推理过程中经常使用到的推理规则。

(1) 前提引入规则:在形式证明的任意步骤上都可以引用前提。

(2) (中间)结论引入规则:在形式证明的任意步骤上所得到的中间结论都可以在其后的证明过程中引用。

(3) 置换规则:在形式证明的任意步骤上,命题公式的子公式都可以用与之等值的其他命题公式置换。

(4) 代入规则:在形式证明的任意步骤上,重言式(永真公式)中的任意一个命题变元都可以用一个命题公式代入,得到的命题公式仍然是重言式(永真公式)。

在 8.3 节中列出的等值关系式表 8-8 和蕴含关系式表 8-9 都是在推理过程中经常使用的一些等值关系式。特别是蕴含关系式表 8-9 所列举的各种蕴含关系式也被称为推理定律,因为它们给出了正确的推理形式。

通常将蕴含关系式 I_9 称为假言推理,它表示如果两个命题(前提)的真值为真,其中一个是蕴含式命题,而另一个则是这个蕴含式命题的前件,那么这个蕴含式命题的后件也一定是一个真命题。在形式证明过程中,如果出现了某个推理定律的前件,那么根据蕴含关系式 I_9,立刻就可以得到由这个前件所推出的后件。因此,蕴含关系式 I_9 也被称为分离规则。

如果形式证明过程中的每一步所得到的结论都是根据推理规则得到的,那么这样的证明就被称为是有效的。通过有效的证明而得出的结论,称为有效的结论。因此,一个证明是否有效与前提的真值为真还是为假没有关系,一个结论是否有效与它自身的真值是真还是假也没有关系。在数理逻辑中,主要关心的是怎样构造一个有效的证明和得出有效的结论。如果所有的前提都是真的,那么通过有效的证明所得到的结论也是真的。这样的证明被称为是合理的。通过合理的证明而得到的结论称为合理的结论。也就是说,任意一个合理的结论都是有前提的。合理的结论具有相对性(相对于特定的前提)。

在数学和自然科学中可以找出很多这样的例子。比如,欧几里得几何(Euclid geometry)是由五条公设(前提)建立起来的一个完备的逻辑体系;古典力学(牛顿力学)是由牛顿三定律作为前提演绎出来的一个逻辑体系;狭义相对论(special relativity)是由光速不变原理和相对性原理这两个基本的前提建立起来的逻辑严密的体系;而广义相对论(general relativity)则是由等效原理和广义相对性原理这两个基本的前提构建的又一个逻辑严密的体系等。事实上,这些数学或自然科学的理论都是建立在最基本的理论前提之上的。在进行推理之前,必须要认可这些基本的前提(这些前提本身正确与否无关紧要),然后在这个基础上按照推理规则进行推理,得出的任何结论都是有效的结论。因此,数学中定理的证明过程通常都是一个合理的证明。

在形式证明的过程中,为了得到一组给定前提的有效的结论,通常采用两类基本方法,即直接证明法和间接证明法。

由一组前提,利用一些公认的推理规则(符合人类的逻辑思维),根据已知的蕴含关系式和等值关系式推导出有效的结论的方法称为直接证明法。而间接证明法也就是读者所熟悉的反证法,即将结论的否定作为附加前提与给定的已知前提作为一个更大的前提集合,利用一些公认的推理规则进行推理,如果能推导出矛盾,那么就说明需要求证的结论是有效的结论。在间接证明法中,由于使用了不相容的概念,因此,我们首先介绍一下这一基本概念。

定义 8-23 如果对于出现在命题公式 $H_1,H_2,\cdots,H_n$ 中的命题变元的任意一组真值指派,命题公式 $H_1,H_2,\cdots,H_n$ 中至少有一个的真值为假,即它们的合取式 $H_1\wedge H_2\wedge\cdots\wedge H_n$ 是矛盾式(永假公式),那么就称这 n 个命题公式 $H_1,H_2,\cdots,H_n$ 是不相容的;否则,称这 n 个命题公式 $H_1,H_2,\cdots,H_n$ 是相容的。

如果结论 C 是 n 个前提 $H_1,H_2,\cdots,H_n$ 的有效的结论,则有 $H_1\wedge H_2\wedge\cdots\wedge H_n\Rightarrow C$ 成立。也即是说,$(H_1\wedge H_2\wedge\cdots\wedge H_n)\to C$ 为重言式(永真公式)。即:
$$(H_1\wedge H_2\wedge\cdots\wedge H_n)\to C\Leftrightarrow 1$$
于是有
$$(H_1\wedge H_2\wedge\cdots\wedge H_n)\to C\Leftrightarrow \neg(H_1\wedge H_2\wedge\cdots\wedge H_n)\vee C$$
$$\Leftrightarrow(\neg H_1\vee\neg H_2\vee\cdots\vee\neg H_n)\vee C$$
$$\Leftrightarrow(\neg H_1\vee\neg H_2\vee\cdots\vee\neg H_n)\vee\neg(\neg C)$$
$$\Leftrightarrow\neg(H_1\wedge H_2\wedge\cdots\wedge H_n\wedge\neg C)$$
$$\Leftrightarrow 1$$
因此,有: $\qquad H_1\wedge H_2\wedge\cdots\wedge H_n\wedge\neg C\Leftrightarrow 0$

也就是说,命题公式 $H_1\wedge H_2\wedge\cdots\wedge H_n\wedge\neg C$ 为矛盾式(永假公式)。即这 $n+1$ 个命题公式 $H_1,H_2,\cdots,H_n,\neg C$ 是不相容的,这就是反证法中所指的假设待证结论不成立,也就是待证结论的否定成立,则通过一系列的正确推理(利用公认的推理规则),发现了某一个中间结论与此待证结论的否定相矛盾,于是说明原待证结论成立。

下面,我们通过若干个例子来说明如何运用直接证明法完成形式证明。

例 8-22 形式证明 $\to P$ 是前提 $\to(P\wedge\to Q)$、$\to Q\vee R$、$\to R$ 的有效的结论。

证明 具体证明过程见表 8-15。

表 8-15 例 8-22 表

编号	公式	依据
(1)	$\to Q\vee R$	前提
(2)	$\to R$	前提
(3)	$\to Q$	(1)、(2);I_{11}
(4)	$\to(P\wedge\to Q)$	前提
(5)	$\to P\vee Q$	(4);$E_{10}{}'$,E_6
(6)	$\to P$	(3)、(5);I_{11}

证毕。

例 8-23 形式证明 $P\vee Q$ 是前提 $S\to Q$、$R\to P$、$S\vee R$ 的有效的结论。

证明 具体证明见表 8-16。

表 8-16 例 8-23 表

编号	公式	依据
(1)	$S\vee R$	前提
(2)	$\to S\to R$	(1);E_6,E_{11}
(3)	$R\to P$	前提
(4)	$\to S\to P$	(2)、(3);I_{12}
(5)	$\to P\to S$	(4);E_6,E_{16}
(6)	$S\to Q$	前提
(7)	$\to P\to Q$	(5)、(6);I_{12}
(8)	$P\vee Q$	(7);E_6,E_{11}

证毕。

从以上两个例子的形式证明过程中,不难看出,表格的中间一列是依次推导出来的命题公式,最后一行的命题公式 $\to P$ 即是要求证明的有效的结论。左边一列是推导出来的命题公式的编号,右边一列是完成形式证明中的每一个步骤的推理的依据。

前面的两个例子主要是通过形式证明的方法证明某个命题公式是以其余几个命题公式作为前提的有效的结论。事实上,这种形式证明的方法还可以用来模拟人们在日常生活中的一些简单的逻辑思维活动。下面,我们通过两个例子进行说明。

例 8-24 "如果电影已经开演,那么电影院的大门关着。如果他们八点钟之前到达电影院,那么电影院的大门开着。他们八点钟之前到达电影院。所以电影没有开演。"试用形式证明的方法证明以上的这些语句构成一个正确的推理。

分析 首先找出在这个推理过程中的前提和结论分别是什么命题，然后分别找出前提和结论中的原子命题和复合命题分别是什么，并且将它们符号化。最后通过一步一步地正确推理完成形式证明。

证明 首先找出这些语句中的关键连接词"所以"，"所以"一词之前的任何一个命题都是前提，"所以"一词之后的命题是待证的有效结论。因此，在以上这些语句中，前提是由"如果电影已经开演，那么电影院的大门关着。如果他们八点钟之前到达电影院，那么电影院的大门开着。他们八点钟之前到达电影院。"这些语句组成的，待证的有效结论是"电影没有开演。"然后找出原子命题，并将其符号化为：

P：电影已经开演。Q：电影院的大门关着。R：他们八点钟之前到达电影院。

接着分别将前提和结论符号化为：

前提：$P \rightarrow Q$，$R \rightarrow \neg Q$、R；结论：$\neg P$。

最后进行形式证明，见表 8-17。

表 8-17 例 8-24 表

编号	公式	依据
（1）	$R \rightarrow \neg Q$	前提
（2）	R	前提
（3）	$\neg Q$	（1）、（2）；I_9
（4）	$P \rightarrow Q$	前提
（5）	$\neg Q \rightarrow \neg P$	（4）；E_6，E_{16}
（6）	$\neg P$	（3）、（5）；I_9

因此，以上的语句构成了一个正确的推理。证毕。

例 8-25 "如果今天是星期二，那么我有一次计算方法测验或者物理测验。如果物理老师生病，那么没有物理测验。今天是星期二并且物理老师生病。所以，我有一次计算方法测验。"试用形式证明的方法证明以上的这些语句构成一个正确的推理。

证明 首先找出这些语句中的关键连接词"所以"，"所以"一词之前的任何一个命题都是前提，"所以"一词之后的命题是待证的有效结论。因此，在以上这些语句中，前提是由"如果今天是星期二，那么我有一次计算方法测验或者物理测验。如果物理老师生病，那么没有物理测验。今天是星期二并且物理老师生病。"这些语句组成的，待证的有效结论是"我有一次计算方法测验。"然后找出原子命题，并将其符号化为：

P：今天是星期二。Q：我有一次计算方法测验。R：我有一次物理测验。S：物理老师生病。

接着分别将前提和结论符号化为：

前提：$P \rightarrow (Q \vee R)$，$S \rightarrow \neg R$，$P \wedge S$；

结论：Q。

最后进行形式证明见表 8-18。

表 8-18　例 8-25 表

编号	公式	依据
(1)	$P \wedge S$	前提
(2)	P	(1)；I_1
(3)	$P \rightarrow (Q \vee R)$	前提
(4)	$Q \vee R$	(2)、(3)；I_9
(5)	S	(1)；I_2
(6)	$S \rightarrow \neg R$	前提
(7)	$\neg R$	(5)、(6)；I_9
(8)	Q	(4)、(7)；I_{11}

因此,以上的语句构成了一个正确的推理。证毕。

当形式证明的结论是一个蕴含式时,为了简化形式证明过程,除了使用前面所介绍的四大推理规则(前提引入规则、结论引入规则、置换规则和代入规则)之外还需要引入下面这个推理规则,见定理 8-15。

定理 8-15　CP 规则　如果 Q 是前提 $H_1, H_2, \cdots, H_n$ 以及前提 P 的有效的结论,那么 $P \rightarrow Q$ 是前提 $H_1, H_2, \cdots, H_n$ 的有效的结论。

证明　不妨设 Q 是前提 $H_1, H_2, \cdots, H_n$ 以及前提 P 的有效的结论,于是有 $H_1 \wedge H_2 \wedge \cdots \wedge H_n \wedge P \Rightarrow Q$,即 $(H_1 \wedge H_2 \wedge \cdots \wedge H_n \wedge P) \rightarrow Q$ 为重言式(永真公式),即:

$$
\begin{aligned}
(H_1 \wedge H_2 \wedge \cdots \wedge H_n \wedge P) \rightarrow Q &\Leftrightarrow \neg(H_1 \wedge H_2 \wedge \cdots \wedge H_n \wedge P) \vee Q \\
&\Leftrightarrow (\neg(H_1 \wedge H_2 \wedge \cdots \wedge H_n) \vee \neg P) \vee Q \\
&\Leftrightarrow \neg(H_1 \wedge H_2 \wedge \cdots \wedge H_n) \vee (\neg P \vee Q) \\
&\Leftrightarrow \neg(H_1 \wedge H_2 \wedge \cdots \wedge H_n) \vee (P \rightarrow Q) \\
&\Leftrightarrow (H_1 \wedge H_2 \wedge \cdots \wedge H_n) \rightarrow (P \rightarrow Q) \\
&\Leftrightarrow 1
\end{aligned}
$$

即 $(H_1 \wedge H_2 \wedge \cdots \wedge H_n) \rightarrow (P \rightarrow Q)$ 为重言式(永真公式),于是有蕴含关系式为:

$$H_1 \wedge H_2 \wedge \cdots \wedge H_n \Rightarrow P \rightarrow Q$$

因此,$P \rightarrow Q$ 是前提 $H_1, H_2, \cdots, H_n$ 的有效的结论。证毕。

值得一提的是,当将结论中的蕴含式的前件 P 作为一个新的前提被引入到前提集合 $\{H_1, H_2, \cdots, H_n\}$ 中来时,有效的结论变为该蕴含式的后件。此时,P 通常被称为附加前提。下面,我们对这一推理规则(CP 规则)通过两个例子进行说明。

例 8-26　形式证明 $P \rightarrow \neg Q$ 是前提 $(P \wedge Q) \rightarrow R$、$\neg R \vee S$、$\neg S$ 的有效的结论。

证明　由于结论是一个蕴含式,因此可以根据 CP 规则,将其前件 P 作为附加前提,引入到前提集合中来,推导的结论为 $\neg Q$。这样一来,整个形式证明转化为形式证明 $\neg Q$ 是前提 $(P \wedge Q) \rightarrow R$、$\neg R \vee S$、$\neg S$ 以及附加前提 P 的有效结论。具体过程见表 8-19。

表 8-19　例 8-26 表

编号	公式	依据
（1）	$\rightarrow R \vee S$	前提
（2）	$\rightarrow S$	前提
（3）	$\rightarrow R$	（1）、（2）；I_{11}
（4）	$(P \wedge Q) \rightarrow R$	前提
（5）	$\rightarrow (P \wedge Q)$	（3）、（4）；I_{10}
（6）	$\rightarrow P \vee \rightarrow Q$	（5）；$E_{10}{}'$
（7）	P	附加前提
（8）	$\rightarrow Q$	（4）、（7）；I_{11}
（9）	$P \rightarrow \rightarrow Q$	（1）、（2）、（4）、（7）、（8）；CP 规则

证毕。

例 8-27　"如果春暖花开，燕子就会飞回北方。如果燕子飞回北方，那么冰雪融化。所以，如果冰雪没有融化，那么就没有春暖花开。"试用形式证明的方法证明以上的这些语句构成一个正确的推理。

证明　首先找出这些语句中的关键连接词"所以"，"所以"一词之前的任何一个命题都是前提，"所以"一词之后的命题是待证的有效结论。因此，在以上这些语句中，前提是由"如果春暖花开，燕子就会飞回北方。如果燕子飞回北方，那么冰雪融化。"这些语句组成的，待证的有效结论是"如果冰雪没有融化，那么就没有春暖花开。"然后找出原子命题，并将其符号化为：

P：春暖花开；Q：燕子飞回北方；R：冰雪融化。

接着分别将前提和结论符号化为：

前提：$P \rightarrow Q, Q \rightarrow R$；

结论：$\rightarrow R \rightarrow \rightarrow P$。

由于结论是一个蕴含式，因此可以根据 CP 规则，将其前件 $\rightarrow R$ 作为附加前提，引入到前提集合中来，推导的结论为 $\rightarrow P$。这样一来，整个形式证明转化为形式证明 $\rightarrow P$ 是前提 $P \rightarrow Q$、$Q \rightarrow R$ 以及附加前提 $\rightarrow R$ 的有效的结论。

最后进行形式证明。具体过程见表 8-20。

表 8-20　例 8-27 表

编号	公式	依据
（1）	$Q \rightarrow R$	前提
（2）	$\rightarrow R$	附加前提
（3）	$\rightarrow Q$	（1）、（2）；I_{10}
（4）	$P \rightarrow Q$	前提
（5）	$\rightarrow P$	（3）、（4）；I_{10}

证毕。

前面,我们讨论了如何利用直接证明法实现形式证明。通过直接证明法,可以看出,这种形式证明不仅可以用来模拟人们日常的逻辑推理,而且可以利用形式证明帮助辩护律师为其当事人进行合理的辩护。这是为什么呢? 因为这种推理过程可以保证逻辑上绝对的严密性。

形式证明最主要的特点就在于利用四大推理规则或 CP 规则以及基本等值关系式或基本蕴含关系式依次罗列真值为真的公式,直到要证明的以命题公式的形式表示的结论。在整个形式证明的过程中,不再需要任何的自然语言来进行更多的解释和说明。根据形式证明的这一特点,我们自然考虑到可以借助计算机来完成整个形式证明的过程。事实上,我们首先可以将前面所介绍的四大推理规则(前提引入规则、结论引入规则、置换规则、代入规则)或 CP 规则以及基本等值关系式或基本蕴含关系式存放于知识库中,然后使用计算机将这些知识通过这些存入到计算机中的推理规则进行推理,最终完成形式证明的全过程。特别是当命题公式的数量较多并且命题公式中所包含的命题变元数量较多时,借助于计算机完成形式证明可以极大地提高工作效率。在这种情况下,我们可以说计算机是一台具有了一定程度(从这种特定的推理能力上讲)智能化的机器。

最后,我们通过一个例子来说明怎样运用间接证明法来完成形式证明。

例 8-28 形式证明 $\to P$ 是前提 $P \to \to Q$、$Q \vee \to R$、$R \wedge \to S$ 的有效的结论。

证明 运用反证法。首先将 $\to(\to P)$ 作为添加的前提加入到由原来的前提组成的前提集合中去,然后证明由此导致产生矛盾。具体过程见表 8-21。

表 8-21　例 8-28 表

编号	公式	依据
(1)	$\to(\to P)$	假设(附加前提)
(2)	P	(1);E_6
(3)	$P \to \to Q$	前提
(4)	$\to Q$	(2)、(3);I_9
(5)	$Q \vee \to R$	前提
(6)	$\to R$	(4)、(5);I_{11}
(7)	$R \wedge \to S$	前提

由于在列举的公式中出现了 $\to R$ 与 $R \wedge \to S$,也就是说,$\to R$ 与 R 同时为真,而这是不可能的,因为根据逻辑上的排中律可知,$\to R$ 与 R 必有一个为假。因此产生了矛盾。所以,$\to P$ 是前提 $P \to \to Q$、$Q \vee \to R$、$R \wedge \to S$ 的有效的结论。证毕。

8.6　经典例题选编

例 8-29 在某次研讨会的休息时间,3 名与会者根据张教授的口音对他是哪个省市的人进行了判断。

甲说:张教授不是天津人,而是北京人。

乙说:张教授不是北京人,而是天津人。

丙说:张教授既不是北京人,又不是邯郸人。

张教授听完后笑着说:你们三人中有一人说得全对,有一人说得全错,还有一人说对了一半,说错了一半。试用命题逻辑演算法分析张教授是哪里人?

解 我们可以从三人的对话中抽取出原子命题,并将其符号化如下:

P:张教授是天津人。Q:张教授是北京人。R:张教授是邯郸人。

又根据题意可知,张教授只可能是一个地方的人,即张教授要么是天津人,要么是北京人,要么是邯郸人,也就是说,P、Q、R 这三个命题中只有一个为真命题,而有两个命题为假命题。

则甲的判断为:$\neg P \wedge Q$;乙的判断为:$P \wedge \neg Q$;丙的判断为:$\neg Q \wedge \neg R$。

如果甲的判断全对,则有: $A_1 = \neg P \wedge Q$

如果甲的判断只对了一半,则有: $A_2 = (\neg P \wedge \neg Q) \vee (P \wedge Q)$

如果甲的判断全错,则有: $A_3 = P \wedge \neg Q$

如果乙的判断全对,则有: $B_1 = P \wedge \neg Q$

如果乙的判断只对了一半,则有: $B_2 = (\neg P \wedge \neg Q) \vee (P \wedge Q)$

如果乙的判断全错,则有: $B_3 = \neg P \wedge Q$

如果丙的判断全对,则有: $C_1 = \neg Q \wedge \neg R$

如果丙的判断只对了一半,则有: $C_2 = (Q \wedge \neg R) \vee (\neg Q \wedge R)$

如果丙的判断全错,则有: $C_3 = Q \wedge R$

又根据张教授的话可知:

$F \Leftrightarrow (A_1 \wedge B_2 \wedge C_3) \vee (A_1 \wedge B_3 \wedge C_2) \vee (A_2 \wedge B_1 \wedge C_3) \vee (A_2 \wedge B_3 \wedge C_1) \vee (A_3 \wedge B_1 \wedge C_2) \vee (A_3 \wedge B_2 \wedge C_1)$

而$(A_1 \wedge B_2 \wedge C_3) \Leftrightarrow (\neg P \wedge Q) \wedge ((\neg P \wedge \neg Q) \vee (P \wedge Q)) \wedge (Q \wedge R)$

$\Leftrightarrow ((\neg P \wedge Q) \wedge (\neg P \wedge \neg Q)) \vee ((\neg P \wedge Q) \wedge (P \wedge Q)) \wedge (Q \wedge R)$

$\Leftrightarrow (0 \vee 0) \wedge (Q \wedge R)$

$\Leftrightarrow 0$

$(A_1 \wedge B_3 \wedge C_2) \Leftrightarrow (\neg P \wedge Q) \wedge (\neg P \wedge Q) \wedge ((Q \wedge \neg R) \vee (\neg Q \wedge R))$

$\Leftrightarrow (\neg P \wedge Q) \wedge ((Q \wedge \neg R) \vee (\neg Q \wedge R))$

$\Leftrightarrow ((\neg P \wedge Q) \wedge (Q \wedge \neg R)) \vee ((\neg P \wedge Q) \wedge (\neg Q \wedge R))$

$\Leftrightarrow (\neg P \wedge Q \wedge \neg R) \vee 0$

$\Leftrightarrow \neg P \wedge Q \wedge \neg R$

$(A_2 \wedge B_1 \wedge C_3) \Leftrightarrow ((\neg P \wedge \neg Q) \vee (P \wedge Q)) \wedge (P \wedge \neg Q) \wedge (Q \wedge R)$

$\Leftrightarrow ((\neg P \wedge \neg Q) \vee (P \wedge Q)) \wedge 0$

$\Leftrightarrow 0$

$(A_2 \wedge B_3 \wedge C_1) \Leftrightarrow ((\neg P \wedge \neg Q) \vee (P \wedge Q)) \wedge (\neg P \wedge Q) \wedge (\neg Q \wedge \neg R)$

$\Leftrightarrow ((\neg P \wedge \neg Q) \vee (P \wedge Q)) \wedge 0$

$\Leftrightarrow 0$

$(A_3 \wedge B_1 \wedge C_2) \Leftrightarrow (P \wedge \neg Q) \wedge (P \wedge \neg Q) \wedge ((Q \wedge \neg R) \vee (\neg Q \wedge R))$

$\Leftrightarrow (P \wedge \neg Q) \wedge ((Q \wedge \neg R) \vee (\neg Q \wedge R))$

$\Leftrightarrow ((P \wedge \neg Q) \wedge (Q \wedge \neg R)) \vee ((P \wedge \neg Q) \wedge (\neg Q \wedge R))$

$\Leftrightarrow 0 \vee (P \wedge \neg Q \wedge R)$

$$\Leftrightarrow P \wedge \neg Q \wedge R$$

$$(A_3 \wedge B_2 \wedge C_1) \Leftrightarrow (P \wedge \neg Q) \wedge ((\neg P \wedge \neg Q) \vee (P \wedge Q)) \wedge (\neg Q \wedge \neg R)$$

$$\Leftrightarrow (((P \wedge \neg Q) \wedge (\neg P \wedge \neg Q)) \vee ((P \wedge \neg Q) \wedge (P \wedge Q))) \wedge (\neg Q \wedge \neg R)$$

$$\Leftrightarrow (0 \vee 0) \wedge (\neg Q \wedge \neg R)$$

$$\Leftrightarrow 0$$

于是,根据同一律可知,$F \Leftrightarrow (\neg P \wedge Q \wedge \neg R) \vee (P \wedge \neg Q \wedge R)$,由于命题 P、Q、R 中只有一个是真命题,因此,$\neg P \wedge Q \wedge \neg R \Leftrightarrow 1$,即张教授是北京人。这样一来,甲说得全对,乙说得全错,丙说对了一半,说错了一半。

例 8-30 某科研所要从三名科研骨干中挑选 1~2 名出国进修。由于工作需要,选派时必须要满足以下的条件。

(1) 若 A 去,则 C 一同去;(2) 若 B 去,则 C 不能去;(3) 若 C 不去,则 A 或 B 可以去。试问该科研所应怎样选派他们?

解 首先从选派时需要满足的三个条件中抽取出原子命题,并将其符号化如下:

P:派 A 去;Q:派 B 去;R:派 C 去。

这样一来,条件(1)可以符号化为 $P \rightarrow R$;条件(2)可以符号化为 $Q \rightarrow \neg R$;条件(3)可以符号化为 $\neg R \rightarrow (P \vee Q)$。

则根据已知条件,不妨设命题公式为:

$$F \Leftrightarrow (P \rightarrow R) \wedge (Q \rightarrow \neg R) \wedge (\neg R \rightarrow (P \vee Q))$$

由等值演算可得:

$$1 \Leftrightarrow F \Leftrightarrow (P \rightarrow R) \wedge (Q \rightarrow \neg R) \wedge (\neg R \rightarrow (P \vee Q))$$

$$\Leftrightarrow (\neg P \vee R) \wedge (\neg Q \vee \neg R) \wedge (R \vee P \vee Q)$$

$$\Leftrightarrow (P \vee Q \vee R) \wedge (((\neg P \vee R) \wedge \neg Q) \vee ((\neg P \vee R) \wedge \neg R))$$

$$\Leftrightarrow (P \vee Q \vee R) \wedge ((\neg P \wedge \neg Q) \vee (R \wedge \neg Q) \vee (\neg P \wedge \neg R) \vee (R \wedge \neg R))$$

$$\Leftrightarrow (P \vee Q \vee R) \wedge ((\neg P \wedge \neg Q) \vee (R \wedge \neg Q) \vee (\neg P \wedge \neg R))$$

$$\Leftrightarrow ((P \vee Q \vee R) \wedge (\neg P \wedge \neg Q)) \vee ((P \vee Q \vee R) \wedge (R \wedge \neg Q)) \vee ((P \vee Q \vee R) \wedge (\neg P \wedge \neg R))$$

$$\Leftrightarrow (\neg P \wedge \neg Q \wedge R) \vee (P \wedge \neg Q \wedge R) \vee (\neg Q \wedge R) \vee (\neg P \wedge Q \wedge \neg R)$$

$$\Leftrightarrow (\neg P \wedge \neg Q \wedge R) \vee (\neg Q \wedge R) \vee (\neg P \wedge Q \wedge \neg R)$$

由此可知,可以用三种方案选派 A、B、C 这三名科研骨干。

方案(1):A 和 B 都不去进修,派 C 去进修。

方案(2):B 不去,派 C 去进修。A 去或不去均可。

方案(3):A 和 C 都不去,派 B 去进修。

习 题 8

1. 判断下列语句哪些是命题。若是命题,请指出它的真值。

(1) 北冰洋是地球上最大的海洋。

(2) 15 是素数。

(3) 请勿随地吐痰。

(4) 严禁吸烟!

(5) 西班牙的首都是马德里。

(6) 陶渊明是唐朝人。

(7) $x+3=y$。

(8) 牛顿是英国人。

2. 将下列命题符号化。

(1) 昨天下雨并且打雷。

(2) 我看见的既不是小赵,又不是老周。

(3) 当他心情舒畅时,他一定会唱歌;当他在唱歌时,就说明他的心情一定很好。

(4) 人不犯我,我不犯人;人若犯我,我必犯人。

(5) 如果晚上做完了作业并且没有别的事,他就会上网或者听音乐。

3. 设 P 表示命题"小李乘坐公共汽车",Q 表示命题"小李在看书",R 表示"小李在唱歌"。试用日常生活中的语言复述下列复合命题的内容。

(1) $P \wedge Q \wedge \rightarrow R$。

(2) $(P \vee Q) \wedge \rightarrow R$。

(3) $P \rightarrow (Q \vee R)$。

(4) $\rightarrow P \wedge \rightarrow Q \wedge R$。

4. 构造下列命题公式的真值表。

(1) $\rightarrow P \vee (Q \wedge \rightarrow R)$。

(2) $(P \wedge \rightarrow Q) \vee (Q \wedge R)$。

(3) $(P \rightarrow Q) \leftrightarrow (\rightarrow P \vee Q)$。

(4) $(Q \wedge (P \rightarrow Q)) \rightarrow P$。

(5) $((P \vee Q) \rightarrow (Q \wedge R)) \rightarrow (P \wedge \rightarrow R)$。

5. 下列命题公式中哪些是重言式(永真公式)? 哪些是矛盾式(永假公式)?

(1) $(P \rightarrow Q) \leftrightarrow (\rightarrow Q \rightarrow \rightarrow P)$。

(2) $(Q \wedge (P \rightarrow Q)) \rightarrow (P \rightarrow Q)$。

(3) $(\rightarrow Q \rightarrow P) \rightarrow (P \rightarrow Q)$。

(4) $((P \vee Q) \rightarrow R) \leftrightarrow S$。

(5) $(P \wedge Q) \leftrightarrow P$。

(6) $(P \rightarrow \rightarrow P) \rightarrow \rightarrow P$。

6. 对于给定的代换产生下列命题公式的代换实例。

(1) $((P \rightarrow Q) \rightarrow P) \rightarrow P$,用 $P \rightarrow Q$ 代换 P,用 $(P \rightarrow Q) \rightarrow R$ 代换 Q。

(2) $(P \rightarrow Q) \rightarrow (Q \rightarrow P)$,用 Q 代换 P,用 $P \wedge \rightarrow P$ 代换 Q。

7. 试证明下列命题公式之间的等值关系。

(1) $(P \rightarrow Q) \wedge (R \rightarrow Q) \Leftrightarrow (P \vee R) \rightarrow Q$。

(2) $\rightarrow (P \leftrightarrow Q) \Leftrightarrow (P \vee Q) \wedge \rightarrow (P \wedge Q)$。

(3) $\rightarrow (P \leftrightarrow Q) \Leftrightarrow (P \wedge \rightarrow Q) \vee (\rightarrow P \wedge Q)$。

(4) $((Q \wedge R) \rightarrow S) \wedge (R \rightarrow (P \vee S)) \Leftrightarrow (R \wedge (P \rightarrow Q)) \rightarrow S$。

(5) $(P \rightarrow (Q \rightarrow R)) \Leftrightarrow (P \rightarrow \rightarrow Q) \vee (P \rightarrow R)$。

8. 试证明下列命题公式之间的蕴含关系。

(1) $P \rightarrow (Q \rightarrow R) \Rightarrow (P \rightarrow Q) \rightarrow (P \rightarrow R)$。

(2) $((P \vee \rightarrow P) \rightarrow Q) \rightarrow ((P \vee \rightarrow P) \rightarrow R) \Rightarrow (Q \rightarrow R)$。

(3) $(Q \rightarrow (P \wedge \neg P)) \rightarrow (R \rightarrow (P \wedge \neg P)) \Rightarrow (R \rightarrow Q)$。

9. 试求下列命题公式的析取范式与合取范式。

(1) $((P \rightarrow Q) \leftrightarrow (\neg Q \rightarrow \neg P)) \wedge R$。

(2) $P \vee (\neg P \vee (Q \wedge \neg Q))$。

(3) $(P \wedge (Q \wedge S)) \vee (\neg P \wedge (Q \wedge S))$。

10. 试求下列命题公式的主析取范式与主合取范式,并且判断该命题公式是否为重言式(用真公式)或者矛盾式(永假公式)。

(1) $(\neg P \vee \neg Q) \rightarrow (P \leftrightarrow \neg Q)$。

(2) $\neg (P \rightarrow Q) \leftrightarrow (P \rightarrow \neg Q)$。

(3) $(\neg R \wedge (Q \rightarrow P)) \rightarrow (P \rightarrow (Q \vee R))$。

(4) $(P \rightarrow (Q \wedge R)) \wedge (\neg P \rightarrow (\neg Q \wedge \neg R))$。

11. 形式证明下列有效的结论。

(1) $\neg S$ 是前提 $P \rightarrow Q$,$(\neg Q \vee R) \wedge \neg R$,$\neg (\neg P \wedge S)$ 的有效的结论。

(2) $\neg P \vee \neg Q$ 是前提 $(P \wedge Q) \rightarrow R$,$\neg R \vee S$,$\neg S$ 的有效的结论。

(3) $R \vee S$ 是前提 $P \wedge Q$ 和前提 $(P \leftrightarrow Q) \rightarrow (R \vee S)$ 的有效的结论。

(4) $P \rightarrow S$ 是前提 $\neg P \vee Q$,$\neg Q \vee R$,$R \rightarrow S$ 的有效的结论。

(5) $P \rightarrow (Q \rightarrow F)$ 是前提 $P \rightarrow (Q \rightarrow R)$、$R \rightarrow (S \rightarrow E)$、$\neg F \rightarrow (S \wedge \neg E)$ 的有效的结论。

12. 形式证明下列各式的有效性(如果有必要,可以使用间接证明法)。

(1) $(R \rightarrow \neg Q)$,$R \vee S$,$S \rightarrow \neg Q$,$P \rightarrow Q \Rightarrow \neg P$。

(2) $S \rightarrow \neg Q$,$R \vee S$,$\neg R$,$\neg P \rightarrow Q \Rightarrow P$。

(3) $\neg (P \rightarrow Q) \rightarrow \neg (R \vee S)$,$(Q \rightarrow P) \vee \neg R$,$R \Rightarrow P \leftrightarrow Q$。

13. 判断下列推理是否符合逻辑,并说明理由。

(1) 如果太阳从西边出来,那么地球就停止转动。太阳从西边出来了。所以,地球停止了转动。

(2) 如果我是小孩,我就会喜欢孙悟空。我不是小孩。所以,我不喜欢孙悟空。

(3) 如果这里有球赛,那么通行是困难的。如果他们按照指定的时间到达了,那么通行就是不困难的。他们按照指定的时间到达了。所以,这里没有球赛。

14. 试用形式证明的方法帮助吴律师分析下列案情:张三说李四在说谎,李四说王五在说谎,王五说张三与李四都在说谎。问张三、李四和王五这三个人,到底谁在说真话,谁在说谎?

15. 两位同学同住一间宿舍内,寝室的照明电路是按照下面的要求进行设计的:宿舍门口安装有一个开关 A,两位同学的床头分别安装了一个开关 B 和开关 C。当这两位同学晚上回宿舍时,按一下开关 A,寝室内的灯就被点亮了;上床后按一下开关 B 或 C,室内的灯就熄灭了;这样操作以后,如果按一下 A、B、C 三个开关中的任何一个,则寝室内的灯就亮了。如果寝室内的灯 G 的点亮状态和熄灭状态分别用 1 和 0 表示,试求出 G 用 A、B 和 C 表示的主析取范式和主合取范式。

16. 有四名长跑运动员 A、B、C 和 D 参加了 5000 米长跑比赛,在比赛开始之前,有甲、乙、丙三位观众对这四名长跑运动员的最终比赛结果进行了如下一番预测。

甲说:"C 第一,B 第二。"乙说:"C 第二,D 第三。"丙说:"A 第二,D 第四。"

长跑比赛结束后,根据比赛的最终结果显示,他们每个人均预测对了一半,并且没有并列名次。试通过命题演算推理的方法求出这四名长跑运动员的实际名次是怎样排列的。

第9章 谓词逻辑

【内容提要】

本章进入到了数理逻辑部分的第二个内容——谓词逻辑。在这一部分内容中,将重点讨论怎样将原子命题进一步细化,分解为谓词、个体和量词,以便于进一步运用符号逻辑模拟人类的思维活动。本章首先介绍了怎样将一个原子命题进一步地分解为谓词、个体和量词,并将其符号化;然后介绍谓词逻辑公式以及对该公式的解释;接下来介绍了两个谓词公式之间存在的两种特殊的关系;接着讨论了如何在个体域是有限集合的前提下去掉量词,以便在特殊情况下简化谓词演算推理的过程;最后讨论了一般谓词演算的推理理论,即运用谓词演算推理完成形式化的证明过程。

在命题演算推理中,通常是将原子命题作为基本的研究对象,对它不再进行进一步的分解,只是研究由原子命题和命题联结词所组成的复合命题,以及研究复合命题的逻辑性质及复合命题之间的逻辑关系等。这样一种讨论方式使得对于命题的逻辑演算具有很大的局限性,甚至是有些很简单的逻辑思维活动,用命题演算的推理理论都无法论证它。

例如,著名的苏格拉底三段论式的推理就无法通过上一章所讨论的命题演算推理论证其逻辑上的正确性。下面,我们来简单地探讨一下。苏格拉底三段式是由大前提、小前提和结论组成的,其中,大前提是"所有的人都是要死的",小前提是"苏格拉底是人",结论是"苏格拉底是要死的"。

从直观上来分析,结论"苏格拉底是要死的"是前面两个大、小前提的必然结论。但是,从前面研究的命题演算推理理论却得不出这个显而易见的结论。这是因为,在它的前提和结论中都没有联结词,也就是说,它们都是原子命题,如果用命题逻辑来表示,即将大前提"所有的人都是要死的"用 P 表示,小前提"苏格拉底是人"用 Q 表示,结论"苏格拉底是要死的"用 R 表示,那么它的形式是 $(P \land Q) \to R$。显然,这不是命题逻辑中的重言式(永真公式)。造成上述缺陷的原因在于我们对命题的分解仅仅只进行到了原子命题这一步。事实上,不能只将大前提和小前提作为两个独立的命题,而是必须看到大前提和小前提之间存在着某种内在的逻辑联系,而显然这种内在的逻辑关联性仅仅使用命题逻辑无法实现出来,因此,我们要对某些原子命题进行进一步分解。因此,从命题演算的角度来看,这就需要对原子命题的成分、结构以及原子命题之间的共同特性等诸多方面进行进一步的分析,这也正是谓词逻辑所需要研究的问题。

9.1 谓词、个体和量词

在谓词演算中,通过对原子命题的逻辑分析,可以将其分解为谓词与个体两个部分。例如,在前面的例子"苏格拉底是人"中的"是人"即是谓词,"苏格拉底"即是个体。

定义 9-1 可以独立存在的物体称为个体(它既可以是抽象的,也可以是具体的)。例如,鲜花、代表团、互联网、自然数、民主等,都可以作为主体。在谓词演算中,个体通常在一个命题里表示逻辑思维活动的对象。

定义 9-2 用于刻画个体的性质或者关系的词称为谓词。用于刻画一个个体性质的谓词称为一元谓词;用于刻画 n 个个体之间关系的谓词称为 n 元谓词。

例如,在命题"苏格拉底是人"中,"是人"刻画了个体"苏格拉底"的性质,又例如在命题"李刚和李强是兄弟"中,其中的"……与……是兄弟"刻画出了两个个体即"李刚"与"李强"之间的关系。又例如,在命题"武汉位于长江与汉水的交界处"中,谓词"……位于……与……的交界处"刻画了个体"武汉"、"长江"和"汉水"之间的位置关系。

在进行谓词演算以前,需要将某些原子命题进行符号化的处理。为方便起见,通常用大写字母表示谓词,用小写字母表示个体。例如,如果用 Q 表示谓词"是大学生",用 a 和 b 分别表示两个个体"赵明"和"张华",则命题"赵明是大学生"和"张华是大学生"可以分别表示为 $Q(a)$ 和 $Q(b)$。

在"a 比 b 大"、"a 位于 b 与 c 之间"这些命题里,a 和 b 或者 a、b 和 c 都代表一些个体,"……比……大"和"……位于……与……之间"均是谓词。可以将它们分别表示成 $A(a,b)$ 和 $B(a,b,c)$,其中,A 是二元谓词,B 是三元谓词。

一般说来,一个由 n 个个体和 n 元谓词所组成的命题可以表示为 $G(a_1,a_2,\cdots,a_n)$,其中,G 表示 n 元谓词,$a_1,a_2,\cdots,a_n$ 分别表示 n 个个体。个体 $a_1,a_2,\cdots,a_n$ 的排列次序有时是非常重要的。例如,$B(a,b,c)$ 不能写成 $B(b,a,c)$,否则就成了命题"b 位于 a 与 c 之间"。

需要注意的是,一个单独的谓词没有明确的含义,如"……是大学生",这个谓词必须跟随在一个个体之后才有明确的含义,并且能够分辨真假。

在上一章命题逻辑中所引入的联结词,在这里仍然可以用来构成复合命题。例如,如果使用 $Q(a)$ 表示"赵明是大学生",用 $G(b,c)$ 表示"小王比小刘大",那么将命题"赵明是大学生并且小王比小刘大"符号化为 $Q(a) \land G(b,c)$;将命题"如果赵明是大学生,那么小王比小刘大"符号化为 $Q(a) \rightarrow G(b,c)$;将命题"赵明不是大学生"符号化为 $\neg Q(a)$。同理,如果使用联结词"$\lor$"和"$\leftrightarrow$"可以分别用来形成下面的命题。

$$Q(a) \lor G(b,c)$$
$$Q(a) \leftrightarrow G(b,c)$$

对于一个给定的谓词,可以与某一类个体一起构成不同的命题。例如,在谓词"……是大学生"中,个体可以是"赵明",也可以是"张华"等,像这种具体的、确定的个体称为个体常元,表示抽象的或者泛指的(或者说取值不确定的)个体称为个体变元。

例如,用 $Q(x)$ 表示"x 是大学生",这里的 x 是个体变元,它可以在名词范围内任意取值。设 a 表示"赵明",则当 $x=a$ 时,$Q(a)$ 表示"a 是大学生",此时的 a 是个体常元。对于谓词 Q,$Q(x)$ 实际上是个体变元 x 的函数。相应地,引入下述定义。

定义 9-3 由一个谓词和若干个个体变元组成的表达式称为简单命题函数。由 n 元谓词 P 和 n 个个体变元 $x_1,x_2,\cdots,x_n$ 组成的命题函数,表示为 $P(x_1,x_2,\cdots,x_n)$。由一个或者若干个简单命题函数以及逻辑联结词组成的命题形式称为复合命题函数。将简单命题函数和复合命题函数统称为命题函数。

例如,$(Q(x,y) \land Q(y,z)) \rightarrow Q(z,x)$ 是一个复合命题函数。有时,将不带有个体变元的谓词称为 0 元谓词。例如,$Q(a)$,$G(b,c)$ 等都是 0 元谓词。当谓词 Q 与谓词 G 表示具体的性质或者关系时,将此 0 元谓词称为命题。这样一来,命题逻辑中的命题均可以表示成 0 元谓词,因而可以将命题看成特殊的谓词。

值得一提的是,命题函数并不是一个命题,只有当其中的全部个体变元都分别代之以确定的个体之后才表示一个命题。但是个体变元应取哪些值,或者在什么范围内取值,对其是否成为命题以及命题的真值都是有影响的。

例如,设 $P(y)$ 表示 $2+y=5$,在上一章中曾经指出过这并不是一个命题。但是,如果变量 y 在整数范围内取不等于 3 的任意一个数 a,那么 $P(a)$ 表示一个真值为假的命题,$P(3)$ 表示一个真值为真的命题。如果 y 的取值范围是英文字母,那么原等式没有任何意义,不能称其为命题。

定义 9-4 在命题函数中,个体变元的取值范围称为个体域。

命题函数的个体域,实际上是命题函数的定义域。

例如,设 $P(x)$ 表示 $x^2+1=0$,如果 x 的个体域为实数集,则这是一个矛盾式。如果 x 的个体域为复数集,则除了 $P(i)$ 和 $P(-i)$ 是真值为真的命题外,其余的情形均为真值为假的命题。

需要指出的是,谓词也有谓词常元和谓词变元之分。在前面的例子中,由于谓词 P 与谓词 Q 都有确定的意义,因此称它们是谓词常元。同样,也可以用大写字母来表示意义不确定的谓词。例如,在 $F(x,y,z)$ 中的 F 是三元谓词,它代表了 x,y,z 三个个体之间的关系,但究竟是什么关系,并未赋以其确定的意义,通常将这样的谓词称为谓词变元。在下面的谓词演算的讨论中,为了方便起见,均假设出现的是谓词常元,不讨论谓词变元的情况。

如果仅仅使用以上的这些概念,还不足以表达日常生活中的各种命题。例如,如果 $R(x)$ 表示 x 是大学生,x 的个体域为某单位的职工,那么如果需要表示该单位的全体职工都是大学生,或者需要表示该单位有些职工是大学生,使用仅仅包含谓词和个体的命题形式又应该怎样表示呢?又例如,$P(x)$ 表示"x 是苹果",$Q(x)$ 表示"x 是甜的",$S(x)$ 表示"x 是酸的"。个体变元 x 的个体域为一切事物(或者个体)组成的集合,如果想要表达"有些苹果是甜的,有些苹果是酸的"这一命题,那么仅仅使用命题函数 $P(x)$、$Q(x)$、$S(x)$ 和联结词是无法表示的。因此,需要引入量词。所谓量词,就是在任意一个命题中表示数量的词。在谓词逻辑中的量词分为全称量词和存在量词。

下面,我们来考虑怎样将以下的命题符号化。

(1) 所有的球都是圆的。

(2) 任何整数或者是正的,或者是零,或者是负的。

(3) 有些苹果是红色的。

(4) 存在一个整数是奇数。

命题(1)和命题(2)都需要表示"对所有的 x"这样的概念,为此引入全称量词,并用符号"$\forall x$"表示。它用来表达"对所有的","对每一个","对任意的一个","凡是","一切"等词句。

设 $B(x)$:x 是圆的;$Z(x)$:x 是零;$N(x)$:x 是负数;$P(x)$:x 是正数。于是,命题(1)和命题(2)可以表示为:

(1) $\forall x B(x)$ (设个体域为球的集合)

(2) $\forall x((P(x) \land \rightarrow Z(x) \land \rightarrow N(x)) \lor (Z(x) \land \rightarrow P(x) \land \rightarrow N(x)) \lor (N(x) \land \rightarrow P(x) \land \rightarrow Z(x)))$ (设个体域为整数集合)

命题(3)和命题(4)都需要刻画如"存在一个"、"存在一些"这样的含义,为此引入存在量词,并用符号"$\exists x$"表示。存在量词用来表达"有某一个","至少存在一个"以及"某一些"等词句。

设 $S(x):x$ 是红色的;$Q(x):x$ 是奇数。于是,命题(3)和命题(4)可以表示为:

(3) $\exists x S(x)$ (设个体域为苹果的集合)

(4) $\exists x Q(x)$ (设个体域为整数集合)

在上述关于量词的例子中可以看出,每一个包含有量词的表达式,都与个体域相关。因此,必须使用文字指明个体域,否则就无法准确地表达命题的含义。例如,对于前面的命题(1),$\forall x B(x)$ 表示"对于一切的 x 而言,x 是圆的",如果不指明个体域,那么这个 x 可能是人,也可能是桌子等。这显然改变了原来命题本身的含义。

此外,含有量词的表达式的真值与个体域的制定相关。例如,对于前面的命题(4)来说,$\exists x Q(x)$,当个体域为整数或者实数时,原命题的真值为真;当个体域为偶数集合时,命题的真值为假。

因此,在讨论带有量词的命题函数时,必须确定它的个体域。为了方便起见,需要引入一个特殊的个体域——全总个体域。

定义9-5   宇宙间全部的个体聚集在一起所构成的集合,称为全总个体域。

全总个体域,实际上就是宇宙间的一切事物构成的集合。为了方便起见,除特殊的说明外,均使用全总个体域。而对于个体变化的真正的取值范围(即个体域),通常使用特性谓词加以限制。一般说来,对于全称量词,该特性谓词通常作为蕴含式的前件;对于存在量词,该特性谓词通常作为其中的一个合取项。这样一来,任何一个命题都可以完全地符号化了,这为今后的谓词演算推理理论(形式逻辑)迈出了至关重要的一步。

我们通过引入以下三个特性谓词,即 $A(x):x$ 是球;$E(x):x$ 是苹果;$I(x):x$ 是整数,再将以上的四个例子完全符号化为以下的形式。

(1) $\forall x(A(x) \rightarrow B(x))$。

(2) $\forall x(I(x) \rightarrow ((P(x) \wedge \neg Z(x) \wedge \neg N(x)) \vee (Z(x) \wedge \neg P(x) \wedge \neg N(x)) \vee (N(x) \wedge \neg P(x) \wedge \neg Z(x))))$。

(3) $\exists x(E(x) \wedge S(x))$。

(4) $\exists x(I(x) \wedge Q(x))$。

有了量词的概念之后,谓词逻辑的表达能力就更广泛、更深入了。如果我们要将一个含有量词的命题完全符号化,首先需要明确的是在这个命题中存在着哪些类型的量词(全称量词或存在量词),然后要判断这个命题中的真正的谓词以及特性谓词,最后,我们需要根据量词的类型来判断特性谓词与真正的谓词之间的关系。下面,我们通过举例说明怎样将一些命题符号化。

例9-1   试将下列的命题符号化。

(1) 有些人对某些食物过敏。

(2) 尽管有人聪明,但未必一切人都聪明。

(3) 并非一切劳动都能用机器代替。

解   (1) 设 $F(x,y):x$ 对 y 过敏;$M(x):x$ 是人;$G(x):x$ 是食物。其中,$M(x)$ 与 $G(x)$ 皆为特性谓词。

于是,该命题可以符号化为:$\exists x \exists y(M(x) \wedge G(y) \wedge F(x,y))$。

(2) 设 $G(x):x$ 聪明;$M(x):x$ 是人。其中,$M(x)$ 是特性谓词。

于是,该命题可以符号化为:$\exists x(M(x) \wedge G(x)) \wedge \neg \forall x(M(x) \rightarrow G(x))$。

(3) 设 $M(x):x$ 是一种劳动; $G(x):x$ 是一种机器。$F(x,y):x$ 被 y 代替。

其中, $M(x)$ 与 $G(x)$ 皆为特性谓词。

于是,该命题可以符号化为: $\rightarrow \forall x(M(x) \rightarrow \exists y(G(y) \wedge F(x,y)))$。

9.2 谓词逻辑公式及其解释

如同在命题逻辑中一样,为了在谓词逻辑(也称一阶逻辑)中进行演算和推理,还必须给出谓词逻辑中公式的抽象的定义及其解释。因此,我们首先给出一阶语言的基本概念,所谓一阶语言指的就是用于一阶逻辑的形式语言,而一阶逻辑就是建立在一阶语言基础上的逻辑体系。虽然一阶语言本身并不具备任何的用自然语言描述的意义,但是,一阶语言可以根据需要被解释成具有某种含义。下面,我们给出一种一阶语言的定义。

定义 9-6 一阶语言的字母表定义如下。

(1) 个体变元: $x,y,z,\cdots,x_k,y_k,z_k,\cdots,k \geq 1$。

(2) 个体常元: $a,b,c,\cdots,a_k,b_k,c_k,\cdots,k \geq 1$。

(3) 函数符号: $f,g,h,\cdots,f_k,g_k,h_k,\cdots,k \geq 1$。

(4) 谓词符号: $F,G,H,\cdots,F_k,G_k,H_k,\cdots,k \geq 1$。

(5) 量词符号: $\forall,\exists$。

(6) 联结词符号: $\rightarrow,\wedge,\vee,\rightarrow,\leftrightarrow$。

(7) 逗号和圆括号。

一个符号化了的命题是一串由这些符号所组成的表达式,但并不是任意一个由此类符号组成的表达式就对应于一个命题。因此,需要我们对其给出一个严格的定义。

定义 9-7 一阶语言的项的递归定义如下。

(1) 任意一个个体变元或者个体常元是项。

(2) 如果函数 f 是任意的 n 元函数,并且 $t_1,t_2,\cdots,t_n$ 是任意的 n 个项,那么 $f(t_1,t_2,\cdots,t_n)$ 是项。

(3) 所有的项都是有限次地使用(1)、(2)得到的。

例如, $x,a,b,f(x,a),f(g(a,b),h(x))$ 都是项。其中,函数 f 与函数 g 都是二元函数,函数 h 是一元函数。但是函数 $h(x,a)$ 却不是项,这是因为函数 h 不是二元函数。

定义 9-8 设 P 是一阶语言的任意 n 元谓词,并且 $t_1,t_2,\cdots,t_n$ 是该一阶语言的任意 n 个项,则 $P(t_1,t_2,\cdots,t_n)$ 即是一阶语言的原子公式,通常也称为谓词演算中的原子谓词公式。

一个命题或者一个命题变元也称为谓词演算中的原子谓词公式。也就是说,原子谓词公式是既不含有联结词,又不含有量词的命题函数。当 $n=0$ 时, $P(x_1,x_2,\cdots,x_n)$ 也称为原子命题 P。

由原子谓词公式出发,下面我们给出谓词演算过程中的谓词公式(又称合式公式)的递归定义如下。

定义 9-9 谓词公式的递归定义如下。

(1) 任何一个原子谓词公式都是谓词公式。

(2) 如果 A 是谓词公式,那么 $\rightarrow A$ 也是谓词公式。

(3) 如果公式 A 和公式 B 都是谓词公式,那么 $(A \vee B)$、$(A \wedge B)$、$(A \rightarrow B)$、$(A \leftrightarrow B)$ 也是

谓词公式。

(4) 如果公式 A 是谓词公式，并且 x 是公式 A 中的个体变元，那么 $\forall x A$ 和 $\exists x A$ 亦是谓词公式。

(5) 只有由使用以上的四条规则有限多次而得到的公式才是谓词公式。

根据谓词公式的定义可知，谓词公式是由原子谓词公式、命题联结词、量词以及圆括号按照定义 9-9 所给出的规则组成的一个符号串。因此，在命题演算中的命题公式可以看成谓词公式中的一个特例。

下面，我们通过几个例子说明怎样使用谓词公式（简称公式）来表达日常语言中的一些相关的命题。

例 9-2 试将下列日常语言中的命题进行符号化地处理。

(1) 一切人都不一样高。

(2) 并非一切人都一样高。

(3) 没有不犯错误的人。

(4) 所有的人都会犯错误。

(5) 不管白猫黑猫，抓住老鼠的就是好猫。

解 (1) 设 $A(x)$：x 是人；$B(x,y)$：x 不同于 y；$C(x,y)$：x 与 y 一样高。

则原命题可以符号化为：$\forall x \forall y (A(x) \wedge A(y) \wedge B(x,y) \rightarrow \neg C(x,y))$。

(2) 设 $A(x)$：x 是人；$B(x,y)$：x 不同于 y；$C(x,y)$：x 与 y 一样高。

则原命题可以符号化为：$\neg \forall x \forall y (A(x) \wedge A(y) \rightarrow C(x,y))$。

(3) 设 $A(x)$：x 是人；$B(x)$：x 会犯错误。

则原命题可以符号化为：$\neg \exists x (\neg B(x) \wedge A(x))$。

(4) 设 $A(x)$：x 是人；$B(x)$：x 会犯错误。

则原命题可以符号化为：$\forall x (A(x) \rightarrow B(x))$。

(5) 设 $A(x)$：x 是猫；$B(x)$：x 是白的；$C(x)$：x 是黑的；$D(x)$：x 是好的；
$E(x)$：x 能抓住老鼠。

则原命题可以符号化为：$\forall x ((A(x) \wedge (B(x) \vee C(x)) \wedge E(x)) \rightarrow D(x))$。

下面，我们讨论一下关于个体变元的分类以及关于个体变元的约束问题。个体变元可以分为自由变元和约束变元。

定义 9-10 在谓词公式 $\forall x A(x)$ 或 $\exists x A(x)$ 中，通常将 x 称为量词的指导变元（或者作用元），而将谓词公式 $A(x)$ 称为量词 $\forall x$ 或量词 $\exists x$ 的辖域（或者作用域）。在量词 $\forall x$ 或量词 $\exists x$ 的辖域中，个体变元 x 的所有出现都称为约束出现，并且将约束出现的个体变元称为约束变元，而将谓词公式 $A(x)$ 中不是以约束变元的形式出现的其余的个体变元的出现称为自由出现，并且将自由出现的个体变元称为自由变元。

下面，我们通过一个例子进行具体说明。

例 9-3 指出下列各个谓词公式中的每个量词的辖域以及每个变元的出现是约束的，还是自由的。

(1) $\forall x (P(x) \rightarrow \exists y Q(x,y))$。

(2) $\exists x (P(x) \wedge Q(x))$。

(3) $\exists x P(x) \wedge Q(x)$。

(4) $\forall x ((P(x) \wedge \exists t Q(t,z)) \rightarrow \exists y R(x,y)) \vee S(x,y)$。

解 （1）全称量词 $\forall x$ 的辖域是 $P(x) \rightarrow \exists y Q(x,y)$，其中，个体变元 x 的两次出现均是约束出现，因此，个体变元 x 即为约束变元；存在量词 $\exists y$ 的辖域是 $Q(x,y)$，其中，个体变元 y 的出现也是约束出现，因此，个体变元 y 也是约束变元。

（2）存在量词 $\exists x$ 的辖域是 $P(x) \land Q(x)$，其中，个体变元 x 的两次出现均是约束出现，因此，个体变元 x 即为约束变元。

（3）注意区别谓词公式（3）和谓词公式（2），在谓词公式（3）中，存在量词 $\exists x$ 的辖域是 $P(x)$，于是，在 $P(x)$ 中的个体变元 x 的出现是约束出现，因此，在 $P(x)$ 中的个体变元 x 即为约束变元。但是，由于 $Q(x)$ 不是存在量词 $\exists x$ 的辖域，因此，$Q(x)$ 中的个体变元 x 的出现是自由出现，因此，$Q(x)$ 中的个体变元 x 即为自由变元。

（4）全称量词 $\forall x$ 的辖域是 $(P(x) \land \exists t Q(t,z)) \rightarrow \exists y R(x,y)$，存在量词 $\exists t$ 的辖域是 $Q(t,z)$，存在量词 $\exists y$ 的辖域是 $R(x,y)$，于是，$(P(x) \land \exists t Q(t,z)) \rightarrow \exists y R(x,y)$ 中的所有个体变元 x 的出现都是约束出现，因此，$(P(x) \land \exists t Q(t,z)) \rightarrow \exists y R(x,y)$ 中的所有个体变元 x 都是约束变元。$Q(t,z)$ 中的个体变元 t 的出现是约束出现，因此个体变元 t 是约束变元。而个体变元 z 的出现是自由出现，因此个体变元 z 是自由变元。$R(x,y)$ 中的个体变元 y 的出现是约束出现，因此 $R(x,y)$ 中的个体变元 y 是约束变元。由于 $S(x,y)$ 不是任何量词的辖域，于是，$S(x,y)$ 中的两个个体变元 x 和 y 的出现皆为自由出现，因此 $S(x,y)$ 中的两个个体变元 x 和 y 皆为自由变元。

通过以上的例子，不难看出，有时一个个体变元在同一个谓词公式中既有约束出现，又有自由出现（如谓词公式（3）中的个体变元 x，谓词公式（4）中的个体变元 x 和个体变元 y）。为了避免由此而产生混淆，可以对约束变元进行换名，使得一个个体变元在一个谓词公式中只呈现一种形式。

显然，一个谓词公式的约束变元的符号是无关紧要的。例如，如果在谓词公式 $\forall x P(x)$ 中将约束变元 x 改为 y，则谓词公式 $\forall x P(x)$ 与谓词公式 $\forall y P(y)$ 具有相同的意义，因此在一个谓词公式中的约束变元是可以更改的。但是，当更改一个谓词公式中的约束变元的符号时，其他的个体变元的性质是不能发生改变的。因此，在改变一个谓词公式中的约束变元的符号时，需要遵守一定的规则。为了表述方便起见，通常将这个规则称为约束变元的换名规则，简称为换名规则。

换名规则 （1）当约束变元换名时，该约束变元在量词及其辖域中的所有约束出现皆需要同时更改，而谓词公式的其他部分不需要进行变换。

（2）当约束变元换名时，一定要将其更改为该量词辖域中没有出现过的符号，最好是该谓词公式中尚未出现过的符号。

例如，如果对于谓词公式 $\forall x(P(x) \land Q(x,y)) \rightarrow R(x,y)$ 中的在全称量词 $\forall x$ 的辖域中的约束变元 x 用另一个符号 z 进行替换（换名），那么，原来的谓词公式 $\forall x(P(x) \land Q(x,y)) \rightarrow R(x,y)$ 即可转换成 $\forall z(P(z) \land Q(z,y)) \rightarrow R(x,y)$。但是不能换成 $\forall z(P(z) \land Q(x,y)) \rightarrow R(x,y)$，这是因为这种变换直接违反换名规则（1）；也不能换成 $\forall y(P(y) \land Q(y,y)) \rightarrow R(x,y)$，这是因为这种变换直接违反换名规则（2）。

以上这两种错误的更改方式，其实质都是使得谓词公式中的量词的约束范围发生了变化。也就是说，这两种改变约束变元符号的方式都使得谓词公式中的其余的部分个体变元的性质发生了改变，在第一种错误的换名方式中，将原谓词公式 $\forall x(P(x) \land Q(x,y)) \rightarrow R(x,y)$ 中的 $Q(x,y)$ 中的约束变元 x 变成了自由变元；而在第二种错误的换名方式中，将原

谓词公式 $\forall x(P(x)\wedge Q(x,y))\rightarrow R(x,y)$ 中的 $Q(x,y)$ 中的自由变元 y 变成了约束变元。

对于谓词公式中的自由变元,也允许变换成为另一种符号,这种变换称为代入。自由变元的代入也需要遵守一定的规则,为了表述方便起见,通常将这个规则称为自由变元的代入规则,简称为代入规则。

代入规则 (1) 对于谓词公式中的自由变元来说,可以代入,代入时需要对该自由变元的所有出现同时进行代入。

(2) 代入时所选用的自由变元符号与原谓词公式中的全部个体变元(无论是自由变元还是约束变元)的符号都不能相同。

例如,如果对于谓词公式 $(\forall y(P(x,y)\wedge\exists zQ(x,z)))\vee\forall xR(x,y)$ 中的自由变元 x 用另一个符号 u 进行代入时,那么,原来的谓词公式 $(\forall y(P(x,y)\wedge\exists zQ(x,z)))\vee\forall xR(x,y)$ 即可转换成谓词公式 $(\forall y(P(u,y)\wedge\exists zQ(u,z)))\vee\forall xR(x,y)$。但是不能代入为 $(\forall y(P(u,y)\wedge\exists zQ(x,z)))\vee\forall xR(x,y)$,这是因为这种代入直接违反代入规则(1);也不能代入为 $(\forall y(P(y,y)\wedge\exists zQ(y,z)))\vee\forall xR(x,y)$,这是因为这种代入直接违反代入规则(2)。

以上这两种错误的代入方式,其实质都是使得代入之前的谓词公式中的自由变元的数量发生变化或者自由变元的性质发生变化。在第一种错误的代入方式中,使原谓词公式 $(\forall y(P(x,y)\wedge\exists zQ(x,z)))\vee\forall xR(x,y)$ 中的自由变元的数目由 2 个变为 3 个;而在第二种错误的代入方式中,将原谓词公式 $(\forall y(P(x,y)\wedge\exists zQ(x,z)))\vee\forall xR(x,y)$ 中的全程量词 $\forall y$ 的辖域 $(P(x,y)\wedge\exists zQ(x,z))$ 中的自由变元 x 变换成为约束变元 y。

当有多个量词连续出现,并且它们之间没有括号进行分割时,后面的量词在前面的量词的辖域之中,并且量词对个体变元的约束与量词的先后顺序相关。

例如,在谓词公式 $\forall y\exists x(x<y-2)$ 中,约束变元 x 和约束变元 y 的个体域皆为实数集,全称量词 $\forall y$ 的辖域是 $\exists x(x<y-2)$,存在量词 $\exists x$ 的辖域是 $x<y-2$。该谓词公式表示对于任何实数 y,均存在着实数 x,使得有 $x<y-2$。不难看出,这个命题的真值为真。如果将原谓词公式 $\forall y\exists x(x<y-2)$ 中的量词的顺序改变为存在量词在先,而全称量词在后,即将原谓词公式变换成为下面的谓词公式 $\exists x\forall y(x<y-2)$,那么这一谓词公式表示存在着一个实数 x,对于任何实数 y,皆有 $x<y-2$。此时,这个谓词公式表示的是一个真值为假的命题。

从约束变元的概念可以看出,如果 $P(a_1,a_2,\cdots,a_n)$ 是一个 n 元谓词,那么该谓词应有 n 个独立的自由变元。当对其中的 k 个变元进行约束时,则 P 成为一个 $n-k$ 元谓词。因此,如果在一个谓词公式中没有自由变元出现,那么,当前的这个谓词公式就成为一个命题。

例如,由于谓词公式 $\forall x(P(x)\rightarrow\exists zQ(x,z))$ 中没有自由变元,因此,该谓词公式可以表示一个命题。比如,可以表示为如下的命题:"对于任何整数,都存在着一个小于它的整数。";或者表示为如下的命题:"对于任何一颗恒星,都存在着一颗比它更亮的恒星。"

同一个符号在一个谓词公式中可能既有约束出现的时候,又有自由出现的时候,这是允许的。但是最好不要这样使用,可以对约束变元进行换名,使得任何一个用符号表示的个体变元在一个谓词公式中仅仅只呈现出一种形式。例如,谓词公式 $\forall xP(x)\wedge Q(x)$ 最好写成 $\forall xP(x)\wedge Q(y)$。

> **注意**:约束变元是不能用个体常元来代替的,而自由变元可以使用个体常元来代替。例如,对于前面所举的例子中的谓词公式 $\forall xP(x)\wedge Q(y)$ 来说,如果用个体常元 a 代替 $\forall xP(x)\wedge Q(y)$ 中的自由变元 y,那么原谓词公式可以变换为 $\forall xP(x)\wedge Q(a)$。在这个谓词公式中,由于不存在自由变元,因此,这个谓词公式也可以表示一个命题,可以表示为:"每一个 x 有性质 P,而个体 a 有性质 Q。"

9.3　谓词演算公式之间的关系

根据前面的两个小节的叙述,一个谓词演算公式(简称谓词公式)是由四个部分组成的。它们分别是谓词、个体、量词和符号化了的命题。其中,谓词是指谓词常元,即一个谓词符号表示一个确定的谓词;个体是由个体常元和个体变元组成的,其中,个体变元又分为约束变元和自由变元;量词可以分为全称量词和存在量词;符号化了的命题是由命题常元和命题变元组成的。当谓词演算公式的所有自由变元都用一组确定的个体代入时,并且命题变元都用具有确定真值的符号化了的命题带入以后,该谓词演算公式即可成为一个符号化了的具有确定真值的命题,这组确定的个体和具有确定真值的符号化了的命题就称为该谓词演算公式的一组指派。

在谓词逻辑(一阶逻辑)中如同在命题逻辑中一样,有些谓词公式对于所给定的任意一组指派(在任何解释下)其真值皆为真;但是另有一些谓词公式对于所给定的任意一组指派(在任何解释下)其真值皆为假;还有一些谓词公式对于所给定的有些指派其真值为真,而对于所给定的另有一些指派其真值为假。于是,我们可以根据以上的这些谓词公式的不同性质,对谓词公式进行如下的分类。

定义 9-11　设 A 为一个谓词演算公式,如果 A 对于所给定的任意一组指派(在任何解释下)其真值总是为真,那么就称 A 为永真公式(简称为永真式);如果 A 对于所给定的任意一组指派(在任何解释下)其真值总是为假,那么就称 A 为永假公式(矛盾式);如果至少存在着一组指派(一个解释)使得 A 的真值为真,那么就称 A 为可满足的公式(简称为可满足式)。

根据定义 9-11,不难看出,永真公式一定是可满足的公式,但反过来不一定成立。也就是说,可满足的公式不一定是永真公式。永假公式(矛盾式)一定不是可满足的公式。

例 9-4　试讨论下列各个谓词演算公式的类型。

(1) $P(a) \rightarrow \exists x P(x)$。

(2) $\forall x \, \exists y P(x,y) \rightarrow \exists x \, \forall y P(x,y)$。

(3) $\forall x \rightarrow Q(x) \land \exists y Q(y)$。

解　(1) 对于任何一组指派,即对于任何解释 I:个体 a 是个体域 D_1 中的一个确定的个体。当 $P(a)$ 的真值为真时,$\exists x P(x)$ 的真值亦为真,于是,谓词公式 $P(a) \rightarrow \exists x P(x)$ 的真值为真;当 $P(a)$ 的真值为假时,$\exists x P(x)$ 的真值既可以为真,又可以为假,于是,谓词公式 $P(a) \rightarrow \exists x P(x)$ 的真值仍然为真。由此可知,谓词公式 $P(a) \rightarrow \exists x P(x)$ 对于任何一组指派(对于任何解释 I),其真值皆为真,因此,谓词公式 $P(a) \rightarrow \exists x P(x)$ 为永真公式。

(2) ①给定解释 I_1:个体域为正整数集 N,$P(x,y)$:$x < y$,此时,谓词公式的前件 $\forall x \exists y P(x,y)$ 表示命题"对于任何一个正整数 x,总是存在着一个自然数 y,使得 x 比 y 小",不难看出,这是一个真值为真的命题,而后件 $\exists x \, \forall y P(x,y)$ 表示命题"存在着正整数 x 比任何一个正整数 y 都大",显然,这是一个真值为假的命题。因此,解释 I_1 是使得原谓词公式 $\forall x \exists y P(x,y) \rightarrow \exists x \, \forall y P(x,y)$ 为假的解释,因此,原谓词公式不是永真公式。②给定解释 I_2:个体域仍为正整数集 N,$P(x,y)$:$y < x$,此时,原谓词公式的前件 $\forall x \, \exists y P(x,y)$ 表示命题"对于任何正整数 x,皆存在着一个比它小的正整数 y",不难看出,这个命题的真值为假,这是因为正整数 x 取值为 1 时,没有比 1 更小的正整数。由此可知,原谓词公式的前件 $\forall x \exists y P(x,y)$

的真值为假,根据蕴含联结词"→"的真值表可知,当前件的真值为假时,不管后件的真值为真还是为假,整个蕴含式的真值即为真,因此,原谓词公式 $\forall x \exists y P(x,y) \to \exists x \forall y P(x,y)$ 为可满足的公式。

(3) 对于任何解释 I:个体域 D_I 中的任何个体 x 都不具有性质 Q,同时在同一个个体域 D_I 中又存在着某个个体 y 具有性质 Q,二者相互矛盾,因此,原谓词公式 $\forall x \to Q(x) \wedge \exists y Q(y)$ 为永假公式(矛盾式)。

在谓词逻辑(一阶逻辑)中,由于谓词演算公式的复杂性和指派(解释)的多样性,到目前为止,还没有找到一种可行的算法来判断一个谓词演算公式是否是可满足的公式。但是,对于某些特殊的谓词演算公式来说,还是可以判断其是否是可满足的公式。在命题演算中,有代入规则,即对重言式(永真公式)中的任意一个命题变元都可以使用任意一个命题公式代入,得到的命题公式仍然是重言式(永真公式)。那么,对于命题演算中的重言式(永真公式),其中的命题变元能不能用谓词演算中的命题函数代入呢?代入以后得到的谓词演算公式仍然是永真公式吗?答案是肯定的。

定义 9-12 如果 $A(P_1, P_2, \cdots, P_n)$ 是含有命题变元 $P_1, P_2, \cdots, P_n$ 的命题公式,并且 $B(B_1, B_2, \cdots, B_n)$ 是以谓词公式 $B_1, B_2, \cdots, B_n$ 分别替代命题变元 $P_1, P_2, \cdots, P_n$ 在命题公式 A 中的所有出现后得到的谓词演算公式,那么称谓词演算公式 B 是命题公式 A 的一个代换实例。

例如,$\forall x P(x) \to (\exists x \forall y Q(x,y) \to \forall x P(x))$ 以及 $P(x) \to (\exists x \forall y Q(x,y) \to P(x))$ 皆是命题公式 $P \to (Q \to P)$ 的代换实例。

定理 9-1 重言式(永真公式)的代换实例都是永真公式,矛盾式(永假公式)的代换实例都是永假公式。

证明过程从略。

例如,$P \vee \to P$ 和 $(P \to Q) \leftrightarrow (\to P \vee Q)$ 皆为重言式(永真公式),如果用 $\forall x P(x)$ 替代命题变元 P,用 $\exists x Q(x)$ 替代命题变元 Q,那么就得到谓词公式中的永真公式 $\forall x P(x) \vee \to \forall x P(x)$ 和 $(\forall x P(x) \to \exists x Q(x)) \leftrightarrow (\to \forall x P(x) \vee \exists x Q(x))$。又由于 $P \wedge \to P$ 是永假公式,因此,其代换实例 $\forall x P(x) \wedge \to \forall x P(x)$ 是谓词公式中的矛盾式(永假公式)。

需要指出的是,本章的后续内容仍然是在一阶语言的范围内进行讨论,以后不再特别说明。

定义 9-13 设 A 和 B 是谓词演算公式,如果 $A \leftrightarrow B$ 是永真公式,那么就称谓词公式 A 和谓词公式 B 是等值的,记作 $A \Leftrightarrow B$,通常将 $A \Leftrightarrow B$ 称为等值关系式。

因此,一个谓词公式 A 是永真公式相当于 $A \Leftrightarrow 1$,谓词公式 A 是永假公式相当于 $A \Leftrightarrow 0$。类似地,也可以定义谓词演算公式之间的蕴含关系。

定义 9-14 对于谓词演算公式 A 和 B,如果 $A \to B \Leftrightarrow 1$,那么就称谓词演算公式 A 蕴含谓词公式 B,记作 $A \Rightarrow B$。通常将 $A \Rightarrow B$ 称为蕴含关系式。

当个体域为有限集合时,从原则上来说,可以用真值表的方法来验证一个谓词演算公式是否为永真公式,或者来验证两个谓词演算公式是否是等值的。

例如,设个体域 $D = \{a_1, a_2, \cdots, a_n\}$,则包含有全称量词的谓词公式 $\forall x A(x)$ 表示个体域 D 中的个体 a_1 具有性质 A,并且个体域 D 中的个体 a_2 也具有性质 A,$\cdots$,个体域 D 中的个体 a_n 也具有性质 A。由此可得,$\forall x A(x) \Leftrightarrow A(a_1) \wedge A(a_2) \wedge \cdots \wedge A(a_n)$。又由于 $A(a_k)(k = 1, 2, \cdots, n)$ 中既没有个体变元,又没有量词,因此,这一合取式实际上是命题演算中的命题公式。这实际上也是一种消去全称量词的方法。

而包含有存在量词的谓词演算公式$\exists xA(x)$表示个体域D中的个体a_1具有性质A,或者个体域D中的个体a_2也具有性质A,$\cdots$,或者个体域D中的个体a_n具有性质A。由此可得,$\exists xA(x) \Leftrightarrow A(a_1) \lor A(a_2) \lor \cdots \lor A(a_n)$。又由于$A(a_k)(k=1,2,\cdots,n)$中既没有个体变元,又没有量词,因此,这一析取式实际上也是命题演算中的命题公式。这实际上也是一种消去存在量词的方法。

当个体域为有限集时,如果一个谓词演算公式中包含有多个量词,那么就可以从里到外地运用以上的方法将量词逐个消去,从而可以将谓词演算公式转换成为命题演算中的命题公式,这样就可以按照上一章所介绍的命题演算推理理论进行形式推理了。

但是,当个体域为无限集时,以上的消去量词的方法是无效的,这是因为根据上一章关于命题公式的定义(定义8-6),无论是合取式还是析取式,合取运算"$\land$"与析取运算"$\lor$"只能经过有限次的运算,而不可能是无限次运算。然而,我们又知道,如果不将量词完全消去,那么就没有办法实现类似于命题演算推理理论那样的形式化的推理方法。因此,对于个体域为无限集的这种情况,我们也需要首先设法消去量词(无论是全称量词还是存在量词),然后才有可能按照命题演算的推理理论进行形式化的推理。那么,究竟应该怎样消去量词呢?有兴趣的读者可以自己思考一下这个问题,在9.5节中,我们将会展开详细地讨论。

通过以上的讨论,可以看出,命题逻辑中的重言式(永真公式)的代换实例都是谓词逻辑中的永真公式,因此,命题演算中所列出的一些命题公式的等值关系式和蕴含关系式,也分别可以看成谓词演算中的等值关系式和蕴含关系式。

例如,根据命题演算中的等值关系式E_{11},可得:
$$\forall xP(x) \to \exists xQ(x) \Leftrightarrow \neg \forall xP(x) \lor \exists xQ(x)$$
$$A(x) \to B(x,y) \Leftrightarrow \neg A(x) \lor B(x,y)$$

除此之外,由于在谓词演算公式中有可能出现全称量词$\forall x$或者存在量词$\exists x$,因此,相应地,它还有一些包含有这两个量词的若干个等值关系式和蕴含关系式。这些关系式反映了量词的特性以及量词与命题联结词之间的关系。验证这些包含有这两个量词的若干个等值关系式和蕴含关系式公式的正确性是比较困难的。这是因为它们并不像在命题演算中的命题公式那样可以利用真值表来确定。因此,我们在给出它们时,仅仅只作一些逻辑语义上的解释或者通过举出一些例子,以便于说明它们的正确性。当然,它们的正确性是可以得到严格证明的,这部分内容属于公理集合论讨论和研究的范围,超出了本书所讨论的范围,在此不再进行赘述。

下面,首先讨论量词转换律,即:
$$\neg(\forall xP(x)) \Leftrightarrow \exists x(\neg P(x)) \tag{E_{18}}$$
$$\neg(\exists xP(x)) \Leftrightarrow \forall x(\neg P(x)) \tag{E_{19}}$$

当个体域为有限集$D=\{a_1,a_2,\cdots,a_n\}$时,以上的等值关系式可以按照以下的方式来严格证明。
$$\neg(\forall xP(x)) \Leftrightarrow \neg(P(a_1) \land P(a_2) \land \cdots \land P(a_n))$$
$$\Leftrightarrow (\neg P(a_1)) \lor (\neg P(a_2)) \lor \cdots \lor (P(a_n))$$
$$\Leftrightarrow (\exists x)(\neg P(x))$$
$$\neg(\exists xP(x)) \Leftrightarrow \neg(P(a_1) \lor P(a_2) \lor \cdots \lor P(a_n))$$
$$\Leftrightarrow (\neg P(a_1)) \land (\neg P(a_2)) \land \cdots \land (P(a_n))$$
$$\Leftrightarrow (\forall x)(\neg P(x))$$

当个体域为无限集时,采用以下的逻辑语义解释。

　　如果 $\forall x P(x)$ 的真值为真,那么就可以将 $\neg(\forall x P(x))$ 理解成"命题 $\forall x P(x)$ 的真值为假",然而,它与命题"在个体域中,存在着某些 x,使得 $P(x)$ 的真值为假"从逻辑上来说并不等价。而将命题"在个体域中,存在着某些 x,使得 $P(x)$ 的真值为假"符号化之后可以表示成 $(\exists x)(\neg P(x))$。这也就是说, $\neg(\forall x P(x)) \Leftrightarrow \exists x(\neg P(x))$。

　　类似地,如果 $\exists x P(x)$ 的真值为真,那么, $\neg(\exists x P(x))$ 表示为"在个体域中至少存在着某个个体 x,可以使得 $P(x)$ 的真值为真"这个命题的真值为假。它等价于"在个体域中,不存在任何一个个体 x 能使 $P(x)$ 的真值为真",或者"对于个体域中的全部个体都不具有 P 这一性质"。这也就是说, $\neg(\exists x P(x)) \Leftrightarrow \forall x(\neg P(x))$。

　　根据等值关系式 E_{18} 和 E_{19},可得出以下结论。

　　(1) 在谓词演算中只要有一个量词就足够了。

　　(2) 量词前面的否定符号可以深入至量词的辖域内,但与此同时,必须将存在量词和全称量词进行对换。

　　还有许多其他的等价关系式和蕴含关系式,其中最常见的关系式均列于表 9-1 中。

表 9-1　含有量词的等值关系式和蕴含关系式列表一

量词转换律	
$\neg(\forall x P(x)) \Leftrightarrow \exists x(\neg P(x))$	(E_{18})
$\neg(\exists x P(x)) \Leftrightarrow \forall x(\neg P(x))$	(E_{19})
量词辖域的扩张律与收缩律	
$\forall x(P(x) \wedge Q) \Leftrightarrow \forall x P(x) \wedge Q$	(E_{20})
$\forall x(P(x) \vee Q) \Leftrightarrow \forall x P(x) \vee Q$	(E_{21})
$\exists x(P(x) \wedge Q) \Leftrightarrow \exists x P(x) \wedge Q$	(E_{22})
$\exists x(P(x) \vee Q) \Leftrightarrow \exists x P(x) \vee Q$	(E_{23})
量词分配律	
$\forall x(P(x) \wedge Q(x)) \Leftrightarrow \forall x P(x) \wedge \forall x Q(x)$	(E_{24})
$\exists x(P(x) \vee Q(x)) \Leftrightarrow \exists x P(x) \vee \exists x Q(x)$	(E_{25})
量词分配蕴含律	
$\exists x(P(x) \wedge Q(x)) \Rightarrow \exists x P(x) \wedge \exists x Q(x)$	(I_{16})
$\forall x P(x) \vee \forall x Q(x) \Rightarrow \forall x(P(x) \vee Q(x))$	(I_{17})

　　在表 9-1 中,量词辖域的扩张律与收缩律中的大写字母 Q 表示任意一个不含有约束变元 x 的谓词公式。除了等值关系式 E_{18} 和 E_{19} 以外,表 9-1 中的其他各个等值关系式和蕴含关系式的正确性,均可以使用与等值关系式 E_{18} 和 E_{19} 相类似的方法进行分析和讨论。例如,如果我们讨论等值关系式 E_{24} 的正确性,可以按照以下的方式加以分析:命题 $\forall x(P(x) \wedge Q(x))$ 可以用自然语言表述为:"对于个体域中的全部个体,既具有 P 的性质,又具有 Q 的性质",或者是"对于个体域中的任意一个个体 x, $P(x)$ 和 $Q(x)$ 的真值皆为真"。命题 $\forall x P(x) \wedge \forall x Q(x)$ 可以用自然语言表示成为"对于个体域中的所有个体,都具有 P 的性质,并且,对于个体域中的全部个体,都具有 Q 的性质"。这也就是说, $\forall x(P(x) \wedge Q(x)) \Leftrightarrow \forall x P(x) \wedge \forall x Q(x)$。

　　值得一提的是,在表 9-1 中的谓词公式 $\forall x(P(x) \vee Q(x))$ 与谓词公式 $\forall x P(x) \vee \forall x Q(x)$ 并不等值;谓词公式 $\exists x(P(x) \wedge Q(x))$ 与谓词公式 $\exists x P(x) \wedge \exists x Q(x)$ 亦不等值,即全称量词

$\forall x$ 不能对析取联结词"$\lor$"进行分配,而存在量词$\exists x$ 不能对合取联结词"$\land$"进行分配。

例如,若取解释 I 为:个体域 D_I 为整数集合,$P(x)$:x 是偶数;$Q(x)$:x 是奇数。则在这一解释 I 下,谓词公式$\forall x(P(x) \lor Q(x))$ 可以用自然语言表示为:"对于任意的整数 x,x 或者是偶数,或者是奇数"。显然,这个命题的真值为真。而谓词公式$\forall xP(x) \lor \forall xQ(x)$ 可以用自然语言表示为:"或者所有的整数都是奇数,或者所有的整数都是偶数"。不难看出,这个命题的真值为假。因此,这两个谓词公式$\forall x(P(x) \lor Q(x))$与$\forall xP(x) \lor \forall xQ(x)$之间没有等值关系。

又例如,若取解释 I 为:个体域 D_I 为整数集合,$P(x)$:x 是被 3 除余数为 1 的整数;$Q(x)$:x 是被 3 除余数为 2 的整数。则在这一解释 I 下,谓词公式$\exists x(P(x) \land Q(x))$ 可以用自然语言表示为:"存在这样的整数 x,使得 x 被 3 整除的余数既为 1,又为 2。"显然,这个命题的真值为假。而谓词公式$\exists xP(x) \land \exists xQ(x)$ 可以用自然语言表示为:"既存在着被 3 除余数为 1 的整数,也存在着被 3 除余数为 2 的整数。"不难看出,这个命题的真值为真。因此,这两个谓词公式$\exists x(P(x) \land Q(x))$与$\exists xP(x) \land \exists xQ(x)$之间亦没有等值关系。

对于表 9-1 中的等值关系式 $E_{20} \sim E_{23}$,根据量词辖域的定义,即可知道它们的正确性。由于在 Q 中不含有被量词所约束的个体变元 x,因此,无论 Q 在不在量词的辖域范围内均具有同等的意义。

至于表 9-1 中的其他等值关系式以及蕴含关系式的正确性留给读者自己分析。

例 9-5 给定解释 I 如下。

(1) 个体域 $D_I = \{3,4\}$。

(2) 将在 $D_I \to D_I$ 上的函数 $f(x)$ 定义为 $f(3)=4, f(4)=3$。

(3) $P(x)$ 为 $P(3,3)=P(4,4)=0, P(3,4)=P(4,3)=1$。

试求下列谓词公式在解释 I 下的真值。

(1) $\exists x \forall yP(x,y)$。 (2) $\forall x \forall y(P(x,y) \to P(f(x),f(y)))$。

解 (1) $\exists x \forall yP(x,y) \Leftrightarrow \exists x(P(x,3) \land P(x,4))$

$\qquad\qquad\qquad \Leftrightarrow (P(3,3) \land P(3,4)) \lor (P(4,3) \land P(4,4))$

$\qquad\qquad\qquad \Leftrightarrow (0 \land 1) \lor (1 \land 0)$

$\qquad\qquad\qquad \Leftrightarrow 0 \lor 0 \Leftrightarrow 0$

由此可知,谓词公式(1)在解释 I 下的真值为假。

(2) $\forall x \forall y(P(x,y) \to P(f(x),f(y)))$

$\qquad \Leftrightarrow \forall x((P(x,3) \to P(f(x),f(3))) \land (P(x,4) \to P(f(x),f(4))))$

$\qquad \Leftrightarrow (P(3,3) \to P(f(3),f(3))) \land (P(3,4) \to P(f(3),f(4))) \land$

$\qquad\quad (P(4,3) \to P(f(4),f(3))) \land (P(4,4) \to P(f(4),f(4)))$

$\qquad \Leftrightarrow (P(3,3) \to P(4,4)) \land (P(3,4) \to P(4,3)) \land$

$\qquad\quad (P(4,3) \to P(3,4)) \land (P(4,4) \to P(3,3))$

$\qquad \Leftrightarrow (0 \to 0) \land (1 \to 1) \land (1 \to 1) \land (0 \to 0)$

$\qquad \Leftrightarrow 1 \land 1 \land 1 \land 1 \Leftrightarrow 1$

由此可知,谓词公式(2)在解释 I 下的真值为真。

在上面的表 9-1 中的含有量词的等值关系式和蕴含关系式中,没有出现命题联结词中的蕴含联结词"$\to$"和等值联结词"$\leftrightarrow$",下面,我们再给出一组含有量词以及蕴含联结词"$\to$"等值联结词"$\leftrightarrow$"的等值关系式和蕴含关系式如下表 9-2 所示。

表 9-2　含有量词的等值关系式和蕴含关系式列表二

$\exists x(P(x) \to Q) \Leftrightarrow \forall x P(x) \to Q$	(E_{26})
$\forall x(P(x) \to Q) \Leftrightarrow \exists x P(x) \to Q$	(E_{27})
$\exists x(P \to Q(x)) \Leftrightarrow P \to \exists x Q(x)$	(E_{28})
$\forall x(P \to Q(x)) \Leftrightarrow P \to \forall x Q(x)$	(E_{29})
$\exists x(P(x) \to Q(x)) \Leftrightarrow \forall x P(x) \to \exists x Q(x)$	(E_{30})
$\forall x(P(x) \to Q(x)) \Rightarrow \forall x P(x) \to \forall x Q(x)$	(I_{18})
$\forall x(P(x) \to Q(x)) \Rightarrow \exists x P(x) \to \exists x Q(x)$	(I_{19})
$\exists x P(x) \to \forall x Q(x) \Rightarrow \forall x(P(x) \to Q(x))$	(I_{20})
$\forall x(P(x) \leftrightarrow Q(x)) \Rightarrow \forall x P(x) \leftrightarrow \forall x Q(x)$	(I_{21})

下面，我们通过两个例子来说明怎样使用表 9-1 中的等值关系式或者蕴含关系式证明表 9-2 中的一些等值关系式或者蕴含关系式。

例 9-6　试证明：　$\exists x(P(x) \to Q) \Leftrightarrow \forall x P(x) \to Q$ 　　(E_{26})

证明
$$\exists x(P(x) \to Q) \Leftrightarrow \exists x(\neg P(x) \vee Q) \qquad (E_{11})$$
$$\Leftrightarrow \exists x(\neg P(x)) \vee Q \qquad (E_{23})$$
$$\Leftrightarrow \neg(\forall x P(x)) \vee Q \qquad (E_{18})$$
$$\Leftrightarrow \forall x P(x) \to Q \qquad (E_{11})$$
证毕。

例 9-7　试证明：　$\exists x(P(x) \to Q(x)) \Leftrightarrow \forall x P(x) \to \exists x Q(x)$ 　(E_{30})

证明
$$\exists x(P(x) \to Q(x)) \Leftrightarrow \exists x(\neg P(x) \vee Q(x)) \qquad (E_{11})$$
$$\Leftrightarrow \exists x(\neg P(x)) \vee \exists x(Q(x)) \qquad (E_{25})$$
$$\Leftrightarrow \neg(\forall x P(x)) \vee \exists x(Q(x)) \qquad (E_{18})$$
$$\Leftrightarrow \forall x P(x) \to \exists x Q(x) \qquad (E_{11})$$
证毕。

例 9-8　试证明：　$\forall x(P(x) \to Q(x)) \Rightarrow \forall x P(x) \to \forall x Q(x)$ 　(I_{18})

证明　证法一：由于 $\forall x(P(x) \to Q(x)) \to (\forall x P(x) \to \forall x Q(x))$
$$\Leftrightarrow \neg \forall x(\neg P(x) \vee Q(x)) \vee ((\neg \forall x P(x)) \vee \forall x Q(x))$$
$$\Leftrightarrow \exists x(P(x) \wedge \neg Q(x)) \vee \exists x(\neg P(x)) \vee \forall x Q(x)$$
$$\Leftrightarrow \exists x((P(x) \wedge \neg Q(x)) \vee (\neg P(x))) \vee \forall x Q(x)$$
$$\Leftrightarrow \exists x((P(x) \vee (\neg P(x)) \wedge (\neg Q(x) \vee (\neg P(x))) \vee \forall x Q(x)$$
$$\Leftrightarrow \exists x(1 \wedge ((\neg Q(x)) \vee (\neg P(x)))) \vee \forall x Q(x)$$
$$\Leftrightarrow \exists x((\neg Q(x)) \vee (\neg P(x))) \vee \forall x Q(x)$$
$$\Leftrightarrow \exists x(\neg Q(x)) \vee \exists x(\neg P(x)) \vee \forall x Q(x)$$
$$\Leftrightarrow \neg \forall x Q(x) \vee \neg \forall x P(x) \vee \forall x Q(x)$$
$$\Leftrightarrow \neg \forall x Q(x) \vee \forall x Q(x) \vee \neg \forall x P(x)$$
$$\Leftrightarrow 1 \vee \neg \forall x P(x)$$
$$\Leftrightarrow 1$$

因此,原蕴含关系式$\forall x(P(x) \to Q(x)) \Rightarrow \forall xP(x) \to \forall xQ(x)$成立。

证法二:设命题$\forall x(P(x) \to Q(x))$的真值为真。   (前提为真)

　　　　则对于个体域内的任意个体x_0,应有命题$A(x_0) \to B(x_0)$的真值为真。

　　　　设$\forall xP(x)$的真值为真,   (附加前提)

　　　　则有$P(x_0)$的真值为真,

　　　　于是有$Q(x_0)$的真值为真,

　　　　即对于任意的个体x,都有$Q(x)$的真值为真。

　　　　也就是说$\forall xQ(x)$的真值为真,

　　　　因此,有命题$\forall xP(x) \to \forall xQ(x)$的真值亦为真。

　　　　综合以上的分析可知,原推理成立。

在这里特别值得一提的是,从证法二的整个证明过程来看,如果去掉使用自然语言的修饰部分,那么剩下的部分几乎就是一个真值为真的命题公式的序列,这就使我们不禁想起了在上一章命题演算推理理论中所介绍的形式证明的方法。但是,这里的问题在于能不能将以上的推理过程中所用到的所有自然语言都去掉呢?怎样去掉它们呢?可以看出,大部分的自然语言都可以去掉,但是,有两句话,即"对于个体域内的任意个体x_0,应有命题$A(x_0) \to B(x_0)$的真值为真"以及"对于任意的个体x,都有$Q(x)$的真值为真"在整个推理过程中是不能轻易去掉的。也就是说,如果能将在这两句推理过程中所使用的自然语言完全用符号替代,那么就可以顺利地完成对于谓词演算公式的形式证明。这就需要引入一些新的推理规则。至于这些推理规则究竟是什么,我们将在9.5节中详细介绍。

在使用等值关系式或蕴含关系式进行推理证明的过程中,通常会出现一些由于错误理解和运用这些关系式而产生的一些推理错误。下面,我们通过一个例子来说明。

例 9-9　判断以下的推理过程是否正确。如果有误,请指出哪里有误,并指出错误的原因。

$$\forall x(P(x) \to Q(x)) \Leftrightarrow \forall x(\neg P(x) \vee Q(x)) \tag{1}$$

$$\Leftrightarrow \forall x(\neg(P(x) \wedge \neg Q(x))) \tag{2}$$

$$\Leftrightarrow \neg \exists x(P(x) \wedge \neg Q(x)) \tag{3}$$

$$\Rightarrow \neg(\exists xP(x) \wedge \exists x \neg Q(x)) \tag{4}$$

$$\Leftrightarrow \neg(\exists xP(x)) \vee \neg(\exists x \neg Q(x)) \tag{5}$$

$$\Leftrightarrow \neg(\exists xP(x)) \vee \forall x(\neg(\neg Q(x))) \tag{6}$$

$$\Leftrightarrow \neg(\exists xP(x)) \vee (\forall xQ(x)) \tag{7}$$

$$\Leftrightarrow \exists xP(x) \to \forall xQ(x) \tag{8}$$

解　以上的推理不正确。第(3)步到第(4)步的推理是错误的。因为第(3)个推理步的谓词公式为$\neg \exists x(P(x) \wedge \neg Q(x))$,与蕴含关系式$\exists x(P(x) \wedge Q(x)) \Rightarrow \exists xP(x) \wedge \exists xQ(x)(I_{16})$的前件相比较,第(3)个推理步的谓词公式中多了一个否定联结词"$\neg$",因此,与$\exists x(P(x) \wedge Q(x)) \Rightarrow \exists xP(x) \wedge \exists xQ(x)$在逻辑上等价的一个蕴含关系式是$\neg(\exists xP(x) \wedge \exists xQ(x)) \Rightarrow \neg \exists x(P(x) \wedge Q(x))$,于是应有$\neg(\exists xP(x) \wedge \exists x \neg Q(x)) \Rightarrow \neg \exists x(P(x) \wedge \neg Q(x))$成立。又由于$\neg(\exists xP(x) \wedge \exists x \neg Q(x)) \Rightarrow \neg \exists x(P(x) \wedge \neg Q(x))$与$\neg \exists x(P(x) \wedge \neg Q(x)) \Rightarrow \neg(\exists xP(x) \wedge \exists x \neg Q(x))$在逻辑上是不等价的,因此,第(3)步到第(4)步的推理是错误的。

前面曾经指出,量词出现的顺序直接关系到命题的意义,但是也有例外。相同类型的量词之间的顺序是可以任意调动的，不同类型的量词之间的顺序则不能随意调动。两个量词之间的排列顺序有如表 9-3 所示的若干个等值关系式和蕴含关系式。

表 9-3　含有两个量词的等值关系式和蕴含关系式

$\forall x \, \forall y A(x,y) \Leftrightarrow \forall y \, \forall x A(x,y)$	(E_{31})
$\exists x \, \exists y A(x,y) \Leftrightarrow \exists y \, \exists x A(x,y)$	(E_{32})
$\forall x \, \forall y A(x,y) \Rightarrow \exists y \, \forall x A(x,y)$	(I_{22})
$\forall y \, \forall x A(x,y) \Rightarrow \exists x \, \forall y A(x,y)$	(I_{23})
$\forall x \, \exists y A(x,y) \Rightarrow \exists y \, \exists x A(x,y)$	(I_{24})
$\forall y \, \exists x A(x,y) \Rightarrow \exists x \, \exists y A(x,y)$	(I_{25})
$\exists y \, \forall x A(x,y) \Rightarrow \forall x \, \exists y A(x,y)$	(I_{26})
$\exists x \, \forall y A(x,y) \Rightarrow \forall y \, \exists x A(x,y)$	(I_{27})

由于谓词公式 $\forall x \, \forall y A(x,y)$ 所表示的命题"对于个体域内的任意一个个体 x 和任意一个个体 y，$A(x,y)$ 均成立"与谓词公式 $\forall y \, \forall x A(x,y)$ 所表示的命题"对于个体域内的任意一个个体 y 和任意一个个体 x，$A(x,y)$ 均成立"在逻辑上是完全等值的，因此，等值关系式 E_{31} 是正确的。类似地，根据定义可以说明表 9-3 中的其余的等值关系式和蕴含关系式也是成立的。

与命题演算相类似，谓词演算也具有相应的对偶原理。

定义 9-15　设 A 是不含蕴含联结词"→"和等值联结词"↔"的谓词公式，则在其中以联结词"∧"、"∨"分别代换"∨"、"∧"，并且以"∃"、"∀"分别替换"∀"、"∃"，以命题常元 0、1 分别代替换命题常元 1、0 后所得到的公式称为原公式 A 的对偶公式，记做 A^D。

例如，若谓词演算公式 A 为 $\forall x \, \exists y (P(x,y) \wedge Q(x,y)) \vee 0$，则谓词演算公式 A 的对偶公式 A^D 应为 $\exists x \, \forall y (P(x,y) \vee Q(x,y)) \wedge 1$。

定理 9-2　对偶定理　设 A、B 是两个不含有蕴含联结词"→"以及等值联结词"↔"的谓词演算公式，如果公式 A 和公式 B 是等值的，即 $A \Leftrightarrow B$，那么，它们的对偶公式之间也是等值的，即 $A^D \Leftrightarrow B^D$。

9.4　前束范式

在第 8 章中讨论了命题演算的范式。类似地，在谓词演算中也有范式。范式为我们研究谓词演算公式提供了一种规范化的标准形式。

定义 9-16　一个谓词演算公式，如果它的全部量词均非否定地出现在谓词公式的最前面，并且它们的辖域一直延伸到谓词公式的末尾，那么就将此种形式的谓词公式称为前束范式。

前束范式可以记为下述形式，即：

$$Q_1 x_1 Q_2 x_2 \cdots Q_m x_m B$$

其中，每个 $Q_k (k = 1, 2, \cdots, m)$ 为全称量词 $\forall$ 或存在量词 $\exists$，B 为不含量词的谓词公式。例如，$\forall x \, \forall y \, \exists z ((A(x,y) \vee (\neg P(x))) \rightarrow (Q(y,z) \wedge (\neg P(x))))$ 即是一个前束范式。

任何一个谓词公式都可以转化为一个与之等值的前束范式，其步骤如下：

（1）将否定联结词"￢"向内深入，使之只作用于原子谓词公式。

（2）利用换名规则或代入规则使全部约束变元的符号均不相同，并且自由变元与约束变元的符号也不同。

（3）利用量词辖域的扩张律和收缩律，扩大量词的辖域至整个谓词公式。

例 9-10 试将谓词公式 $A = \neg \exists x(P(x) \rightarrow Q(x,y)) \rightarrow \exists y R(y)$ 转化为前束范式。

解 （1）将否定联结词"￢"深入至原子谓词公式，即：

$$A \Leftrightarrow \forall x(\neg(P(x) \rightarrow Q(x,y))) \rightarrow \exists y R(y) \tag{E_{19}}$$

$$\Leftrightarrow \forall x(\neg(\neg P(x) \vee Q(x,y))) \rightarrow \exists y R(y) \tag{E_{11}}$$

$$\Leftrightarrow \forall x(P(x) \wedge \neg Q(x,y)) \rightarrow \exists y R(y) \tag{E_{10}}$$

（2）换名，以便于将量词提到前面，即：

$$A \Leftrightarrow \forall x(P(x) \wedge \neg Q(x,y)) \rightarrow \exists z R(z)$$

（3）扩大量词的辖域至整个谓词公式，即：

$$A \Leftrightarrow \exists x((P(x) \wedge \neg Q(x,y)) \rightarrow \exists z R(z)) \tag{E_{26}}$$

$$\Leftrightarrow \exists x \, \exists z((P(x) \wedge \neg Q(x,y)) \rightarrow R(z)) \tag{E_{28}}$$

因此，$\exists x \, \exists z((P(x) \wedge \neg Q(x,y)) \rightarrow R(z))$ 即是谓词公式 A 的前束范式。

前束范式的优点在于它的量词全部集中在谓词公式的前面，此部分称为谓词公式的首标。而谓词公式的其余部分可以看成一个不含量词的谓词公式，称为整个谓词公式的尾部。为了使得谓词公式的形式更加规范化，下面引入前束合取范式和前束析取范式的概念。

定义 9-17 设谓词公式 A 是一个前束范式，如果 A 的尾部具有如下形式：

$$(A_{11} \vee A_{12} \vee \cdots \vee A_{1n}) \wedge (A_{21} \vee A_{22} \vee \cdots \vee A_{2n}) \wedge \cdots \wedge (A_{m1} \vee A_{m2} \vee \cdots \vee A_{mn})$$

其中，A_{ij} 是原子谓词公式或它的否定形式，那么就称 A 是前束合取范式。如果 A 的尾部具有如下形式：

$$(A_{11} \wedge A_{12} \wedge \cdots \wedge A_{1n}) \vee (A_{21} \wedge A_{22} \wedge \cdots \wedge A_{2n}) \vee \cdots \vee (A_{m1} \wedge A_{m2} \wedge \cdots \wedge A_{mn})$$

其中，A_{ij} 是原子谓词公式或它的否定形式，那么就称 A 是前束析取范式。

例如，$\forall x \, \exists y \, \forall z((P(x,y) \vee \neg Q(x,y)) \wedge (\neg Q(y,z) \vee \neg P(y,z)))$ 是前束合取范式，$\exists x \, \forall y \, \exists z(S(x,z) \vee (\neg P(x,y) \wedge Q(y,z)))$ 是前束析取范式。

根据前面的讨论可知，任何一个谓词公式均等值于一个前束范式。因此，类似于命题演算中的结论可以得出下面的定理。

定理 9-3 每个谓词公式 A 均可以变换为与其等值的前束合取范式和前束析取范式。

证明从略。

将一个谓词公式 A 转化为前束合取范式或前束析取范式时，只需要在前面求前束范式的（1）～（3）三个步骤基础上再增加下面的两个步骤。

（1）消去蕴含联结词"→"和等值联结词"↔"。

（2）利用分配律将前束范式转化为前束合取范式或前束析取范式。

需要提醒读者注意的是：此步骤（1）也可以在求前束范式的步骤（1）之前完成。

例 9-11 试将谓词公式 $B = \forall x(P(x) \leftrightarrow Q(x,y)) \rightarrow (\neg \exists x R(x) \wedge \exists z S(z))$ 转化为前束合取范式和前束析取范式。

解 （1）消去蕴含联结词"→"和等值联结词"↔"，即：

$$B \Leftrightarrow \forall x((P(x) \to Q(x,y)) \land (Q(x,y) \to P(x))) \to (\neg \exists x R(x) \land \exists z S(z))$$
$$\Leftrightarrow \forall x((\neg P(x) \lor Q(x,y)) \land (\neg Q(x,y) \lor P(x))) \to (\neg \exists x R(x) \land \exists z S(z))$$
$$\Leftrightarrow \neg \forall x((\neg P(x) \lor Q(x,y)) \land (\neg Q(x,y) \lor P(x))) \lor (\neg \exists x R(x) \land \exists z S(z))$$

（2）将否定联结词"¬"深入至原子谓词公式,即:

$$B \Leftrightarrow \exists x(\neg(\neg P(x) \lor Q(x,y)) \land (\neg Q(x,y) \lor P(x))) \lor (\forall x \neg R(x) \land \exists z S(z))$$
$$\Leftrightarrow \exists x(\neg(\neg P(x) \lor Q(x,y)) \lor \neg(\neg Q(x,y) \lor P(x))) \lor (\forall x \neg R(x) \land \exists z S(z))$$
$$\Leftrightarrow \exists x((P(x) \land \neg Q(x,y)) \lor (Q(x,y) \land \neg P(x))) \lor (\forall x(\neg R(x)) \land \exists z S(z))$$

（3）换名,以便于把量词提到前面,即:

$$B \Leftrightarrow \exists x((P(x) \land \neg Q(x,y)) \lor (Q(x,y) \land \neg P(x))) \lor (\forall t(\neg R(t)) \land \exists z S(z))$$

（4）将量词提到谓词公式前面,即:

$$B \Leftrightarrow \exists x((P(x) \land \neg Q(x,y)) \lor (Q(x,y) \land \neg P(x))) \lor (\forall t \exists z((\neg R(t)) \land S(z)))$$
$$\Leftrightarrow \exists x \forall t \exists z((P(x) \land \neg Q(x,y)) \lor (Q(x,y) \land \neg P(x)) \lor ((\neg R(t)) \land S(z)))$$

至此,已经得到了前束析取范式。

（5）利用分配律将其转化为前束合取范式,即:

$$B \Leftrightarrow \exists x \forall t \exists z(((P(x) \lor Q(x,y)) \land (\neg P(x) \lor \neg Q(x,y))) \lor ((\neg R(t)) \land S(z)))$$
$$\Leftrightarrow \exists x \forall t \exists z((P(x) \lor Q(x,y) \lor \neg R(t)) \land (P(x) \lor Q(x,y) \lor S(z)) \land (\neg P(x) \lor \neg Q(x,y) \lor \neg R(t)) \land (\neg P(x) \lor \neg Q(x,y) \lor S(z)))$$

虽然前束合取范式或前束析取范式为研究谓词公式提供了一种规范化的形式,但是它的首标显得比较杂乱无章。也就是说,全称量词与存在量词之间没有一定的排列规则。后来,司寇伦(Skolem)对其进行了改进,使得其首标中出现的量词按照一定的规则排列,即任何一个存在量词皆排列在全称量词的前面,并且在整个谓词公式中不出现自由变元。于是将这样的谓词公式称为司寇伦范式。

例如,$\exists y \exists x \forall z((P(x,y) \land R(z)) \lor Q(y,z))$ 即为一个司寇伦范式。从理论上讲,任何一个谓词公式都可以转化成为与其等值的一个司寇伦范式。限于本书的篇幅,不再对其进行深入详细地讨论了。

 ## 9.5 谓词演算的推理理论

利用命题公式之间的各种等值关系式和蕴含关系式,通过一些推理规则,从已知的命题公式可以推出另一些新的命题公式,这种推理过程通常称为形式推理,或将其称为符号推理。与命题演算的形式推理相类似,利用谓词公式之间的各种等值关系式和蕴含关系式,并且通过使用一些相应的推理规则,从一些谓词公式推出另一些新的谓词公式,这就是谓词演算中的形式推理。在谓词演算的过程中,如果要进行正确的推理,那么就必须构造一个结构严谨的形式证明,也就是说,必须要通过构造一个真值为真的谓词公式序列来完成形式证明（或形式推理）,因此也要求给出一些类似于命题演算的推理理论中的推理规则。

在谓词演算的推理理论中,为了完成谓词演算的形式推理过程,至关重要的一个环节是对于量词的处理。也就是说,对于不含有量词的谓词公式,则谓词演算的形式推理过程完全转化成为命题演算的形式推理;对于含有量词的谓词公式进行形式推理,我们受到 9.3 节中例 9-8 的第二种证明方法的启发,不难看出,只要在命题演算的形式推理中所使用的推理规则的基础上,再添加一些消去量词和添加量词的新的推理规则,即可将谓词演算的推理过程完全形式化。下面,我们依次介绍这些与量词有关的推理规则。

1. US(全称特定化规则)

$$\forall x A(x) \Rightarrow A(y)$$

其中,$A(y)$是将$A(x)$中的约束变元x处处代之以y,并且要求y在$A(x)$中不是约束出现,而是自由出现。在这里,自由变元y也可以写成个体常元c,这时,应将个体常元c理解为在个体域中的任意一个确定的个体。

这个规则的意思是,如果个体域中的全部元素都具有性质A,那么,该个体域中的任意一个个体也具有性质A。

2. ES(存在特定化规则)

$$\exists x A(x) \Rightarrow A(c)$$

其中,c是个体域中的某个确定的个体。这个规则表明,如果个体域中存在性质A的个体,那么该个体域中必定存在着某个元素c具有性质A。但是,如果$\exists x A(x)$中有其他的自由变元出现,并且x是随着其他自由变元的值而发生变化,那么就不存在唯一的个体c使得$A(c)$对于自由变元的任意值都是成立的。这时,就不能应用存在特定化规则。

例如,在$\exists x(x=y)$中,x、y的个体域是实数集合。如果使用 ES 规则,那么就可以得出$c=y$,即在实数集合中存在着一个实数c等于任意的实数y,结论显然不成立,这是因为$A(x):x=y$中的x依赖于自由变元y,此时不能使用 ES 规则。另外,需要注意的是,如果$\exists x A(x)$和$\exists x B(x)$皆为真,那么对于某个个体c和某个个体d,可以判定$A(c) \wedge B(d)$必为真,但是不能判定$A(c) \wedge B(c)$或$A(d) \wedge B(d)$也为真。

在对谓词公式进行形式推理的过程中,将上述这两个关于含有量词的谓词公式的推理规则作为消去量词的推理规则。下面,我们再介绍两个用于在对谓词公式进行形式推理的过程中添加量词的规则。

3. UG(全称一般化规则)

$$A(x) \Rightarrow \forall y A(y)$$

这个规则表明,如果个体域中的任意一个个体都具有性质A,那么该个体域中的全部个体都具有性质A。这里要求x必须为自由变元,并且y不出现在$A(x)$中。

4. EG(存在一般化规则)

$$A(c) \Rightarrow \exists y A(y)$$

这个规则表明,如果个体域中有某一个个体c具有性质A,那么该个体域中存在着具有性质A的个体。这里要求y不出现在$A(c)$中。

需要提醒读者注意的是,全称一般化规则和存在一般化规则中的个体的本质是不相同的。全称一般化规则中的个体是个体域中的任意一个个体,通常将这个个体称为一般个体,而存在一般化规则中的个体指的是个体域中的某一个个体,通常将这个个体称为特殊个体。

有了上述这四个关于量词的推理规则,再加上命题演算中所给出的推理规则,就可以完成谓词演算中一些比较简单的推理过程了。

下面,我们通过几个具体的例子来说明谓词演算的推理过程。

例 9-12 形式证明$\forall x(P(x) \rightarrow Q(x)) \wedge P(c) \Rightarrow Q(c)$。

证明

(1) $\forall x(P(x) \rightarrow Q(x))$ 前提

(2) $P(c) \rightarrow Q(c)$ (1);US

(3) $P(c)$ 前提

(4) $Q(c)$ $\qquad\qquad (2),(3);I_{11}$

这就是逻辑中经典的"三段论推理"。例如,"所有的人都是要死的。苏格拉底是人。所以苏格拉底是要死的"。

例 9-13 形式证明 $\exists x(P(x)\wedge Q(x))\Rightarrow\exists xP(x)\wedge\exists xQ(x)$。

证明
(1) $\exists x(P(x)\wedge Q(x))$ $\qquad\qquad$ 前提
(2) $P(c)\wedge Q(c)$ $\qquad\qquad (1);ES$
(3) $P(c)$ $\qquad\qquad (2);I_1$
(4) $Q(c)$ $\qquad\qquad (2);I_2$
(5) $\exists xP(x)$ $\qquad\qquad (3);EG$
(6) $\exists xQ(x)$ $\qquad\qquad (4);EG$
(7) $\exists xP(x)\wedge\exists xQ(x)$ $\qquad\qquad (5),(6);I_9$

在使用 US、ES、UG 和 EG 这四条规则时,需要注意严格按照它们的规定去使用,并且,从整体上考虑个体变元和个体常元符号的选择。特别是对于 EG 和 ES 规则的使用,要避免选择已在形式证明公式序列前面的谓词公式中出现过的符号进行取代。

例 9-14 指出下面推理步骤中的错误。
(1) $\exists x(P(x)\wedge Q(x))$ $\qquad\qquad$ 前提
(2) $P(c)\wedge Q(c)$ $\qquad\qquad (1);ES$
(3) $P(c)$ $\qquad\qquad (2);I_1$
(4) $\exists y(H(y)\wedge I(y))$ $\qquad\qquad$ 前提
(5) $H(c)\wedge I(c)$ $\qquad\qquad (4);ES$
(6) $H(c)$ $\qquad\qquad (5);I_1$
(7) $P(c)\wedge H(c)$ $\qquad\qquad (3),(6);I_9$
(8) $\exists x(P(x)\wedge H(x))$ $\qquad\qquad (7);EG$

解 由于在形式推理的第(2)步已经引入了个体常元 c,而在第(5)步运用 ES 规则时,又再次引入个体常元 c,由于 c 是特殊个体,因此推出了错误的结论。如果在第(5)步引入另一个个体常元 d,则可以形式推理得到第(7)步的谓词公式为 $P(c)\wedge H(d)$,这样一来,就不会推出第(8)步的结论 $\exists x(P(x)\wedge H(x))$ 了。

例 9-15 形式证明 $\forall x(\exists y(S(x,y)\wedge M(y))\to\exists z(P(z)\wedge R(x,z)))\Rightarrow\neg\exists zP(z)\to\forall x\forall y(S(x,y)\to\neg M(y))$。

证明
(1) $\neg\exists zP(z)$ $\qquad\qquad$ 附加前提
(2) $\forall z\neg P(z)$ $\qquad\qquad (1);E_{19}$
(3) $\neg P(a)$ $\qquad\qquad (2);US$
(4) $\neg P(a)\vee\neg R(b,a)$ $\qquad\qquad (3);I_3$
(5) $\neg(P(a)\wedge R(b,a))$ $\qquad\qquad (4);E'_{10}$
(6) $\forall z\neg(P(z)\wedge R(b,z))$ $\qquad\qquad (5);UG$
(7) $\neg\exists z(P(z)\wedge R(b,z))$ $\qquad\qquad (6);E_{19}$
(8) $\forall x(\exists y(S(x,y)\wedge M(y))\to\exists z(P(z)\wedge R(x,z)))$ $\qquad\qquad$ 前提
(9) $\exists y(S(b,y)\wedge M(y))\to\exists z(P(z)\wedge R(b,z))$ $\qquad\qquad (8);US$
(10) $\neg\exists y(S(b,y)\wedge M(y))$ $\qquad\qquad (7),(9);I_{10}$

$(11) \forall y \rightarrow (S(b,y) \wedge M(y))$ (10)；E_{19}

$(12) \forall y(\rightarrow S(b,y) \vee \rightarrow M(y))$ (11)；E_{10}

$(13) \forall y(S(b,y) \rightarrow \rightarrow M(y))$ (12)；E_{11}

$(14) \forall x \forall y(S(x,y) \rightarrow \rightarrow M(y))$ (13)；UG

$(15) \rightarrow \exists z P(z) \rightarrow \forall x \forall y(S(x,y) \rightarrow \rightarrow M(y))$ (1)、(14)；CP 规则

以上我们介绍了如何运用基本的等值关系式和蕴含关系式完成谓词公式的形式推理（或形式证明）。事实上，在人类的日常生活中，有许多用自然语言描述的话语，其背后潜藏着一些逻辑思维活动。怎样通过表面的这些话语判断潜藏在这些话语背后的逻辑是否正确是一个问题。通过以上的有关谓词演算推理理论的介绍，可以看出，只要我们将这些用自然语言表述的命题符号化以后，运用形式推理的方式，就可以解决这一问题。下面，我们通过一个例子来说明如何按照谓词演算的推理理论（形式推理）模拟人们在日常生活中通过自然语言表述的推理过程。

例 9-16 符号化下列命题并推证其结论。

任何人如果他喜欢步行，他就不喜欢乘汽车，每一个人或者喜欢乘汽车，或者喜欢骑自行车。有的人不喜欢骑自行车，因此有的人不喜欢步行。

证明 通过这段用自然语言表述的话语，不难看出，个体域是人的集合。因此，首先确定特性谓词：$M(x)$：x 是人。接着假设与这段话语中出现的命题相关的以下几个谓词：

$F(x)$：x 喜欢步行；$C(x)$：x 喜欢乘汽车；$B(x)$：x 喜欢骑自行车。

于是，前提可以符号化为：$\forall x(M(x) \rightarrow (F(x) \rightarrow \rightarrow C(x)))$，

$\forall x(M(x) \rightarrow (C(x) \vee B(x)))$，

$\exists x(M(x) \wedge \rightarrow B(x))$。

结论可以符号化为：$\exists x(M(x) \wedge \rightarrow F(x))$。

然后，进行如下的形式证明（形式推理）。

$(1) \exists x(M(x) \wedge \rightarrow B(x))$ 前提

$(2) M(a) \wedge \rightarrow B(a)$ (1)；ES

$(3) M(a)$ (2)；I_1

$(4) \rightarrow B(a)$ (2)；I_2

$(5) \forall x(M(x) \rightarrow (F(x) \rightarrow \rightarrow C(x)))$ 前提

$(6) M(a) \rightarrow (F(a) \rightarrow \rightarrow C(a))$ (5)；US

$(7) F(a) \rightarrow \rightarrow C(a)$ (3),(6)；I_9

$(8) \forall x(M(x) \rightarrow (C(x) \vee B(x)))$ 前提

$(9) M(a) \rightarrow (C(a) \vee B(a))$ (8)；US

$(10) C(a) \vee B(a)$ (3),(9)；I_9

$(11) C(a)$ (4),(10)；I_{11}

$(12) \rightarrow F(a)$ (7),(11)；I_{10}

$(13) M(a) \wedge \rightarrow F(a)$ (3),(12)；I_9

$(14) \exists x(M(x) \wedge \rightarrow F(x))$ (13)；EG

所以，原结论是这些前提的有效的结论。证毕。

需要提醒读者注意的是，在该例题中的形式推理的过程中，在罗列真值为真的谓词公式

序列时,必须将含有存在量词的前提(谓词公式)放在含有全称量词的前提(谓词公式)之前。如果反过来罗列,那么就推不出最终的结论。有兴趣的读者不妨思考一下这是什么原因。

谓词公式的形式推理除了可以用于判定用自然语言描述的推理过程是否正确以外,还可以用其来完成对一些数学定理的证明甚至可以用谓词公式的形式推理发现新的数学定理。当然,尤其是对于一些证明过程比较复杂的数学定理的证明,需要借助于计算机来完成。当然,计算机完成这些数学定理的证明的主要方法仍然是基于前面所讨论的谓词公式的形式推理。这是因为计算机的优势在于其高效的信息处理能力。在这里,我们主要借助于计算机的高效的推理能力。因此,我们必须首先将用自然语言描述的数学定理符号化为相应的谓词公式,然后将在谓词演算中所需要使用的基本等值关系式和蕴含关系式以及全部的推理规则存入到计算机中作为知识库,最后根据谓词公式的形式推理方法最终实现对数学定理的机械化证明,甚至还可以使用这一方法发现新的数学定理。这时的计算机就不仅具有了信息处理能力,而且从某种程度上来说,具有了一定的逻辑推理能力,从这个意义上来说,计算机具有了人类部分的智能(逻辑推理能力)。

借助于计算机,可以使许多数学工作者从大量烦琐的数学定理的证明中解放出来,使他们能够投入到更有创造性的工作和活动中去。这个方法的首创者是获得我国首届自然科学最高奖的吴文俊院士。他首先将这个方法用于对初等几何定理的证明,取得了令世界瞩目的成就,为了表彰他为数学界做出的杰出贡献,国际数学界将他使用的这个方法尊称为"吴方法"。吴教授有一句名言:人类之所以要发明各种各样的机械,其目的在于节省人的体力劳动;而人类之所以要发明计算机,其目的在于节省人的脑力劳动,使人类能够投入到更加具有创造性的工作和活动中去。

 ## 9.6　经典例题选编

例 9-17　将下面的命题符号化,并且要求只能使用全称量词。"没有人长着绿色的头发"。

解　令 $M(x)$:x 是人。(特性谓词)

$G(x)$:x 长着绿色的头发。

因此,上述的命题可以直接符号化为 $\neg\exists x(M(x)\wedge G(x))$

于是有 $\neg\exists x(M(x)\wedge G(x))\Leftrightarrow\forall x\neg(M(x)\wedge G(x))$ $\qquad\qquad(E_{19})$

$$\Leftrightarrow\forall x(\neg M(x)\vee\neg G(x)) \qquad\qquad(E_{10})$$

$$\Leftrightarrow\forall x(M(x)\rightarrow\neg G(x)) \qquad\qquad(E_{11})$$

即原命题符号化为 $\forall x(M(x)\rightarrow\neg G(x))$。

这个例子说明了一个命题符号化的表示形式是不唯一的。

例 9-18　试用构造推理过程的方法证明(形式证明):

$\forall x((P(x)\wedge Q(x))\rightarrow\exists y(R(y)\wedge S(x,y)))\Rightarrow\neg\exists yR(y)\rightarrow\neg\exists x(P(x)\wedge Q(x))$。

分析　由于命题演算中的推理理论在谓词演算推理理论中均成立,因此,此类结论应为蕴含表达式的形式。证明通常使用蕴含规则,即 CP 规则。另外,还可以对待证的结论首先进行等值变换,这样可以简化推理过程。

证明　由于 $\neg\exists yR(y)\rightarrow\neg\exists x(P(x)\wedge Q(x))\Leftrightarrow\exists x(P(x)\wedge Q(x))\rightarrow\exists yR(y)$

(E_{16})。

因此，原命题可以转化为证明：

$$\forall x((P(x)\wedge Q(x))\rightarrow\exists y(R(y)\wedge S(x,y)))\Rightarrow\exists x(P(x)\wedge Q(x))\rightarrow\exists yR(y)$$

(1) $\exists x(P(x)\wedge Q(x))$　　　　　　　　　　　　　　附加前提

(2) $\forall x((P(x)\wedge Q(x))\rightarrow\exists y(R(y)\wedge S(x,y)))$　　　　前提

(3) $P(a)\wedge Q(a)$　　　　　　　　　　　　　　　(1)；ES

(4) $(P(a)\wedge Q(a))\rightarrow\exists y(R(y)\wedge S(a,y))$　　　　(3)；US

(5) $\exists y(R(y)\wedge S(a,y))$　　　　　　　　(3),(4)；I_9

(6) $\exists yR(y)\wedge\exists y S(a,y)$　　　　　　　　　(5)；I_{16}

(7) $\exists yR(y)$　　　　　　　　　　　　　　　(6)；I_1

(8) $\exists x(P(x)\wedge Q(x))\rightarrow\exists yR(y)$　　　(1),(7)；CP 规则

(9) $\neg\exists yR(y)\rightarrow\neg\exists x(P(x)\wedge Q(x))$　　　(8)；E_{16}

习　题　9

1. 将下列命题符号化。

(1) 如果王英坐在李红的后面，那么王英比李红高。

(2) 每个母亲都爱自己的孩子。

(3) 存在某些实数是有理数。

(4) 对于任何整数 x 和 y，如果 $xy=0$，那么 $x=0$ 或者 $y=0$。

(5) 天下乌鸦一般黑。

(6) 任何金属都可以溶解在某种液体中。

(7) 所有人的指纹都不一样。

(8) 每个人的祖母都是他父亲的母亲。

(9) 对于每一个实数 x，都存在着一个比它更大的实数。

(10) 没有一位女士既是国家运动员又是家庭妇女。

(11) 如果明天天气好，有些学生将去公园。

2. 令个体域为 $\{0,1\}$，试将下列各命题转换成为不含有量词的形式。

(1) $\forall xF(0,x)$。

(2) $\forall x\,\forall yF(x,y)$。

(3) $\exists xF(x)\rightarrow\forall yG(y)$。

3. 令个体域为谓词演算公式的集合，定义其中的原子谓词公式如下。

$P(x):x$ 是可以证明的。 $S(x):x$ 是可以满足的。 $H(x):x$ 的真值为真。

试将下列各式翻译成为自然语言。

(1) $\forall x(P(x)\rightarrow H(x))$。

(2) $\forall x(H(x)\vee\neg S(x))$。

(3) $\exists x(H(x)\wedge\neg P(x))$。

4. 指出下列谓词公式中的自由变元和约束变元，并且指明每个量词的辖域。

(1) $\forall x(P(x)\wedge\exists zQ(z))\vee(\forall x(P(x)\rightarrow Q(y)))$。

(2) $\exists x\,\forall y(P(x)\wedge Q(y))\rightarrow\exists zR(z)$。

(3) $P(z)\rightarrow(\neg\forall x\,\forall yQ(x,y,a))$。

(4) $\forall x P(x) \rightarrow \forall y Q(x,y)$。

(5) $\exists x(P(x) \wedge \forall y Q(x,y,z)) \rightarrow \exists z R(x,y,z)$。

5. 对下列谓词公式中的约束变元进行换名。

(1) $\forall x \exists y(P(x,z) \rightarrow Q(y)) \leftrightarrow R(x,y)$。

(2) $(\forall x(P(x) \rightarrow (Q(x) \vee R(x))) \wedge \exists x R(x)) \rightarrow \exists z S(x,z)$。

6. 对下列谓词公式中的自由变元进行代换。

(1) $(\exists y P(x,y) \rightarrow \forall x Q(x,z)) \wedge \exists x \forall z R(x,y,z)$。

(2) $(\forall y P(x,y) \wedge \exists z Q(x,z)) \vee \forall x R(x,y)$。

7. 令 $S(x,y,z)$ 表示 $x+y=z$；$P(x,y,z)$ 表示 $x \cdot y=z$；$L(x,y)$ 表示 $x<y$，个体域为非负整数集。试用以上所设的原子谓词公式以及量词表示下列各个命题并且判断各个命题的真值。

(1) 没有 x 小于 0。

(2) 存在某个 y，对于所有的 x，使得 $x+y=y$。

(3) 存在着 x，使得 $x \cdot y=y$ 对于所有的 y 都成立。

(4) 任意的 x 满足 $x<y$。

8. 试证明下列等值关系式。

(1) $\forall x A(x) \wedge \forall x(\neg B(x)) \Leftrightarrow \neg \exists x(A(x) \rightarrow B(x))$。

(2) $\forall x \forall y(P(x) \rightarrow Q(y)) \Leftrightarrow (\exists x P(x) \rightarrow \forall y Q(y))$。

9. 判断下列谓词公式哪些是永真公式，并对所得出的结论进行论证。

(1) $\forall x(A(x) \rightarrow B(x)) \rightarrow (\exists x A(x) \rightarrow \exists x B(x))$。

(2) $(\forall x A(x) \rightarrow \forall x B(x)) \rightarrow \forall x(A(x) \rightarrow B(x))$。

10. 判断下列蕴含关系式是否成立，并对所得出的结论进行论证。

(1) $\exists x \exists y(P(x) \wedge Q(y)) \Rightarrow \exists x P(x)$。

(2) $(\exists x P(x) \rightarrow \forall x Q(x)) \Rightarrow \forall x(P(x) \rightarrow Q(x))$。

(3) $\forall x(P(x) \vee Q(x)) \Rightarrow \forall x P(x) \vee \exists x Q(x)$。

11. 求等值于下列谓词公式的前束合取范式和前束析取范式。

(1) $\forall x(A(x) \rightarrow B(x,y)) \rightarrow (\exists y C(y) \rightarrow \exists z D(y,z))$。

(2) $(\exists x P(x) \vee \exists x Q(x)) \rightarrow \exists x(P(x) \vee Q(x))$。

12. 指出以下各题推理过程中的错误。

(a) (1) $\forall x \exists y(x>y)$ 前提

    (2) $\exists y(z>y)$ (1) ;US

    (3) $z>c$ (2) ;ES

    (4) $\forall x(x>c)$ (3) ;UG

    (5) $c>c$ (4) ;US

    (6) $\forall x(x>x)$ (5) ;UG

(b) (1) $\forall x(P(x) \rightarrow Q(x))$ 前提

    (2) $P(y) \rightarrow Q(y)$ (1) ;US

    (3) $\exists x P(x)$ 前提

    (4) $P(y)$ (3) ;ES

    (5) $Q(y)$ (2),(4) ;I_9

    (6) $\exists x Q(x)$ (5) ;EG

(c) (1) $\exists x(x=0)$ 前提
    (2) $\exists y((y>0) \wedge (y<4))$ 前提
    (3) $c=0$ (1);ES
    (4) $(c>0) \wedge (c<4)$ (2);ES
    (5) $c>0$ (4);I_1
    (6) $(c=0) \wedge (c>0)$ (3),(5);I
    (7) $\exists x((x=0) \wedge (x>0))$ (6);EG

13. 试用构造推理过程的方法证明(形式证明)下列各个蕴含关系式。

(1) $\neg \exists x(P(x) \wedge Q(a)) \Rightarrow \exists xP(x) \rightarrow \neg Q(a)$。

(2) $\forall x(\neg P(x) \rightarrow Q(x)), \forall x \neg Q(x) \Rightarrow P(a)$。

(3) $\forall x(P(x) \rightarrow (Q(y) \wedge R(x))), \exists xP(x) \Rightarrow Q(y) \wedge \exists x(P(x) \wedge R(x))$。

(4) $\exists xF(x) \rightarrow \forall y((F(y) \vee Q(y)) \rightarrow R(y)), \exists xF(x) \Rightarrow \exists xR(x)$。

(5) $\exists xF(x) \rightarrow \forall y(G(y) \rightarrow H(y)), \exists xM(x) \rightarrow \exists yG(y) \Rightarrow \exists x(F(x) \wedge M(x)) \rightarrow \exists yH(y)$。

14. 符号化下列各个命题并推证其结论。

(1) 没有不守信用的人是可以信赖的,有些可以信赖的人是受过教育的人。因此,有些受过教育的人是守信用的。

(2) 每个运动员都是强壮的。每一个既强壮又聪明的人都将在事业中获得成功。赵明是运动员,并且是聪明的。因此,赵明一定能在事业中获得成功。

(3) 如果一个人长期吸烟或者酗酒,那么他的身体绝不可能健康。如果一个人的身体不健康,那么他就不能参加体育比赛。有人参加了体育比赛,所以有些人没有长期酗酒。

(4) 每一个买到门票的人都能够得到座位。因此,如果这里已经没有座位,那么就没有任何人买到门票。

(5) 任何的蜜蜂或者黄蜂,当它们受惊或者愤怒时就会刺人。因此,当任何的蜜蜂受惊时就会刺人。

参 考 文 献

[1] 段禅伦,魏仕民.离散数学[M].北京:北京大学出版社,2006.

[2] 屈婉玲,耿素云,张立昂.离散数学[M].2版.北京:高等教育出版社,2015.

[3] 洪帆.离散数学基础[M].3版.武汉:华中科技大学出版社,2009.

[4] 洪帆,傅小青.离散数学习题题解[M].武汉:华中科技大学出版社,1999.